基礎工程數學

沈昭元　編著

全華圖書股份有限公司

Preface

It has been more than a decade since my first publication of this book, and I would like to express my deepest gratitude to all people who have used this "Fundamental Engineering Mathematics" text book as a reference or teaching material for the last couple of years or more. This new Edition covers most of the major fundamental topics in Engineering Mathematics for an entire academic year which is suitable for most institutes and universities in Taiwan. Chapter 1 and 2 of this book begins with 1st and 2nd Order Differential Equations. The fundamental of Laplace Transform is mentioned in Chapter 3 follow by Chapter 4 that describes how different functions work in this area. Chapter 5 will emphasize on how Matrices works with Algebra. Chapter 6 will begin with the fundamental on Fourier Series and follow up by more profound analysis of Fourier Series in Chapter 7. Finally, Chapter 8 will describe the various techniques based on Partial Differential Equations that can be easily digested by under-graduate student. Any comments or mistakes detected in this book are fully welcome, and you can always write to me via: cysim@fcu.edu.tw .

Lastly, I am extremely grateful to all my friends, colleagues and my family, especially my wife, for all the encouragement to publish this book.

Chow-Yen-Desmond Sim

Distinguished Professor, IET (Fellow)

Department of Electrical Engineering

Feng Chia University,

Taichung, Taiwan

序 言

　　首先吾人要感謝一路來支持此基本工程數學的學者或學生。此修訂版包括了工程數學裡大多數的主要基本主題，也適用於一般技術學院或大學的整個學年。章節一和二從一階微分(1st Order Differential Equations)講述到二階微分(2nd Order Differential Equations)。章節三提到(Laplace Transform)拉普拉斯轉換的基本理論，而章節四描述了拉普拉斯函數在其它範圍的應用。章節五描述了如何運用矩陣在代數上。章節六將從(Fourier Series) 傅立葉級數之基本開始，而更深入的傅立葉分析會在章節七中解釋。至於第八章節(Partial Differential Equations)偏微分方程式的撰寫，因為很多大學部的學生都覺得偏微分方程式很難懂，所以吾人是用最簡單的方式來表達偏微分方程式的方法。

　　雖然此書已經過多次的修正，但還不是一本徹底完整的工程數學書，也冀望未來能加以改善。若您對這本書有任何評論或者發現任何錯誤，請把電子郵件寄至：cysim@fcu.edu.tw，我隨時歡迎你的指教。

　　最後，我極為感激我的朋友、同事、家人(尤其我的妻子)，在修改這本書的期間給於我的所有鼓勵與關心。

沈昭元

特聘教授，英國國際工程技術學會會士
逢甲大學
電機工程學系
台中市，台灣

編　輯　部　序

　　「系統編輯」是我們的編輯方針，我們所提供給您的，絕不是一本書，而是關於這門學問的所有知識，它們由淺入深，循序漸進。

　　本書非一般市面上「工程數學」書籍之撰寫方式，其內容以英文編寫，內文之專有名詞並以中文附註在旁，幫助學生容易記憶及加強學習效果，使學生不易混淆名詞而減少學習興趣。學生可利用各章節的習題及自我練習來評估學習效果。本書適用大學、科大及技術學院理工科系之「工程數學」課程使用。

　　若您在這方面有任何問題，歡迎來函詢問，我們將竭誠為您服務。

目 錄 Contents

Part 1　Differential Equations 微分方程式

第 1 章　First-Order Differential Equations 一階常微分方程式

第 2 章　Second-Order Ordinary Differential Equations 二階常微分方程式

Part 2   Laplace Transform 拉普拉斯轉換

第 3 章   Laplace Transform Fundamental 拉普拉斯轉換之基礎

第 4 章   Laplace Transform Function 拉普拉斯轉換之函數

Part 3　Linear Algebra 線性代數

第 5 章　Matrices and Determinants 矩陣與行列式

Part 4　Fourier Equations 傅立葉方程式

第 6 章　Fourier Series 傅立葉級數

第 7 章　Fourier Analysis 傅立葉分析

Part 5　Partial Differential Equations
偏微分方程式

第 8 章　Partial Differential Equations
偏微分方程式

Chapter 1

First-Order Differential Equations
一階常微分方程式

Any equation that contains a derivative or differential is called a **differential equation**. The following are differential equations of different order:

$$\frac{dy}{dx} = x^2 + 5 \quad \Rightarrow \quad 1^{st} \text{ order (一階)}$$

$$\frac{d^2 y}{dx^2} + 9\frac{dy}{dx} + x = \cos x \quad \Rightarrow \quad 2^{nd} \text{ order (二階)}$$

$$\frac{d^3 y}{dx^3} + \frac{dy}{dx} + y = \sin x \quad \Rightarrow \quad 3^{rd} \text{ order (三階)}$$

The above mentioned differential equations (d.e.) are sometimes known as ordinary d.e. since the unknown function $y(x)$ depends only on one variable x.

1.1 General and Particular Solution
普解與特解

A **solution**解法 of a given differential equation is a function that satisfied the equation. It is also known as a **particular solution**特解 if it does not contain any arbitrary constant任意常數. An example of particular solution is:

$$y = x^2 + 2$$

arbitrary constant

A **general solution**普遍的解法 is a characterization of all possible solutions of the equation. An example of general solution is:

$$\frac{dy}{dx} = 2x \Rightarrow y = \int 2x\, dx \Rightarrow x^2 + c$$

Given $\dfrac{dy}{dx} = 1 + \sin 2x$, this is an example of a simple d.e. which can be solved by direct integration:

$$y = \int (1 + \sin 2x)\, dx , \quad \therefore y = x - \frac{1}{2}\cos 2x + c$$

This is known as the *general solution* of the differential equation. Note that it contains an arbitrary constant c.

Suppose we impose the condition that when $x = 0$, $y = 0$. Then the value of c is given by:

$$0 = 0 - \frac{1}{2} + c \quad \Rightarrow \quad \text{therefore,} \quad c = \frac{1}{2}$$

After substituting the c value into the general solution, we get:

$$y = x - \frac{1}{2}\cos 2x + \frac{1}{2} \qquad \text{that is known as a } \textbf{\textit{particular solution}}.$$

1.2 To solve First-Order Differential Equations 解一階常微分方程式

A first-order d.e. is of the form:

$$\frac{dy}{dx} = f(x, y)$$

where $f(x, y)$ is a function of x and y.

The below identifies various ways in solving 1st order d.e that contains terms of x, y and $\frac{dy}{dx}$.

In general (linear and non-linear first-order d.e.), two approaches are possible:

• Separation of variable

    - Reduction to separate form

• Solving Exact Differential

    - Test for exact d.e.

    - Reduction to exact form:

      Integrating factors

For Linear Differential Equations: $\frac{dy}{dx} + P(x)y = Q(x)$

Solve using Integrating Factor: $e^{\int P(x)dx}$

For Constant Coefficient Linear Differential Equations:

$$\frac{dy}{dx} + ay = b$$

(Solving of homogeneous and non-homogeneous equations will be treated in Chapter 2)

1.2.1　Separable Differential Equations 分離式微分方程式

Some differential equations can be expressed in the form $\boxed{\dfrac{dy}{dx} = \dfrac{g(x)}{f(y)}}$ and in order to solve such an equation:

Step (1): Separating the variables into differential form:

$$f(y)dy = g(x)dx$$

Step (2): Integrating both sides separately with y and x term at both sides of the equation respectively.

$$\underbrace{\int f(y)\,dy}_{y \text{ term 1 side}} = \underbrace{\int g(x)\,dx}_{x \text{ term 1 side}}$$

The above operation will transform the original differential equation into a separable form which is known as **separable equation**.

Example (1):　Solve the differential equation

(a)　$4y\dfrac{dy}{dx} + 2x = 0$　　　　(b)　$\dfrac{dy}{dx} = 3(1+y^2)$

Solution:　　(a)　Separating 分離 $\Rightarrow 4y\dfrac{dy}{dx} = -2x$

Integrating the above separated equation with respect to (w.r.t.) x:

Integrating 積分 $\Rightarrow \underbrace{\int 4y\dfrac{dy}{dx}dx}_{y \text{ term}} = \underbrace{\int -2x\,dx}_{x \text{ term}}$

$\Rightarrow \dfrac{4}{2}y^2 = \dfrac{-2}{2}x^2 + c = -x^2 + c$　　　$\therefore 2y^2 + x^2 = c$

(b)　Separating $\Rightarrow \dfrac{dy}{dx} = 3(1+y^2)$

$\Rightarrow \dfrac{1}{1+y^2} \cdot \dfrac{dy}{dx} = 3$

Integrating the above separated equation w.r.t. x:

Integrating $\Rightarrow \int \left(\frac{1}{1+y^2} \cdot \frac{dy}{dx} \right) dx = \int 3 \, dx$

$\Rightarrow \underbrace{\int \frac{1}{1+y^2} \, dy}_{y \text{ term}} = \underbrace{3x+c}_{x \text{ term}}$

$\Rightarrow \tan^{-1} y = 3x + c \qquad \therefore y = \tan(3x+c)$

Example (2):   Solve the differential equation

(a) $\dfrac{dy}{dx} = \dfrac{x^2}{y^2+1}$ $\qquad\qquad$ (b) $\dfrac{dy}{dx} = e^{-y} x \cos x$

Solution: $\qquad$ (a)   Multiplying the differential equation by y^2+1 , we obtain:

Separating $\Rightarrow (y^2+1)\dfrac{dy}{dx} = x^2$

Integrating the above separated equation w.r.t. x:

Integrating $\Rightarrow \int (y^2+1)\dfrac{dy}{dx} \, dx = \int x^2 dx$

$\underbrace{\int (y^2+1) \, dy}_{y \text{ term}} = \underbrace{\int x^2 dx}_{x \text{ term}} \quad \Rightarrow \quad \therefore \frac{1}{3}y^3 + y = \frac{x^3}{3} + c$

(b)   Multiplying the differential equation by e^y , we obtain:

Separating $\Rightarrow e^y \dfrac{dy}{dx} = \underbrace{e^y e^{-y}}_{e^0 = 1} x \cos x$,

Integrating the above separated equation w.r.t. x, we obtain:

Integrating $\Rightarrow \int e^y \dfrac{dy}{dx} \, dx = \int x \cos x \, dx$

$\Rightarrow \underbrace{\int e^y dy}_{y \text{ term}} = \underbrace{\int x \cos x \, dx}_{x \text{ term}}$

By applying *integral by parts* theorem into the x term:

$$\boxed{\int uv \, dx = u \int v \, dx - \int \left[\left(\int v \, dx \right) \times \frac{du}{dx} \right] dx}$$

Therefore,

$$\Rightarrow \int e^y dy = \int \underset{u}{x} \underset{v}{\cos x} \ dx$$

$$\Rightarrow e^y = x \int \cos x \ dx - \int \left[\left(\int \cos x \ dx \right) \times \frac{d}{dx} x \right] dx$$

$$\Rightarrow e^y = x \sin x - \int \sin x \cdot 1 \ dx$$

$$\Rightarrow e^y = x \sin x - (-\cos x) + c$$

$$= x \sin x + \cos x + c$$

1.2.2 Homogeneous Differential Equations
齊次型微分方程式

We might encounter problems such as the differential equations are not easily separable. Hence, we have to substitute a new unknown function to transform the differential equation into separable form. Two such operations which are sometime known as (Reducible to Separable Form-減化成可分離式方程式) are introduced in this section:

Case (a):

If the differential equation is of the form $\dfrac{dy}{dx} = g\left(\dfrac{y}{x}\right)$,

By substituting $y = ux$, we can form a differential equation with only variable u and x.

Let $y = ux$, by using the derivative product rule of the form: $\boxed{\dfrac{d}{dx}(uv) = u\dfrac{d}{dx}v + v\dfrac{d}{dx}u}$, we

have

$$\Rightarrow \frac{d}{dx}(y) = \frac{d}{dx}(ux) = u\underbrace{\frac{d}{dx}x}_{1} + x\frac{d}{dx}u$$

$$\Rightarrow \frac{dy}{dx} = u + x\frac{du}{dx}, \text{ by letting } \frac{dy}{dx} \text{ as } g(u)$$

we have $\Rightarrow g(u) = u + x\dfrac{du}{dx}$

Separating $\Rightarrow g(u) = u + x\dfrac{du}{dx}$

$$\Rightarrow \underbrace{\frac{1}{g(u)-u}du}_{u \text{ term}} = \underbrace{\frac{1}{x}dx}_{x \text{ term}}$$

Example (3): Solve the differential equation

(a) $xy\dfrac{dy}{dx} = 2y^2 - x^2$ (b) $\dfrac{dy}{dx} = \dfrac{y}{x} + 1$

Solution: (a) Dividing both sides of the differential equation by xy, we obtain:

$$\Rightarrow \frac{dy}{dx} = \frac{2y}{x} - \frac{x}{y} \quad\text{.....................................} (1)$$

As mentioned earlier, $\boxed{\dfrac{dy}{dx} = u + x\dfrac{du}{dx}}$ if $y = ux$. Therefore,

substituting it into (1), we have:

$$\Rightarrow u + x\frac{du}{dx} = \frac{2ux}{x} - \frac{x}{ux} = 2u - \frac{1}{u}$$

Separating $\Rightarrow \underbrace{x\frac{du}{dx}}_{x \text{ term}} = u - \frac{1}{u} = \underbrace{\frac{u^2-1}{u}}_{u \text{ term}}$ or $\Rightarrow \underbrace{\frac{u}{u^2-1}du}_{u \text{ term}} = \underbrace{\frac{1}{x}dx}_{x \text{ term}}$

Integrating $\Rightarrow \int\frac{u}{u^2-1}du = \int\frac{1}{x}dx$

$$\Rightarrow \frac{1}{2}\int\left(\underbrace{\frac{2u}{u^2-1}}_{f(u)}\right)du = \ln|x| + c$$

$$\Rightarrow \frac{1}{2}\ln|u^2-1| = \ln|x| + c, \text{ since } u = \frac{y}{x}, \text{ we get}$$

$$\Rightarrow \frac{1}{2}\ln\left|\left(\frac{y}{x}\right)^2 - 1\right| = \ln|x| + c$$

$$\boxed{\text{Note}: \int \frac{f'(u)}{f(u)}\,du = \ln\{f(u)\} + c}$$

Since $f'(u) = \dfrac{df(u)}{du} = \dfrac{d(u^2 - 1)}{du} = 2u$

Solution: (b)   Let $y = ux$ and $\dfrac{dy}{dx} = g(u)$, we get: $\underbrace{\dfrac{dy}{dx}}_{g(u)} = \underbrace{\dfrac{y}{x}}_{u} + 1$

$$\Rightarrow \frac{d}{dx}(ux) - u = 1,\ \text{since}\ y = ux$$

$$\Rightarrow x\frac{du}{dx} + u\underbrace{\frac{dx}{dx}}_{1} - u = 1$$

$$\Rightarrow x\frac{du}{dx} = 1$$

Separating $\Rightarrow \underbrace{du}_{u\ \text{term}} = \underbrace{\frac{dx}{x}}_{x\ \text{term}}$

Integrating $\Rightarrow \int du = \int \frac{1}{x}\,dx$

$$\Rightarrow u = \ln|x| + c_1$$

Since $u = \dfrac{y}{x}$, $\therefore y = x\ln|x| + \underbrace{c}_{xc_1}$

Case (b):

If the differential equation is of the form $\dfrac{dy}{dx} = g(x, y)$,

Let $u = ax + by + z$, we formed a differential equation $\dfrac{du}{dx} = g(x, u)$ with only variable u

and x. Where a, b and z are constant.

Example (4): Solve the homogeneous differential equation

(a) $-(3x + 3y - 4)\dfrac{dy}{dx} - x - y = 0$ put $u = x + y$

(b) $\dfrac{dy}{dx} = (x + y)^{\frac{1}{2}}$ put $u = x + y$

Solution: (a) Re-arranging the equation, we get: $\dfrac{dy}{dx} = \dfrac{-(x+y)}{3x + 3y - 4} = \dfrac{-(x+y)}{3(x+y) - 4}$

Let $u = x + y$, $\dfrac{dy}{dx} = \dfrac{-u}{3u - 4}$ .... (1)

Since $y = u - x$, substituting it into (1), we get:

Transform $\Rightarrow \dfrac{d(u-x)}{dx} = \dfrac{-u}{3u-4}$

$\Rightarrow \dfrac{du}{dx} = \dfrac{-u}{3u-4} + 1$, multiplying both sides by $(3u - 4)$

$\Rightarrow (3u - 4)\dfrac{du}{dx} = \underbrace{-u + (3u - 4)}_{2u-4}$

Separating $\Rightarrow \underbrace{\dfrac{3u-4}{2(u-2)} du}_{u \text{ term}} = \underbrace{dx}_{x \text{ term}}$

Integrating $\Rightarrow \int\left[\dfrac{3u}{2(u-2)}-\dfrac{2}{(u-2)}\right]du = \int 1\,dx$

$\Rightarrow \dfrac{3}{2}\int\dfrac{(u-2)+2}{u-2}du - 2\int\dfrac{1}{u-2}du = x+C$

$\Rightarrow \dfrac{3}{2}\Big[(u)+2\ln|u-2|\Big]-2\ln|u-2| = x+C$

$\Rightarrow \dfrac{3}{2}u+\ln|u-2| = x+C$

Substituting $u = x+y$, we get

$\Rightarrow \dfrac{3}{2}(x+y)+\ln|x+y-2|-x = C$

The solution is: $\Rightarrow \dfrac{1}{2}x+\dfrac{3}{2}y+\ln|x+y-2| = C$

Solution: (b) put $u = x+y$, hence $y = u-x$

Transform $\Rightarrow \dfrac{d(u-x)}{dx} = u^{\frac{1}{2}}$ or $\sqrt{u}$

$\Rightarrow \dfrac{du}{dx} = u^{\frac{1}{2}}+1$

Separating $\Rightarrow \underbrace{\dfrac{1}{\left(\sqrt{u}+1\right)}du}_{u\text{ term}} = \underbrace{dx}_{x\text{ term}}$ (a)

let $\sqrt{u}+1 = z$, hence $u = (z-1)^2$ and $du = (2z-2)dz$

substituting the above into (a), we get

Integrating $\Rightarrow \int\dfrac{1}{z}(2z-2)dz = \int 1\,dx$

$\Rightarrow 2z-2\ln|z|+c_1 = x+c_2$

substituting $z = \sqrt{u}+1$, we get

$\Rightarrow 2\sqrt{u}-2\ln\left|\sqrt{u}+1\right| = x+\underbrace{c_2-c_1-2}_{c}$

Substituting $u = x + y$, we get the solution

$$\Rightarrow 2\sqrt{x+y} - 2\ln\left|\sqrt{x+y} + 1\right| = x + C,$$

1.3 Exact Differential Equations
正合式微分方程式

We continue the theme of identifying certain kinds of first-order differential equations for which there is a method leading to a solution.

But first of all, we will look at the theorem of Partial Derivatives 偏導數.

If a function $u(x, y)$ has continuous partial derivatives, its differential is:

$$du = \frac{\partial u}{\partial x}dx + \frac{\partial u}{\partial y}dy$$

For example, if

$$u(x, y) = x^4 + 6x^2 y^3 + y^5$$

then $\quad \dfrac{\partial u}{\partial x} = 4x^3 + 12xy^3 + 0 \qquad$ and $\qquad \dfrac{\partial u}{\partial y} = 0 + 18x^2 y^2 + 5y^4$

Therefore, $\quad du = \dfrac{\partial u}{\partial x}dx + \dfrac{\partial u}{\partial y}dy$

$$= \left(4x^3 + 12xy^3\right)dx + \left(18x^2 y^2 + 5y^4\right)dy$$

If $u(x, y) = c = \text{constant}$

$$du = \frac{\partial u}{\partial x}dx + \frac{\partial u}{\partial y}dy = 0 \quad\text{... (1.1)}$$

Let $\dfrac{\partial u}{\partial x} = M(x, y)$, $\dfrac{\partial u}{\partial y} = N(x, y)$. Then Eq. (1.1) can be expressed as:

$$M(x, y)dx + N(x, y)dy = 0 \qquad \text{or} \qquad \frac{dy}{dx} = -\frac{M(x, y)}{N(x, y)}$$

The above equation is known as the **exact differential equation**.

To **test the exactness** of the differential equation:

the differential equation is considered as **exact** if

$$\frac{\partial M}{\partial y} = \frac{\partial N}{\partial x}$$

Given an exact differential equation

$$M(x, y)dx + N(x, y)dy = 0$$

where $M(x, y) = \dfrac{\partial u}{\partial x}$ .... (1.2)

$N(x, y) = \dfrac{\partial u}{\partial y}$ .... (1.3)

For some function of $u(x, y)$, the solution is then given by: $u(x, y) = c$

To solve the differential equation:

Step (1):   Integrate Eq. (1.2) with respect to x.

$$u = \int M(x, y)\, dx + k(y) \text{ .... (1.4)}$$

Note that $k(y)$ is the arbitrary constant of integration.

Step (2): To find $k(y)$, differentiate Eq. (1.4) with respect to y and substitute back to Eq. (1.3).

Note that another Exact Differential method has also been widely recommended as follow:

Since $M(x,y) = \dfrac{\partial u}{\partial x} \cdots \text{Eq.}(1.2)$, and $N(x,y) = \dfrac{\partial u}{\partial y} \cdots \text{Eq.}(1.3)$

Step(1)→Integrate Eq.(1.2) with respect to x, we get: $u = \int M(x,y)dx + k(y)$ (1.4)

Step(2)→Integrate Eq.(1.3) with respect to y, we get: $u = \int N(x,y)dy + k(x)$ (1.4.1)

By comparing both Eqs. (1.4) and (1.4.1) to obtain $k(y)$ and $k(x)$, the solution $u(x,y)$ can also be achieved too.

Example (5):   Solve $2xy\,dx + (x^2 - 1)dy = 0$

Solution: First, test for exactness of d.e., we let $M = 2xy$ and $N = x^2 - 1$

$$\therefore \frac{\partial M}{\partial y} = 2x = \frac{\partial N}{\partial x}$$

Thus the equation is exact. To solve the d.e., applying Step 1:

Since $M = \dfrac{\partial u}{\partial x} = 2xy$

$\therefore u = \int 2xy\,dx + k(y)$

$= x^2 y + k(y) \cdots\cdots\cdots (a)$

Apply Step 2: $N = \dfrac{\partial u}{\partial y}$

$N = x^2 - 1 = \dfrac{\partial}{\partial y}[x^2 y + k(y)]$

$= x^2 + k'(y)$ or $x^2 + \dfrac{\partial}{\partial y}k(y)$

comparing the coefficient, $k'(y) = -1$

$$\therefore k(y) = \int -1\, dy = -y$$

Substitute $k(y)$ back into Eq. (a):

$$u(x,y) = x^2 y \underbrace{-y}_{k(y)}$$

Since the solution is given by $u(x,y)$ = constant C, therefore, the solution of equation in implicit form (隱函式) is:

$$x^2 y - y = C$$

The solution in explicit form (顯函式) is: $y = \dfrac{C}{(x^2 - 1)}$

Example (6):   Solve $(x^3 + 3xy^2)dx + (3x^2 y + y^3)dy = 0$

Solution: First, test for exactness of d.e.

Let $M = x^3 + 3xy^2$ and $N = 3x^2 y + y^3$

Therefore: $\dfrac{\partial M}{\partial y} = 6xy \equiv \dfrac{\partial N}{\partial x} = 6xy$ $\Rightarrow$ d.e. is exact

To solve the d.e., apply Step 1.

Since $M = \dfrac{\partial u}{\partial x} = x^3 + 3xy^2$

$$u = \int (x^3 + 3xy^2)\, dx + k(y)$$

$$= \frac{1}{4}x^4 + \frac{3}{2}x^2 y^2 + k(y) \quad \Rightarrow (a)$$

Apply Step 2: $N = \dfrac{\partial u}{\partial y}$

$$3x^2 y + y^3 = \frac{\partial}{\partial y}\left[\frac{1}{4}x^4 + \frac{3}{2}x^2 y^2 + k(y)\right] = 3x^2 y + \frac{\partial}{\partial y}k(y)$$

Comparing terms, $\dfrac{\partial k(y)}{\partial y} = y^3$, $\quad \therefore k(y) = \int y^3\, dy = \frac{1}{4}y^4$

Substitute $k(y)$ back into Eq. (a), we get

$$u(x,y) = \frac{1}{4}x^4 + \frac{3}{2}x^2y^2 + \underbrace{\frac{1}{4}y^4}_{k(y)}$$

Since the solution is given by $u(x,y)$ = constant C, therefore, the solution of equation in implicit form is:

$$\frac{1}{4}x^4 + \frac{3}{2}x^2y^2 + \frac{1}{4}y^4 = C$$

Note: It is important to verify the solution by implicitly differentiating $u(x,y) = c$ and checking that this leads to $\dfrac{dy}{dx} = -\dfrac{M}{N}$.

Example (7):   Solve $ydx - xdy = 0$

Solution: In this case, $M = y$ and $N = -x$

Testing the exactness, we get:

$$\frac{\partial M}{\partial y} = 1 \quad \text{and} \quad \frac{\partial N}{\partial x} = -1, \text{hence} \quad \frac{\partial M}{\partial y} \neq \frac{\partial N}{\partial x}$$

Therefore, the equation is not exact.

1.3.1   Exact Form — using Integrating Factor
正合式 — 利用積分因子

From the previous example: $ydx - xdy = 0$ is not exact .

But if we multiply the above equation by a factor $\left(\dfrac{1}{x^2}\right)$, we get

$$\underbrace{\frac{y}{x^2}}_{M}dx - \underbrace{\frac{1}{x}}_{N}dy = 0$$

Therefore, the above is an exact equation since,

$$\frac{\partial M}{\partial y} = \frac{\partial}{\partial y}\left(\frac{y}{x^2}\right) = \frac{1}{x^2}, \quad \frac{\partial N}{\partial x} = \frac{\partial}{\partial x}\left(-\frac{1}{x}\right) = \frac{1}{x^2}$$

$$\Rightarrow \therefore \frac{\partial M}{\partial y} \equiv \frac{1}{x^2} \equiv \frac{\partial N}{\partial x},$$

In this case, the function $\frac{1}{x^2}$ that was used to form an exact equation is known as the **integrating factor** 積分因子.

Example (8):	Solve $ydx + 2xdy = 0$

Solution: First, test for exactness of d.e. Let $M = y$ and $N = 2x$

Therefore: $\left(\frac{\partial M}{\partial y} = 1\right) \neq \left(\frac{\partial N}{\partial x} = 2\right) \Rightarrow$ d.e. is **not exact**

Let y be the integrating factor, we get: $M = y^2$ and $N = 2xy$.

Testing the exactness again, we get:

$$\left(\frac{\partial M}{\partial y} = 2y\right) \equiv \left(\frac{\partial N}{\partial x} = 2y\right) \Rightarrow \text{d.e. is \textbf{exact}}$$

To solve the d.e., applying Step 1: Since $M = \frac{\partial u}{\partial x} = y^2$

Hence $u(x, y) = \int y^2\, dx + k(y) = y^2 x + k(y) \Rightarrow$ (a)

Applying Step 2: $N = \frac{\partial u}{\partial y}$

$$N = 2xy = \frac{\partial}{\partial y}\left[y^2 x + k(y)\right] = 2xy + \frac{\partial k(y)}{\partial y}$$

Comparing terms, $\frac{\partial k(y)}{\partial y} = 0$, $\therefore k(y) = \int 0\, dy = 0$

Substitute $k(y)$ back into Eq. (a), we get

$$u(x, y) = y^2 x$$

Since the solution is given by $u(x,y) = $ constant C, therefore, the solution in implicit form is:

$$y^2 x = C$$

So, the next question is: ***how do we obtain the integrating factor***? 那我們如何取得積分因子?

1.3.2   To determine the Integrating Factor 求取積分因子

For an exact differential equation with the form $M(x,y)dx + N(x,y)dy = 0$, if an integration factor $I_F(x,y)$ do exist in the exact differential equation, then:

$$\boxed{(I_F M)\,dx + (I_F N)\,dy = 0}$$

In order to satisfy the exact differential equation, we need:

$$\frac{\partial}{\partial y}(I_F M) = \frac{\partial}{\partial x}(I_F N)$$

or by implementing the derivative product rule, we get:

$$M\frac{\partial I_F}{\partial y} + I_F\frac{\partial M}{\partial y} = N\frac{\partial I_F}{\partial x} + I_F\frac{\partial N}{\partial x} \quad\text{................................. (1.5)}$$

There are two basic cases to be considered in here initially for $I_F(x,y)$ to be either as a function of x $\boxed{I_F(x)}$ or as a function of y $\boxed{I_F(y)}$.

Case (a): If $I_F(x,y) = I_F(x)$ (as a function of x only), then:

$$M\underbrace{\frac{\partial I_F(x)}{\partial y}}_{0} + I_F(x)\frac{\partial M}{\partial y} = N\underbrace{\frac{\partial I_F(x)}{\partial x}}_{\frac{dI_F(x)}{dx}} + I_F(x)\frac{\partial N}{\partial x}$$

Re-arranging the above, we get:

$$\frac{1}{I_F(x)}\frac{dI_F(x)}{dx} = \frac{1}{N}\left(\frac{\partial M}{\partial y} - \frac{\partial N}{\partial x}\right) = P(x) \quad\text{............} \quad (1.6)$$

From Eq. (1.6), we get $\quad\Rightarrow \dfrac{dI_F(x)}{I_F(x)} = P(x)dx$

Integrating both sides $\quad\Rightarrow \ln\left|I_F(x)\right| = \displaystyle\int P(x)\,dx$, therefore the integrating factor as a function

of x is denoted as:

$$I_F(x) = e^{\int P(x)\,dx} \quad\text{............}\quad (1.7)$$

Case (b): If $I_F(x, y) = I_F(y)$ (as a function of y only), then:

$$M\underbrace{\frac{\partial I_F(y)}{\partial y}}_{\frac{dI_F(y)}{dy}} + I_F(y)\frac{\partial M}{\partial y} = N\underbrace{\frac{\partial I_F(y)}{\partial x}}_{0} + I_F(y)\frac{\partial N}{\partial x}$$

Re-arranging the above, we get:

$$\frac{1}{I_F(y)}\frac{dI_F(y)}{dy} = \frac{1}{M}\left(\frac{\partial N}{\partial x} - \frac{\partial M}{\partial y}\right) = P(y) \quad\text{............}\quad (1.8)$$

From Eq. (1.8), we get $\quad\Rightarrow \dfrac{dI_F(y)}{I_F(y)} = P(y)dy$

Integrating both sides $\quad\Rightarrow \ln\left|I_F(y)\right| = \displaystyle\int P(y)\,dy$, therefore the integrating factor as a function of y is denoted as:

$$I_F(y) = e^{\int P(y)\,dy} \quad\text{..} (1.9)$$

Note that Eq. (1.8) can also be expressed as $\Rightarrow \dfrac{1}{M}\left(\dfrac{\partial M}{\partial y} - \dfrac{\partial N}{\partial x}\right) = P(y)$ and if it is the case,

the integrating factor in Eq. (1.9) will become $\Rightarrow I_F(y) = e^{-\int P(y)\,dy}$, see Table (1.1).

Example (9): Solve $\dfrac{dy}{dx} = e^{2x} - 5y$ [hint: apply Case (a) to find the integrating factor].

Solution: This 1st order differential equation is different from what we have taught so far while dealing with integrating factor. Nevertheless, a re-arrangement for the above equation will do the job.

Re-arrange $\Rightarrow \left(5y - e^{2x}\right)dx + dy = 0 \cdots\cdots\cdots(a)$

Select M and N $\Rightarrow$ $M = 5y - e^{2x}$ and $N = 1$

Testing the exactness, we get: $\Rightarrow \dfrac{\partial M}{\partial y} = 5 \neq \dfrac{\partial N}{\partial x} = 0$

(the equation is not exact)

Applying Eq. (1.6) $\Rightarrow \dfrac{1}{N}\left(\dfrac{\partial M}{\partial y} - \dfrac{\partial N}{\partial x}\right) = P(x)$

$$\Rightarrow \dfrac{1}{1}\left(\dfrac{\partial\left(5y - e^{2x}\right)}{\partial y} - \dfrac{\partial(1)}{\partial x}\right)$$

$$\Rightarrow 5 = P(x)$$

Applying Eq. (1.7) $\Rightarrow I_F(x) = e^{\int P(x)\,dx}$

$$\Rightarrow I_F(x) = e^{\int 5\,dx} = e^{5x}$$

(we obtained the integrating factor)

Multiplying $I_F(x)$ back to the differential equation (a), we get:

Multiplying $\Rightarrow e^{5x}\left(5y - e^{2x}\right)dx + e^{5x}dy = 0$

$\Rightarrow \underbrace{\left(5e^{5x}y - e^{7x}\right)}_{M}dx + \underbrace{e^{5x}}_{N}dy = 0$

Testing the exactness again: $\Rightarrow \dfrac{\partial M}{\partial y} = 5e^{5x} \equiv \dfrac{\partial N}{\partial x} = 5e^{5x}$

(the equation is exact)

To solve the d.e., applying Step 1: since $M = \dfrac{\partial u}{\partial x} = 5e^{5x}y - e^{7x}$

Hence $u(x,y) = \int \left(5e^{5x}y - e^{7x}\right)dx + k(y)$

$= e^{5x}y - \dfrac{e^{7x}}{7} + k(y) \cdots\cdots\cdots(b)$

Applying Step 2: $N = \dfrac{\partial u}{\partial y}$

$N = e^{5x} = \dfrac{\partial}{\partial y}\left[e^{5x}y - \dfrac{e^{7x}}{7} + k(y)\right] = e^{5x} + \dfrac{dk}{dy}$

Comparing terms, $\dfrac{dk}{dy} = 0$, $\therefore k(y) = \int 0\,dy = 0$

Substitute $k(y)$ back into Eq. (b), we get

$$u(x,y) = e^{5x}y - \dfrac{e^{7x}}{7}$$

Since the solution is given by $u(x,y)$ = constant C, therefore, the solution in implicit form is:

$$e^{5x}y - \dfrac{e^{7x}}{7} = C$$

Example (10): Find the integrating factor for $y^2 dx + \left(1 + 3xy\right)dy = 0$ [hint: apply Case (b)].

Solution: Select M and N $\Rightarrow$ $M = y^2$ and $N = 1 + 3xy$

Testing the exactness, we get: $\Rightarrow \dfrac{\partial M}{\partial y} = 2y \neq \dfrac{\partial N}{\partial x} = 3y$

(the equation is not exact)

Applying Eq. (1.8) $\Rightarrow \dfrac{1}{M}\left(\dfrac{\partial N}{\partial x} - \dfrac{\partial M}{\partial y} \right) = P(y)$

$$\Rightarrow = \dfrac{1}{y^2}(3y - 2y)$$

$$\Rightarrow = \dfrac{1}{y} = P(y)$$

Applying Eq. (1.9) $\Rightarrow I_F(y) = e^{\int P(y)\,dy}$

$$\Rightarrow I_F(y) = e^{\int \frac{1}{y}\,dy} = e^{\ln|y|}$$

$$= y \quad \text{(we obtained the integrating factor)}$$

Multiplying $I_F(y)$ back to the differential equation, we get:

Multiplying $\Rightarrow y(y^2)dx + y(1 + 3xy)dy = 0$

$$\Rightarrow \underbrace{(y^3)}_{M}dx + \underbrace{(y + 3xy^2)}_{N}dy = 0$$

Testing the exactness again: $\Rightarrow \dfrac{\partial M}{\partial y} = 3y^2 \equiv \dfrac{\partial N}{\partial x} = 3y^2$

(the equation is exact)

If both cases (**a**) and (**b**) mentioned above with a single function (x or y) for $I_F(x,y)$ are unable to satisfy the differential equation, we have to consider the rest of the cases derived as accordingly to each of its various function in the following Table (1.1):

Table 1.1   Formulas to determine the Integrating Factor

Case	Various Condition / Formula	Integrating Factor
(a)	$\dfrac{1}{N}\left(\dfrac{\partial M}{\partial y}-\dfrac{\partial N}{\partial x}\right)=P(x)$	$I_F(x)=e^{\int P(x)\,dx}$
(b)	$\dfrac{1}{M}\left(\dfrac{\partial M}{\partial y}-\dfrac{\partial N}{\partial x}\right)=P(y)$	$I_F(y)=e^{-\int P(y)\,dy}$
(c)	$\dfrac{1}{M-N}\left(\dfrac{\partial M}{\partial y}-\dfrac{\partial N}{\partial x}\right)=P(x+y)$	$I_F(x+y)=e^{-\int P(x+y)\,d(x+y)}$
(d)	$\dfrac{1}{2(yM-xN)}\left(\dfrac{\partial M}{\partial y}-\dfrac{\partial N}{\partial x}\right)=P\left(x^2+y^2\right)$	$I_F\left(x^2+y^2\right)=e^{-\int P\left(x^2+y^2\right)\,d\left(x^2+y^2\right)}$
(e)	$\dfrac{1}{xM-yN}\left(\dfrac{\partial M}{\partial y}-\dfrac{\partial N}{\partial x}\right)=P(xy)$	$I_F(xy)=e^{-\int P(xy)\,d(xy)}$
(f)	$\dfrac{x^2}{xM-yN}\left(\dfrac{\partial M}{\partial y}-\dfrac{\partial N}{\partial x}\right)=P\left(\dfrac{y}{x}\right)$	$I_F\left(\dfrac{y}{x}\right)=e^{-\int P\left(\frac{y}{x}\right)\,d\left(\frac{y}{x}\right)}$
(g)	$\dfrac{y^2}{xM-yN}\left(\dfrac{\partial M}{\partial y}-\dfrac{\partial N}{\partial x}\right)=P\left(\dfrac{x}{y}\right)$	$I_F\left(\dfrac{x}{y}\right)=e^{-\int P\left(\frac{x}{y}\right)\,d\left(\frac{x}{y}\right)}$

Example (11):   Solve $y(1+x)dx+x(1+y)dy=0$ [hint: apply Case (c) to find the integrating factor].

Solution: Select M and N $\Rightarrow$ $M=y(1+x)$ and $N=x(1+y)$

Testing the exactness, we get: $\Rightarrow \dfrac{\partial M}{\partial y}=(1+x)\neq\dfrac{\partial N}{\partial x}=(1+y)$

(the equation is not exact)

Applying formula in Case (c) $\Rightarrow \dfrac{1}{M-N}\left(\dfrac{\partial M}{\partial y}-\dfrac{\partial N}{\partial x}\right)=P(x+y)$

$\Rightarrow \dfrac{1}{y(1+x)-x(1+y)}\left[(1+x)-(1+y)\right]$

$\Rightarrow \dfrac{-(y-x)}{(y-x)}=-1=P(x+y)$

Therefore, $\Rightarrow I_F(x+y)=e^{-\int P(x+y)\,d(x+y)}$

$$\Rightarrow I_F(x+y) = e^{-\int (-1)\,d(x+y)} = e^{x+y} \quad \text{(integrating factor)}$$

Multiplying $I_F(x+y)$ back to the differential equation, we get:

Multiplying $\Rightarrow e^{x+y}y(1+x)dx + e^{x+y}x(1+y)dy = 0$

$$\Rightarrow \underbrace{e^{x+y}(y+xy)dx}_{M} + \underbrace{e^{x+y}(x+xy)dy}_{N} = 0$$

Testing the exactness again:

$$\Rightarrow \frac{\partial M}{\partial y} = (y+xy)e^{x+y} + e^{x+y}(1+x) \equiv \frac{\partial N}{\partial x} = (x+xy)e^{x+y} + e^{x+y}(1+y)$$

$$= (1+x+y+xy)e^{x+y} \qquad\qquad = (1+x+y+xy)e^{x+y}$$

(the equation is exact)

To solve the d.e., applying Step 1: since $M = \dfrac{\partial u}{\partial x} = e^{x+y}(y+xy)$

Hence $u(x,y) = \int \left[e^{x+y}(y+xy) \right] dx + k(y) \quad \Leftarrow$ use integral by parts, we get:

$$u(x,y) = xye^{x+y} + k(y) \cdots\cdots\cdots (a)$$

Applying Step 2: $N = \dfrac{\partial u}{\partial y}$

$$N = e^{x+y}(x+xy) = \frac{\partial}{\partial y}\left[xye^{x+y} + k(y) \right] = e^{x+y}(x+xy) + \frac{dk(y)}{dy}$$

Comparing terms, $\dfrac{dk}{dy} = 0$, $\therefore k(y) = \displaystyle\int 0\,dy = 0$

Substitute $k(y)$ back into Eq. (a), we get

$$u(x,y) = xy\,e^{x+y}$$

Since the solution is given by $u(x,y) = $ constant C, therefore, the solution in implicit form is:

$$xy\,e^{x+y} = C$$

1.4 Solving by Inspection Method
利用觀察法解一階微分方程式

Although the use of Integrating Factor method is able to obtain the solution, but the process of solving the 1st Order D.E. is a slow, laborious job, especially when we have to try the few formulas in Table 1.1 in order to search for the one suitable Integrating Factor. Therefore, in this Section, a method of employing basic derivative formula to solve for the D.E. is introduced here. This method is known as the "Inspection Method 觀察法". Note that this method is suitable for either exact or non exact D.E., and the common derivative formulas used are shown in Table 1.2.

Table 1.2 Common derivative formula

Case	Formula	Case	Formula
(a)	$dxy = xdy + ydx$	(i)	$d\ln(xy) = \dfrac{xdy + ydx}{xy}$
(b)	$d(x \pm y) = dx \pm dy$	(j)	$d\ln(x \pm y) = \dfrac{dx \pm dy}{x \pm y}$
(c)	$d(x^2 \pm y^2) = 2(xdx \pm ydy)$	(k)	$d\ln\left(\dfrac{y}{x}\right) = \dfrac{xdy - ydx}{xy}$
(d)	$d\sqrt{x^2 \pm y^2} = \dfrac{xdx \pm ydy}{\sqrt{x^2 \pm y^2}}$	(l)	$d\ln\left(\dfrac{x}{y}\right) = \dfrac{ydx - xdy}{xy}$
(e)	$d\left(\dfrac{y}{x}\right) = \dfrac{xdy - ydx}{x^2}$	(m)	$d\left(\ln\dfrac{x-y}{x+y}\right) = 2\dfrac{ydx - xdy}{x^2 - y^2}$
(f)	$d\left(\dfrac{x}{y}\right) = \dfrac{ydx - xdy}{y^2}$	(n)	$d\tan^{-1}xy = \dfrac{xdy + ydx}{\left(1 + (xy)^2\right)}$
(g)	$d(x^m y^n) = x^{m-1}y^{n-1}(mydx + nxdy)$	(o)	$d\tan^{-1}\dfrac{y}{x} = \dfrac{xdy + ydx}{x^2 + y^2}$
(h)	$d\left(\dfrac{y^n}{x^m}\right) = \dfrac{x^{m-1}y^{n-1}(nxdy - mydx)}{x^{2m}}$	(p)	$d\tan^{-1}\dfrac{x}{y} = \dfrac{ydx - xdy}{x^2 + y^2}$

Example (12): Solve $y(1+x)dx + x(1+y)dy = 0$ by inspection method

Solution: Re-arrange $\Rightarrow ydx + xydx + xdy + xydy = 0$

$$\Rightarrow xdy + ydx + xy(dx+dy) = 0$$

By Inspection Method $\Rightarrow \underbrace{xdy + ydx}_{\text{Case (a)}} + xy\underbrace{(dx+dy)}_{\text{Case (b)}} = 0$

$$\Rightarrow dxy + xyd(x+y) = 0$$

From the above equation, we can assume that the Integrating Factor $= \dfrac{1}{xy}$,

hence,

$$\Rightarrow \frac{1}{xy}\left[dxy + xyd(x+y)\right] = 0 \times \frac{1}{xy} \Rightarrow \frac{1}{xy}dxy + d(x+y) = 0$$

Integrate both sides $\Rightarrow \displaystyle\int \frac{1}{xy}dxy + \int d(x+y) = C$

$$\Rightarrow \ln|xy| + (x+y) = C$$

Note that the above can be considered as a solution for Example (12), but if

we need to validate it to the solution given in Example (11),

Exponent both sides $\Rightarrow e^{\left[\ln|xy|+(x+y)\right]} = e^C \Rightarrow e^{\ln|xy|}e^{(x+y)} = C$

$$\Rightarrow xy\,e^{(x+y)} = C$$

The solution is the same as Example (11), and the procedure of solving it is

much simple.

Example (13): Solve $(3xy + y^2)dx + (x^2 + xy)dy = 0$ by inspection method

Solution: Re-arrange $\Rightarrow 3xydx + y^2dx + x^2dy + xydy = 0$

$$\Rightarrow y(ydx + xdy) + x(3ydx + xdy) = 0$$

By Inspection Method $\Rightarrow y\underbrace{(ydx + xdy)}_{\text{Case (a)}} + x\underbrace{(3ydx + xdy)}_{\text{Case (g)}} = 0$,

as Case (g) can also be considered as: $(mydx + nxdy) = \dfrac{d(x^m y^n)}{x^{m-1}y^{n-1}}$, and since $m = 3$, and $n = 1$, we get: $(3y\,dx + x\,dy) = \dfrac{d(x^3 y^1)}{x^{3-1}y^{1-1}} = \dfrac{d(x^3 y)}{x^2}$,

which gives us $\Rightarrow y\,dxy + x\dfrac{d(x^3 y)}{x^2} = 0 \Rightarrow y\,dxy + \dfrac{1}{x}d(x^3 y) = 0$

From the above equation, we can assume that the Integrating Factor $= x$,

hence, $\Rightarrow (x)y\,dxy + (x)\dfrac{1}{x}d(x^3 y) = 0 \times x \Rightarrow xy\,dxy + d(x^3 y) = 0$

Integrate both sides $\Rightarrow \displaystyle\int xy\,dxy + \int d(x^3 y) = C$

$$\Rightarrow \frac{1}{2}(xy)^2 + x^3 y = C$$

1.5 First-Order Linear Differential Equations
一階線性微分方程式

The 1st order Linear differential equation takes the form:

$$\boxed{\dfrac{dy}{dx} + P(x)y = Q(x)}$$

where $P(x)$ and $Q(x)$ are any functions of x.

By defining the integrating factor as discussed earlier:

$$I_F(x) = e^{\int p(x)\,dx} \quad\text{... (1.7)}$$

the general solution is:

$$y(x) = \frac{1}{I_F(x)}\int Q(x)I_F(x)\,dx \quad\text{.................................. (1.10)}$$

Example (14): Solve the initial value d.e. problem

$$\frac{dy}{dx} = e^{-x} - 4y, \quad y(0) = 4$$

Solution: Employing the standard form, we get: $\dfrac{dy}{dx} + \underbrace{4}_{P(x)}\, y = \underbrace{e^{-x}}_{Q(x)}$

In this case, $p(x) = 4$, $Q(x) = e^{-x}$ and the integrating factor is:

$$I_F(x) = e^{\int P(x)dx} = e^{\int 4\,dx} = e^{4x}$$

Therefore, the general solution is:

$$y(x) = \frac{1}{I_F(x)} \int Q(x) I_F(x)\, dx$$

$$= \frac{1}{e^{4x}} \int e^{-x} e^{4x}\, dx = \frac{1}{e^{4x}} \int e^{3x}\, dx$$

$$= \frac{1}{e^{4x}} \left(\frac{e^{3x}}{3} + C \right) = \frac{e^{-x}}{3} + Ce^{-4x}$$

To find C, use the initial condition:

$$y(0) = \frac{e^{-x}}{3} + Ce^{-4x}\Big|_{x=0} = 4$$

$$\Rightarrow \quad = \frac{\overbrace{e^{-(0)}}^{1}}{3} + C\,\overbrace{e^{-4(0)}}^{1} = 4$$

$$\Rightarrow \quad = \frac{1}{3} + C = 4, \qquad \therefore C = \frac{11}{3}$$

Therefore, the particular solution is: $y(x) = \dfrac{1}{3}\left(e^{-x} + 11e^{-4x} \right)$

Example (15): Solve the d.e. problem

$$x\frac{dy}{dx} + y = xe^{3x}, \ x > 0$$

Solution: Multiply both sides by $\dfrac{1}{x}$, we get: $\dfrac{dy}{dx} + \underbrace{\dfrac{1}{x}}_{P(x)}\, y = \underbrace{e^{3x}}_{Q(x)}$

Employing the standard form, we get $P(x) = \dfrac{1}{x}$, $Q(x) = e^{3x}$ and the integrating factor is:

$$I_F(x) = e^{\int P(x)dx} = e^{\int \frac{1}{x}dx} = e^{\ln|x|} = x$$

Therefore, the general solution is:

$$y(x) = \frac{1}{I_F(x)} \int \underbrace{Q(x)}_{e^{3x}} \underbrace{I_F(x)}_{x}\, dx$$

$$= \frac{1}{x} \int x e^{3x}\, dx$$

$$= \frac{1}{x}\left(\frac{1}{3} x e^{3x} - \int \frac{1}{3} e^{3x}\, dx \right) \quad \text{(using integral by parts)}$$

$$= \frac{1}{x}\left(\frac{1}{3} x e^{3x} - \frac{1}{9} e^{3x} + C \right)$$

$$= \frac{1}{3} e^{3x} - \frac{1}{9x} e^{3x} + \frac{C}{x}$$

$$= \frac{1}{3} e^{3x}\left(1 - \frac{1}{3x} \right) + \frac{C}{x}$$

1.6　Bernoulli's Equations
伯努利方程式

In this section, we considered a non-linear 1st order differential equation of the form:

$$\frac{dy}{dx} + H(x)y = G(x)y^n \quad (n \text{ is a real number})$$

The above is known as Bernoulli's Equation and it can be considered as linear if $n = 0$ or $n = 1$. Otherwise, it is a non-linear equation and we will have to put $z = y^{1-n}$ so as to simplify it into a linear equation. Thereafter, we can make use of integrating factor methods to obtain its general solution.

The steps to reduce Bernoulli's equation into a linear equation (if $n \neq 0$ or $n \neq 1$) are as follows:

(a) Divide the equation by y^n, we get:

$$y^{-n}\frac{dy}{dx} + H(x)y^{1-n} = G(x) \quad\text{..(1.11)}$$

(b) Put $z = y^{1-n}$, the derivative of z (apply Chain Rule):

$$\frac{dz}{dx} = \frac{dz}{dy}\cdot\frac{dy}{dx} = \frac{dy^{1-n}}{dy}\cdot\frac{dy}{dx} = (1-n)y^{(1-n)-1}\frac{dy}{dx}$$

$$= (1-n)y^{-n}\frac{dy}{dx} \quad\text{..(1.12)}$$

(c) Multiply Eq (1.11) by $(1-n)$:

$$\Rightarrow \underbrace{(1-n)y^{-n}\frac{dy}{dx}}_{\frac{dz}{dx}} + \underbrace{(1-n)H(x)}_{H_1(x)}\underbrace{y^{1-n}}_{z} = \underbrace{(1-n)G(x)}_{G_1(x)} \quad\text{.......................................(1.13a)}$$

$$\Rightarrow \frac{dz}{dx} + H_1(x)z = G_1(x) \quad\text{..(1.13b)}$$

The above Eq (1.13) is reminiscent to that of a 1st order linear differential equation. Therefore,

(d) We can solve $z(x)$ by the use of integrating factor.

(e) The general solution $y(x)$ can be determined by back substituting $z = y^{1-n}$.

Example (16):   Solve the Bernoulli's Equation

$$\frac{dy}{dx} + \frac{1}{x}y = xy^4$$

Solution: (a)   Let $n = 4$, divide the equation by y^4 (see Eq 1.11), we get:

$$\Rightarrow y^{-4}\frac{dy}{dx} + \frac{1}{x}y^{-3} = x \quad\text{..........(A)}$$

Therefore, $H(x) = \dfrac{1}{x}$ and $G(x) = x$

(b) Put $z = y^{1-n}$, the derivative of z is:

$$\frac{dz}{dx} = \underbrace{(1-n)}_{1-4} y^{(1-n)-1} \underbrace{\frac{dy}{dx}}_{(1-4)-1} = -3y^{-4} \frac{dy}{dx}$$

(c) From Eq (1.13), multiplying (A) by $(1-n)$, we get:

$$H_1(x) = (1-n)H(x) = (1-4)\frac{1}{x} = -\frac{3}{x},$$

$$G_1(x) = (1-n)G(x) = (1-4)x = -3x, \quad \text{therefore we get:}$$

$$\Rightarrow \frac{dz}{dx} + H_1(x)z = G_1(x)$$

$$\Rightarrow \frac{dz}{dx} - \frac{3}{x}z = -3x$$

(d) To solve for z, employing the standard form, we let

$$P(x) = -\frac{3}{x}, \quad Q(x) = -3x \quad \text{and the integrating factor is:}$$

$$I_F(x) = e^{\int P(x)dx} = e^{\int -\frac{3}{x}dx} = e^{-3\ln|x|} = \frac{1}{x^3}$$

Therefore, the general solution $z(x)$ is:

$$z(x) = \frac{1}{\underbrace{I_F(x)}_{\frac{1}{x^3}}} \int \underbrace{Q(x)}_{-3x}\underbrace{I_F(x)}_{\frac{1}{x^3}}\, dx$$

$$= x^3 \int \frac{-3}{x^2}\, dx = x^3\left(\frac{-3x^{-1}}{-1} + C\right)$$

$$= 3x^2 + Cx^3$$

(e) Substituting back $z = y^{1-n}$, the general solution $y(x)$ is:

$$\Rightarrow y^{-3} = 3x^2 + Cx^3$$

$$\Rightarrow y(x) = \left(3x^2 + Cx^3\right)^{-\frac{1}{3}}$$

Example (17):   Solve the Bernoulli's Equation

$$\frac{dy}{dx} - xy = 2xy^{-1}$$

Solution: (a) Let $n = -1$, divide the equation by y^{-1} (see Eq 1.11), we get:

$$\Rightarrow \underbrace{\left(\frac{1}{y^{-1}}\right)}_{y}\frac{dy}{dx} - xy\underbrace{\left(\frac{1}{y^{-1}}\right)}_{y} = 2x\frac{y^{-1}}{y^{-1}} \qquad \Rightarrow y\frac{dy}{dx} - xy^2 = 2x \qquad (A)$$

Therefore, $H(x) = -x$ and $G(x) = 2x$

(b) Put $z = y^{1-n}$, the derivative of z is:

$$\frac{dz}{dx} = \underbrace{(1-n)}_{1-(-1)}y^{\underbrace{(1-n)-1}_{1-(-1)-1}}\frac{dy}{dx} = 2y\frac{dy}{dx}$$

(c) From Eq (1.13), multiplying (A) by $(1-n)$, we get:

$$H_1(x) = (1-n)H(x) = (1+1)(-x) = -2x,$$

$$G_1(x) = (1-n)G(x) = (1+1)2x = 4x, \quad \text{therefore we get:}$$

$$\Rightarrow \frac{dz}{dx} + H_1(x)z = G_1(x)$$

$$\Rightarrow \frac{dz}{dx} - 2xz = 4x$$

(d) To solve for z, employing the standard form, we let $P(x) = -2x$, $Q(x) = 4x$ and the integrating factor is:

$$I_F(x) = e^{\int P(x)dx} = e^{\int -2x\,dx} = e^{-x^2}$$

Therefore, the general solution $z(x)$ is:

$$z(x) = \frac{1}{\underbrace{I_F(x)}_{e^{-x^2}}}\int \underbrace{Q(x)}_{4x}\underbrace{I_F(x)}_{e^{-x^2}}\,dx$$

$$= e^{x^2}\int 4xe^{-x^2}\,dx$$

$$= e^{x^2}\left(-2e^{-x^2} + C\right)$$

$$= Ce^{x^2} - 2$$

$$\boxed{\begin{array}{l} \text{Let } u = -x^2, \quad \frac{du}{dx} = -2x \\[2mm] \int 4xe^{-x^2}\,dx = \int 4xe^{u}\frac{du}{-2x} \\[2mm] \qquad = -2e^{u} + C \\[2mm] \qquad = -2e^{-x^2} + C \end{array}}$$

(e) Substituting back $z = y^{1-n}$, the general solution $y(x)$ is:

$$\Rightarrow y^2 = Ce^{x^2} - 2$$

$$\Rightarrow y(x) = \left(Ce^{x^2} - 2\right)^{\frac{1}{2}}$$

1.7 Ricatti's Equations
李克特方程式

In this section, we considered a non-linear 1st order D.E. of the form:

$$\frac{dy}{dx} = P(x) + Q(x)y + R(x)y^2 \quad\text{.......................................} (1.14)$$

The above is known as the Ricatti's Equation. Note that if $P(x)$ is removed from the above, we will be looking at an equation similar to Bernoulli's Equation. Therefore, a transformation should take place for Eq. (1.14), so that it is reduced into a Bernoulli's Equation, which will then be transformed again to become a linear D.E, whereby the general solution can be obtained by applying the integrating factor methods as discussed in Section (1.5).

The steps to reduce the Ricatti's Equation into a linear equation are as follows:

(a) Assume 1 particular solution $y_1(x)$ that satisfy the Ricatti's Equation, then

$$\frac{dy_1}{dx} = P(x) + Q(x)y_1 + R(x)y_1^2 \quad\text{...} (1.14a)$$

Next, we let $y(x) = y_1(x) + u(x)$ or $y = y_1 + u$

(b) Substituting the above into Eq. (1.14), we get:

$$\Rightarrow \frac{d(y_1 + u)}{dx} = P(x) + Q(x)(y_1 + u) + R(x)(y_1 + u)^2$$

$$\Rightarrow \frac{dy_1}{dx} + \frac{du}{dx} = P(x) + Q(x)y_1 + Q(x)u + R(x)y_1^2 + 2R(x)y_1u + R(x)u^2 \quad ..(1.14b)$$

(c) By substituting Eq. (1.14a) into Eq. (1.14b), $P(x)$, $Q(x)y_1$, and $R(x)y_1^2$ are cancelled from Eq. (1.14b), and we will get:

$$\Rightarrow \frac{du}{dx} = Q(x)u + 2R(x)y_1 u + R(x)u^2$$

$$\Rightarrow \frac{du}{dx} - \left[Q(x) + 2R(x)y_1\right]u = R(x)u^2 \quad\dotfill (1.14c)$$

Eq. (1.14c) is now a Bernoulli's Equation, with $n = 2$.

Hence, we now apply the Bernoulli's method by dividing Eq. (1.14c) by u^2

$$\Rightarrow \frac{1}{u^2}\left\{ \frac{du}{dx} - \left[Q(x) + 2R(x)y_1\right]u \right\} = \frac{1}{u^2} \times R(x)u^2$$

$$\Rightarrow \frac{1}{u^2}\frac{du}{dx} - \frac{1}{u}\left[Q(x) + 2R(x)y_1\right] = R(x)$$

Let $z = u^{1-n} = u^{1-2} = u^{-1}$ or $u = \dfrac{1}{z}$

$$\frac{dz}{dx} = \frac{dz}{du} \cdot \frac{du}{dx} = \frac{du^{-1}}{du} \cdot \frac{du}{dx} = (-1)u^{(-1)-1}\frac{du}{dx} = -u^{-2}\frac{du}{dx}$$

which gives us $\rightarrow \dfrac{dz}{dx} = -u^{-2}\dfrac{du}{dx} \rightarrow \dfrac{du}{dx} = -u^2\dfrac{dz}{dx}$

(d) Since $u = \dfrac{1}{z}$ or $u = z^{-1}$, Eq. (1.14c) can be reduced to a 1st Order linear D.E. :

$$\Rightarrow -\frac{1}{z^2}\frac{dz}{dx} - \left[Q(x) + 2R(x)y_1\right]\frac{1}{z} = \frac{R(x)}{z^2},\ \text{since}\ \frac{du}{dx} = -u^2\frac{dz}{dx} = -\frac{1}{z^2}\frac{dz}{dx}$$

By multiply both sides by $\left(-z^2\right)$,

$$\Rightarrow -\frac{1}{z^2}\frac{dz}{dx} \times \left(-z^2\right) - \left[Q(x) + 2R(x)y_1\right]\frac{1}{z} \times \left(-z^2\right) = \frac{R(x)}{z^2} \times \left(-z^2\right)$$

$$\Rightarrow \frac{dz}{dx} + \left[Q(x) + 2R(x)y_1\right]z = -R(x) \quad\dotfill (1.14d)$$

From the above Eq. (1.14d), we will be able to obtain the solution by applying the methods as demonstrated in Section 1.5.

Example (18):   Solve the Ricatti's Equation

$$\frac{dy}{dx} = x^2 - 2xy + y^2$$

Solution: From the above equation, $P(x) = x^2$, $Q(x) = -2x$, and $R(x) = 1$. Hence applying Eq. (1.14a), we have: $\dfrac{dy_1}{dx} = x^2 - 2xy_1 + y_1^2$ ·········· (A)

(a)   We assumed the particular solution to be $y_1(x) = x + 1$, since substituting $y_1(x)$ into Eq. (A) will gives us a solution "one" at both sides:

$$\underbrace{\frac{d(x+1)}{dx}}_{1} = \underbrace{x^2 - 2x(x+1) + (x+1)^2}_{1}$$

Let $y(x) = y_1(x) + u(x) \Rightarrow y(x) = x + 1 + u(x)$

(b)   Substituting the above into the origin equation, we get:

$$\Rightarrow \frac{dy(x)}{dx} = \frac{d(x+1+u)}{dx} = x^2 - 2x(x+1+u) + (x+1+u)^2$$

(c)   Rearrange the above $\Rightarrow \dfrac{du}{dx} = u^2 + 2u$ or $\dfrac{du}{dx} - 2u = u^2$.

The above resembles a Bernoulli's Equation with $n = 2$.

(d)   Let $u = z^{-1}$, from Eq. (1.14d) $\Rightarrow \dfrac{dz}{dx} + \left[\underbrace{Q(x)}_{-2x} + 2\underbrace{R(x)}_{1}\underbrace{y_1}_{x+1} \right] z = -\underbrace{R(x)}_{1}$, and we get:

$$\Rightarrow \frac{dz}{dx} + \underbrace{\left[-2x + 2(1)(x+1) \right]}_{2} z = -1$$

$$\Rightarrow \frac{dz}{dx} + 2z = -1 \text{ , a linear 1}^{\text{st}} \text{ order D.E.}$$

(e) Apply the integrating factor method: $P(x) = 2$, and $Q(x) = -1$.

$$I_F(x) = e^{\int P(x)dx} = e^{\int 2\,dx} = e^{2x}, \text{ and the solution for } z(x) \text{ is:}$$

$$\Rightarrow z(x) = \frac{1}{I_F(x)}\int Q(x)I_F(x)\,dx = \frac{1}{e^{2x}}\int (-1)(e^{2x})\,dx = e^{-2x}\left[-\frac{1}{2}e^{2x} + C\right]$$

$$\Rightarrow z(x) = -\frac{1}{2} + Ce^{-2x} = \frac{2Ce^{-2x} - 1}{2}$$

(f) Since $u = z^{-1}$, we get: $\Rightarrow u(x) = \dfrac{2}{2Ce^{-2x} - 1} = \dfrac{2}{Ce^{-2x} - 1}$, as $2C$ can be $= C$

Since $y(x) = x + 1 + u(x)$, the general solution is: $y(x) = x + 1 + \dfrac{2}{Ce^{-2x} - 1}$

Note that the above steps from (d) to (f), for solving the Bernoulli's Equation in order to obtain $u(x)$ can also be solved by applying the separation by variation method as follows:

Since $\dfrac{du}{dx} = u^2 + 2u$,

Separation $\Rightarrow \dfrac{du}{u(u+2)} = \dfrac{1}{2}\left(\dfrac{1}{u} - \dfrac{1}{u+2}\right)du = dx$

$$\Rightarrow \left(\dfrac{1}{u} - \dfrac{1}{u+2}\right)du = 2dx$$

Integrate $\Rightarrow \int\left(\dfrac{1}{u} - \dfrac{1}{u+2}\right)du = \int 2\,dx$

$$\Rightarrow \ln|u| - \ln|u+2| = 2x + C \Rightarrow \ln\left|\dfrac{u}{u+2}\right| = 2x + C, \text{ exponential both sides,}$$

Exponent $\Rightarrow e^{\ln\left|\frac{u}{u+2}\right|} = e^{2x+C} \Rightarrow \dfrac{u}{u+2} = e^{2x}\underbrace{e^C}_{C} = Ce^{2x}$, finding u,

Rearrange $\Rightarrow u = uCe^{2x} + 2Ce^{2x} \Rightarrow u(1 - Ce^{2x}) = 2Ce^{2x}$

$$\Rightarrow u = \frac{2Ce^{2x}}{1 - Ce^{2x}}, \text{ or}$$

$$u \times \frac{\frac{1}{Ce^{2x}}}{\frac{1}{Ce^{2x}}} \Rightarrow u(x) = \frac{2}{Ce^{-2x} - 1} \leftarrow \text{same as step (f) above.}$$

Example (19): Solve the Ricatti's Equation

$$\frac{dy}{dx} = -x^{-1} + x^{-1}y + x^{-3}y^2$$

Solution: From the above equation, $P(x) = -x^{-1}$, $Q(x) = x^{-1}$, and $R(x) = x^{-3}$.

Hence applying Eq. (1.14a), we have:

$$\frac{dy_1}{dx} = -x^{-1} + x^{-1}y_1 + x^{-3}y_1^2 \cdots\cdots\cdots(A)$$

(a) We assumed the particular solution to be $y_1(x) = x$, since substituting $y_1(x)$ into Eq. (A) will gives us a solution "one" at both sides:

$$\underbrace{\frac{d(x)}{dx}}_{1} = \underbrace{-x^{-1} + x^{-1}(x) + x^{-3}(x)^2}_{1}$$

Let $y(x) = y_1(x) + u(x) \Rightarrow y(x) = x + u(x)$

(b) Substituting the above into the origin equation, we get:

$$\Rightarrow \frac{dy(x)}{dx} = \frac{d(x+u)}{dx} = -x^{-1} + x^{-1}(x+u) + x^{-3}(x+u)^2$$

(c) Rearrange the above $\Rightarrow \frac{du}{dx} - \left(\frac{1}{x} + \frac{2}{x^2}\right)u = x^{-3}u^2$

The above resembles a Bernoulli's Equation with $n = 2$.

(d) Let $u = z^{-1}$, from Eq. (1.14d)

$$\Rightarrow \frac{dz}{dx} + \left[\underbrace{Q(x)}_{x^{-1}} + \underbrace{2R(x)}_{x^{-3}}\underbrace{y_1}_{x}\right]z = -\underbrace{R(x)}_{x^{-3}}, \text{ and we get:}$$

$$\Rightarrow \frac{dz}{dx} + \left(\frac{1}{x} + \frac{2}{x^2}\right)z = -\frac{1}{x^3}, \text{ a linear 1}^{\text{st}} \text{ order D.E.}$$

(e) Apply the integrating factor method: $P(x) = \left(\dfrac{1}{x} + \dfrac{2}{x^2}\right)$, and

$$Q(x) = -\dfrac{1}{x^3}.$$

$$I_F(x) = e^{\int P(x)dx} = e^{\int \left(\frac{1}{x} + \frac{2}{x^2}\right)dx} = e^{\int \frac{1}{x}dx}e^{\int 2x^{-2}dx}$$

$$= e^{\ln|x|}e^{(-2x^{-1})} = xe^{-\frac{2}{x}} = xe^{-\frac{2}{x}},$$ and the solution for $z(x)$ is:

$$\Rightarrow z(x) = \dfrac{1}{I_F(x)}\int Q(x)I_F(x)\,dx$$

$$= \dfrac{1}{xe^{-\frac{2}{x}}}\int\left(-\dfrac{1}{x^3}\right)\left(xe^{-\frac{2}{x}}\right)dx$$

$$= \dfrac{e^{2x^{-1}}}{x}\int -x^{-2}e^{-2x^{-1}}\,dx$$

$$= \dfrac{e^{2x^{-1}}}{x}\underbrace{\int -x^{-2}e^{-2x^{-1}}\,dx}_{-\frac{e^{-2x^{-1}}}{2}+C}$$

$$= \dfrac{e^{2x^{-1}}}{x}\times\left(-\dfrac{e^{-2x^{-1}}}{2}+C\right)$$

$$= \dfrac{Ce^{2x^{-1}}}{x} - \dfrac{1}{2x} = \dfrac{2Ce^{2x^{-1}}-1}{2x}$$

To solve for $\int -x^{-2}e^{-2x^{-1}}\,dx$,

(i) Let $q = x^{-1}$,

hence, $\dfrac{dq}{dx} = \dfrac{dx^{-1}}{dx} = -x^{-2}$

We get→ $dx = \dfrac{dq}{-x^{-2}} = \dfrac{dq}{-q^2}$

(ii) Substitute into the origin equation:

$$\Rightarrow \int -x^{-2}e^{-2x^{-1}}\,dx \Rightarrow \int -q^2 e^{-2q}\times\dfrac{dq}{-q^2}$$

$$\Rightarrow \int e^{-2q}\,dq = -\dfrac{e^{-2q}}{2}+C$$

(iii) Substitute $q = x^{-1}$ back to the above:

$$\Rightarrow -\dfrac{e^{-2q}}{2}+C = -\dfrac{e^{-2x^{-1}}}{2}+C$$

(f) Since $u = z^{-1} = \dfrac{1}{\left(\dfrac{2Ce^{2x^{-1}}-1}{2x}\right)} = \dfrac{2x}{2Ce^{2x^{-1}}-1}$

General Solution: $\Rightarrow y(x) = x + u(x) = x + \dfrac{2x}{2Ce^{2x^{-1}}-1}$

1.8 Applications to Electrical Circuit 電路應用

For an electrical circuit, we have considered the following:

Current 電流: $i \equiv i(t)$. Charge 電荷: $q \equiv q(t)$. Voltage 電壓: $V \equiv V(t)$

Relationship between current and charge 電流與電荷的關係 is $\dfrac{dq}{dt} = i$ and if the current i is known, then the charge q is given by: $q(t) = \int i(t)\, dt$.

If the initial charge $q(0)$ is known, then $q(t)$ is usually written as:

$$q(t) = \int_0^t i(t)\, dt + q(0) \dotfill (1.15)$$

Voltage across a capacitor 電容器 of capacitance 電容 C farads 法拉 (電容單位) is: $V_C = \dfrac{q}{C}$ or $q = CV_C$. Therefore, the current i in a capacitor is:

$$i(t) = \frac{dq}{dt} = C\frac{dV_C}{dt} \dotfill (1.16)$$

If the current i is known, then V_C is given by:

$$V_C = \frac{1}{C}\int i(t)dt \dotfill (1.17)$$

Voltage and Current across an inductance L henrys is $V_L = L\dfrac{di}{dt}$ and if V_L is given, the current across the inductor is:

$$i(t) = \frac{1}{L}\int V_L dt \dotfill (1.18)$$

Note that the Voltage V_R across a resistor is $V_R = iR$ where R is the resistance in ohms.

R-L Circuit

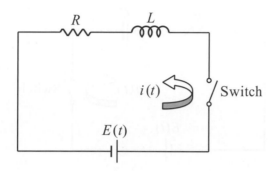

Figure 1.0   *R-L* circuit

The equations for the above *R-L* circuit is given by:

$$V_R + V_L = E(t)$$

$$iR + L\frac{di}{dt} = E(t)$$

Dividing both sides by L, we get

$$\frac{di}{dt} + \underbrace{\frac{R}{L}}_{P(t)}i = \underbrace{\frac{1}{L}E(t)}_{Q(t)}$$

This is a 1st order linear differential equation in i

The integrating factor is:

$$I_F(t) = e^{\int P(t)dt} = e^{\int \frac{R}{L}dt} = e^{\frac{R}{L}t}$$

Therefore, the general solution is:

$$\boxed{i(t) = \frac{1}{I_F(t)}\int Q(t)I_F(t)\,dt} \quad \Rightarrow i(t) = \frac{1}{e^{\frac{R}{L}t}}\int \frac{1}{L}E(t)e^{\frac{R}{L}t}\,dt$$

$$\text{or} \quad \Rightarrow e^{\frac{R}{L}t}i(t) = \int \frac{1}{L}E(t)e^{\frac{R}{L}t}\,dt$$

R-C Circuit

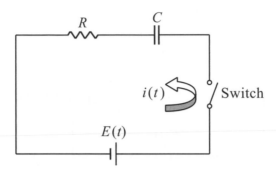

Figure 1.1   R-C Circuit

The equation for the above R-C circuit is:

$$V_R + V_C = E(t)$$

$$iR + \frac{q}{C} = E(t)$$

Recall that $i = \dfrac{dq}{dt}$, the above d.e. is:

$$R\frac{dq}{dt} + \frac{1}{C}q = E(t)$$

$$\therefore \frac{dq}{dt} + \underbrace{\frac{1}{RC}}_{P(t)}q = \underbrace{\frac{1}{R}E(t)}_{Q(t)}$$

which is a 1st order linear d.e. in q.

The Integrating factor is:

$$I_F(t) = e^{\int P(t)\,dt} = e^{\int \frac{1}{RC}\,dt} = e^{\frac{1}{RC}t}$$

Therefore, the general solution is:

$$\boxed{q(t)=\frac{1}{I_F(t)}\int Q(t)I_F(t)\,dt} \Rightarrow q(t)=\frac{1}{e^{\frac{1}{RC}t}}\int\frac{1}{R}E(t)e^{\frac{1}{RC}t}\,dt$$

$$\text{or}\ \Rightarrow e^{\frac{1}{RC}t}q(t)=\int\frac{1}{R}E(t)e^{\frac{1}{RC}t}\,dt$$

R-L-C Circuit

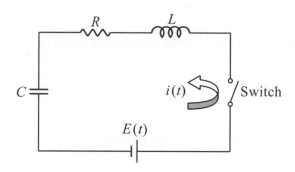

Figure 1.2   *R-L-C* Circuit

The equation for the above *R-L-C* circuit is:

$$V_L+V_R+V_C=E(t)$$
$$L\frac{di}{dt}+iR+\frac{q}{c}=E(t)$$

Differentiating both sides of the equation w.r.t. to *t*, we have:

$$L\frac{d^2i}{dt^2}+R\frac{di}{dt}+\frac{1}{C}\frac{dq}{dt}=E'(t)$$

since $\frac{dq}{dt}=i$, we have $\boxed{\Rightarrow L\frac{d^2i}{dt^2}+R\frac{di}{dt}+\frac{1}{C}i=E'(t)}$

Note that the above equation is a 2nd order d.e. which can only be solving by using Laplace Transform method.

Example (20): A circuit has in series a constant electromotive force of 30 *V*, a 60 Ω resistor and an 3 H inductor. Find the current (*i*) at time *t* given $i(0)=0$.

Solution: This is an example of an R-L circuit where $R = 60\,\Omega$, $L = 3$ H, $E(t) = 30$ V and $i(0) = 0$.

For an R-L circuit, the equation is:

$$V_R + V_L = E(t) \quad \text{and} \quad iR + L\frac{di}{dt} = E(t)$$

$$\therefore 60i + 3\frac{di}{dt} = 30, \quad \Rightarrow \underbrace{\frac{di}{dt}}_{} + \underbrace{20i}_{P(t)} = \underbrace{10}_{Q(t)}$$

The above is the 1st order differential equation in i. The integrating factor is given by:

$$I_F(t) = e^{\int P(t)dt} = e^{\int 20\,dt} = e^{20t}$$

Therefore, since the general solution is: $i(t) = \dfrac{1}{I_F(t)}\int Q(t)I_F(t)\,dt$, hence:

$$i(t) = \frac{1}{e^{20t}}\int 10e^{20t}dt = e^{-20t}\int 10\,e^{20t}dt$$

$$= e^{-20t}\left(10\cdot\frac{e^{20t}}{20} + c\right) = \frac{1}{2}\underbrace{e^{(-20+20)t}}_{1} + e^{-20t}c$$

$$= \frac{1}{2} + e^{-20t}c$$

when $i(t) = i(0) = 0$,

$$i(0) = 0 = \frac{1}{2} + \underbrace{e^{-20(0)}}_{1}c \qquad\qquad \therefore c = -\frac{1}{2}$$

the particular solution is $\quad\therefore i(t) = \dfrac{1}{2} - \dfrac{1}{2}e^{-20t}$ Amp

when $t \to \infty$, $\quad\therefore i(t) = \dfrac{1}{2} - \dfrac{1}{2}\underbrace{e^{-\infty}}_{0} = \dfrac{1}{2}$ Amp

This is known as the **steady state solution**.

Example (21):   A decaying emf $E(t) = 200e^{-5t}$ V is connected in series with a $20\,\Omega$ resistor and a 0.01 F capacitor. The switch is closed at time $t = 0$ and the charge (q) on the capacitor at this instant is zero. Find the charge and current at time t.

Solution:

This is an example of R-C circuit where

$$R = 20\,\Omega \;,\; C = 0.01 \text{ F}, \quad E(t) = 200e^{-5t}\ V \text{ and } q(0) = 0.$$

Recall that in an R-C circuit,

$$R\frac{dq}{dt} + \frac{1}{C}q = E(t)$$

Hence $\;\; 20\dfrac{dq}{dt} + \dfrac{1}{0.01}q = 200e^{-5t}V$

Dividing both sides by 20, we get: $\dfrac{dq}{dt} + \underbrace{5}_{P(t)}\, q = \underbrace{10e^{-5t}}_{Q(t)}$

The above is the 1st order differential equation in q. The integrating factor is given by:

$$I_F(t) = e^{\int P(t)dt} = e^{\int 5\,dt} = e^{5t}$$

The General Solution for $q(t)$ is:

$$\boxed{q(t) = \frac{1}{I_F(t)}\int Q(t)I_F(t)\,dt}\;,\;\; \Rightarrow q(t) = \frac{1}{e^{5t}}\int 10e^{-5t}e^{5t}dt$$

Therefore: $\;\; q(t) = \dfrac{1}{e^{5t}}\int 10\,\underbrace{e^{-5t}e^{5t}}_{1}dt$

$$= \frac{1}{e^{5t}}\left(10t + c\right) \textbf{ or } e^{-5t}\left(10t + c\right)$$

At time $t = 0$, $\;\; q(0) = 0 = \underbrace{e^{-5(0)}}_{1}\left[\underbrace{10(0)}_{0} + c\right] = c$

The Particular Solution for $q(t)$ is: $\quad \Rightarrow q(t) = 10te^{-5t}$ Coulomb

To find the d.e. for $i(t)$, since $\boxed{i(t) = \dfrac{dq(t)}{dt}}$

Therefore, $\;\; i(t) = \dfrac{d}{dt}\left(10te^{-5t}\right)$

By using product rule:

$$i(t) = 10\left[t\frac{d}{dt}(e^{-5t}) + e^{-5t}\frac{d}{dt}(t)\right]$$

$$= 10t(-5)(e^{-5t}) + 10(e^{-5t})(1)$$

$$= 10e^{-5t}(1 - 5t) \quad \text{Amp}$$

習 題

Section 1.1　General and Particular Solution

Solve the following 1st order differential equation and obtain its general and particular solution.

(1) $\dfrac{dy}{dx} = 3x^2 + 5 \quad x = 1,\ y = 1$

　　Ans: $y = x^3 + 5x + C$, $\ y = x^3 + 5x - 5$

(2) $\dfrac{dy}{dx} = e^{2x} \quad x = 0,\ y = \dfrac{5}{2}$

　　Ans: $y = \dfrac{1}{2}e^{2x} + C$, $\ y = \dfrac{1}{2}e^{2x} + 2$

(3) $\dfrac{dy}{dx} = \left(x^2 + x\right)e^x \quad x = 0,\ y = 0$

　　Ans: $y = x^2 e^x - xe^x + e^x + C$,

　　　　$y = x^2 e^x - xe^x + e^x - 1$

(4) $\dfrac{dy}{dx} = \sin 5x \quad x = 18,\ y = 20$

　　Ans: $y = -\dfrac{1}{5}\cos 5x + C$,

　　　　$y = -\dfrac{1}{5}\cos 5x + 20$

(5) $f'(x) = \dfrac{x}{4 + x^4} \quad f(0) = 2$,

　　Ans: $y = \dfrac{1}{4}\tan^{-1}\left(\dfrac{x^2}{2}\right) + C$,

　　　　$y = \dfrac{1}{4}\tan^{-1}\left(\dfrac{x^2}{2}\right) + 2$

(6) $\dfrac{d}{dx}f(x) = \ln|x| \quad f(0) = 1$

　　Ans: $y = x\ln|x| - x + C$,

　　　　$y = x\ln|x| - x + 1$

Section 1.2　To solve First-Order Differential Equations

Solve the following differential equation by separating the variable:

(1) $\dfrac{dy}{dx} = \dfrac{xy}{1+y}$

　　Ans: $y + \ln|y| = \dfrac{x^2}{2} + C$

(2) $\dfrac{dy}{dx} = \dfrac{y^2 + xy^2}{x^2 y - x^2}$

　　Ans: $\ln|y| + \dfrac{1}{y} = \ln|x| - \dfrac{1}{x} + C$

(3) $(y-3)\dfrac{dy}{dx} = \dfrac{4y}{x}$

Ans: $\dfrac{1}{4}y - \dfrac{3}{4}\ln|y| = \ln|x| + C$

(4) $\dfrac{dy}{dx} = xy - y$

Ans: $\ln|y| = \dfrac{x^2}{2} - x + C$

(5) $\dfrac{dy}{dx} = \dfrac{2y}{x(y-1)}$

Ans: $y - \ln|y| = 2\ln|x| + C$

(6) $\cos^2 x \dfrac{dy}{dx} = y + 3$

Ans: $\ln|y+3| = \tan x + C$

(7) $\tan x \dfrac{dy}{dx} = 1 + y$

Ans: $y = A\sin x - 1$ (let $C = \ln|A|$)

(8) $\cos x(e^{2y} - y)y' = e^y \sin 2x$

Ans: $e^y + ye^{-y} + e^{-y} = -2\cos x + C$

(9) $\dfrac{dy}{dx} = 3x^2(y+2)$ $y(0) = 8$

Ans: $y = 10e^{x^3} - 2$

(10) $x\dfrac{dy}{dx} - 2y = 2 + x$ $y(1) = 0$

Ans: $y = 2x^2 - x - 1$

Solve the following homogeneous equation using reducible to separable form

(11) $y' = 1 + \dfrac{y}{x}$ put $y = ux$

Ans: $y = x\ln|x| + C$

(12) $y' = 1 - \dfrac{y}{x} + \left(\dfrac{y}{x}\right)^2$ put $y = ux$

Ans: $y = x - \dfrac{x}{\ln|x| + C}$

(13) $x\dfrac{dy}{dx} = y - e^{\frac{y}{x}}$ put $y = ux$

Ans: $e^{-\frac{y}{x}} = -\dfrac{1}{x} + C$

(14) $2x^2 \dfrac{dy}{dx} = x^2 + y^2$ put $y = ux$

Ans: $\dfrac{2x}{x-y} = \ln|x| + C$

(15) $(x-y)y' - x - y = 0$ put $y = ux$

Ans: $\tan^{-1}\left(\dfrac{y}{x}\right) = \dfrac{1}{2}\ln\left|1 + \dfrac{y^2}{x^2}\right| + \ln|x| + C$

(16) $x(x+y)\dfrac{dy}{dx} + y^2 = xy$ put $y = ux$

Ans: $y = \dfrac{e^{\frac{x}{y}} + A}{x}$ (let $C = \ln|A|$)

(17) $(x+y+1)\dfrac{dy}{dx} = (2x+2y+3)$ put $u = x+y$

Ans: $\dfrac{1}{3}\left[(x+y)-\dfrac{1}{3}\ln|3x+3y+4|\right] = x+C$

(18) $(2x-4y+5)dy = (2y-x+2.5)dx$ put $u = x-2y$

Ans: $\dfrac{1}{2}\left[(x-2y)+\dfrac{5}{2}\ln|x-2y|\right] = x+C$

(19) $dy = (y+x+1)^2\,dx$ put $u = y+x+1$

Ans: $y = \tan(x-C)-x-1$

Section 1.3 Exact Differential Equations

Solve the following using exact differential equation:

(1) $y^3\,dx + 3xy^2\,dy = 0$

Ans: $xy^3 = C$

(2) $(2x+e^y)dx + xe^y\,dy = 0$

Ans: $x(x+e^y) = C$

(3) $(2xy^2-3)dx + (2x^2y+4)dy = 0$

Ans: $x^2y^2 - 3x + 4y = C$

(4) $(x^2+y^2)dx + 2xy\,dy = 0$

Ans: $\dfrac{x^3}{3} + xy^2 = C$

(5) $(5x+4y)dx + 4(x-2y^3)dy = 0$

Ans: $\dfrac{5}{2}x^2 + 4xy - 2y^4 = C$

(6) $(3+y)dx + (\cos y + x)\,dy = 0$

Ans: $x(y+3) + \sin y = C$

(7) $2xye^{x^2}\,dx + e^{x^2}\,dy = 0$

Ans: $ye^{x^2} = C$

(8) $e^{x-y}\,dx + (1-e^{x-y})dy = 0$

Ans: $e^{x-y} + y = C$

(9) $(y-x^2y)\dfrac{dy}{dx} = xy^2 - \cos x\sin x$

Ans: $y^2(1-x^2) - \cos^2 x = C$

(10) $\dfrac{dy}{dx} = \dfrac{y\cos xy - e^{2y}}{2xe^{2y} - x\cos xy + 2y}$

Ans: $xe^{2y} - \sin xy + y^2 = C$

(11) $\dfrac{dy}{dx}(3x^2y^2 + e^y) = -2(xy^3 - 2)$

Ans: $x^2y^3 - 4x + e^y = C$

(12) $(1-xe^y)\dfrac{dy}{dx} = e^y$

Ans: $xe^y - y = C$

Solve the following by determining the integrating factor:

(13) $-y\,dx + x\,dy = 0$

Ans: $yx^{-1} = C$

(14) $3\,dx - e^{y-x}\,dy = 0$

Ans: $3e^x - e^y = C$

(15) $2y\,dx + x\,dy = 0$

Ans: $x^2 y = C$

(16) $(x + y^2)\,dx + xy\,dy = 0$

Ans: $\dfrac{x^3}{3} + \dfrac{x^2 y^2}{2} = C$

(17) $2y\,dx + (1 + 6x - y)\,dy = 0$

Ans: $2xy^3 + \dfrac{y^3}{3} - \dfrac{y^4}{4} = C$

(18) $y^2\,dx + 3xy\,dy = 0$

Ans: $xy^3 = C$

(19) $2y^2\,dx - (1 - 8xy)\,dy = 0$

Ans: $2xy^4 - \dfrac{y^3}{3} = C$

(20) $y\sin x\,dx - (2\cos x + 4y^2)\,dy = 0$

Ans: $-y^2 \cos x - y^4 = C$

hint* (13-16) apply case (a), (17-20) apply case (b).

Section 1.4 Solving by Inspection Method

Solve the following 1st order linear differential equation by inspection method:

(1) $xdy = -ydx$

Ans: $xy = C$

(2) $xdy = (y + x^2 e^x)dx$

Ans: $\dfrac{y}{x} - e^x = C$

(3) $(6x^2 y + 12xy + y^2)dx + (6x^2 - xy)dy = 0$

Ans: $x - \dfrac{1}{6}\left(\dfrac{y}{x}\right) + 2\ln|x| + \ln|y| = C$

(4) $xdy - ydx + xy^3 dy = 0$

Ans: $\ln\left|\dfrac{y}{x}\right| + \dfrac{y^3}{3} = C$

(5) $(y^4 + 2y)dx + (xy^3 + 2y^4 - 4x)dy = 0$

Ans: $xy + y^2 + \dfrac{2x}{y^2} = C$

(6) $xdy + ydx(1 + x^2) = 0$

Ans: $\ln|xy| + \dfrac{x^2}{2} = C$

(7) $(x-y)dx+(x+y)dy=0$

Ans: $\ln\left|x^2+y^2\right|-2\tan^{-1}\left(\dfrac{x}{y}\right)=C$

(8) $(x^2+3y^2)dx+2xydy=0$

Ans: $\dfrac{x^5}{5}+x^3y^2=C$

(9) $(2xy+2y^2)dx+(x^2+4xy)dy=0$

Ans: $x^2y+2y^2x=C$

(10) $3xdy-4ydx=0$

Ans: $\dfrac{y^3}{x^4}=C$

Section 1.5   First-Order Linear Differential Equations

Solve the following 1st order linear equation by using the integrating factor:

(1) $\dfrac{dy}{dx}=y+x$, $y(0)=0$

Ans: $y=e^x-x-1$

(2) $y'+5y=e^{2x}$

Ans: $y=\dfrac{e^{2x}}{7}+Ce^{-5x}$

(3) $\dfrac{dy}{dx}+\dfrac{y}{x}=x$

Ans: $y=\dfrac{x^2}{3}+C$

(4) $\dfrac{dy}{dx}+\left(\dfrac{1}{x}+1\right)y=e^{-x}$

Ans: $y=\dfrac{1}{2}xe^{-x}+\dfrac{Ce^{-x}}{x}$

(5) $x\dfrac{dy}{dx}+y=x\sin x$

Ans: $y=\dfrac{\sin x}{x}-\cos x+\dfrac{C}{x}$

(6) $\sin x\dfrac{dy}{dx}+y\cos x=\sin x\cos x$

Ans: $y\sin x=\dfrac{\sin^2 x}{2}+C$

(7) $(x-1)\dfrac{dy}{dx}+y=(x-1)^2$

Ans: $y=\dfrac{(x-1)^2}{3}+C(x-1)^{-1}$

(8) $(1-x^2)\dfrac{dy}{dx}=xy+2$

Ans: $y=\dfrac{2}{\sqrt{1-x^2}}\left(\sin^{-1}x+C\right)$

(9) $(x-1)\dfrac{dy}{dx}-y=(x-1)^4$, $y(4)=30$

Ans: $y=\dfrac{(x-1)^4}{3}+(x-1)$

(10) $x\dfrac{dy}{dx}+y=x\cos x$, $y(\pi)=0$

Ans: $xy=x\sin x+\cos x+1$

Section 1.6   Bernoulli's Equation

Solve the following Bernoulli's equations:

(1) $\dfrac{dy}{dx} + \dfrac{1}{x}y = xy^2$

Ans: $y = \dfrac{1}{Cx - x^2}$

(2) $\dfrac{dy}{dx} + xy = \dfrac{2x}{y}$

Ans: $y = \left(2 + Ce^{-x^2}\right)^{\frac{1}{2}}$

(3) $\dfrac{dy}{dx} + \dfrac{1}{x}y = 2x^2 y^3$

Ans: $y = \left(-4x^3 + Cx^2\right)^{-\frac{1}{2}}$

(4) $3y - 2\dfrac{dy}{dx} = y^4 e^{3x}$

Ans: $y = \left(\dfrac{1}{5}e^{3x} + Ce^{-\frac{9}{2}x}\right)^{-\frac{1}{3}}$

(5) $\dfrac{dy}{dx} + 2y = y^3(x - 1)$

Ans: $y = \left(Ce^{4x} + \dfrac{1}{2}x - \dfrac{3}{8}\right)^{-\frac{1}{2}}$

(6) $x^2 y - \dfrac{1}{2}x^3 \dfrac{dy}{dx} = y^3 \cos x$

Ans: $y = \left(4x^{-3}\sin x + 4x^{-4}\cos x + Cx^{-4}\right)^{-\frac{1}{2}}$

Section 1.7 Ricatti's Equation

Solve the following Ricatti's equations:

(1) $x^2 \dfrac{dy}{dx} + 2 - 2xy + x^2 y^2 = 0$

Ans: $y = \dfrac{1}{x} + \dfrac{1}{x + C}$

(2) $x\dfrac{dy}{dx} - y + 2y^2 = 2x^2$

Ans: $y = \dfrac{x}{Ce^{4x} - \frac{1}{2}} + x$

(3) $\dfrac{dy}{dx} = y^2 - 2xy + x^2 + 1$

Ans: $y = x + \dfrac{1}{C - x}$

(4) $\dfrac{dy}{dx} = \dfrac{y^2}{x^2} - \dfrac{y}{x} + 1$

Ans: $y = x + \dfrac{x}{C - \ln|x|}$

(5) $2x\dfrac{dy}{dx} - y^2 + 2y + 8 = 0$

Ans: $y = 4 + \dfrac{1}{-\frac{1}{6} + Cx^{-3}}$

(6) $\dfrac{dy}{dx} = y^2 - xy + 1$

Ans: $y = x + \dfrac{1}{e^{-\frac{x^2}{2}} \displaystyle\int \left(-e^{\frac{x^2}{2}}\right) dx}$

Section 1.8   Applications to Electrical Circuit

(1) A simple R-L series circuit with $R = 1\,\Omega$, $L = 25$ H and $E(t) = e^{-t}\ V$ was connected. Determine the current $i(t)$ given that the initial current $i(0) = 0$.

Ans: $i(t) = \dfrac{1}{24}\left(e^{\frac{-t}{25}} - e^{-t}\right)$ amp

(2) A 30 volts electromotive force is applied to an R-L series circuit which the resistance R is 2 ohms and inductance L is 25 Henry. Given the initial condition where $i(0) = 0$, find the current $i(t)$. Determine the current as t approaches infinity $(t \rightarrow \infty)$.

Ans: $i(t) = 15\left(1 - e^{\frac{-2}{25}t}\right)$ amp, $i(\infty) = 15$ amp

(3) A simple R-C circuit with $R = 20\,\Omega$, $C = 10^{-3}$ F and $E(t) = e^{-t}\ V$ was connected. Determine the charge $q(t)$ given that the initial charge $q(0) = 0$. Determine the current $i(t)$.

Ans: $q(t) = \dfrac{1}{980}\left(e^{-t} - e^{-50t}\right)$ C, $i(t) = \dfrac{1}{980}\left(50e^{-50t} - e^{-t}\right)$ amp

(4) A 100 volts electromotive force is applied to an R-C series circuit which the resistance R is 1000 ohms and capacitance C is 1×10^{-4} Farad. Given the initial condition where $i(0) = 0.2$, find the charge $q(t)$ on the capacitor.   Determine the charge and current as $t = 0.001$ sec. If t approaches infinity $(t \rightarrow \infty)$, find the charge $q(\infty)$.

Ans: At $i(0) = 0.2$ amp, $q(t) = 0.01\left(1 - 2e^{-10t}\right)$ C .

$q(0.001) = -9.8 \times 10^{-3}$ C, $i(0.001) = 0.198$ amp, $q(\infty) = 0.01$ C

Chapter 2

Second-Order Ordinary Differential Equations

二階常微分方程式

Second Order Differential Equations
二階微分方程式

Generally, a second-order differential equation contains only a 2nd order derivative only. It is considered as linear 線性 if it is written as:

$$\frac{d^2y}{dx^2} + p(x)\frac{dy}{dx} + q(x)y = r(x)$$

where $p(x)$, $q(x)$ and $r(x)$ are functions of x.

Therefore, for a second-order d.e., there must have a $\frac{d^2y}{dx^2}$. Note that $p(x)$, $q(x)$ and $\frac{dy}{dx}$ can be absent in this case as long as $\frac{d^2y}{dx^2}$ is present.

A homogeneous 齊性的 second-order d.e. has the form:

$$r(x) = \frac{d^2 y}{dx^2} + p(x)\frac{dy}{dx} + q(x)y = 0 \ \ (\text{if} \ r(x) = 0)$$

and a non-homogeneous 非齊性的 second-order d.e. has the form:

$$r(x) = \frac{d^2 y}{dx^2} + p(x)\frac{dy}{dx} + q(x)y \neq 0 \ \ (\text{if} \ r(x) \neq 0)$$

2.2 Constant Coefficients of Second Order Homogeneous Equations 二階常係數齊性方程式

In this section, we are dealing with only homogeneous equations of the form:

$$\frac{d^2 y}{dx^2} + a\frac{dy}{dx} + by = 0 \ .... (2.1)$$

where coefficients a, b are constants 常數 and $r(x)$ is zero. From 1st order d.e, we considered $\frac{dy}{dx} + ky = 0$ has the form:

$$y = e^{-kx}$$

To solve Eq. (2.1), we let:

$$y = e^{\lambda x} \ .... (2.2)$$

Substituting Eq. (2.2) and its derivatives into Eq. (2.1), we get:

$$\Rightarrow \frac{dy}{dx} = \lambda e^{\lambda x} \quad \text{and} \quad \frac{d^2 y}{dx^2} = \lambda^2 e^{\lambda x}$$

$$\Rightarrow \lambda^2 e^{\lambda x} + a\lambda e^{\lambda x} + be^{\lambda x} = 0$$

$$\Rightarrow e^{\lambda x}(\lambda^2 + a\lambda + b) = 0$$

Therefore, if λ is a solution of the quadratic equation 二次方程式：$\boxed{\lambda^2 + a\lambda + b = 0}$, it is known as the **characteristic equation** 特徵方程.

If λ_1 and λ_2 are the roots of the characteristic equation, we get:

$$\lambda_{1,2} = \frac{-a \pm \sqrt{a^2 - 4b}}{2} \quad \text{.. (2.3)}$$

and both the solutions to the 2nd order homogeneous Eq. (2.1) will be:

$$y_1 = e^{\lambda_1 x} \quad , \quad y_2 = e^{\lambda_2 x}$$

We can verify these equations by substituting each solution and its derivative into Eq. (2.1).

From Eq. (2.3), there are three possible cases for $\lambda_{1,2}$ depending on the sign of the discriminant 判別式 $a^2 - 4b$. These cases are:

依 $\lambda_{1,2}$ 根的性質分為三種情況：

Case 1: Two distinct, real roots (λ) if $a^2 - 4b > 0$
情況 1：若 $a^2 - 4b > 0$，則 λ 為二不等實根

Case 2: Equal, real roots (λ) if $a^2 - 4b = 0$
情況 2：若 $a^2 - 4b = 0$，則 λ 為等根

Case 3: Two complex conjugate roots (λ) if $a^2 - 4b < 0$
情況 3：若 $a^2 - 4b < 0$，則 λ 為二共軛複數根

The three cases mentioned above for solving 2nd order homogeneous equation where $r(x) = 0$ are shown in the below diagram:

$$\frac{d^2y}{dx^2} + a\frac{dy}{dx} + by = 0$$

$$\downarrow$$

$$\lambda^2 + a\lambda + b = 0$$

$$\downarrow$$

Case 1 $\downarrow$ $a^2 - 4b > 0$ **Case 2** $\downarrow$ $a^2 - 4b = 0$ **Case 3** $\downarrow$ $a^2 - 4b < 0$

Two distinct, real roots:	Equal, real roots:	Two complex roots:
$\lambda_{1,2} = \dfrac{-a \pm \sqrt{a^2 - 4b}}{2}$	$\lambda_{1,2} = \lambda = \dfrac{-a}{2}$	$\lambda_{1,2} = \underbrace{\left(\dfrac{-a}{2}\right)}_{m} \pm i \underbrace{\left(\dfrac{\sqrt{4b - a^2}}{2}\right)}_{n}$
$y = Ae^{\lambda_1 x} + Be^{\lambda_2 x}$	$y = (A + Bx)e^{\lambda x}$	
$y_1 = e^{\lambda_1 x}, \quad y_2 = e^{\lambda_2 x}$	$y_1 = e^{\lambda x}, \quad y_2 = xe^{\lambda x}$	$y = e^{mx}[A\cos nx + B\sin nx]$
		$y_1 = e^{mx}\cos nx, \quad y_2 = e^{mx}\sin nx$

Figure 2.0   Three cases in solving 2nd order homogeneous equation

2.2.1   Two Distinct, Real Roots 二不等實根

To solve the 2nd order d.e. with the form $\boxed{\dfrac{d^2y}{dx^2} + a\dfrac{dy}{dx} + by = 0}$, the characteristic equation is considered as:

$$\lambda^2 + a\lambda + b = 0$$

For real, distinct roots where $a^2 - 4b > 0$, we get:

$$\lambda_{1,2} = \frac{-a \pm \sqrt{a^2 - 4b}}{2} \qquad \text{where} \qquad \boxed{\begin{aligned} \lambda_1 &= \frac{-a + \sqrt{a^2 - 4b}}{2} \\[2mm] \lambda_2 &= \frac{-a - \sqrt{a^2 - 4b}}{2} \end{aligned}}$$

In this case, $y_1 = e^{\lambda_1 x}$ and $y_2 = e^{\lambda_2 x}$ constitute a basis equation of solutions of Eq. (2.1) and the general solution for *Two Distinct, Real Roots* is:

$$y = Ae^{\lambda_1 x} + Be^{\lambda_2 x} \text{...} (2.4)$$

Note that A and B are constant 常數.

Example (1): Solve the below 2nd order d.e with the initial value 初值 given as $y(0) = 1, y'(0) = -4$.

$$\frac{d^2 y}{dx^2} - 5\frac{dy}{dx} + 4y = 0$$

Solution : Compare with Eq. (2.1) $\Rightarrow \frac{d^2 y}{dx^2} - 5\frac{dy}{dx} + 4y = \frac{d^2 y}{dx^2} + a\frac{dy}{dx} + by = 0$

Therefore, we get: $a = -5$ and $b = 4$

Hence the characteristic equation given by $\boxed{\lambda^2 + a\lambda + b = 0}$ will be:

$$\lambda^2 - 5\lambda + 4 = 0 \Rightarrow (\lambda - 1)(\lambda - 4) = 0$$

therefore, $\lambda_{1,2} = \underset{\lambda_1}{1}$ or $\underset{\lambda_2}{4}$

or we can prove the above by applying $\Rightarrow (a^2 - 4b) = \left|(-5)^2 - 4(4)\right| = 9 > 0$

Since for this case, $(a^2 - 4b) > 0$, we can apply Case 1 as in Figure 2.0:

$$\Rightarrow \lambda_{1,2} = \frac{-a \pm \sqrt{a^2 - 4b}}{2} = \frac{-(-5) \pm \sqrt{9}}{2} = \frac{5 \pm 3}{2}, \Rightarrow \lambda_{1,2} = \underset{\lambda_1}{1} \text{ or } \underset{\lambda_2}{4}$$

By applying Eq. (2.4) where the general solution is $\Rightarrow y = Ae^x + Be^{4x}$.

Substituting the initial conditions into the general equation, we get:

$$y(0) = \left[A\underbrace{e^{(0)}}_{1} + B\underbrace{e^{4(0)}}_{1} \right]_{x=0} \qquad y'(0) = \left[\frac{d(Ae^x)}{dx} + \frac{d(Be^{4x})}{dx} \right]_{x=0}$$

$$= A + B = 1 \qquad\qquad\qquad = \left[Ae^x + 4Be^{4x} \right]_{x=0}$$

$$= A + 4B = -4$$

Solving the equations above, we get $\Rightarrow A = \dfrac{8}{3}$ and $B = -\dfrac{5}{3}$.

Hence, the solution is:

$$y = \frac{1}{3}\left(8e^x - 5e^{4x}\right)$$

Example (2): Solve the below 2nd order d.e with boundary value 邊界值 given as $y(0) = 2$, $y(1) = 0$.

$$\frac{d^2 y}{dx^2} + 3\frac{dy}{dx} - 4y = 0$$

Solution： Compare with Eq. (2.1) $\Rightarrow \dfrac{d^2 y}{dx^2} + 3\dfrac{dy}{dx} - 4y = \dfrac{d^2 y}{dx^2} + a\dfrac{dy}{dx} + by = 0$

Therefore, we get: $a = 3$ and $b = -4$

Hence the characteristic equation given by $\boxed{\lambda^2 + a\lambda + b = 0}$ will be:

$$\lambda^2 + 3\lambda - 4 = 0 \Rightarrow (\lambda - 1)(\lambda + 4) = 0$$

therefore, $\lambda_{1,2} = \underset{\lambda_1}{1}$ or $\underset{\lambda_2}{-4}$

---

or we can prove the above by applying $\Rightarrow (a^2 - 4b) = \left[3^2 - 4(-4)\right] = 25 > 0$

Since for this case, $(a^2 - 4b) > 0$, we can apply Case 1 as in Figure 2.0:

$$\Rightarrow \lambda_{1,2} = \frac{-a \pm \sqrt{a^2 - 4b}}{2} = \frac{-3 \pm \sqrt{25}}{2} = \frac{-3 \pm 5}{2}, \quad \Rightarrow \lambda_{1,2} = \underset{\lambda_1}{1} \text{ or } \underset{\lambda_2}{-4}$$

By applying Eq. (2.4) where the general solution is $\Rightarrow y = Ae^x + Be^{-4x}$.

Substituting the value of boundary conditions into the general equation, we get:

$$y(0) = \left[A\underset{1}{e^{(0)}} + B\underset{1}{e^{-4(0)}}\right]_{x=0} = 2 \qquad y(1) = \left[Ae^{(1)} + Be^{-4(1)}\right]_{x=1} = 0$$

$$\Rightarrow A + B = 2 \qquad\qquad\qquad \Rightarrow Ae^1 + Be^{-4} = 0$$

Solving the equations above, we get:

$$A = \frac{-2e^{-4}}{e^1 - e^{-4}} \quad , \quad B = \frac{2e^1}{e^1 - e^{-4}}$$

Therefore, the particular solution is:

$$y = \left(\frac{-2e^{-4}}{e^1 - e^{-4}}\right)e^x + \left(\frac{2e^1}{e^1 - e^{-4}}\right)e^{-4x}$$

2.2.2　Equal Roots 等根

To solve the 2nd order d.e of the form $\boxed{\dfrac{d^2y}{dx^2} + a\dfrac{dy}{dx} + by = 0}$, we substitute the value of a and b into the characteristic equation $\Rightarrow \lambda^2 + a\lambda + b = 0$.

For equal roots, we let $\boxed{a^2 - 4b = 0}$ and we get:

$$\lambda_{1,2} = \frac{-a \pm \sqrt{0}}{2} \qquad \Rightarrow \qquad \lambda_1 = \lambda_2 = \frac{-a}{2} = \lambda$$

In this case, there will be only one solution: $\boxed{y_1 = e^{\lambda x}}$

To obtain a second independent solution, we let $\boxed{y_2 = xy_1 = xe^{\lambda x}}$

Therefore, the general solution for *Equal, real roots* is:

$$y = Ae^{\lambda x} + Bxe^{\lambda x} = (A + Bx)e^{\lambda x} \,\dotfill (2.5)$$

Note that A and B are constant.

Example (3):　　Solve $\dfrac{d^2y}{dx^2} + 6\dfrac{dy}{dx} + 9y = 0$

Solution：　　Compare with Eq. (2.1) $\Rightarrow \dfrac{d^2y}{dx^2} + 6\dfrac{dy}{dx} + 9y = \dfrac{d^2y}{dx^2} + a\dfrac{dy}{dx} + by = 0$

therefore we get: $a = 6$ and $b = 9$

Hence the characteristic equation given by $\boxed{\lambda^2 + a\lambda + b = 0}$ will be:

$$\lambda^2 + 6\lambda + 9 = 0 \Rightarrow (\lambda + 3)^2 = 0$$

therefore, $\lambda_{1,2} = \lambda = -3$ (Equal, real roots)

or we can prove the above by applying $\Rightarrow (a^2 - 4b) = [6^2 - 4(9)] = 0$

Since for this case, $(a^2 - 4b) = 0$, we can apply Case 2 as in Figure 2.0:

$$\Rightarrow \lambda_{1,2} = \frac{-a}{2} = \frac{-6}{2} = -3, \Rightarrow \lambda_{1,2} = \lambda = -3 \text{ (Equal, real roots)}$$

Hence the basis is: e^{-3x} and xe^{-3x}.

By applying Eq.(2.5), the general solution is:

$$y = (A + Bx)e^{-3x}$$

Example (4): Solve the initial value problem

$$\frac{d^2 y}{dx^2} - 10\frac{dy}{dx} + 25y = 0, \quad y(0) = 2, \ y'(0) = 1$$

Solution : Compare with Eq. (2.1) $\Rightarrow \frac{d^2 y}{dx^2} - 10\frac{dy}{dx} + 25y = \frac{d^2 y}{dx^2} + a\frac{dy}{dx} + by = 0$

therefore we get: $a = -10$ and $b = 25$

Hence the characteristic equation given by $\boxed{\lambda^2 + a\lambda + b = 0}$ will be:

$$\lambda^2 - 10\lambda + 25 = 0 \Rightarrow (\lambda - 5)^2 = 0$$

therefore, $\lambda_{1,2} = \lambda = 5$ (Equal, real roots)

or we can prove the above by applying $\Rightarrow (a^2 - 4b) = [(-10)^2 - 4(25)] = 0$

Since for this case, $(a^2 - 4b) = 0$, we can apply Case 2 as in Figure 2.0:

$$\Rightarrow \lambda_{1,2} = \frac{-a}{2} = \frac{-(-10)}{2} = 5, \Rightarrow \lambda_{1,2} = \lambda = 5 \text{ (equal real root)}$$

By applying Eq.(2.5), the general solution is: $y = (A + Bx)e^{5x}$,

whereby the basis is: e^{5x} and xe^{5x}.

Differentiating the general equation, we get:

$$y' = Be^{5x} + 5e^{5x}(A + Bx)$$

Substituting both the given initial conditions, we get:

$$y(0) = (A + B \times 0)e^0 = 2 \qquad \Rightarrow A = 2.$$

$$y'(0) = Be^0 + 5e^0(A + B \times 0) = 1$$
$$= B + 5A = 1 \qquad \Rightarrow B = -9$$

Hence, the particular solution is:

$$y = (2 - 9x)e^{5x}$$

2.2.3 Complex, Conjugate Roots 二共軛複數根

To solve the 2nd Order D.E of the form $\boxed{\dfrac{d^2 y}{dx^2} + a\dfrac{dy}{dx} + by = 0}$, we substitute the value of

a and b into the characteristic equation $\Rightarrow \lambda^2 + a\lambda + b = 0$.

For complex roots, $a^2 - 4b < 0$

$$\lambda_{1,2} = \frac{-a \pm \sqrt{a^2 - 4b}}{2}$$
$$= \frac{-a}{2} \pm i\frac{\sqrt{4b - a^2}}{2} = m \pm in$$

.... (2.6)

Note that $i = \sqrt{-1}$

The general solution is:

$$y = Ce^{\lambda_1 x} + De^{\lambda_2 x}$$
$$= Ce^{\overbrace{(m+in)}^{\lambda_1}x} + De^{\overbrace{(m-in)}^{\lambda_2}x}$$

$$= Ce^{mx}e^{inx} + De^{mx}e^{-inx}$$

$$= e^{mx}\left[C(\cos nx + i\sin nx) + D(\cos nx - i\sin nx)\right]$$

$$= e^{mx}\left[\underbrace{(C+D)}_{A}\cos nx + \underbrace{i(C-D)}_{B}\sin nx\right]$$

Using Euler Formular
$$e^{ix} = \cos x + i\sin x$$
$$e^{-ix} = \cos x - i\sin x$$

Therefore, the general solution for *Two Complex, Conjugate Roots* is:

$$y = e^{mx}\left[A\cos nx + B\sin nx\right] \quad\text{...}(2.7)$$

Note that if the equation is of the form $\dfrac{d^2y}{dx^2} \pm n^2 y = 0$, we have:

(a) $\dfrac{d^2y}{dx^2} + n^2 y = 0 \implies y = A\cos nx + B\sin nx$ .... (2.8a)

(b) $\dfrac{d^2y}{dx^2} - n^2 y = 0 \implies y = A\cosh nx + B\sinh nx$ .... (2.8b)

Example (5): Obtain the general solution of the below 2nd order d.e.:

$$\frac{d^2y}{dx^2} + 4\frac{dy}{dx} + 9y = 0$$

Solution : Compare with Eq. (2.1) $\implies \dfrac{d^2y}{dx^2} + 4\dfrac{dy}{dx} + 9y = \dfrac{d^2y}{dx^2} + a\dfrac{dy}{dx} + by = 0$

therefore we get: $a = 4$ and $b = 9$

Since $a^2 - 4b = (4)^2 - 4(9) = -20$, we learnt that $a^2 - 4b < 0$, therefore, we apply Case 3 as in Figure 2.0.

By employing Eq. (2.6), the characteristic equation given by $\lambda^2 + 4\lambda + 9 = 0$ will be:

$$\lambda_{1,2} = \frac{-a}{2} \pm i\frac{\sqrt{4b-a^2}}{2} \implies -\frac{4}{2} \pm i\frac{\sqrt{4(9)-4^2}}{2}$$

$$\Rightarrow -2 \pm i\frac{\sqrt{20}}{2} \Rightarrow -2 \pm i\frac{2\sqrt{5}}{2}$$

$$\Rightarrow -2 \pm i\sqrt{5}$$

In this case:

$$\lambda_{1,2} = \underbrace{-2}_{m} \pm i\underbrace{\sqrt{5}}_{n} \qquad \Rightarrow m = -2 \text{ and } n = \sqrt{5}$$

By applying Eq.(2.7), the general solution is:

$$y = e^{-2x}(A\cos\sqrt{5}x + B\sin\sqrt{5}x)$$

Example (6):   Solve the below 2nd Order D.E with boundary value given

as $y(0) = 2$, $y\left(\dfrac{\pi}{10}\right) = 1$.

$$\frac{d^2y}{dx^2} + 2\frac{dy}{dx} + 26y = 0$$

Solution :   Compare with Eq. (2.1) $\Rightarrow \dfrac{d^2y}{dx^2} + 2\dfrac{dy}{dx} + 26y = \dfrac{d^2y}{dx^2} + a\dfrac{dy}{dx} + by = 0$

therefore we get: $a = 2$ and $b = 26$

Since $a^2 - 4b = (2)^2 - 4(26) = -100$, we learnt that $a^2 - 4b < 0$,

therefore, we apply Case 3 as in Figure 2.0.

By employing Eq. (2.6), the characteristic equation given by $\boxed{\lambda^2 + 2\lambda + 26 = 0}$ will be:

$$\lambda_{1,2} = \frac{-a}{2} \pm i\frac{\sqrt{4b-a^2}}{2} \Rightarrow -\frac{2}{2} \pm i\frac{\sqrt{4(26)-2^2}}{2}$$

In this case

$$\lambda_{1,2} = \underbrace{-1}_{m} \pm i\underbrace{5}_{n} \qquad \Rightarrow m = -1 \text{ and } \quad n = 5$$

By applying Eq.(2.7), the general solution is:

$$y = e^{-x}(A\cos 5x + B\sin 5x)$$

Substituting the given boundary conditions, we get:

$$y(0) = \underbrace{e^{-(0)}}_{1}\left[A\underbrace{\cos(0)}_{1} + B\underbrace{\sin(0)}_{0} \right] = 2 \qquad\qquad \Rightarrow A = 2$$

$$y\left(\frac{\pi}{10}\right) = e^{-\left(\frac{\pi}{10}\right)}\left[A\underbrace{\cos 5\left(\frac{\pi}{10}\right)}_{0} + B\underbrace{\sin 5\left(\frac{\pi}{10}\right)}_{1} \right] = 1 \qquad \Rightarrow B = e^{\frac{\pi}{10}}$$

Therefore the particular solution is:

$$y = e^{-x}\left(2\cos 5x + e^{\frac{\pi}{10}}\sin 5x \right)$$

Example (7):   Solve the below 2nd Order D.E.

$$\frac{d^2 y}{dx^2} + 16y = 0$$

Solution：   Applying Eq. (2.8a), we get:

$$n^2 = 16 \qquad \Rightarrow n = 4$$

Therefore the general equation is:

$$y = A\cos 4x + B\sin 4x$$

2.3 Wronskian Test For Linear Independence of Solutions 朗斯基線性獨立之解

The Wronskian 朗斯基 test is used to determine whether the solutions y_1 and y_2 are linearly independent. Both solutions (y_1 and y_2) of homogeneous 2nd order d.e in the form $\frac{d^2 y}{dx^2} + p(x)\frac{dy}{dx} + q(x)y = 0$ are shown in Figure 2.0. If both $p(x)$ and $q(x)$ are continuous functions of x on some interval 間隔 I, the Wronskian (2×2) determinant 行列式 can be define as:

$$W(y_1(x), y_2(x)) = \begin{vmatrix} y_1 & y_2 \\ \dfrac{dy_1}{dx} & \dfrac{dy_2}{dx} \end{vmatrix} = y_1 \dfrac{dy_2}{dx} - y_2 \dfrac{dy_1}{dx} \quad \dots\dots\dots\dots\dots (2.9)$$

Note:

1. y_1 and y_2 are linearly independent 線性獨立 for all x on interval I if and only if the Wronskian $W(y_1(x), y_2(x)) \neq 0$ on I.

2. Inversely 相反的, y_1 and y_2 are linearly dependent 線性相依 if and only if $W(y_1(x), y_2(x)) = 0$ on I.

3. Either $W(y_1(x), y_2(x)) = 0$, for all x in I, or $W(y_1(x), y_2(x)) \neq 0$ for all x in I.

Example (8):   Check for independence

$$\frac{d^2y}{dx^2} + z^2 y = 0$$

Solution：   The characteristic equation in this case is: $\lambda^2 + z^2 = 0$,

and this will gives us $\Rightarrow \lambda = \underset{m}{\underline{0}} \pm i\underset{n}{\underline{z}}$ (Two complex, conjugate roots)

or we can prove the above by applying $\Rightarrow (a^2 - 4b) = \left| (0)^2 - 4z^2 \right| < 0$

Since for this case, $(a^2 - 4b) = 0$, we can apply Case 3 as in Figure 2.0:

$$\Rightarrow \lambda_{1,2} = \frac{-0}{2} \pm j\frac{\sqrt{4z^2 - 0^2}}{2}, \quad \Rightarrow \lambda_{1,2} = 0 \pm jz$$

(Two complex, conjugate roots)

Therefore, $m = 0$, $n = z$, and since from Eq (2.7)
$$\Rightarrow y = e^{mx}[A\cos nx + B\sin nx],$$

we get:

$$y_1 = e^{mx}\left[\cos nx\right], \quad y_2 = e^{mx}\left[\sin nx\right]$$

Since $m = 0$, the two solutions are:

$$y_1(x) = \cos nx \qquad y_2(x) = \sin nx$$

Note*: the above two solutions can also be directly obtained by applying Eq. (2.8a).

To test the independence of the two solutions:

$$W\left(y_1(x), y_2(x)\right) = \begin{vmatrix} \cos nx & \sin nx \\ \dfrac{d\cos nx}{dx} & \dfrac{d\sin nx}{dx} \end{vmatrix}$$

$$= \begin{vmatrix} \cos nx & \sin nx \\ -n\sin nx & n\cos nx \end{vmatrix}$$

$$= n\underbrace{\left(\cos^2 nx + \sin^2 nx\right)}_{1} = n = z$$

Hence the two solutions are considered as linearly independent on any interval if and only if $z \neq 0$.

Example (9):	Check for independence

$$\frac{d^2 y}{dx^2} - 8\frac{dy}{dx} + 16y = 0$$

Solution : The characteristic equation is given by

$$\lambda^2 - 8\lambda + 16 = 0, \quad \Rightarrow \left(\lambda - 4\right)^2 \qquad \text{(Equal, real roots)}$$

Therefore, $\lambda_{1,2} = \lambda = 4$.

or we can prove the above by applying $\Rightarrow \left(a^2 - 4b\right) = \left[\left(-8\right)^2 - 4\left(16\right)\right] = 0$

Since for this case, $\left(a^2 - 4b\right) = 0$, we can apply Case 2 as in Figure 2.0:

$$\Rightarrow \lambda_{1,2} = \frac{-a}{2} = \frac{-\left(-8\right)}{2} = 4, \quad \Rightarrow \lambda_{1,2} = \lambda = 4 \quad \text{(Equal, real roots)}$$

Hence, apply Eq. (2.5), the general solution is:

$$y = \left(A + Bx\right)e^{4x}$$

Therefore, the two solutions are:

$$y_1(x) = e^{4x} \qquad\qquad y_2(x) = xe^{4x}$$

To test the independence of the two solutions:

$$W\left(e^{4x}, xe^{4x}\right) = \begin{vmatrix} e^{4x} & xe^{4x} \\ \dfrac{de^{4x}}{dx} & \dfrac{d(xe^{4x})}{dx} \end{vmatrix}$$

$$= \begin{vmatrix} e^{4x} & xe^{4x} \\ 4e^{4x} & \left(4xe^{4x} + e^{4x}\right) \end{vmatrix} = e^{8x}$$

Hence the two solutions are considered as linearly independent since $W\left(e^{4x}, xe^{4x}\right) \neq 0$.

2.4 Constant Coefficients of Second Order Non-Homogeneous Equations 二階常係數非齊性方程式

So far, we have only been dealing with 2nd order homogeneous equation of the form

$$\frac{d^2y}{dx^2} + a\frac{dy}{dx} + by = r(x) \text{, where } r(x) = 0 \dots\dots\dots (2.1)$$

We are now interested in solving **non-homogeneous** 非齊性 equations of the form

$$\frac{d^2y}{dx^2} + a\frac{dy}{dx} + by = r(x) \text{, where } r(x) \neq 0 \dots\dots\dots (2.10)$$

with coefficients a and b are constants.

In order to solve the complete general solution for non-homogeneous equation, we have to:

(1) Determine $y_h(x) \Rightarrow$ general solution of the associated homogeneous equation Eq. (2.1).

(Note that $y_h(x)$ is sometime know as complementary function $y_c(x)$ 互補函數)

(2) Determine $y_p(x) \Rightarrow$ particular solutions 特解 of Eq. (2.10).

Therefore, the general solution is given by:

$$y(x) = \overbrace{y_h(x)}^{Homogeneous} + \overbrace{y_p(x)}^{Particular\ solution} \quad \text{................................}(2.11)$$

$y_h(x)$ can be obtain by applying the same methods solving homogeneous equation with $r(x) = 0$ that has been taught earlier on.

$y_p(x)$ can be obtain by assuming the general form of the function on the Right-Hand-Side (RHS) of the given non-homogeneous equation. By substituting them into the equation and equating coefficient of similar terms.

In this case, two methods are introduced in solving non-homogeneous equation, they are:

(i) Undetermined Coefficients　未定係數法

(ii) Variation of Parameters 參數變換法

2.4.1　Undetermined Coefficients　未定係數法

As mentioned earlier on, to solve for non-homogeneous equation, we need to sum both $y_h(x)$ and $y_p(x)$.

The approach for Undetermined Coefficient is to determine the particular solution $y_p(x)$ according to the format of the function on the Right-Hand-Side (RHS) which is $r(x)$. The most common form $r(x)$ and its respective assumed $y_p(x)$ are shown in Table (2.1).

Table (2.1)   Undetermined Coefficient for non-homogeneous equation

Assumed $y_p(x)$	if $r(x)$ is of the form
$C_n x^n + C_{n-1} x^{n-1} + \cdots + C_1 x + C_0$	kx^n as $(n = 0, 1, 2 \ldots)$
Ce^{px}	ke^{px}
$C \cos mx + D \sin mx$	$\begin{cases} k \cos mx \\ k \sin mx \end{cases}$
$e^{nx}(C \cos mx + D \sin mx)$	$\begin{cases} ke^{nx} \cos mx \\ ke^{nx} \sin mx \end{cases}$

Note that there are two basic rules to follow in addition to the above table:

Rule 1: If the assumed $y_p(x)$ or $r(x)$ is already included in the homogeneous solution $y_h(x)$, we can multiply $y_p(x)$ by x. 若假設之 $y_p(x)$ 或 $r(x)$ 已經包含在齊性之解 $y_h(x)$ 之內，即以 x 乘上 $y_p(x)$. This is sometime known as the Multiplication Rule 乘法律.

Rule 2: If $r(x)$ is a sum of two or more assumed $y_p(x)$ expression, let $y_p(x)$ be the summation of the corresponding expression. 若 $r(x)$ 是兩種或以上之假設 $y_p(x)$ 之組合，則把其相對應的 $y_p(x)$ 相加。This is sometime known as the Principal of Superposition 疊加原理.

Therefore, from the above Table (2.1), we can assume the particular solution $y_p(x)$ if $r(x)$ is of the form:

(a) $r(x) = 19$ $\Rightarrow y_p(x) = C$

(b) $r(x) = 7x - 3$ $\Rightarrow y_p(x) = Cx + D$

(c) $r(x) = 9x^2 + 6$ $\Rightarrow y_p(x) = Cx^2 + Dx + E$

(d) $r(x) = e^{2x}$ $\Rightarrow y_p(x) = Ce^{2x}$

(e) $r(x) = 7xe^{2x}$ $\Rightarrow y_p(x) = (Cx + D)e^{2x}$

(f) $r(x) = \sin 2x$ or $\cos 2x$ $\Rightarrow y_p(x) = C\cos 2x + D\sin 2x$

Example (10):   Solve the non-homogeneous equation problem

$$\frac{d^2 y}{dx^2} - 6\frac{dy}{dx} + 8y = x^2$$

Solution :   (i)   To find $y_h(x)$, we let (Left Hand Side) LHS = 0. Hence, the

characteristic equation is given by:

$$\lambda^2 - 6\lambda + 8 = 0, \Rightarrow (\lambda - 2)(\lambda - 4) = 0 \quad \text{(Two distinct, real roots)}$$

$$\therefore \lambda = 2 \text{ or } 4$$

or we can prove the above by applying $\Rightarrow (a^2 - 4b) = |(-6)^2 - 4(8)| = 4 > 0$

Since for this case, $(a^2 - 4b) > 0$, we can apply Case 1 as in Figure 2.0:

$$\Rightarrow \lambda_{1,2} = \frac{-a \pm \sqrt{a^2 - 4b}}{2} = \frac{-(-6) \pm \sqrt{(-6)^2 - 4(8)}}{2} = \frac{6 \pm 2}{2},$$

$$\Rightarrow \lambda_{1,2} = 2 \text{ or } 4$$
$$\qquad\quad \lambda_1 \quad\;\; \lambda_2$$

Therefore, the general solution to the homogeneous equation is:

$$y_h(x) = Ae^{2x} + Be^{4x}$$

(ii) To find the particular solution $y_p(x)$ to the non-homogeneous equation, note that the RHS is of the form x^2, therefore we assume that:

$$y_p(x) = Cx^2 + Dx + E \qquad \Rightarrow (1)$$

The derivatives are:

$$\frac{dy_p(x)}{dx} = 2Cx + D \Rightarrow (2) \quad, \quad \frac{d^2 y_p(x)}{dx^2} = 2C \Rightarrow (3)$$

Substitute (1), (2) and (3) into the differential equation, we get

$$\underbrace{\frac{d^2 y}{dx^2}}_{2C} - 6 \underbrace{\frac{dy}{dx}}_{2C_x + D} + 8 \underbrace{y}_{Cx^2 + Dx + E} = x^2$$

$$\Rightarrow 2C - 6(2Cx + D) + 8(Cx^2 + Dx + E) = x^2$$

$$\Rightarrow 8Cx^2 + (8D - 12C)x + (2C - 6D + 8E) = x^2$$

Equating Coefficient of similar terms:

x^2 Term $\qquad \Rightarrow 8C = 1$

x Term $\qquad \Rightarrow 8D - 12C = 0$

Constant Term $\qquad \Rightarrow 2C - 6D + 8E = 0$

$$\therefore C = \frac{1}{8}, \quad D = \frac{3}{16} \quad , \quad E = \frac{7}{64}$$

Therefore the particular solution $y_p(x) = \dfrac{x^2}{8} + \dfrac{3x}{16} + \dfrac{7}{64}$

(iii) The general solution is given by:

$$y(x) = y_h(x) + y_p(x) = Ae^{2x} + Be^{4x} + \frac{x^2}{8} + \frac{3x}{16} + \frac{7}{64}$$

Example (11): Solve the non-homogeneous equation problem

$$\frac{d^2 y}{dx^2} - 6\frac{dy}{dx} + 8y = 2\sin 2x$$

Solution :

(i) From Example (10), the general solution to the homogeneous equation is:

$$y_h(x) = Ae^{2x} + Be^{4x}$$

(ii) To find the particular solution $y_p(x)$ to the non-homogeneous equation, note that the RHS is of the form $2\sin 2x$, therefore we assume that:

$$y_p(x) = C\cos 2x + D\sin 2x \qquad \Rightarrow (1)$$

The derivatives are:

$$\frac{dy_p(x)}{dx} = -2C\sin 2x + 2D\cos 2x \qquad \Rightarrow (2)$$

$$\frac{d^2 y_p(x)}{dx^2} = -4C\cos 2x - 4D\sin 2x \qquad \Rightarrow (3)$$

Substitute (1), (2) and (3) into the differential equation, we get

$$\Rightarrow (-4C\cos 2x - 4D\sin 2x) - 6(-2C\sin 2x + 2D\cos 2x)$$
$$+ 8(C\cos 2x + D\sin 2x) = 2\sin 2x$$

$$\Rightarrow (-4C - 12D + 8C)\cos 2x$$
$$+ (-4D + 12C + 8D)\sin 2x = 2\sin 2x$$

$$\Rightarrow (4C - 12D)\cos 2x + (4D + 12C)\sin 2x = 2\sin 2x$$

Equating Coefficient of similar terms:

$\sin 2x$ Term $\qquad \Rightarrow 4D + 12C = 2$

$\cos 2x$ Term $\qquad \Rightarrow 4C - 12D = 0$

$$\therefore C = \frac{3}{20} \ , \ D = \frac{1}{20}$$

Therefore the particular solution $y_p(x) = \dfrac{3}{20}\cos 2x + \dfrac{1}{20}\sin 2x$

(iii) The general solution is given by:

$$y(x) = y_h(x) + y_p(x) = Ae^{2x} + Be^{4x} + \frac{1}{20}(3\cos 2x + \sin 2x)$$

Example (12):   Solve the non-homogeneous equation problem (hint*: apply Rule 1)

$$\frac{d^2 y}{dx^2} - 2\frac{dy}{dx} - 8y = 10e^{-2x}$$

Solution :   (i)   To find $y_h(x)$, we let LHS = 0. Hence, the characteristic equation is given by:

$$\lambda^2 - 2\lambda - 8 = 0, \qquad \Rightarrow (\lambda + 2)(\lambda - 4) = 0$$

$$\therefore \lambda = -2 \text{ or } 4$$

Therefore, the general solution to the homogeneous equation is:

$$y_h(x) = Ae^{-2x} + Be^{4x}$$

(ii) To find the particular solution $y_p(x)$ to the non-homogeneous equation, note that the RHS is of the form $10e^{-2x}$ and its term $\left(e^{-2x}\right)$ is already included in the homogeneous equation $y_h(x)$. Therefore we applied Rule (1) by multiplying the assumed particular solution with x and proceed as normal:

Applying Rule (1):

$$y_p(x) = x\left(Ce^{-2x}\right) = Cxe^{-2x} \qquad\qquad \Rightarrow (1)$$

The derivatives are:

$$\frac{dy_p(x)}{dx} = Cx\left(-2e^{-2x}\right) + \left(e^{-2x}\right)C = Ce^{-2x}\left(1 - 2x\right) \qquad \Rightarrow (2)$$

$$\frac{d^2y_p(x)}{dx^2} = Ce^{-2x}(-2) + (1-2x)\left(-2Ce^{-2x}\right)$$

$$= (2 - 2x)\left(-2Ce^{-2x}\right) = Ce^{-2x}\left(4x - 4\right) \qquad \Rightarrow (3)$$

Substitute (1), (2) and (3) into the differential equation, we get

$$\Rightarrow Ce^{-2x}\left(4x - 4\right) - 2Ce^{-2x}\left(1 - 2x\right) - 8Cxe^{-2x} = 10e^{-2x}$$

Equating coefficient of similar terms, we get:

$$\Rightarrow -6C = 10 \qquad \therefore C = -\frac{5}{3}$$

Therefore the particular solution $y_p(x) = -\frac{5}{3}xe^{-2x}$

(iii) The general solution is given by:

$$y(x) = y_h(x) + y_p(x) = Ae^{-2x} + Be^{4x} - \frac{5}{3}xe^{-2x}$$

Example (13):   Solve the non-homogeneous equation problem (hint*: apply Rule 1)

$$\frac{d^2y}{dx^2} - 6\frac{dy}{dx} + 9y = 7e^{3x}$$

Solution :   (i) To find $y_h(x)$, we let LHS $= 0$. Hence, the characteristic equation is given by:

$$\lambda^2 - 6\lambda + 9 = 0, \quad \Rightarrow (\lambda - 3)^2 = 0$$

$$\therefore \lambda_{1,2} = \lambda = 3 \quad \text{(Equal roots)}$$

Therefore, the general solution to the homogeneous equation is:

$$y_h(x) = (A + Bx)e^{3x} \approx Ae^{3x} + Bxe^{3x}$$

(ii) To find the particular solution $y_p(x)$ to the non-homogeneous equation, note that the RHS is of the form $7e^{3x}$ and both the terms e^{3x} and xe^{3x} are already included in the homogeneous equation $y_h(x)$. Therefore we applied Rule (1) by multiplying the assumed particular solution with x^2 and proceed as normal:

Applying Rule (1):

$$y_p(x) = x^2(Ce^{3x}) = Cx^2e^{3x} \qquad \Rightarrow (1)$$

The derivatives are:

$$\frac{dy_p(x)}{dx} = Ce^{3x}(3x^2 + 2x) \qquad \Rightarrow (2)$$

$$\frac{d^2y_p(x)}{dx^2} = Ce^{3x}(9x^2 + 12x + 2) \qquad \Rightarrow (3)$$

Substitute (1), (2) and (3) into the differential equation, we get

$$\Rightarrow Ce^{3x}(9x^2 + 12x + 2) - 6Ce^{3x}(3x^2 + 2x) + 9Cx^2e^{3x} = 7e^{3x}$$

$$\Rightarrow C(9x^2 + 12x + 2) - 6C(3x^2 + 2x) + 9Cx^2 = 7$$

Equating Coefficient of similar terms:

Constant Term $\Rightarrow 2C = 7 \quad \therefore C = \dfrac{7}{2}$

Therefore the particular solution $y_p(x) = \dfrac{7}{2}x^2e^{3x}$

(iii) The general solution is given by:

$$y(x) = y_h(x) + y_p(x) = (A + Bx)e^{3x} + \frac{7}{2}x^2 e^{3x}$$

Example (14):   Determine the form of a particular solution (hint* : apply Rule 2)

$$\frac{d^2 y}{dx^2} + \frac{dy}{dx} - 2y = 4x + e^{3x}$$

Solution :   (i)   The general solution to the homogeneous equation is:

$$y_h(x) = Ae^{-2x} + Be^x$$

(ii) To find the particular solution $y_p(x)$ to the non-homogeneous equation, note that the RHS is a sum of two different forms. Therefore we applied Rule (2) by summing up all these assumed $y_p(x)$:

Applying Rule (2):

Corresponding to $4x$, we assumed $y_{p1}(x) = Cx + D$ $\Rightarrow (1)$

Corresponding to e^{3x}, we assumed $y_{p2}(x) = E e^{3x}$ $\Rightarrow (2)$

Therefore, summing (1) and (2), the particular solution $y_p(x)$ is:

$$y_p(x) = y_{p1}(x) + y_{p2}(x) = Cx + D + E e^{3x} \qquad\qquad \Rightarrow (3)$$

The derivatives are:

$$\frac{dy_p(x)}{dx} = C + 3Ee^{3x} \ \Rightarrow (4) \qquad\qquad \frac{d^2 y_p(x)}{dx^2} = 9Ee^{3x} \quad \Rightarrow (5)$$

By substituting (3), (4) and (5) into the differential equation, we get:

$$\Rightarrow 9Ee^{3x} + C + 3Ee^{3x} - 2(Cx + D + Ee^{3x}) = 4x + e^{3x}$$

$$\Rightarrow (9E + 3E - 2E)\ e^{3x} - 2Cx + (C - 2D) = e^{3x} + 4x$$

Equating Coefficient of similar terms:

e^{3x} Term $\Rightarrow 10E = 1$

x Term $\Rightarrow -2C = 4$

$$\text{Constant Term} \quad \Rightarrow C - 2D = 0$$

$$\therefore C = -2 \quad , \quad D = -1 \quad , \quad E = 0.1$$

Therefore the particular solution $y_p(x) = -2x - 1 + 0.1\, e^{3x}$

(iii) The general solution is given by:

$$y(x) = y_h(x) + y_p(x) = Ae^{-2x} + Be^x + 0.1e^{3x} - 2x - 1$$

Example (15): Determine the form of a particular solution (hint*: apply Rule 2)

$$\frac{d^2 y}{dx^2} - 2\frac{dy}{dx} - 8y = 2x^2 + 7xe^{5x} - 5\sin 3x$$

Solution : To find the particular solution $y_p(x)$ to the non-homogeneous equation,

note that the RHS is a sum of three different forms. Therefore we applied Rule (2) by summing up all these assumed $y_p(x)$:

Applying Rule (2):

Corresponding to $2x^2$, we assumed

$$y_{p1}(x) = Ax^2 + Bx + C \qquad\qquad \Rightarrow (1)$$

Corresponding to $7xe^{5x}$, we assumed

$$y_{p2}(x) = (Dx + E)e^{5x} \qquad\qquad \Rightarrow (2)$$

Corresponding to $-5\sin 3x$, we assumed

$$y_{p3}(x) = F\cos 3x + G\sin 3x \qquad\qquad \Rightarrow (3)$$

Therefore, summing (1), (2) and (3), the particular solution $y_p(x)$ is:

$$y_p(x) = y_{p1}(x) + y_{p2}(x) + y_{p3}(x)$$
$$= Ax^2 + Bx + C + (Dx + E)e^{5x} + F\cos 3x + G\sin 3x \qquad \Rightarrow (4)$$

The derivatives are:

$$\frac{dy_p(x)}{dx} = 2Ax + B + 5(Dx + E)e^{5x} + De^{5x} - 3F\sin 3x + 3G\cos 3x \Rightarrow (5)$$

$$\frac{d^2 y_p(x)}{dx^2} = 2A + 5De^{5x} + 25\ e^{5x}(Dx+E) + 5De^{5x} - 9F\cos3x - 9G\sin3x$$

$$= 2A + e^{5x}\left[25\ (Dx+E) + 10D\right] - 9F\cos3x - 9G\sin3x \qquad \Rightarrow (6)$$

By substituting (4), (5) and (6) into the differential equation, following up by equating coefficient of similar terms, we should be able to determine the value from A to G.

2.4.2   Variation of Parameters   參數變換法

If we let $y_1(x)$ and $y_2(x)$ as two independent solutions (Wronskian $\neq$ 0) of the homogenous equation (see equation 2.1), this homogeneous equation will have the form $y_h(x) = A\ y_1(x) + B\ y_2(x)$.

Variation of parameters method seeks a particular solution $y_p(x)$ of the non-homogenous equation

$$\frac{d^2 y}{dx^2} + a\frac{dy}{dx} + by = r(x) \dots\dots\dots\dots\dots\dots\dots (2.10)$$

by attempting to replace the constant a and b with functions of x. Then, the particular solution can be expressed as:

$$y_p(x) = u(x)y_1(x) + v(x)y_2(x) \dots\dots\dots\dots\dots (2.12)$$

so that it becomes a solution of a non-homogeneous equation [Eq. 2.10].   In this case, $u(x)$ and $v(x)$ needs to satisfy two constraints:

$$\text{(i)}\ \ \frac{du}{dx}y_1 + \frac{dv}{dx}y_2 = 0 \dots\dots\dots\dots\dots\dots (2.13)$$

$$\text{(ii)}\ \ \frac{du}{dx}\cdot\frac{dy_1}{dx} + \frac{dv}{dx}\cdot\frac{dy_2}{dx} = r(x) \dots\dots\dots\dots (2.14)$$

Applying the derivative product rule on Eq. (2.12), we get:

$$\frac{dy_p}{dx} = u\frac{dy_1}{dx} + y_1\frac{du}{dx} + v\frac{dy_2}{dx} + y_2\frac{dv}{dx}$$

Re-arranging the above equation and apply constraint (i), we get:

$$\frac{dy_p}{dx} = \underbrace{\frac{du}{dx}y_1 + \frac{dv}{dx}y_2}_{0} + u\frac{dy_1}{dx} + v\frac{dy_2}{dx} = u\frac{dy_1}{dx} + v\frac{dy_2}{dx}$$

Therefore, the 2nd derivative on $y_p(x)$ is:

$$\frac{d^2y_p}{dx^2} = \frac{du}{dx}\cdot\frac{dy_1}{dx} + \frac{dv}{dx}\cdot\frac{dy_2}{dx} + u\frac{d^2y_1}{dx^2} + v\frac{d^2y_2}{dx^2}$$

Putting both in $\dfrac{dy_p}{dx}$ and $\dfrac{d^2y_p}{dx^2}$ into the general solution of the linear non-homogenous

equation which is of the form:

$$\frac{d^2y}{dx^2} + p(x)\frac{dy}{dx} + q(x)y = r(x) \dots\dots\dots\dots\dots (2.15)$$

We get:

$$\left(\frac{du}{dx}\cdot\frac{dy_1}{dx} + \frac{dv}{dx}\cdot\frac{dy_2}{dx} + u\frac{d^2y_1}{dx^2} + v\frac{d^2y_2}{dx^2}\right) + p(x)\left(u\frac{dy_1}{dx} + v\frac{dy_2}{dx}\right) + q(x)\left(uy_1 + vy_2\right) = r(x)$$

Re-arranging the above equation,

$$u\underbrace{\left(\frac{d^2y_1}{dx^2} + p(x)\frac{dy_1}{dx} + q(x)y_1\right)}_{0} + v\underbrace{\left(\frac{d^2y_2}{dx^2} + p(x)\frac{dy_2}{dx} + q(x)y_2\right)}_{0} + \frac{du}{dx}\cdot\frac{dy_1}{dx} + \frac{dv}{dx}\cdot\frac{dy_2}{dx} = r(x)$$

Since both y_1 and y_2 are considered as the solutions of homogeneous equation, the above two terms are zero. Hence, we get the 2nd constraint equation (Eq. 2.14):

$$\frac{du}{dx}\cdot\frac{dy_1}{dx} + \frac{dv}{dx}\cdot\frac{dy_2}{dx} = r(x)$$

Note that both Eq. (2.13) and (2.14) form 2 simultaneous equations and they can be expressed in a single 2x2 matrix as:

$$\underbrace{\begin{bmatrix} y_1 & y_2 \\ \dfrac{dy_1}{dx} & \dfrac{dy_2}{dx} \end{bmatrix}}_{\text{Wroskian } (W)} \begin{bmatrix} du/dx \\ dv/dx \end{bmatrix} = \begin{bmatrix} 0 \\ r(x) \end{bmatrix} \quad\dots\dots\dots\dots\dots (2.16)$$

Note that W is the Wronskian of y_1 and y_2.

Applying Cramer's Rule 克蘭默法則:

$$\frac{du}{dx} = \frac{W_1}{W} = \frac{\begin{vmatrix} 0 & y_2 \\ r(x) & \dfrac{dy_2}{dx} \end{vmatrix}}{\begin{vmatrix} y_1 & y_2 \\ \dfrac{dy_1}{dx} & \dfrac{dy_2}{dx} \end{vmatrix}} = -\frac{y_2 r(x)}{W} \quad \text{and} \quad \frac{dv}{dx} = \frac{W_2}{W} = \frac{\begin{vmatrix} y_1 & 0 \\ \dfrac{dy_1}{dx} & r(x) \end{vmatrix}}{\begin{vmatrix} y_1 & y_2 \\ \dfrac{dy_1}{dx} & \dfrac{dy_2}{dx} \end{vmatrix}} = \frac{y_1 r(x)}{W}$$

Therefore,

$$\frac{du(x)}{dx} = -\frac{y_2(x)r(x)}{W} \quad \text{and} \quad \frac{dv(x)}{dx} = \frac{y_1(x)r(x)}{W} \quad\dots\dots\dots\dots\dots (2.17a)$$

$$u(x) = -\int \frac{y_2(x)r(x)}{W}\,dx \quad \text{and} \quad v(x) = \int \frac{y_1(x)r(x)}{W}\,dx \quad\dots\dots\dots\dots (2.17b)$$

To determine $u(x)$ and $v(x)$, we applied integration on the equation and the particular solution $y_p(x)$ (see Eq. 2.12) can therefore be determine as:

$$\begin{aligned}
y_p(x) &= u(x)y_1(x) + v(x)y_2(x) \\
&= y_1(x)\int \frac{W_1}{W}\,dx + y_2(x)\int \frac{W_2}{W}\,dx \\
&= -y_1(x)\int \frac{y_2(x)r(x)}{W}\,dx + y_2(x)\int \frac{y_1(x)r(x)}{W}\,dx \quad\dots\dots\dots (2.18)
\end{aligned}$$

Example (16): Solve the non-homogeneous equation using variation of parameters method.

$$\frac{d^2 y}{dx^2} + y = \sec x$$

Solution：

(i) To find $y_h(x)$, applying Eq. (2.8a), $n = \sqrt{1} = 1$, therefore the homogeneous equation is:

$$y_h(x) = A\cos x + B\sin x$$

(ii) Hence, $y_1(x) = \cos x$, $y_2(x) = \sin x$ and $\dfrac{dy_1(x)}{dx} = -\sin x$,

$$\frac{dy_2(x)}{dx} = \cos x$$

Apply Eq. (2.16), we get: $\begin{bmatrix} \cos x & \sin x \\ -\sin x & \cos x \end{bmatrix} \begin{bmatrix} du/dx \\ dv/dx \end{bmatrix} = \begin{bmatrix} 0 \\ \sec x \end{bmatrix}$

(iii) The Wronskian determinant is:

$$W(\cos x, \sin x) = \begin{vmatrix} y_1 & y_2 \\ \dfrac{dy_1}{dx} & \dfrac{dy_2}{dx} \end{vmatrix} = \begin{vmatrix} \cos x & \sin x \\ \dfrac{d\cos x}{dx} & \dfrac{d\sin x}{dx} \end{vmatrix} = \begin{vmatrix} \cos x & \sin x \\ -\sin x & \cos x \end{vmatrix}$$

$$= \cos^2 x + \sin^2 x = 1$$

(iv) Applying Cramer's Rule:

$$W_1 = \begin{vmatrix} 0 & y_2 \\ r(x) & \dfrac{dy_2}{dx} \end{vmatrix} = \begin{vmatrix} 0 & \sin x \\ \sec x & \cos x \end{vmatrix} = -\sec x \sin x$$

$$= -\frac{\sin x}{\cos x} = -\tan x$$

$$W_2 = \begin{vmatrix} y_1 & 0 \\ \dfrac{dy_1}{dx} & r(x) \end{vmatrix} = \begin{vmatrix} \cos x & 0 \\ -\sin x & \sec x \end{vmatrix} = \cos x \sec x = \frac{\cos x}{\cos x} = 1$$

Applying Eq (2.17):

$$\frac{du(x)}{dx} = \frac{W_1}{W} = \frac{-\tan x}{1} = -\tan x, \qquad \frac{dv(x)}{dx} = \frac{W_2}{W} = \frac{1}{1} = 1$$

(v) Integrating the above equations, we get:

$$u(x) = \int -\tan x \, dx = -\int \frac{\sin x}{\cos x} dx = -\int \frac{-\left(\frac{d}{dx}\cos x\right)}{\cos x} dx = \ln|\cos x|,$$

$$v(x) = \int 1 \, dx = x$$

(vi) Since $y_1(x) = \cos x$ and $y_2(x) = \sin x$, the particular solution $y_p(x)$ is:

$$y_p(x) = u(x)y_1 + v(x)y_2(x) = \cos x \ln|\cos x| + x \sin x$$

(vii) The general solution is given as

$$y = y_h(x) + y_p(x) = A\cos x + B\sin x + \cos x \ln|\cos x| + x \sin x$$

Example (17): Solve the non-homogeneous equation using variation of parameters method.

$$\frac{d^2 y}{dx^2} - 4\frac{dy}{dx} + 4y = (x-1)e^{-3x}$$

Solution :

(i) To find $y_h(x)$, we let LHS = 0. Hence, the characteristic equation is given by:

$$\lambda^2 - 4\lambda + 4 = 0, \quad \Rightarrow (\lambda - 2)^2 = 0$$

$$\therefore \lambda_{1,2} = \lambda = 2 \quad \text{(Equal roots)}$$

Therefore, the general solution to the homogeneous equation is:

$$y_h(x) = (A + Bx)e^{2x} \approx Ae^{2x} + Bxe^{2x}$$

(ii) Hence, $y_1(x) = e^{2x}$, $y_2(x) = xe^{2x}$ and $\frac{dy_1(x)}{dx} = 2e^{2x}$,

$$\frac{dy_2(x)}{dx} = e^{2x}(2x+1)$$

Apply Eq. (2.16), we get:

$$\begin{bmatrix} e^{2x} & xe^{2x} \\ 2e^{2x} & e^{2x}(2x+1) \end{bmatrix} \begin{bmatrix} du/dx \\ dv/dx \end{bmatrix} = \begin{bmatrix} 0 \\ (x-1)e^{-3x} \end{bmatrix}$$

(iii) The Wronskian determinant is:

$$W(e^{2x}, xe^{2x}) = \begin{vmatrix} y_1 & y_2 \\ \dfrac{dy_1}{dx} & \dfrac{dy_2}{dx} \end{vmatrix} = \begin{vmatrix} e^{2x} & xe^{2x} \\ 2e^{2x} & e^{2x}(2x+1) \end{vmatrix}$$

$$= e^{4x}(2x+1) - 2xe^{4x} = e^{4x}$$

(iv) Applying Cramer's Rule:

$$W_1 = \begin{vmatrix} 0 & y_2 \\ r(x) & \dfrac{dy_2}{dx} \end{vmatrix} = \begin{vmatrix} 0 & xe^{2x} \\ (x-1)e^{-3x} & e^{2x}(2x+1) \end{vmatrix}$$

$$= -xe^{2x}(x-1)e^{-3x} = -xe^{-x}(x-1)$$

$$W_2 = \begin{vmatrix} y_1 & 0 \\ \dfrac{dy_1}{dx} & r(x) \end{vmatrix} = \begin{vmatrix} e^{2x} & 0 \\ 2e^{2x} & (x-1)e^{-3x} \end{vmatrix}$$

$$= e^{2x}(x-1)e^{-3x} = e^{-x}(x-1)$$

Applying Eq (2.17):

$$\frac{du(x)}{dx} = \frac{W_1}{W} = \frac{-xe^{-x}(x-1)}{e^{4x}} = -xe^{-5x}(x-1) = -x^2 e^{-5x} + xe^{-5x}$$

$$\frac{dv(x)}{dx} = \frac{W_2}{W} = \frac{e^{-x}(x-1)}{e^{4x}} = e^{-5x}(x-1) = xe^{-5x} - e^{-5x}$$

(v) Integrating the above equations, we get:

$$u(x) = \int \left(-x^2 e^{-5x} \right) dx + \int xe^{-5x} dx$$

$$= \frac{1}{5} x^2 e^{-5x} + \frac{2}{25} e^{-5x} \left(x + \frac{1}{5} \right) - \frac{1}{5} e^{-5x} \left(x + \frac{1}{5} \right)$$

$$= e^{-5x} \left(\frac{1}{5} x^2 - \frac{3}{25} x - \frac{3}{125} \right)$$

$$v(x) = \int \left(xe^{-5x}\right)dx - \int e^{-5x}dx = -\frac{1}{5}e^{-5x}\left(x + \frac{1}{5}\right) + \frac{1}{5}e^{-5x}$$

$$= e^{-5x}\left(-\frac{1}{5}x + \frac{4}{25}\right)$$

(vi) Since $y_1(x) = e^{2x}$ and $y_2(x) = xe^{2x}$, the particular solution $y_p(x)$ is:

$$y_p(x) = u(x)y_1 + v(x)y_2(x)$$

$$= e^{-5x}\left(\frac{1}{5}x^2 - \frac{3}{25}x - \frac{3}{125}\right)e^{2x} + e^{-5x}\left(-\frac{1}{5}x + \frac{4}{25}\right)xe^{2x}$$

$$= e^{-3x}\left(\frac{1}{5}x^2 - \frac{3}{25}x - \frac{3}{125}\right) + e^{-3x}\left(-\frac{1}{5}x^2 + \frac{4}{25}x\right)$$

$$= e^{-3x}\left(\frac{1}{25}x - \frac{3}{125}\right)$$

(vii) The general solution is given as

$$y = y_h(x) + y_p(x) = \left(A + Bx\right)e^{2x} + e^{-3x}\left(\frac{1}{25}x - \frac{3}{125}\right)$$

2.5 Euler－Cauchy Differential Equations
尤拉－柯西微分方程式

Euler-Cauchy Equation or sometime known as Cauchy-Euler Equation or Euler Equation follows the standard form:

$$a_x x^n \frac{d^n y}{dx^n} + a_{(n-1)} x^{(n-1)} \frac{d^{(n-1)} y}{dx^{(n-1)}} + \cdots + a_1 x \frac{dy}{dx} + a_0 y = r(x) \quad\text{............(2.19)}$$

Where the coefficients a_n, $a_{(n-1)}$, ..., a_0 are constants.

For a second order homogenous equation, the Euler-Cauchy equation can be of the standard form:

$$x^2 \frac{d^2 y}{dx^2} + ax \frac{dy}{dx} + by = 0 \quad \dotfill \text{(2.20a)}$$

$$\text{or} \quad \frac{d^2 y}{dx^2} + \frac{a}{x}\frac{dy}{dx} + \frac{b}{x^2} y = 0 \quad \dotfill \text{(2.20b)}$$

with both a and b are constants. In this case, we always assume that $x > 0$.

To solve the Euler-Cauchy Equation, whether if it is a homogeneous or non-homogeneous equation, we need to transform it into a constant coefficient differential equation. By doing so, the general solution can be determined by applying methods that are taught in Section (2.2 to 2.4). 解尤拉－柯西(無論是齊性或非齊性方程式), 須由變數轉換轉換成一常係數微分方程式. 再利用(2.2 至 2.4 節)之方法來解之.

Two similar ways of solving Euler-Cauchy Equation are commonly recommended by many authors. They are:

(i)   Solution of the form $y = x^m$

(ii) Solution by Operator D methods.

2.5.1   Solution of the form $y = x^m$ $y = x^m$ 之解

In this case, we have to determine the values of m by substituting the form $y = x^m$ into the linear equation with constant coefficient. So if $y = x^m$, we can derive that:

The 1st derivative $\quad \Rightarrow \dfrac{dy}{dx} = \dfrac{d}{dx} x^m = mx^{(m-1)} = m\left(x^m \cdot x^{-1}\right) = m\left(\dfrac{x^m}{x}\right)$

$\Rightarrow x \dfrac{dy}{dx} = mx^m$

The 2nd derivative $\Rightarrow \dfrac{d^2 y}{dx^2} = \dfrac{d}{dx} mx^{(m-1)} = m(m-1)x^{(m-2)} = m(m-1)\left(\dfrac{x^m}{x^2}\right)$

$$\Rightarrow x^2 \dfrac{d^2 y}{dx^2} = m(m-1)x^m$$

Therefore,

The 3rd derivative $\Rightarrow x^3 \dfrac{d^3 y}{dx^3} = m(m-1)(m-2)x^m$

The nth derivative $\Rightarrow x^n \dfrac{d^n y}{dx^n} = m(m-1)\cdots(m-n+1)x^m$

By substituting the derivative solutions of the form $y = x^m$ into the 2nd order homogeneous equation as in Eq. (2.20a), we get:

$$\Rightarrow \underbrace{x^2 \dfrac{d^2 y}{dx^2}}_{m(m-1)x^m} + \underbrace{ax\dfrac{dy}{dx}}_{mx^m} + b\,\underbrace{y}_{x^m} = 0 \quad\text{.. (2.21a)}$$

$$\Rightarrow m(m-1)x^m + amx^m + bx^m = 0 \quad \text{or} \quad m(m-1)y + amy + by = 0 \quad\text{.............. (2.21b)}$$

$$\Rightarrow m(m-1) + am + b = 0 \quad \text{or} \quad m^2 + (a-1)m + b = 0 \quad\text{.................................. (2.21c)}$$

Hence, depending on the quadratic equation determined, the general solution can be denoted as:

(a) Two distinct, real roots (m_1, m_2):
$$\Rightarrow y(x) = Ax^{m_1} + Bx^{m_2} \quad\text{... (2.22)}$$

(b) Equal, real roots (m_1):
$$\Rightarrow y(x) = Ax^{m_1} + Bx^{m_1} \ln|x| \quad\text{... (2.23)}$$

(c) Complex, conjugate roots (m_1, m_2):
$$\Rightarrow y(x) = x^\alpha \left[A\cos(\beta \ln|x|) + B\sin(\beta \ln|x|) \right] \quad\text{.................... (2.24)}$$

(where $m_1 = \alpha + i\beta$ and $m_2 = \alpha - i\beta$)

Example (18):   Solve the differential equation.

$$x^2 \frac{d^2 y}{dx^2} - 4x \frac{dy}{dx} - 14y = 0$$

Solution :   To find the general solution, we applied the Euler-Cauchy solution of the form $y = x^m$. From Eq (2.21), we get:

$$\Rightarrow x^2 \underbrace{\frac{d^2 y}{dx^2}}_{m(m-1)x^m} - 4x \underbrace{\frac{dy}{dx}}_{mx^m} - 14 \underset{x^m}{y} = 0 \text{ , the characteristic equation is given by:}$$

$$\Rightarrow \left[m^2 + (-4-1)m - 14 \right] x^m = 0 \quad \text{(see E.q 2.21c)}$$

$$\Rightarrow m^2 - 5m - 14 = (m+2)(m-7) = 0 \text{ , (Two distinct, real roots)}$$

That gives $m_{1,2} = -2, 7$. Therefore, the general solution (see Eq. 2.22) is:

$$y(x) = Ax^{-2} + Bx^7$$

Example (19):   Solve the differential equation.

$$x^2 \frac{d^2 y}{dx^2} - 3x \frac{dy}{dx} + 4y = 0$$

Solution :   To find the general solution, we applied the Euler-Cauchy solution of the form $y = x^m$. From Eq (2.21), we get:

$$\Rightarrow x^2 \underbrace{\frac{d^2 y}{dx^2}}_{m(m-1)x^m} - 3x \underbrace{\frac{dy}{dx}}_{mx^m} + 4 \underset{x^m}{y} = 0, \quad \text{the characteristic equation is given by:}$$

$$\Rightarrow m^2 - 4m + 4 = 0 = (m-2)^2 \text{ , (Equal, real roots)}$$

That gives $m_{1,2} = m_1 = 2$. Therefore, the general solution (see Eq. 2.23) is:

$$y(x) = Ax^2 + Bx^2 \ln|x|$$

Example (20):   Solve the differential equation.

$$x^2 \frac{d^2 y}{dx^2} + 3x \frac{dy}{dx} + 2y = 0$$

Solution：

To find the general solution, we applied the Euler-Cauchy solution of the form $y = x^m$. From Eq (2.21), we get:

$$\Rightarrow \underbrace{x^2 \frac{d^2 y}{dx^2}}_{m(m-1)x^m} + \underbrace{3x \frac{dy}{dx}}_{mx^m} + 2\underbrace{y}_{x^m} = 0, \quad \text{the characteristic equation is given by:}$$

$$\Rightarrow m^2 + \underset{a}{2} m + \underset{b}{2} = 0, \text{(Complex roots)}$$

$$\Rightarrow m_{1,2} = \frac{-a}{2} \pm i \frac{\sqrt{4b - a^2}}{2} = -\frac{2}{2} \pm i \frac{\sqrt{4(2) - 2^2}}{2} = -1 \pm i$$

That gives $m_1 = -1 + i$ and $m_2 = -1 - i$, where $\alpha = -1$, and $\beta = 1$.

Therefore, the general solution (see Eq. 2.24) is:

$$y(x) = x^{-1}\left[A\cos(1 \cdot \ln|x|) + B\sin(1 \cdot \ln|x|)\right]$$
$$= x^{-1}\left(A\cos\ln|x| + B\sin\ln|x|\right)$$

2.5.2　Solution by Operator D methods　微分運算子之解

Operator D methods

Before we go into solving the Euler-Cauchy Equation, it is important to learn what *Operator D* means and how it works.

The "Operator *D*" (Operator Differential 微分運算子) replaces the differential symbol, example $\frac{d}{dx}$ into a simple symbol denoted as *D*. Note that $\frac{d}{dx}$ is just an operation indicating the differential coefficient of a function that attached to it and therefore, it can be call as an operator.

If *D* indicates the operation $\frac{d}{dx}$, then:

For 1st Derivative:

$$D \equiv \frac{d}{dx}, \quad Dy = \frac{dy}{dx}, \quad D(\sin 2x) = 2\cos 2x, \quad D(e^{3x}) = 3e^{3x}$$

For 2nd derivative:

$$D^2 \equiv \frac{d^2}{dx^2}, \quad D^2 y = \frac{d^2 y}{dx^2}, \quad D^2(\sin 2x) = D(2\cos 2x), \quad D^2(e^{3x}) = D(3e^{3x}) = 9e^{3x}$$

$$= -4\sin 2x$$

For n^{th} derivative:

$$D^n \equiv \frac{d^n}{dx^n}, \quad D^n y = \frac{d^n y}{dx^n} \quad \text{if } n \text{ is a positive integer 正整數.}$$

One of the advantages of using this operator D method is that we can manipulate it algebraically, for example:

(1) $(D+1)(x^2 + \sin x + e^{3x}) = D(x^2 + \sin x + e^{3x}) + (x^2 + \sin x + e^{3x})$
$$= (2x + \cos x + 3e^{3x}) + (x^2 + \sin x + e^{3x})$$

(2) $(D^2 + D + 1)(x^2 + \sin x) = D^2(x^2 + \sin x) + D(x^2 + \sin x) + (x^2 + \sin x)$
$$= (2 - \sin x) + (2x + \cos x) + (x^2 + \sin x)$$
$$= x^2 + 2x + \cos x + 2$$

Operator D Theorems

To solve differential equation by Operator D method, we need to take note of 3 of the important theorems that will benefits us at the later stage especially when it comes to solving differential equation.

Theorem (1): $D(e^{kx}) = e^{kx}[D]_{D=k}$

where k is a constant and operator D is replaced by k, for examples:

(1) $(D^2 + 3D + 3)e^{4x} = e^{4x}[D^2 + 3D + 3]_{D=4} = e^{4x}[4^2 + 3(4) + 3] = 31e^{4x}$

(2) $\dfrac{2e^{-2x}}{D^2+3D+3} = e^{-2x}\left[\dfrac{2}{D^2+3D+3}\right]_{D=-2} = e^{-2x}\left[\dfrac{2}{(-2)^2+3(-2)+3}\right] = 2e^{-2x}$

(3) $\dfrac{e^{2x}}{(D+2)(D-3)} = e^{2x}\left[\dfrac{1}{(D+2)(D-3)}\right]_{D=2} = e^{2x}\left[\dfrac{1}{(2+2)(2-3)}\right] = -\dfrac{1}{4}e^{2x}$

Theorem (2): $D\!\left(e^{kx}P(x)\right) = e^{kx}\left[D\right]_{D=D+k}\!\left(P(x)\right)$

where k is a constant, $P(x)$ is a function, and operator D is replaced by $D+k$, for examples:

(1) $\left(D^2+3D+3\right)e^{4x}\sin x = e^{4x}\left[D^2+3D+3\right]_{D=D+4}\left(\sin x\right)$

$\qquad = e^{4x}\left[(D+4)^2+3(D+4)+3\right]\left(\sin x\right)$

$\qquad = e^{4x}\left[D^2+11D+31\right]\left(\sin x\right)$

$\qquad = e^{4x}\left[D^2\left(\sin x\right)+11D\left(\sin x\right)+31\sin x\right]$

$\qquad = e^{4x}\left[(-\sin x)+11(\cos x)+31\sin x\right]$

$\qquad = e^{4x}\left[11\cos x+30\sin x\right]$

Theorem (3): $D^2\begin{cases}\sin kx \\ \cos kx\end{cases} = \left[D^2\right]_{D^2=-k^2}$

where k is a constant and operator D^2 is replaced by $-k^2$. Note that theorem 3 is applicable for D^2 only when functions such as: $\sin kx$, $\cos kx$ or both are operating on it. For examples:

(1) $\left(D^2+3\right)\sin 5x = \left[D^2+3\right]_{D^2=-5^2}\left(\sin 5x\right) = \left[-5^2+3\right]\sin 5x$

$\qquad = \left[-25+3\right]\sin 5x = -22\sin 5x$

(2) $\dfrac{1}{D^2-3}\cos 3x = \left[\dfrac{1}{D^2-3}\right]_{D^2=-3^2}\left(\cos 3x\right) = \left[\dfrac{1}{-9-3}\right]\cos 3x = -\dfrac{1}{12}\cos 3x$

Solving Euler-Cauchy Equation by Operator D methods

Now we are in a position to solve Euler-Cauchy differential equation by applying Operator D methods.

So if $e^t = x$, we can derive that $\ln|e^t| = \ln|x|$, $\Rightarrow \therefore t = \ln|x|$

If we let $D = \dfrac{d}{dx}$ and $D_t = \dfrac{d}{dt}$, using chain rule 連鎖律; $D = \underbrace{\dfrac{d}{dt}}_{\frac{d}{dx}} \cdot \dfrac{dt}{dx} = \underbrace{\dfrac{d}{dt}}_{D_t} \cdot \underbrace{\dfrac{d}{dx}\ln|x|}_{\frac{1}{x}}$

For 1st Derivative: $\Rightarrow D = D_t \dfrac{1}{x} = \dfrac{D_t}{x} = \dfrac{d}{dx}$ or $xD = D_t$

For 2nd derivative: $\Rightarrow D^2 = \dfrac{d}{dx}\left(\dfrac{D_t}{x}\right) = \dfrac{1}{x}\underbrace{\left(\dfrac{d}{dx}D_t\right)}_{\frac{d}{dt}\cdot\frac{dt}{dx}\cdot D_t} + D_t \underbrace{\dfrac{d}{dx}\left(\dfrac{1}{x}\right)}_{-\frac{1}{x^2}} = \dfrac{1}{x}\underbrace{\left(\dfrac{d}{dt}\cdot\dfrac{dt}{dx}\right)}_{D_t\cdot\frac{1}{x}} D_t - \dfrac{1}{x^2}D_t$

$$= \dfrac{1}{x^2}D_t^2 - \dfrac{1}{x^2}D_t = \dfrac{1}{x^2}D_t(D_t - 1)$$

$$\Rightarrow x^2 D^2 = D_t(D_t - 1)$$

Therefore, using the same method:

For 3rd derivative $\Rightarrow x^3 D^3 = D_t(D_t - 1)(D_t - 2)$

For n^{th} derivative $\Rightarrow x^n D^n = D_t(D_t - 1)\cdots(D_t - n + 1)$

Note that the above derivatives are reminiscent to the Euler Cauchy solution of the form $y = x^m$.

Hence, depending on the quadratic equation determined, the general solution can be denoted as:

(a) Two distinct, real roots $\left(D_{t(1)}, D_{t(2)}\right)$:

$$\Rightarrow y(t) = Ae^{D_{t(1)}t} + Be^{D_{t(2)}t} \quad\text{..........................}(2.25)$$

(b) Equal, real roots $\left(D_t\right)$:

$$\Rightarrow y(t) = Ae^{D_t t} + Bte^{D_t t} \quad\text{..............................}(2.26)$$

(c) Complex, conjugate roots $\left(D_{t(1)}, D_{t(2)}\right)$:

$$\Rightarrow y(t) = e^{\alpha t}\left[A\cos(\beta t) + B\sin(\beta t)\right] \quad\text{...................}(2.27)$$
(where $D_{t(1)} = \alpha + i\beta$ and $D_{t(2)} = \alpha - i\beta$)

In this case, we will reiterate those questions in examples (18-20) but are dealing with non-homogeneous equations.

Example (21): Solve the non-homogeneous differential equation.

$$x^2 \frac{d^2 y}{dx^2} - 4x\frac{dy}{dx} - 14y = x^2$$

Solution :

(i) To find the homogeneous solution $y_h(t)$, if we let $e^t = x$, $t = \ln|x|$,

$D = \dfrac{d}{dx}$ and $D_t = \dfrac{d}{dt}$, by applying the Operator D method, we get:

$$\Rightarrow x^2 \underbrace{\frac{d^2 y}{dx^2}}_{D_t(D_t-1)y} - 4x\underbrace{\frac{dy}{dx}}_{D_t y} - 14y = \underbrace{x^2}_{e^{2t}} \quad\Rightarrow \left[D_t(D_t-1) - 4D_t - 14\right]y = e^{2t}$$

If we let LHS = 0, the characteristic equation is given by:

$$D_t^2 - 5D_t - 14 = \left(D_t + 2\right)\left(D_t - 7\right) = 0 \text{ , (Two distinct, real roots)}$$

That gives $D_{t(1,2)} = -2$, 7. Therefore, the homogeneous solution (see Eq. 2.25) is:

$$y_h(t) = Ae^{-2t} + Be^{7t}$$

(ii) To find the particular solution $y_p(t)$, since we have

$\left[D_t(D_t - 1) - 4D_t - 14\right]y = e^{2t}$, applying Operator D theorem (1):

$$\Rightarrow y_p(t) = \frac{e^{2t}}{D_t^2 - 5D_t - 14} = \frac{e^{2t}}{(2)^2 - 5(2) - 14} \text{ or } \frac{e^{2t}}{(2+2)(2-7)}$$

$$= -\frac{1}{20}e^{2t}$$

(iii) The general solution is given as

$$y(t) = y_h(t) + y_p(t) = A\underbrace{e^{-2t}}_{e^{-2\ln|x|}} + B\underbrace{e^{7t}}_{e^{7\ln|x|}} - \frac{1}{20}\underbrace{e^{2t}}_{e^{2\ln|x|}} \text{ , or replacing } t \text{ by } \ln|x|$$

$$y(x) = y_h(x) + y_p(x) = Ax^{-2} + Bx^7 - \frac{1}{20}x^2$$

Example (22): Solve the differential equation.

$$x^2\frac{d^2y}{dx^2} - 3x\frac{dy}{dx} + 4y = 3\cos 4x$$

Solution : (i) To find the homogeneous solution $y_h(t)$, if we let $e^t = x$, $t = \ln|x|$,

$D = \dfrac{d}{dx}$ and $D_t = \dfrac{d}{dt}$, by applying the Operator D method, we get:

$$\Rightarrow \underbrace{x^2\frac{d^2y}{dx^2}}_{D_t(D_t-1)y} - \underbrace{3x\frac{dy}{dx}}_{D_t y} + 4y = 3\cos 4\underbrace{x}_{e^t}$$

$$\Rightarrow \left[D_t(D_t - 1) - 3D_t + 4\right]y = 3\cos 4e^t$$

If we let LHS = 0, the characteristic equation is given by:

$$D_t^2 - 4D_t + 4 = (D_t - 2)^2 = 0 \text{ , (Equal, real roots)}$$

That gives $D_{t(1,2)} = D_t = 2$. Therefore, the homogeneous solution (see Eq. 2.26) is:

$$y_h(t) = Ae^{2t} + Bte^{2t}$$

(ii) To find the particular solution $y_p(t)$, since we have

$\left(D_t^2 - 4D_t + 4\right)y = 3\cos 4e^t$, applying Operator D theorem (3) with D_t^2 replaced by -4^2:

$$\Rightarrow y_p(t) = \frac{1}{\left(D_t^2 + 4\right) - 4D_t}\left(3\cos 4e^t\right)$$

$$= \frac{1}{\underbrace{-\left(4\right)^2}_{D_t^2 = -16} + 4 - 4D_t}\left(3\cos 4e^t\right) = \frac{1}{-4D_t - 12}\left(3\cos 4e^t\right)$$

$$= \frac{-4D_t + 12}{\left(-4D_t - 12\right)\left(-4D_t + 12\right)}\left(3\cos 4e^t\right)$$

$$= \frac{-4D_t + 12}{16D_t^2 - 144}\left(3\cos 4e^t\right)$$

Applying Operator D theorem (3) again with D_t^2 replaced by -4^2:

$$y_p(t) = \frac{-4D_t + 12}{16\left(-4^2\right) - 144}\left(3\cos 4e^t\right) = \frac{-4D_t + 12}{-400}\left(3\cos 4e^t\right)$$

$$= \frac{-4D_t\left(3\cos 4e^t\right)}{-400} + \frac{12\left(3\cos 4e^t\right)}{-400}$$

$$= \frac{-4\left(-12e^t\sin 4e^t\right)}{-400} - \frac{9\left(\cos 4e^t\right)}{100} \qquad \boxed{\begin{array}{l} D_t\left(3\cos 4e^t\right) = \dfrac{d}{dt}3\cos 4e^t \\[2mm] \qquad\qquad = -12e^t\sin 4e^t \end{array}}$$

$$= -\frac{3}{25}\left(e^t\sin 4e^t\right) - \frac{9}{100}\left(\cos 4e^t\right)$$

(iii) The general solution is given as

$$y(t) = y_h(t) + y_p(t) = Ae^{2t} + Bte^{2t} - \frac{3}{25}\left(e^t\sin 4e^t\right) - \frac{9}{100}\left(\cos 4e^t\right),$$

or replacing t by $\ln|x|$, and $e^t = x$, we get:

$$y(x) = y_h(x) + y_p(x) = Ax^2 + Bx^2\ln|x| - \frac{3}{25}x\sin 4x - \frac{9}{100}\cos 4x$$

Example (23): Solve the non-homogeneous differential equation.

$$x^2 \frac{d^2 y}{dx^2} + 3x \frac{dy}{dx} + 2y = x^{-3}$$

Solution :

(i) To find the homogeneous solution $y_h(t)$, if we let $e^t = x$, $t = \ln|x|$,

$D = \frac{d}{dx}$ and $D_t = \frac{d}{dt}$, by applying the Operator D method, we get:

$$\Rightarrow x^2 \underbrace{\frac{d^2 y}{dx^2}}_{D_t(D_t-1)y} + 3x \underbrace{\frac{dy}{dx}}_{D_t y} + 2y = \underbrace{x^{-3}}_{e^{-3t}} \qquad \Rightarrow \left[D_t(D_t - 1) + 3D_t + 2 \right] y = e^{-3t}$$

$$\Rightarrow \left(D_t^2 + 2D_t + 2 \right) y = e^{-3t}$$

If we let LHS = 0, the characteristic equation is given by:

$$\Rightarrow D_{t(1,2)} = \frac{-a}{2} \pm i \frac{\sqrt{4b - a^2}}{2} = -\frac{2}{2} \pm i \frac{\sqrt{4(2) - 2^2}}{2} = -1 \pm i,$$

(Complex roots)

Therefore, the homogeneous solution (see Eq. 2.27) is:

$$y_h(t) = e^{\alpha t} \left[A \cos(\beta t) + B \sin(\beta t) \right]$$

$$= e^{-t} \left(A \cos t + B \sin t \right)$$

(ii) To find the particular solution $y_p(t)$, since we have $\left(D_t^2 + 2D_t + 2 \right) y = e^{-3t}$, applying Operator D theorem (1):

$$\Rightarrow y_p(t) = \frac{e^{-3t}}{D_t^2 + 2D_t + 2} = \frac{e^{-3t}}{(-3)^2 + 2(-3) + 2} = \frac{1}{5} e^{-3t}$$

(iii) The general solution is given as

$$y(t) = y_h(t) + y_p(t) = \underbrace{e^{-t}}_{x^{-1}} \underbrace{\left(A \cos t + B \sin t \right)}_{A \cos \ln|x| + B \sin \ln|x|} + \frac{1}{5} \underbrace{e^{-3t}}_{x^{-3}},$$

or replacing t by $\ln|x|$

$$y(x) = y_h(x) + y_p(x) = x^{-1} \left(A \cos \ln|x| + B \sin \ln|x| \right) + \frac{1}{5} x^{-3}$$

Special cases in applying Operator D methods

From the above, we have learnt how to solve the vast majority of 2nd Order D.E (especially non-homogeneous Euler-Cauchy equation) by applying the Operator D methods. However, there exist a few tricks that are useful when the normal methods break down.

Example (24): Solve the non-homogeneous differential equation.

$$\frac{d^2y}{dx^2} + 4\frac{dy}{dx} + 3y = 6$$

Solution:

(i) To find the homogeneous solution $y_h(x)$, if we let $D = \frac{d}{dx}$, applying the Operator D method, we get:

$$\Rightarrow \frac{d^2y}{dx^2} + 4\frac{dy}{dx} + 3y = 6$$

$$\Rightarrow D^2y + 4Dy + 3y = 6 \Rightarrow (D^2 + 4D + 3)y = 6$$

If we let LHS = 0, the characteristic equation is given by:

$$D^2 + 4D + 3 = (D+1)(D+3) = 0,\ \text{(Two distinct, real roots)}$$

That gives $D_{(1,2)} = -1,\ -3$. Therefore, the homogeneous solution (see Eq. 2.25) is:

$$y_h(x) = Ae^{-x} + Be^{-3x}$$

(ii) To find the particular solution $y_p(x)$, here we introduce a new method, where a factor e^{0x} is multiplied to the constant 6 since $e^{0x} = 1$. Hence, we have:

$$y_p(x) = \frac{6}{(D^2 + 4D + 3)} = \frac{6}{(D^2 + 4D + 3)} \times e^{0x},\ \text{applying theorem (1)}$$

where $D = k$,

$$y_p(x) = \frac{6}{\left(\underset{0}{D^2} + \underset{0}{4D} + 3\right)}(e^{0x}) = \frac{6}{3} = 2$$

(iii) The general solution is given as

$$y(x) = y_h(x) + y_p(x) = Ae^{-x} + Be^{-3x} + 2$$

Example (25): Solve the non-homogeneous differential equation.

$$\frac{d^2y}{dx^2} + 2\frac{dy}{dx} = 7$$

Solution:

(i) To find the homogeneous solution $y_h(x)$, if we let $D = \dfrac{d}{dx}$,

applying the Operator D method, we get:

$$\Rightarrow \frac{d^2y}{dx^2} + 2\frac{dy}{dx} = 7 \;\; \Rightarrow D^2y + 2Dy = 7 \;\; \Rightarrow \left(D^2 + 2D\right)y = 7$$

If we let LHS = 0, the characteristic equation is given by:

$D^2 + 2D = D(D+2) = 0$, (Two distinct, real roots)

That gives $D_{(1,2)} = 0,\; -2$. Therefore, the homogeneous solution (see Eq. 2.25) is:

$$y_h(x) = Ae^{-0} + Be^{-2x} = A + Be^{-2x}$$

(ii) To find the particular $y_p(x)$, if we introduce the new method as shown above, where $e^{0x} = 1$. Hence, we have:

$$y_p(x) = \frac{7}{\left(D^2 + 2D\right)}\left(e^{0x}\right), \text{ and if we apply theorem (1) where } D = k,$$

$$\Rightarrow y_p(x) = \frac{7}{\left(0^2 + 2\times 0\right)} = \frac{7}{0} \cong \infty \;\;\leftarrow \text{ Infinite !}$$

Therefore, another new approach is introduced here, where

$$\Rightarrow y_p(x) = \frac{7}{\left(D^2 + 2D\right)}\left(e^{0x}\right) = \frac{1}{D}\left[\frac{7}{(D+2)}\left(e^{0x}\right)\right] = \frac{1}{D}\left[\frac{7}{0+2}\right]_{D=0}$$

$$\Rightarrow y_p(x) = \frac{1}{D}\left(\frac{7}{2}\right), \text{ note that the Inverse Operator } \frac{1}{D} \equiv \int \cdots dx$$

(omit the constant)

So, since $\dfrac{1}{D}\left(\dfrac{7}{2}\right)=\dfrac{7}{2}\dfrac{1}{D}(1)=\dfrac{7}{2}\int 1\,dx=\dfrac{7}{2}x$ (omit the constant of integration),

$$\Rightarrow y_p(x)=\dfrac{7}{2}x\,,$$

(iii) The general solution is given as

$$y(x)=y_h(x)+y_p(x)=A+Be^{-2x}+\dfrac{7}{2}x$$

Example (26): Solve the non-homogeneous differential equation.

$$\dfrac{d^2y}{dx^2}-3\dfrac{dy}{dx}+2y=x+1$$

Solution:

(i) The homogeneous solution for the above equation is $y_h(x)=Ae^x+Be^{2x}$,

since $(D^2-3D+2)y=x+1\Rightarrow(D-1)(D-2)y=x+1$.

(ii) To find the particular $y_p(x)$, we hereby introduce another new approach where,

$$\Rightarrow y_p(x)=\dfrac{1}{(D^2-3D+2)}(x+1)=\left(\dfrac{1}{2}+\dfrac{3}{4}D+\cdots\right)(x+1)$$

$$=\dfrac{1}{2}(x+1)+\dfrac{3}{4}D(x+1)=\dfrac{1}{2}x+\dfrac{1}{2}+\dfrac{3}{4}$$

$$=\dfrac{1}{2}x+\dfrac{5}{4}$$

(iii) The general solution is given as

$$y(x) = y_h(x) + y_p(x) = Ae^x + Be^{2x} + \frac{1}{2}x + \frac{5}{4}$$

Note:

$$\frac{1}{2} + \frac{3}{4}D + \cdots$$

$$2 - 3D + D^2 \overline{\left| 1 - \frac{3}{2}D + \frac{1}{2}D^2 \right.}$$

$$\frac{3}{2}D - \frac{1}{2}D^2$$

$$\frac{3}{2}D - \frac{9}{4}D^2 + \frac{3}{4}D^3$$

$$\frac{7}{4}D^2 - \frac{3}{4}D^3$$

> Since the Division of $\dfrac{1}{F(D)}$ is an infinite polynomial, for $r(x) = x^n$, we will only solve until the term D^n, since $D^{n+1}(x^n) = 0$.

習 題

Section 2.2 Constant Coefficient of Second Order Homogeneous Equation

Solve the general solution:

(problems 1-6: apply real roots, problems 7-10: apply equal roots, problems 11-16: apply complex roots.)

(1) $\dfrac{d^2y}{dx^2} - 7\dfrac{dy}{dx} + 12y = 0$

    Ans: $y = Ae^{3x} + Be^{4x}$

(2) $\dfrac{d^2y}{dx^2} + 3\dfrac{dy}{dx} + 2y = 0$

    Ans: $y = Ae^{-x} + Be^{-2x}$

(3) $\dfrac{d^2y}{dx^2} - 4\dfrac{dy}{dx} - 5y = 0$

    Ans: $y = Ae^{-x} + Be^{5x}$

(4) $4\dfrac{d^2y}{dx^2} - 10\dfrac{dy}{dx} - 6y = 0$

    Ans: $y = Ae^{3x} + Be^{-\frac{x}{2}}$

(5) $\dfrac{d^2y}{dx^2} - 2\dfrac{dy}{dx} + \dfrac{3}{4}y = 0$

    Ans: $y = Ae^{\frac{3}{2}x} + Be^{\frac{1}{2}x}$

(6) $\dfrac{d^2y}{dx^2} - 9\dfrac{dy}{dx} + 9y = 0$

    Ans: $y = e^{\frac{9}{2}x}\left(Ae^{\frac{3\sqrt{5}}{2}x} + Be^{-\frac{3\sqrt{5}}{2}x} \right)$

(7) $\dfrac{d^2y}{dx^2} + 8\dfrac{dy}{dx} + 16y = 0$

    Ans: $y = (A + Bx)e^{-4x}$

(8) $\dfrac{d^2y}{dx^2} - 14\dfrac{dy}{dx} + 49y = 0$

    Ans: $y = (A + Bx)e^{7x}$

(9) $\dfrac{1}{2}\dfrac{d^2y}{dx^2} + \sqrt{3}\dfrac{dy}{dx} + \dfrac{3}{2}y = 0$

    Ans: $y = (A + Bx)e^{-\sqrt{3}x}$

(10) $4\dfrac{d^2y}{dx^2} - \sqrt{\dfrac{192}{4}}\dfrac{dy}{dx} + 3y = 0$

    Ans: $y = (A + Bx)e^{\frac{\sqrt{3}}{2}x}$

(11) $\dfrac{d^2y}{dx^2} + 4\dfrac{dy}{dx} + 7y = 0$

    Ans: $y = e^{-2x}\left(A\cos\sqrt{3}x + B\sin\sqrt{3}x \right)$

(12) $\dfrac{d^2y}{dx^2} - 2\dfrac{dy}{dx} + 10y = 0$

    Ans: $y = e^{x}(A\cos 3x + B\sin 3x)$

(13) $3\dfrac{d^2y}{dx^2}+9\dfrac{dy}{dx}+54y=0$

Ans: $y=e^{-\frac{3}{2}x}\left(A\cos\dfrac{3\sqrt{7}}{2}x+B\sin\dfrac{3\sqrt{7}}{2}x\right)$

(14) $2\dfrac{d^2y}{dx^2}+\dfrac{4}{3}\dfrac{dy}{dx}+\dfrac{2}{3}y=0$

Ans: $y=e^{-\frac{1}{3}x}\left(A\cos\dfrac{\sqrt{2}}{3}x+B\sin\dfrac{\sqrt{2}}{3}x\right)$

(15) $\dfrac{d^2y}{dx^2}+64y=0$

Ans: $y=A\cos 8x+B\sin 8x$

(16) $\dfrac{d^2y}{dx^2}-11y=0$

Ans: $y=A\cosh\sqrt{11}x+B\sinh\sqrt{11}x$

Solve the initial-value problems:

(17) $\dfrac{d^2y}{dx^2}+\dfrac{dy}{dx}-2y=0$, $y(0)=4$, $y'(0)=-5$

Ans: $y=3e^{-2x}+e^{x}$

(18) $\dfrac{d^2y}{dx^2}-4\dfrac{dy}{dx}-5y=0$, $y(0)=0$, $y'(0)=2$

Ans: $y=\dfrac{1}{3}\left(e^{5x}-e^{-x}\right)$

(19) $\dfrac{d^2y}{dx^2}+4\dfrac{dy}{dx}+4y=0$, $y(0)=1$, $y'(0)=1$

Ans: $y=(1+3x)e^{-2x}$

(20) $\dfrac{d^2y}{dx^2}-4\dfrac{dy}{dx}+4y=0$, $y(0)=3$, $y'(0)=1$

Ans: $y=(3-5x)e^{2x}$

(21) $\dfrac{d^2y}{dx^2}+3.2\dfrac{dy}{dx}+2.56y=0$, $y(0)=0$, $y'(0)=-2$

Ans: $y=-2xe^{-1.6x}$

(22) $\dfrac{d^2y}{dx^2} - 4\dfrac{dy}{dx} + 5y = 0$, $y(0) = 2$, $y'(0) = 4$

Ans: $y = 2e^{2x}\cos x$

(23) $2\dfrac{d^2y}{dx^2} + 4\dfrac{dy}{dx} + 3y = 0$, $y(0) = 2$, $y'(0) = -1$

Ans: $y = e^{-x}\left(2\cos\dfrac{x}{\sqrt{2}} + \sqrt{2}\sin\dfrac{x}{\sqrt{2}}\right)$

(24) $\dfrac{d^2y}{dx^2} + 13y = 0$, $y(0) = -1$, $y'(0) = 3$

Ans: $y = \dfrac{3}{\sqrt{13}}\sin\sqrt{13}x - \cos\sqrt{13}x$

(25) $\dfrac{d^2y}{dx^2} - 3y = 0$, $y(0) = 1$, $y'(0) = -3$

Ans: $y = \cosh\sqrt{3}x - \sqrt{3}\sinh\sqrt{3}x$

Solve the boundary-value problems:

(26) $\dfrac{d^2y}{dx^2} - 4\dfrac{dy}{dx} - 5y = 0$, $y(1) = 0$, $y'(1) = 1$

Ans: $y = \dfrac{1}{6}e^{5(x-1)} - \dfrac{1}{6}e^{(-x+1)}$

(27) $\dfrac{d^2y}{dx^2} - 2\sqrt{2}\dfrac{dy}{dx} + 2y = 0$, $y(1) = 2$, $y'(1) = 0$

Ans: $y = 2\,e^{\sqrt{2}(x-1)}\left(\sqrt{2} + 1 - \sqrt{2}x\right)$

(28) $\dfrac{d^2y}{dx^2} + 2\dfrac{dy}{dx} + 5y = 0$, $y(0) = 1$, $y\left(\dfrac{\pi}{4}\right) = 1$

Ans: $y = e^{-x}\left(\cos 2x + e^{\frac{\pi}{4}}\sin 2x\right)$

Section 2.3 Wronskian Test For Linear Independence of Solutions

(29) Using Wronskian equation, referring to problems (1, 2, 7, 8, 11, 12) and test for independence:

Ans: (1) $W\!\left(e^{3x},e^{4x}\right)=e^{7x}\neq 0$ (linearly independent)

(2) $W\!\left(e^{-x},e^{-2x}\right)=-e^{-3x}\neq 0$ (linearly independent)

(7) $W\!\left(e^{-4x},xe^{-4x}\right)=e^{-8x}\neq 0$ (linearly independent)

(8) $W\!\left(e^{7x},xe^{7x}\right)=e^{14x}\neq 0$ (linearly independent)

(11) $W\!\left(e^{-2x}\cos\sqrt{3}x,e^{-2x}\sin\sqrt{3}x\right)=\sqrt{3}e^{-4x}\neq 0$ (linearly independent)

(12) $W\!\left(e^{x}\cos 3x,e^{x}\sin 3x\right)=3e^{2x}\neq 0$ (linearly independent)

Section 2.4 Non-homogeneous Equations

Solve the below problems (30 - 50) using Undetermined Coefficient Methods:

(30) $\dfrac{d^2y}{dx^2}+4y=8x^2$

Ans: $y = A\cos 2x + B\sin 2x + 2x^2 - 1$

(31) $\dfrac{d^2y}{dx^2}+4y=4x^2+2x+3$

Ans: $y = A\cos 2x + B\sin 2x + x^2 + \dfrac{1}{2}x + \dfrac{1}{4}$

(32) $\dfrac{d^2y}{dx^2}-5\dfrac{dy}{dx}+6y=12$

Ans: $y = Ae^{2x} + Be^{3x} + 2$

(33) $\dfrac{d^2y}{dx^2} - 5\dfrac{dy}{dx} + 6y = x^2 + 2$

Ans: $y = Ae^{2x} + Be^{3x} + \dfrac{x^2}{6} + \dfrac{5}{18}x + \dfrac{55}{108}$

(34) $\dfrac{d^2y}{dx^2} - 5\dfrac{dy}{dx} + 6y = 4\sin 4x$

Ans: $y = Ae^{2x} + Be^{3x} + \dfrac{2}{25}\left(2\cos 4x - \sin 4x\right)$

(35) $\dfrac{d^2y}{dx^2} + 6\dfrac{dy}{dx} + 10y = 2\sin 2x + 2\cos 2x$

Ans: $y = e^{-3x}\left(A\cos x + B\sin x\right) + \dfrac{1}{5}\sin 2x - \dfrac{1}{15}\cos 2x$

(36) $\dfrac{d^2y}{dx^2} + 4\dfrac{dy}{dx} - 2y = 2x^2 - x + 2$

Ans: $y = Ae^{-(2+\sqrt{6})x} + Be^{(\sqrt{6}-2)x} - \left(x^2 + \dfrac{7}{2}x + 9\right)$

(37) $\dfrac{d^2y}{dx^2} - 3\dfrac{dy}{dx} + 2y = 2e^x$ (hint* apply rule 1: multiply by x)

Ans: $y = Ae^x + Be^{2x} - 2xe^x$

(38) $\dfrac{d^2y}{dx^2} + 2\dfrac{dy}{dx} - 3y = 4e^x$ (hint* apply rule 1: multiply by x)

Ans: $y = Ae^{-3x} + Be^x + xe^x$

(39) $\dfrac{d^2y}{dx^2} + \dfrac{dy}{dx} - 2y = 6e^x$ (hint* apply rule 1: multiply by x)

Ans: $y = Ae^x + Be^{-2x} + 2xe^x$

(40) $\dfrac{d^2y}{dx^2} + 3\dfrac{dy}{dx} + 2y = 8e^{-x}$ (hint* apply rule 1: multiply by x)

Ans: $y = Ae^{-x} + Be^{-2x} + 8xe^{-x}$

(41) $\dfrac{d^2y}{dx^2} + 2\dfrac{dy}{dx} + y = 3e^{-x}$ (hint* apply rule 1: multiply by x^2)

Ans: $y = (A + Bx)e^{-x} + \dfrac{3}{2}x^2 e^{-x}$

(42) $\dfrac{d^2y}{dx^2} - 8\dfrac{dy}{dx} + 16y = \sqrt{5}\, e^{4x}$ (hint* apply rule 1: multiply by x^2)

Ans: $y = (A + Bx)e^{4x} + \dfrac{\sqrt{5}}{2}x^2 e^{4x}$

(43) $\dfrac{d^2y}{dx^2} - 2\dfrac{dy}{dx} - 3y = x + 2e^{-2x}$ (hint* apply rule 2)

Ans: $y = A e^{-x} + B e^{3x} + \dfrac{2}{5}e^{-2x} - \dfrac{1}{3}x + \dfrac{2}{9}$

(44) $\dfrac{d^2y}{dx^2} + 4y = 4x - 5 + 6xe^{2x}$ (hint* apply rule 2)

Ans: $y = A\,\cos 2x + B\sin 2x + \dfrac{3}{4}xe^{2x} - \dfrac{3}{8}e^{2x} + x - \dfrac{5}{4}$

(45) $\dfrac{d^2y}{dx^2} - 6\dfrac{dy}{dx} + 9y = 3x^2 + 1 - 6e^{3x}$ (hint* apply rule 1 and 2 together)

Ans: $y = (A + Bx)\,e^{3x} - 3x^2 e^{3x} + \dfrac{1}{3}x^2 + \dfrac{4}{9}x + \dfrac{1}{3}$

Solve the initial value problems:

(46) $\dfrac{d^2y}{dx^2} - 3\dfrac{dy}{dx} + 2y = 2x^2$, $y(0) = \dfrac{1}{2}$, $y'(0) = \dfrac{3}{2}$

Ans: $y = \dfrac{3}{2}\,(e^{2x} - 3e^{x}) + x^2 + 3x + \dfrac{7}{2}$

(47) $\dfrac{d^2y}{dx^2} - 4\dfrac{dy}{dx} + 3y = 10e^{-2x}$, $y(0) = 1$, $y'(0) = -3$

Ans: $y = \dfrac{2}{3}(2e^{x} + e^{-2x}) - e^{3x}$

(48) $\dfrac{d^2 y}{dx^2} + 4\dfrac{dy}{dx} + 5y = 39e^{3x}$, $y(0) = \dfrac{7}{2}$, $y'(0) = 1$

Ans: $y = e^{-2x}\left(2\cos x + \dfrac{1}{2}\sin x\right) + \dfrac{3}{2}e^{3x}$

(49) $\dfrac{d^2 y}{dx^2} - 2\dfrac{dy}{dx} - 8y = 4e^{-2x}$, $y(0) = \dfrac{1}{2}$, $y'(0) = \dfrac{5}{3}$

Ans: $y = \dfrac{5}{9}e^{4x} - \dfrac{1}{3}e^{-2x}\left(2x + \dfrac{1}{6}\right)$

(50) $\dfrac{d^2 y}{dx^2} + \dfrac{dy}{dx} - 2y = e^x + \sin 2x$, $y(0) = -1$, $y'(0) = 3$

Ans: $y = \dfrac{16}{45}e^x - \dfrac{61}{45}e^{-2x} + \dfrac{1}{3}xe^x - \dfrac{1}{5}\sin 2x$

Solve the below problems (51-56) using variation of parameters:

(51) $\dfrac{d^2 y}{dx^2} - 3\dfrac{dy}{dx} + 2y = e^{4x}$

Ans: $y = Ae^x + Be^{2x} + \dfrac{1}{6}e^{4x}$

(52) $\dfrac{d^2 y}{dx^2} - 6\dfrac{dy}{dx} + 9y = xe^{3x}$

Ans: $y = \left(Ae^{3x} + Bxe^{3x}\right) + \dfrac{x^3}{6}e^{3x}$

(53) $\dfrac{d^2 y}{dx^2} + 4y = \csc 2x$

Ans: $y = A\cos 2x + B\sin 2x - \dfrac{1}{2}x\cos 2x + \dfrac{1}{4}(\sin 2x)\ln|\sin 2x|$

(54) $\dfrac{d^2 y}{dx^2} + 4y = \tan 2x$

Ans: $y = A\cos 2x + B\sin 2x - \dfrac{1}{4}\ln\left|\sec 2x + \tan 2x\right|\cos 2x$

(55) $\dfrac{d^2 y}{dx^2} + 3\dfrac{dy}{dx} + 2y = e^x + 1$

Ans: $y = Ae^{-x} + Be^{-2x} + \dfrac{1}{6}e^x + \dfrac{1}{2}$

(56) $\dfrac{d^2 y}{dx^2} + 3\dfrac{dy}{dx} + 2y = \dfrac{1}{e^x + 1}$

Ans: $y = Ce^{-x} + De^{-2x} + \left(e^{-x} + e^{-2x}\right)\ln\left|e^x + 1\right|$

Section 2.5 Euler-Cauchy Differential Equations

Make use of either solution of the form $y = x^m$ or solution by Operator D method, solve the following differential equation:

(57) $x^2 \dfrac{d^2 y}{dx^2} - x\dfrac{dy}{dx} - 8y = 0$

Ans: $y(x) = Ax^4 + Bx^{-2}$

(58) $x^2 \dfrac{d^2 y}{dx^2} - x\dfrac{dy}{dx} + y = 0$

Ans: $y(x) = Ax + Bx\ln\left|x\right|$

(59) $x^2 \dfrac{d^2 y}{dx^2} + x\dfrac{dy}{dx} + 9y = 0$

Ans: $y(x) = A\cos 3\ln\left|x\right| + B\sin 3\ln\left|x\right|$

(60) $x^2 \dfrac{d^2 y}{dx^2} - 3x\dfrac{dy}{dx} + 3y = 2x^2$

Ans: $y(x) = Ax + Bx^3 - 2x^2$

(61) $x^2 \dfrac{d^2 y}{dx^2} + 5x\dfrac{dy}{dx} - 2y = x^{-2}$

Ans: $y(x) = Ax^{(-2+\sqrt{6})} + Bx^{(-2-\sqrt{6})} - \dfrac{1}{6x^2}$

(62) $x^2 \dfrac{d^2 y}{dx^2} + 5x\dfrac{dy}{dx} + 4y = 2\sin 2x$

Ans: $y(x) = Ax^{-2} + Bx^{-2}\ln\left|x\right| - \dfrac{1}{4}x\cos 2x$

Chapter 3

Laplace Transform Fundamental

拉普拉斯轉換之基礎

Table 3.0   Most commonly used Laplace Transform Formula

Function $f(t)$	Laplace Transform $\mathscr{L}\{f(t)\} = \int_0^\infty e^{-st} f(t)dt$
1	$\dfrac{1}{s}$
t^n (n = positive integer 正數)	$\dfrac{n!}{s^{n+1}}$
e^{at}	$\dfrac{1}{s-a}$
$\sin at$	$\dfrac{a}{s^2+a^2}$
$\cos at$	$\dfrac{s}{s^2+a^2}$

Function $f(t)$	Laplace Transform $\mathscr{L}\{f(t)\} = \int_0^\infty e^{-st} f(t)dt$
$\cosh at$	$\dfrac{s}{s^2 - a^2}$
$\sinh at$	$\dfrac{a}{s^2 - a^2}$
$t\sin at$	$\dfrac{2as}{(s^2 + a^2)^2}$
$t\cos at$	$\dfrac{s^2 - a^2}{(s^2 + a^2)^2}$
$t\sinh at$	$\dfrac{2as}{(s^2 - a^2)^2}$
$t\cosh at$	$\dfrac{s^2 + a^2}{(s^2 - a^2)^2}$
$u(t-c)$ (unit step function)	$\dfrac{e^{-cs}}{s}$
$\delta(t-c)$ (unit impulse function)	e^{-cs}
Periodic function $f(t)$, period T	$\dfrac{1}{1 - e^{-Ts}} \int_0^T e^{-st} f(t)\, dt$
$f(t)e^{at}$	$F(s-a),\ \left.\mathscr{L}\{f(t)\}\right|_{s \to s-a}$
$f(t-c)u(t-c)$	$e^{-cs}\, \mathscr{L}\{f(t)\}$
$\int_0^t f(t)dt$	$\dfrac{1}{s}\mathscr{L}\{f(t)\}$
$t^n f(t)$	$(-1)^n \dfrac{d^n}{ds^n}\{F(s)\}$
$\dfrac{d^n y}{dt^n}$	$s^n \mathscr{L}\{y\} - s^{n-1}y(0) - s^{n-2}y'(0)\dots\dots - sy^{(n-2)}(0) - y^{(n-1)}(0)$
$\dfrac{f(t)}{t}$	$\int_s^\infty F(u)du$

Let $f(t)$ be a function defined for $t > 0$, the Laplace Transform of $f(t)$ is defined by

$$\mathscr{L}\{f(t)\} = \int_0^\infty e^{-st} f(t) \ dt$$

Here the parameter s is positive and large enough so that $e^{-st} f(t) \geq 0$ as $t \geq 0$. The Laplace Transform of $f(t)$ is said to exist if the above integral converges for some value of s, otherwise it does not exist.

We observed that $\mathscr{L}\{f(t)\}$ is a function of s and to denote this, we usually write:

$$\mathscr{L}\{f(t)\} = F(s)$$

* 拉普拉斯轉換是一種積分轉換

The most commonly used Laplace Transform formula is shown in Table 3.0 and it will be used throughout Chapter 3 and 4.

3.1 Laplace Transform (L.T.) of some common Functions 拉普拉斯轉換的普通函數

Example (1): Find the L.T. of $f(t) = 1$ for $t \geq 0$.

Solution:

$$\mathscr{L}\{1\} = \int_0^\infty e^{-st} \cdot 1 \ dt = \left[-\frac{1}{s} \cdot e^{-st} \right]_0^\infty = \left[-\frac{e^{-s(\infty)}}{s} \right] - \left(-\frac{1}{s} \right)$$

Since $e^{-\infty} \Rightarrow 0$ $\therefore \mathscr{L}\{1\} = 0 + \frac{1}{s} = \frac{1}{s}$

From the above example, if a is a constant, then $f(t) = a$ and $\mathscr{L}\{a\} = \frac{a}{s}$

$$\therefore \mathscr{L}\{10\} = \frac{10}{s}, \qquad \mathscr{L}\{100\} = \frac{100}{s}$$

Example (2): Find the L.T. of $f(t) = e^{at}$ where a is a constant.

Solution:

$$\mathscr{L}\{e^{at}\} = \int_0^\infty e^{-st} \cdot e^{at} \, dt = \int_0^\infty e^{(-s+a)t} \, dt$$

$$= \int_0^\infty e^{-(s-a)t} \, dt = \left[\frac{e^{-(s-a)t}}{-(s-a)} \right]_0^\infty ,$$

if $s - a > 0$ as $t \to \infty$, then $e^{-(s-a)t} \to 0$

$$= \left[\underbrace{\frac{e^{-(s-a)\infty}}{-(s-a)}}_{0} \right] - \left[\frac{e^{-(s-a)0}}{-(s-a)} \right]$$

$$= 0 - \left[\frac{1}{-(s-a)} \right] = \frac{1}{s-a} \quad , \text{ therefore, for } f(t) = e^{at},$$

$$\mathscr{L}\{e^{at}\} = \frac{1}{s-a}$$

Example (3): Find the L.T. of $f(t) = t$.

Solution:

$$\mathscr{L}\{t\} = \int_0^\infty \underset{u}{t} \cdot \underset{v}{e^{-st}} \, dt \text{, by using integral by parts method:}$$

$$\int uv \, dt = u \cdot \int v \, dt - \int \left(\int v \, dt \cdot \frac{d}{dt} u \right) dt$$

$$\therefore \mathscr{L}\{t\} = \left[t \int e^{-st} \, dt \right]_0^\infty - \int_0^\infty \left(\int e^{-st} \, dt \cdot \frac{d}{dt}(t) \right) dt$$

$$= \underbrace{\left[-\frac{t}{s} \cdot e^{-st} \right]_0^\infty}_{0} - \int_0^\infty \left(\frac{e^{-st}}{-s} \cdot 1 \right) dt = 0 + \frac{1}{s} \int_0^\infty \left(e^{-st} \right) dt$$

Since $\int_0^\infty \left(e^{-st} \right) dt$ as mentioned in example (1) is $= \mathscr{L}\{1\}$.

$$\mathscr{L}\{t\} = \frac{1}{s} \cdot \frac{1}{s} = \frac{1}{s^2}$$

| Example (4): | Find the L.T. of $f(t) = t^n$, where n is a positive integer. |

Solution:　　　　$\mathcal{L}\{t^n\} = \int_0^\infty t^n e^{-st} dt$. By using integral by parts method again, we get:

$$\mathcal{L}\{t^n\} = \underbrace{\left[t^n \left(-\frac{e^{-st}}{s} \right) \right]_0^\infty}_{0} - \int_0^\infty \left(-\frac{e^{-st}}{s} \right) n \, t^{n-1} dt$$

$$= 0 + \frac{n}{s} \int_0^\infty \left(e^{-st} \right) t^{n-1} dt$$

(Note that $t^n e^{-st} \rightarrow 0$ as $t \rightarrow \infty$ for $s > 0$)

Therefore, we have the relation of:

$$\mathcal{L}\{t^n\} = \frac{n}{s} \mathcal{L}\{t^{n-1}\}$$

which is valid for $n = 1, 2, 3, \ldots$.

Therefore,

if $n = 1$,

$$\mathcal{L}\{t^1\} = \frac{1}{s} \mathcal{L}\{t^{1-1}\} = \frac{1}{s} \mathcal{L}\{t^0\} = \frac{1}{s} \mathcal{L}\{1\} = \frac{1}{s} \cdot \frac{1}{s} = \frac{1}{s^2}$$

if $n = 2$,

$$\mathcal{L}\{t^2\} = \frac{2}{s} \mathcal{L}\{t^{2-1}\} = \frac{2}{s} \underbrace{\mathcal{L}\{t\}}_{\frac{1}{s^2}}$$

$$= \frac{2}{s^3} \quad \text{or} \quad = \frac{2!}{s^3}$$

if $n = 3$,

$$\mathscr{L}\{t^3\} = \frac{3}{s}\mathscr{L}\{t^{3-1}\} = \frac{3}{s}\underbrace{\mathscr{L}\{t^2\}}_{\frac{2!}{s^3}}$$

$$= \frac{3!}{s^4} \quad \text{or} \quad = \frac{6}{s^4} \quad (\text{as } 3! = 3 \times 2 \times 1)$$

Hence in General,

$$\mathscr{L}\{t^n\} = \frac{n!}{s^{n+1}}$$

Linearity Property 線性性質

If $f_1(t)$ and $f_2(t)$ are functions of t and a and b are constant, then:

$$\mathscr{L}\{af_1(t) + bf_2(t)\} = aF_1(s) + bF_2(s)$$

where $F_1(s)$ and $F_2(s)$ are Laplace Transform of $f_1(t)$ and $f_2(t)$ respectively.

Example (5):   Find the L.T. of $4t^3 - 2e^{-2t}$.

Solution: $\mathscr{L}\{4t^3 - 2e^{-2t}\} = 4\mathscr{L}\{t^3\} - 2\mathscr{L}\{e^{-2t}\}$

$$= 4\left\{\frac{3!}{s^{3+1}}\right\} - 2\left\{\frac{1}{s-(-2)}\right\}$$

$$= \frac{24}{s^4} - \frac{2}{s+2}$$

CH 3

Laplace Transform Fundamental

From the linearity equation mentioned earlier, we can also denoted that as:

$$\mathscr{L}\{af_1(t)+bf_2(t)\}=a\mathscr{L}\{f_1(t)\}+b\{f_2(t)\}$$

Example (6): Find the L.T. of

(a) $f(t)=3+2t-4e^{3t}$ (b) $f(t)=(3+2t)^2$

Solution: (a) $\mathscr{L}\{f(t)\}=\mathscr{L}\{3+2t-4e^{3t}\}$

$$=3\mathscr{L}\{1\}+2\mathscr{L}\{t\}-4\mathscr{L}\{e^{3t}\}$$

$$=3\cdot\frac{1}{s}+2\cdot\frac{1}{s^2}-4\cdot\frac{1}{s-3}$$

$$=\frac{3}{s}+\frac{2}{s^2}-\frac{4}{s-3}$$

(b) $\mathscr{L}\{f(t)\}=\mathscr{L}\{(3+2t)^2\}=\mathscr{L}\{9+12t+4t^2\}$

$$=9\mathscr{L}\{1\}+12\mathscr{L}\{t\}+4\mathscr{L}\{t^2\}$$

$$=\frac{9}{s}+\frac{12}{s^2}+\frac{8}{s^3}$$

Example (7): Find the L.T. of the following:

(a) $f(t)=e^{3t+2}$ (b) $f(t)=\sin(\omega t-\phi)$ (c) $f(t)=\cos^2 t$

Solution: (a) $\mathscr{L}\{f(t)\}=\mathscr{L}\{e^{3t+2}\}=\mathscr{L}\{e^{3t}\cdot e^2\}$

$$=e^2\underbrace{\mathscr{L}\{e^{3t}\}}_{\frac{1}{(s-3)}}=\frac{e^2}{(s-3)}$$

(b) $\mathcal{L}\{f(t)\} = \mathcal{L}\{\sin(\omega t - \phi)\}$

$= \mathcal{L}\{\sin \omega t \cos \phi - \cos \omega t \sin \phi\}$

$= \cos \phi \ \mathcal{L}\{\sin \omega t\} - \sin \phi \ \mathcal{L}\{\cos \omega t\}$

$= \cos \phi \dfrac{\omega}{s^2 + \omega^2} - \sin \phi \dfrac{s}{s^2 + \omega^2}$

$= \dfrac{\omega \cos \phi - \sin \phi . s}{s^2 + \omega^2}$

(c) $\mathcal{L}\{f(t)\} = \mathcal{L}\{\cos^2(t)\} = \mathcal{L}\left\{\dfrac{1 + \cos 2t}{2}\right\}$

$= \dfrac{1}{2}\mathcal{L}\{1 + \cos 2t\} = \dfrac{1}{2}\left(\dfrac{1}{s} + \dfrac{s}{s^2 + 2^2}\right)$

$= \dfrac{1}{2s} + \dfrac{s}{2(s^2 + 4)}$

Multiply by t method　t乘法

Since $\mathcal{L}\{f(t)\} = F(s)$, if the function $f(t)$ is multiplied by t, its Laplace Transform is given by:

$$\mathcal{L}\{t f(t)\} = -\dfrac{d}{ds}\{F(s)\}$$

We can therefore extend the above L.T that is given by:

$$\mathcal{L}\{t^n f(t)\} = (-1)^n \dfrac{d^n}{ds^n}\{F(s)\}$$

where $n = 1, 2, 3, \ldots\ldots$

| Example (8): | L.T. of the following and proves its L.T. theorem in Table 3.0: |

(a) $t\sin 3t$ (b) $t\cosh 4t$

Solution: (a) since $\mathscr{L}\{\sin 3t\} = \dfrac{3}{s^2+9}$, therefore

$$\Rightarrow \mathscr{L}\{t\sin 3t\} = -\frac{d}{ds}\left(\frac{3}{s^2+9}\right) = -3\frac{d}{ds}(s^2+9)^{-1}$$

(apply derivative chain rule)

$$= -3\left[-(s^2+9)^{-2}\right]\frac{d}{ds}(s^2+9)$$

$$= \frac{6s}{\left(s^2+3^2\right)^2}$$

Therefore, we can denote that $\mathscr{L}\{t\sin 3t\} = \dfrac{6s}{\left(s^2+3^2\right)^2} = \dfrac{2(3)s}{\left(s^2+3^2\right)^2}$

and hence it proves the theorem in Table 3.0 given that:

$$\mathscr{L}\{t\sin at\} = \frac{2as}{\left(s^2+a^2\right)^2}$$

(b) since $\mathscr{L}\{\cosh 4t\} = \dfrac{s}{s^2-16}$, therefore

$$\Rightarrow \mathscr{L}\{t\cosh 4t\} = -\frac{d}{ds}\left(\frac{s}{s^2-16}\right) \quad \text{(apply derivative quotient rule)}$$

$$= -\left[\frac{(s^2-16)\frac{d}{ds}(s)-(s)\frac{d}{ds}(s^2-16)}{(s^2-16)^2}\right]$$

$$= -\left[\frac{(s^2-16)-2s^2}{(s^2-16)^2}\right]$$

$$= \frac{s^2 + 16}{\left(s^2 - 16\right)^2}$$

Therefore, we can denote that $\mathscr{L}\{t \cosh 4t\} = \dfrac{s^2 + 4^2}{\left(s^2 - 4^2\right)^2}$ and hence

it proves the theorem in Table 3.0 given that:

$$\mathscr{L}\{t \cosh at\} = \frac{s^2 + a^2}{\left(s^2 - a^2\right)^2}$$

Example (9): L.T. the following:

(a) $t^2 \sin 3t$ (b) $t^2 \cosh 4t$

Solution: (a) since $\mathscr{L}\{t \sin 3t\} = \dfrac{6s}{\left(s^2 + 9\right)^2}$, therefore

$$\Rightarrow \mathscr{L}\{t^2 \sin 3t\} = \mathscr{L}\{t(t \sin 3t)\} = -\frac{d}{ds}\left[\frac{6s}{\left(s^2 + 9\right)^2}\right]$$

Apply derivative quotient rule, we get: $\mathscr{L}\{t^2 \sin 3t\} = \dfrac{18\left(s^2 - 3\right)}{\left(s^2 + 3^2\right)^3}$

(b) since $\mathscr{L}\{t \cosh 4t\} = \dfrac{s^2 + 16}{\left(s^2 - 16\right)^2}$, therefore

$$\Rightarrow \mathscr{L}\{t^2 \cosh 4t\} = \mathscr{L}\{t(t \cosh 4t)\} = -\frac{d}{ds}\left[\frac{s^2 + 16}{\left(s^2 - 16\right)^2}\right]$$

Apply derivative quotient rule, we get: $\mathscr{L}\{t^2 \cosh 4t\} = \dfrac{2s\left(s^2 + 48\right)}{\left(s^2 - 16\right)^3}$

3.2 First Shifting Property (S-Shifting)
第一轉移定理 (S-軸轉移)

S-shifting is the Laplace Transform of *f*(*t*) shifted "*a*" units to the right.

If $\mathscr{L}\{f(t)\} = F(s)$, then

$$\mathscr{L}\{f(t)e^{at}\} = \mathscr{L}\{e^{at}f(t)\} = F(s-a) = \left[\mathscr{L}\{f(t)\}\right]_{s\to(s-a)}$$

This is achieved by replacing s by $(s-a)$ in $F(s)$ to obtain $F(s-a)$

Proof:

By definition: $\mathscr{L}\{f(t)\} = \int_0^\infty f(t)e^{-st}dt = F(s)$

Now: $\mathscr{L}\{f(t)e^{at}\} = \int_0^\infty f(t)e^{at}\cdot e^{-st}dt$

$$= \int_0^\infty f(t)e^{-(s-a)t}dt \quad \text{for } (s>a)$$

$$= F(s-a)$$

or $\mathscr{L}\{f(t)e^{at}\} = \mathscr{L}\{f(t)\}\big|_{s\to(s-a)}$

Example (10): Find the L.T. of the following functions:

(a) te^{2t}　　(b) $t^3 e^{-2t}$　　(c) $\sin t \cdot e^{-3t}$

(d) $t\sin t \cdot e^t$　　(e) $e^{at}\sin bt$　　(f) $e^{2t}\cos 3t$

Solution:

(a) $\mathscr{L}\left\{te^{2t}\right\} = \mathscr{L}\left\{t\right\}\big|_{s\to s-2} = \left[\dfrac{1}{s^2}\right]_{s\to s-2} = \dfrac{1}{(s-2)^2}$

(b) $\mathscr{L}\left\{t^3 e^{-2t}\right\} = \mathscr{L}\left\{t^3\right\}\big|_{s\to s-(-2)} = \left[\dfrac{3!}{s^4}\right]_{s\to s+2} = \dfrac{6}{(s+2)^4}$

(c) $\mathscr{L}\left\{\sin t \cdot e^{-3t}\right\} = \mathscr{L}\left\{\sin t\right\}\big|_{s\to s-(-3)}$

$= \left[\dfrac{1}{s^2+1}\right]_{s\to s+3} = \dfrac{1}{(s+3)^2+1}$

(d) $\mathscr{L}\left\{t\sin t \cdot e^{t}\right\} = \mathscr{L}\left\{t\sin t\right\}\big|_{s\to s-1}$

$= \left[\dfrac{2s}{(s^2+1)^2}\right]_{s\to s-1} = \dfrac{2(s-1)}{\left[(s-1)^2+1\right]^2}$

(e) $\mathscr{L}\left\{e^{at}\sin bt\right\} = \mathscr{L}\left\{\sin bt\right\}\big|_{s\to s-a}$

$= \left[\dfrac{b}{s^2+b^2}\right]_{s\to s-a} = \dfrac{b}{(s-a)^2+b^2}$

(f) $\mathscr{L}\left\{e^{2t}\cos 3t\right\} = \mathscr{L}\left\{\cos 3t\right\}\big|_{s\to s-2}$

$= \mathscr{L}\left\{\dfrac{s}{s^2+3^2}\right\}_{s\to s-2} = \dfrac{(s-2)}{(s-2)^2+9}$

3.3 Inverse Laplace Transform
拉普拉斯反轉換

If the Laplace Transform of a function $f(t)$ is $F(s)$, then $f(t)$ is called an Inverse Laplace Transform of $F(s)$. We may write

$$f(t) = \mathscr{L}^{-1}\{F(s)\}$$

where $\mathscr{L}^{-1}$ is called the Inverse Laplace Transform operator.

Example (11): Determine the Inverse Laplace Transform of the following:

(a) $\dfrac{1}{s-2}$ (b) $\dfrac{2}{s^3}$

Solution:

(a) Since $\mathscr{L}\{e^{2t}\} = \dfrac{1}{s-2}$, we can write $\mathscr{L}^{-1}\left\{\dfrac{1}{s-2}\right\} = e^{2t}$

(b) Since $\mathscr{L}\{t^2\} = \dfrac{2}{s^3}$, we can write $\mathscr{L}^{-1}\left\{\dfrac{2}{s^3}\right\} = t^2$

Example (12): Determine the solution of the following:

(a) $\mathscr{L}^{-1}\left\{\dfrac{1}{s+5}\right\}$ (b) $\mathscr{L}^{-1}\left\{\dfrac{3}{s^2-9}\right\}$ (c) $\mathscr{L}^{-1}\left\{\dfrac{9}{s^2+16}\right\}$

Solution:

(a) Since $\mathscr{L}\{e^{-5t}\} = \dfrac{1}{s-(-5)}$, $\therefore \mathscr{L}^{-1}\left\{\dfrac{1}{s+5}\right\} = e^{-5t}$,

(b) $\mathscr{L}^{-1}\left\{\dfrac{3}{s^2-9}\right\} = \mathscr{L}^{-1}\left\{\dfrac{3}{s^2-3^2}\right\} = \sinh 3t$

(c) $\mathscr{L}^{-1}\left\{\dfrac{9}{s^2+16}\right\} = \mathscr{L}^{-1}\left\{\dfrac{9}{s^2+4^2}\right\} = \dfrac{9}{4}\mathscr{L}^{-1}\left\{\dfrac{4}{s^2+4^2}\right\} = \dfrac{9}{4}\sin 4t$

Linearity property of Inverse Laplace Transform 拉普拉斯反轉換線性性質

Suppose a and b are constants, then:

$$\mathscr{L}^{-1}\{aF(s)+bG(s)\} = a\mathscr{L}^{-1}\{F(s)\} + b\mathscr{L}^{-1}\{G(s)\}$$

Example (13):   Solve the following Inverse Laplace Transform:

(a) $\mathscr{L}^{-1}\left\{\dfrac{2}{s}+\dfrac{3}{s^3}\right\}$ (b) $\mathscr{L}^{-1}\left\{\dfrac{3}{2s+1}\right\}$ (c) $\mathscr{L}^{-1}\left\{\dfrac{3s+2}{s^2+4}\right\}$

Solution: (a) $\mathscr{L}^{-1}\left\{\dfrac{2}{s}+\dfrac{3}{s^3}\right\}=2\mathscr{L}^{-1}\left\{\dfrac{1}{s}\right\}+3\underbrace{\mathscr{L}^{-1}\left\{\dfrac{1}{s^3}\right\}}_{\frac{1}{2}\mathscr{L}^{-1}\left\{\frac{2}{s^{2+1}}\right\}=\frac{t^2}{2}}$

$$=2(1)+3\cdot\frac{t^2}{2}=2+\frac{3}{2}t^2$$

(b) $\mathscr{L}^{-1}\left\{\dfrac{3}{2s+1}\right\}=\mathscr{L}^{-1}\left\{\dfrac{3}{2\left(s+\dfrac{1}{2}\right)}\right\}=\dfrac{3}{2}\mathscr{L}^{-1}\left\{\dfrac{1}{s-\left(-\dfrac{1}{2}\right)}\right\}$

$$=\frac{3}{2}e^{-\frac{1}{2}t}$$

(c) $\mathscr{L}^{-1}\left\{\dfrac{3s+2}{s^2+4}\right\}=\mathscr{L}^{-1}\left\{\dfrac{3s}{s^2+4}+\dfrac{2}{s^2+4}\right\}$

$$=3\mathscr{L}^{-1}\left\{\dfrac{s}{s^2+2^2}\right\}+\mathscr{L}^{-1}\left\{\dfrac{2}{s^2+2^2}\right\}$$

$$=3\cos 2t+\sin 2t$$

Inverse of First Shift Theorem (S－shift) 反轉換第一轉移定理 (S－軸轉移)

Recall that $\mathscr{L}\left\{f(t)e^{at}\right\}=F(s-a)$ where $F(s)=\mathscr{L}\left\{f(t)\right\}$. $\therefore \mathscr{L}^{-1}\left\{F(s-a)\right\}=e^{at}f(t)$ or

$$\mathscr{L}^{-1}\left\{F(s-a)\right\}=e^{at}\mathscr{L}^{-1}\left\{F(s)\right\}$$

Example (14):   Solve the following Inverse Laplace Transform:

(a) $\mathscr{L}^{-1}\left\{\dfrac{6}{(s-4)^2}\right\}$ (b) $\mathscr{L}^{-1}\left\{\dfrac{2}{(s-1)^2+4}\right\}$

(c) $\mathscr{L}^{-1}\left\{\dfrac{3}{(s-2)^2+4}\right\}$ (d) $\mathscr{L}^{-1}\left\{\dfrac{s}{(s-3)^2+1}\right\}$

Solution: (a) $\mathscr{L}^{-1}\left\{\dfrac{6}{(s-4)^2}\right\}$, using $\boxed{\mathscr{L}^{-1}\{F(s-a)\}=e^{at}\mathscr{L}^{-1}\{F(s)\}}$

$\Rightarrow a$ is 4 and $\therefore F(s-a)=F(s-4)$

$\therefore \mathscr{L}^{-1}\left\{\dfrac{6}{(s-4)^2}\right\}=e^{4t}\mathscr{L}^{-1}\left\{\dfrac{6}{s^2}\right\}=e^{4t}\cdot 6\underbrace{\mathscr{L}^{-1}\left\{\dfrac{1}{s^{1+1}}\right\}}_{t}=e^{4t}6t$

(b) $\mathscr{L}^{-1}\left\{\dfrac{2}{(s-1)^2+4}\right\}=e^{t}\cdot\mathscr{L}^{-1}\left\{\dfrac{2}{s^2+4}\right\}$,

$=e^{t}\cdot\mathscr{L}^{-1}\left\{\dfrac{2}{s^2+2^2}\right\}=e^{t}\cdot\sin 2t$

(c) $\mathscr{L}^{-1}\left\{\dfrac{3}{(s-2)^2+4}\right\}=e^{2t}\cdot\mathscr{L}^{-1}\left\{\dfrac{3}{s^2+2^2}\right\}$

$=e^{2t}\cdot\dfrac{3}{2}\mathscr{L}^{-1}\left\{\dfrac{2}{s^2+2^2}\right\}=\dfrac{3}{2}e^{2t}\sin 2t$

(d) $\mathscr{L}^{-1}\left\{\dfrac{s}{(s-3)^2+1}\right\}=\mathscr{L}^{-1}\left\{\dfrac{(s-3)+3}{(s-3)^2+1}\right\}$

$=e^{3t}\mathscr{L}^{-1}\left\{\dfrac{s+3}{s^2+1}\right\}=e^{3t}\left[\mathscr{L}^{-1}\left\{\dfrac{s}{s^2+1^2}\right\}+\mathscr{L}^{-1}\left\{\dfrac{3}{s^2+1^2}\right\}\right]$

$=e^{3t}(\cos t+3\sin t)$

Example (15): Find $\mathcal{L}^{-1}\left\{\dfrac{s+3}{s^2-6s+10}\right\}$

Solution: For $s^2-6s+10=(s-3)^2+1$

$$\therefore \mathcal{L}^{-1}\left\{\frac{s+3}{s^2-6s+10}\right\}=\mathcal{L}^{-1}\left\{\frac{s+3}{(s-3)^2+1}\right\}$$

$$=\mathcal{L}^{-1}\left\{\frac{(s-3)+6}{(s-3)^2+1}\right\}$$

using $\boxed{\mathcal{L}^{-1}\{F(s-a)\}=e^{at}\mathcal{L}^{-1}\{F(s)\}}$, we get

$$\Rightarrow e^{3t}\mathcal{L}^{-1}\left\{\frac{s+6}{s^2+1}\right\}=e^{3t}\mathcal{L}^{-1}\left\{\frac{s}{s^2+1}+\frac{6}{s^2+1}\right\}$$

$$=e^{3t}\left(\cos t+6\sin t\right)$$

Example (16): Find $\mathcal{L}^{-1}\left\{\dfrac{s^2}{(s+1)^5}\right\}$

Solution: $\mathcal{L}^{-1}\left\{\dfrac{s^2}{(s+1)^5}\right\}=\mathcal{L}^{-1}\left\{\underbrace{\dfrac{\left[(s+1)-1\right]^2}{(s+1)^5}}_{F(s+1)}\right\}$

$$=e^{-t}\mathcal{L}^{-1}\left\{\underbrace{\frac{(s-1)^2}{s^5}}_{F(s)}\right\}=e^{-t}\mathcal{L}^{-1}\left\{\frac{s^2-2s+1}{s^5}\right\}$$

$$=e^{-t}\mathcal{L}^{-1}\left\{\frac{1}{s^3}-\frac{2}{s^4}+\frac{1}{s^5}\right\}$$

$$=e^{-t}\left[\frac{1}{2!}\underbrace{\mathcal{L}^{-1}\left\{\frac{2!}{s^{2+1}}\right\}}_{t^2}-\frac{2}{3!}\underbrace{\mathcal{L}^{-1}\left\{\frac{3!}{s^{3+1}}\right\}}_{t^3}+\frac{1}{4!}\underbrace{\mathcal{L}^{-1}\left\{\frac{4!}{s^{4+1}}\right\}}_{t^4}\right]$$

$$=e^{-t}\left(\frac{1}{2}t^2-\frac{1}{3}t^3+\frac{1}{24}t^4\right)$$

Note* $2!=2\times1,\ 3!=3\times2\times1,\ 4!=4\times3\times2\times1$

Inverse Laplace Transform by partial fraction 反轉換部分分式法

Example (17):   Find $\mathscr{L}^{-1}\left\{\dfrac{6}{(s-1)(s+3)}\right\}$

Solution: We use partial fraction to split up the equation into:

$$\frac{6}{(s-1)(s+3)} = \frac{A}{s-1} + \frac{B}{s+3}$$

Multiplying both sides of the equation by $(s-1)(s+3)$, we get:

$$6 = A(s+3) + B(s-1)$$

Put $s = 1$: $\Rightarrow 6 = A(1+3) + B(0)$, $\therefore A = \dfrac{6}{4} = \dfrac{3}{2}$

Put $s = -3$: $\Rightarrow 6 = A(0) + B(-3-1)$ $\therefore B = -\dfrac{6}{4} = -\dfrac{3}{2}$

$$\therefore \mathscr{L}^{-1}\left\{\frac{6}{(s-1)(s+3)}\right\} = \mathscr{L}^{-1}\left\{\left(\frac{3}{2}\right)\frac{1}{s-1} - \left(\frac{3}{2}\right)\frac{1}{\underset{s-(-3)}{\underline{s+3}}}\right\}$$

$$= \frac{3}{2}e^{t} - \frac{3}{2}e^{-3t}$$

*Alternatively, we can use cover-up rule to find A and B.

Example (18):   Find $\mathscr{L}^{-1}\left\{\dfrac{1}{s(s^2+1)}\right\}$

Solution: Using partial fraction $\dfrac{1}{s(s^2+1)} = \dfrac{A}{s} + \dfrac{Bs+C}{(s^2+1)}$

multiplying both sides by $s(s^2+1)$, we get:

$$1 = A(s^2+1) + s(Bs+C) \Rightarrow \therefore As^2 + A + Bs^2 + Cs = 1$$

By comparing the coefficient 係數 of similar term:

Constant Term : $A = 1$

s Term $\qquad$: $\qquad C = 0$

s^2 Term $\qquad$: $\qquad A + B = 0, \quad B = -A = -1$

$$\therefore \mathscr{L}^{-1}\left\{\frac{1}{s(s^2+1)}\right\} = \mathscr{L}^{-1}\left\{\frac{1}{s} - \frac{s}{(s^2+1)}\right\} = 1 - \cos t$$

Example (19): Find $\mathscr{L}^{-1}\left\{\dfrac{9s+14}{(s-2)(s^2+4)}\right\}$

Solution: Using partial fraction, we get:

$$\frac{9s+14}{(s-2)(s^2+4)} = \frac{A}{(s-2)} + \frac{Bs+C}{(s^2+4)}$$

Multiplying both sides by $(s-2)(s^2+4)$

$$\Rightarrow 9s+14 = A(s^2+4) + (Bs+C)(s-2)$$

$$\Rightarrow 9s+14 = As^2 + A4 + Bs^2 - 2Bs + Cs - 2C$$

By comparing the coefficient of similar term:

$\qquad$ Constant Term $\qquad$: $\quad 14 = A4 - 2C \qquad \therefore 4A = 2C + 14$

$\qquad$ s Term $\qquad$: $\quad 9 = -2B + C \qquad \therefore C = 9 + 2B$

$\qquad$ s^2 Term $\qquad$: $\quad 0 = A + B, \qquad \therefore B = -A$

From the above, we know that:

$$\therefore C = 9 - 2A \Rightarrow 4A = 2(9 - 2A) + 14$$

$$\therefore A = 4, \quad B = -4 \quad \text{and} \quad C = 1$$

$$\therefore \mathscr{L}^{-1}\left\{\frac{9s+14}{(s-2)(s^2+4)}\right\} = \mathscr{L}^{-1}\left\{\frac{4}{(s-2)} - \frac{4s}{(s^2+2^2)} + \frac{1}{(s^2+2^2)}\right\}$$

$$= 4e^{2t} - 4\cos 2t + \frac{1}{2}\sin 2t$$

Example (20): Find $\mathscr{L}^{-1}\left\{\dfrac{4s^2 - 5s + 6}{(s+1)(s^2+4)}\right\}$

Solution: Using partial fraction, we get:

$$\frac{4s^2 - 5s + 6}{(s+1)(s^2+4)} = \frac{A}{(s+1)} + \frac{Bs+C}{(s^2+4)}$$

multiplying both sides by $(s+1)(s^2+4)$:

$$\Rightarrow 4s^2 - 5s + 6 = A(s^2+4) + (Bs+C)(s+1)$$

$$\Rightarrow 4s^2 - 5s + 6 = As^2 + 4A + Bs^2 + Bs + Cs + C$$

By comparing the coefficient of similar term:

$$\text{Constant Term} \quad : \quad 6 = 4A + C \qquad \therefore 4A = 6 - C$$

$$s \;\text{ Term} \quad : \quad -5 = B + C \qquad \therefore C = -5 - B$$

$$s^2 \;\text{ Term} \quad : \quad 4 = A + B \qquad \therefore B = 4 - A$$

By using thé above, we get:

$$\Rightarrow C = -5 - (4 - A) = -9 + A$$

$$\Rightarrow 4A = 6 - (-9 + A) = 15 - A$$

$$\therefore A = \frac{15}{5} = 3, \quad \therefore C = -6 \;, \; \therefore B = 1$$

$$\therefore \mathscr{L}^{-1}\left\{\frac{4s^2 - 5s + 6}{(s+1)(s^2+4)}\right\} = \mathscr{L}^{-1}\left\{\frac{3}{(s+1)} + \frac{s-6}{(s^2+2^2)}\right\}, \text{ this gives us}$$

$$\Rightarrow \mathscr{L}^{-1}\left\{\frac{3}{(s+1)} + \frac{s}{(s^2+2^2)} - \frac{6}{(s^2+2^2)}\right\} = 3e^{-t} + \cos 2t - 3\sin 2t$$

Inverse Laplace Transform Division by s method (反轉換 s 除法)

The Laplace of Integral is shown in Section 3.5, and it will be discussed later. From Table 3.0, we can see that:

$$\mathscr{L}\left\{\int_0^t f(t)\, dt\right\} = \frac{1}{s}\mathscr{L}\{f(t)\} = \frac{1}{s}F(s), \text{ therefore:}$$

$$\mathscr{L}^{-1}\left\{\frac{1}{s}\cdot F(s)\right\}=\int_0^t \mathscr{L}^{-1}\{F(s)\}\,dt=\int_0^t f(t)\,dt$$

Example (21): Solve the Inverse Laplace Transform: $\mathscr{L}^{-1}\left\{\frac{1}{s}\cdot\frac{1}{(s-2)}\right\}$

Solution: $\mathscr{L}^{-1}\left\{\frac{1}{s}\cdot\underbrace{\frac{1}{(s-2)}}_{F(s)}\right\}=\int_0^t \mathscr{L}^{-1}\left\{\frac{1}{s-2}\right\}dt=\int_0^t e^{2t}\,dt$

$$=\left[\frac{e^{2t}}{2}\right]_0^t=\frac{e^{2t}}{2}-\frac{e^{2(0)}}{2}$$

$$=\frac{1}{2}\left(e^{2t}-1\right)$$

Example (22): Solve the Inverse Laplace Transform: $\mathscr{L}^{-1}\left\{\frac{1}{s(s^2+1)}\right\}$

Solution: $\mathscr{L}^{-1}\left\{\frac{1}{s(s^2+1)}\right\}=\mathscr{L}^{-1}\left\{\frac{1}{s}\cdot\underbrace{\frac{1}{(s^2+1)}}_{F(s)}\right\}$

since $\boxed{\mathscr{L}^{-1}\left\{\frac{1}{s}\cdot F(s)\right\}=\int_0^t \mathscr{L}^{-1}\{F(s)\}\,dt}$ therefore,

$$\Rightarrow=\int_0^t \mathscr{L}^{-1}\left\{\underbrace{\frac{1}{s^2+1^2}}_{F(s)}\right\}dt=\int_0^t \underbrace{\sin t}_{\mathscr{L}^{-1}\{F(s)\}}\,dt$$

$$=\left[-\cos t\right]_0^t=-\cos t-(\underbrace{-\cos 0}_{-1})$$

$$\Rightarrow\therefore\mathscr{L}^{-1}\left\{\frac{1}{s(s^2+1)}\right\}=1-\cos t$$

Example (23): Find $\mathscr{L}^{-1}\left\{\dfrac{1}{(s^2+1)^2}\right\}$

Solution: $\mathscr{L}^{-1}\left\{\dfrac{1}{(s^2+1)^2}\right\} = \mathscr{L}^{-1}\left\{\dfrac{1}{2s}\cdot\underbrace{\dfrac{2s}{(s^2+1)^2}}_{F(s)}\right\}.$

by applying $\boxed{\mathscr{L}^{-1}\left\{\dfrac{1}{s}\cdot F(s)\right\}=\int_0^t \mathscr{L}^{-1}\{F(s)\}\,dt}$

$= \dfrac{1}{2}\int_0^t \mathscr{L}^{-1}\underbrace{\left\{\dfrac{2(1)s}{(s^2+1^2)^2}\right\}}_{F(s)}dt = \dfrac{1}{2}\int_0^t \underbrace{t\sin t}_{\mathscr{L}^{-1}\{F(s)\}}\,dt$

using integral by parts method for $t\sin t$, we get:

$= \dfrac{1}{2}\left[t(-\cos t)+\sin t\right]_0^t = \dfrac{1}{2}\left[\sin t - t\cos t\right]_0^t$

$= \dfrac{1}{2}\left[(\sin t - t\cos t)-(\underbrace{\sin 0}_{0}-\underbrace{0\cos 0}_{0})\right]$

$\Rightarrow \therefore \mathscr{L}^{-1}\left\{\dfrac{1}{(s^2+1)^2}\right\}=\dfrac{1}{2}\left[\sin t - t\cos t\right]$

3.4 Laplace Transform of Derivative 拉普拉斯微分轉換

Let $y=y(t)$ be a function of t which is defined for $t\geq 0$.

The first order derivative of y is usually denoted by $\dfrac{dy}{dt}$ or $y'(t)$.

The second order derivative of y is denoted by $\dfrac{d^2y}{dt^2}$ or $y''(t)$.

Laplace Transform of 1st Derivative 一階微分拉普拉斯轉換

By definition:

$$\mathcal{L}\left\{\frac{dy}{dt}\right\} = \int_0^\infty \left(e^{-st}\frac{dy}{dt} \right) dt$$

Using integration by parts: $\int uv\,dt = u \cdot \int v\,dt - \int \left(\int v\,dt \cdot \frac{d}{dt}u \right) dt$

Let e^{-st} be u and $\dfrac{dy}{dt}$ be v, we get:

$$\Rightarrow \left[e^{-st} \cdot y(t) \right]_0^\infty - \int_0^\infty y(t) \cdot (-se^{-st})\,dt$$

$$\Rightarrow \left[0 - y(0) \right] + s\underbrace{\int_0^\infty y(t) \cdot e^{-st}\,dt}_{\mathcal{L}\{y(t)\}}$$

$$\Rightarrow -y(0) + s\mathcal{L}\{y(t)\}$$

$$\therefore \mathcal{L}\left\{\frac{dy}{dt}\right\} = s\mathcal{L}\{y\} - y(0)$$

$Note : e^{-\infty} \to 0,\ e^0 \to 1$

Example (24):   Find the L.T. of the derivative

$$\frac{dy}{dt} + 2y = 1 \quad \text{, given that } y(0) = 0.$$

Solution: Taking L.T. on both side of the derivative, we get:

$$\Rightarrow \mathcal{L}\left\{\frac{dy}{dt}\right\} + \mathcal{L}\{2y\} = \mathcal{L}\{1\}$$

$$\Rightarrow s\mathcal{L}\{y\} - y(0) + 2\mathcal{L}\{y\} = \frac{1}{s}$$

$$\Rightarrow \mathscr{L}\{y\}(s+2) = \frac{1}{s}$$

$$\Rightarrow \therefore \mathscr{L}\{y\} = \frac{1}{(s+2)s}$$

Example (25):   Find the L.T. of x if

$$\frac{dx}{dt} + 3x = e^{-2t}, \text{ given } x = 2 \text{ when } t = 0.$$

Solution: Taking L.T. on both sides of the derivative, we get:

$$\mathscr{L}\left\{\frac{dx}{dt}\right\} + \mathscr{L}\{3x\} = \mathscr{L}\{e^{-2t}\}$$

As mentioned before, $\mathscr{L}\left\{\dfrac{dx}{dt}\right\} = s\mathscr{L}\{x\} - x(0)$, hence we get:

$$\Rightarrow s\mathscr{L}\{x\} - \underbrace{x(0)}_{2} + \mathscr{L}\{3x\} = \underbrace{\mathscr{L}\{e^{-2t}\}}_{\frac{1}{s-(-2)}}$$

$$\Rightarrow (s+3)\mathscr{L}\{x\} = \frac{1}{s+2} + 2$$

$$\Rightarrow \mathscr{L}\{x\} = \frac{1}{(s+2)(s+3)} + \frac{2}{(s+3)} \quad \text{or} \quad = \frac{1+2(s+2)}{(s+2)(s+3)}$$

$$\Rightarrow \therefore \mathscr{L}\{x\} = \frac{2s+5}{(s+2)(s+3)}$$

Laplace Transform of 2nd Derivative 二階微分拉普拉斯轉換

Recall that $\mathscr{L}\underbrace{\left\{\dfrac{dy}{dt}\right\}}_{\substack{\text{derivative} \\ \text{of function}}} = s\mathscr{L}\underbrace{\{y\}}_{\text{function}} - y\underbrace{(0)}_{\substack{\text{initial value} \\ \text{of function}}}$

By differentiating both sides by t, we get:

$$\mathcal{L}\left\{\frac{d^2 y}{dt^2}\right\} = s\mathcal{L}\left\{\frac{dy}{dt}\right\} - y'(0)$$

$$= s\left[s\mathcal{L}\{y\} - y(0)\right] - y'(0)$$

$$= s^2\mathcal{L}\{y\} - sy(0) - y'(0)$$

or $\Rightarrow \mathcal{L}\{f''(t)\} = s^2\mathcal{L}\{f(t)\} - sf(0) - f'(0)$

Hence if we use the same method as above:

$$\mathcal{L}\left\{\frac{d^3 y}{dt^3}\right\} = s^3\mathcal{L}\{y\} - s^2 y(0) - sy'(0) - y''(0)$$

Note that derivative for any order n is:

$$\mathcal{L}\left\{\frac{d^n y}{dt^n}\right\} = s^n\mathcal{L}\{y\} - s^{n-1} y(0) - s^{n-2} y'(0) - \dots - sy^{(n-2)}(0) - y^{(n-1)}(0)$$

Example (26): Find the L.T. of $f(t) = \sin at$ where a is a constant.

Solution: $f(t) = \sin at$, $\left. f(0) = 0 \right|_{\sin a(0) \to 0}$

$$\therefore \frac{df}{dt} = f'(t) = a\cos at, \quad \left. f'(0) = a \right|_{a\cos a(0) \to a}$$

$$\therefore \frac{d^2 f}{dt^2} = f''(t) = -a^2 \sin at, \quad \left. f''(0) = 0 \right|_{-a^2 \sin a(0) \to 0}$$

using the formula as mentioned earlier:

$$\mathcal{L}\{\underbrace{f''(t)}_{-a^2 \sin at}\} = s^2\mathcal{L}\{\underbrace{f(t)}_{\sin at}\} - s\underbrace{f(0)}_{0} - \underbrace{f'(0)}_{a}$$

we have:

$$\Rightarrow \mathcal{L}\{-a^2 \sin at\} = s^2\mathcal{L}\{\sin at\} - a$$

$$\Rightarrow -a^2 \mathscr{L}\{\sin at\} - s^2 \mathscr{L}\{\sin at\} = -a$$

$$\Rightarrow (s^2 + a^2)\mathscr{L}\{\sin at\} = a$$

$$\therefore \mathscr{L}\{\sin at\} = \frac{a}{(s^2 + a^2)}$$

Example (27): Find the L.T. of the 2nd order derivative of the function,

$$\frac{d^2 y}{dt^2} - 3\frac{dy}{dt} + 2y = 2e^{3t}$$

given that $y(0) = 0$ and $y'(0) = 0$. Hence determine the solution of the derivative.

Solution: Taking L.T. on both sides of the derivative, we have:

$$\underbrace{\mathscr{L}\left\{\frac{d^2 y}{dt^2}\right\}}_{s^2\mathscr{L}\{y\}-sy(0)-y'(0)} - 3\underbrace{\mathscr{L}\left\{\frac{dy}{dt}\right\}}_{s\mathscr{L}\{y\}-y(0)} + 2\mathscr{L}\{y\} = 2\underbrace{\mathscr{L}\{e^{3t}\}}_{\frac{1}{s-3}}$$

$$\Rightarrow s^2\mathscr{L}\{y\} - s\underbrace{y(0)}_{0} - \underbrace{y'(0)}_{0} - 3\left[s\mathscr{L}\{y\} - \underbrace{y(0)}_{0}\right] + 2\mathscr{L}\{y\} = \frac{2}{s-3}$$

since $y(0) = 0$ and $y'(0) = 0$, therefore

$$\Rightarrow s^2\mathscr{L}\{y\} - 3s\mathscr{L}\{y\} + 2\mathscr{L}\{y\} = \frac{2}{s-3}$$

$$\Rightarrow (s^2 - 3s + 2)\mathscr{L}\{y\} = \frac{2}{s-3}$$

$$\Rightarrow \therefore \mathscr{L}\{y\} = \frac{2}{(s-3)(s^2 - 3s + 2)}$$

Example (28): Find the L.T. of y if y satisfied the following equation.

$$\frac{d^2 y}{dt^2} + 2\frac{dy}{dt} + 5y = e^{-2t}\cos 3t$$

given $y(0) = 1$ and $y'(0) = -2$

Solution: By taking L.T. on both sides of the derivative, we get:

$$\underbrace{\mathscr{L}\left\{\frac{d^2 y}{dt^2}\right\}}_{s^2\mathscr{L}\{y\}-sy(0)-y'(0)} + 2\underbrace{\mathscr{L}\left\{\frac{dy}{dt}\right\}}_{s\mathscr{L}\{y\}-y(0)} + 5\mathscr{L}\{y\} = \underbrace{\mathscr{L}\left\{e^{-2t}\cos 3t\right\}}_{\mathscr{L}\{\cos 3t\}\big|_{s \to s-(-2)}}$$

$$\Rightarrow s^2\mathscr{L}\{y\} - s\underbrace{y(0)}_{1} - \underbrace{y'(0)}_{-2} + 2\left[s\mathscr{L}\{y\} - \underbrace{y(0)}_{1}\right] + 5\mathscr{L}\{y\} = \mathscr{L}\{\cos 3t\}\big|_{s \to s+2}$$

$$\Rightarrow s^2\mathscr{L}\{y\} - s + 2 + 2s\mathscr{L}\{y\} - 2 + 5\mathscr{L}\{y\} = \frac{s}{s^2 + 3^2}\bigg|_{s \to s+2}$$

$$\Rightarrow \mathscr{L}\{y\}(s^2 + 2s + 5) = s + \frac{s+2}{(s+2)^2 + 3^2}$$

$$\Rightarrow \therefore \mathscr{L}\{y\} = \frac{1}{(s^2 + 2s + 5)} \cdot \left[\frac{(s+2)}{(s+2)^2 + 9} + s\right]$$

Solving Differential Equation by L.T. 利用拉普拉斯解微分方程式

The Laplace Transform is useful in solving linear ordinary differential equations with constant coefficient. i.e. $a_n \dfrac{d^n y}{dt^n} + a_{n-1}\dfrac{d^{n-1} y}{dt^{n-1}} + \ldots + a_1\dfrac{dy}{dt} + a_0 y = f(t)$

To solve a differential equation by the method of Laplace Transform, 4 distinct steps are required:

(1) Rewrite the equation in terms of its L.T. 把方程式化成拉普拉斯.

(2) Insert the given initial condition. 代入初值.

(3) Re-arrange the equation to give the Transform of the solution. 重新排列方程式成轉換之解.

(4) Determine the Inverse Transform to obtain the solution. 找出反轉換之解.

Example (29):   Solve the differential equation:

$$\frac{d^2y}{dt^2}+4y=12t, \text{ given } y(0)=0 \ \& \ y'(0)=9$$

Solution:

(Step 1) Taking L.T., we get: $\underbrace{\mathscr{L}\left\{\frac{d^2y}{dt^2}\right\}}_{s^2\mathscr{L}\{y\}-sy(0)-y'(0)}+4\mathscr{L}\{y\}=12\underbrace{\mathscr{L}\{t\}}_{\frac{1}{s^2}}$

(Step 2) since $y(0)=0 \ \& \ y'(0)=9$

$$\Rightarrow s^2\mathscr{L}\{y\}-s\underset{0}{\underbrace{y(0)}}-\underset{9}{\underbrace{y'(0)}}+4\mathscr{L}\{y\}=\frac{12}{s^2}$$

$$\Rightarrow (s^2+4)\mathscr{L}\{y\}-9=\frac{12}{s^2}$$

(Step 3) $\therefore \mathscr{L}\{y\}=\frac{\left(9+\frac{12}{s^2}\right)}{\left(s^2+4\right)}=\frac{9}{s^2+4}+\frac{12}{s^2(s^2+4)}$,

(Step 4) apply Inverse Laplace Transform:

$$\Rightarrow y=\mathscr{L}^{-1}\left\{\frac{9}{s^2+2^2}\right\}+\mathscr{L}^{-1}\left\{\frac{12}{s^2(s^2+4)}\right\}$$

For $\frac{12}{s^2(s^2+4)}$, by using partial fraction

$$\Rightarrow \frac{12}{s^2(s^2+4)}=\frac{A}{s^2}+\frac{B}{s}+\frac{Cs+D}{(s^2+4)}$$

$$\Rightarrow 12 = A(s^2+4)+Bs(s^2+4)+(Cs+D)s^2,$$

rearrange this equation,

$$\Rightarrow 12 = (B+C)s^3+(A+D)s^2+(4B)s+4A$$

By comparing the coefficient of similar term:

s^3 Term   : $B+C=0$,

s^2 Term   : $A+D=0$,

s Term   : $4B=0$,

Constant Term : $4A = 12$

Thus: $A = 3$, $B = 0$, $C = 0$, and $D = -3$

$$\therefore y = \mathscr{L}^{-1}\left\{\frac{9}{s^2+2^2}\right\} + \mathscr{L}^{-1}\left\{\frac{3}{s^2} - \frac{3}{s^2+2^2}\right\}$$

$$\Rightarrow y = \mathscr{L}^{-1}\left\{\frac{(9-3)}{s^2+2^2}\right\} + \mathscr{L}^{-1}\left\{\frac{3}{s^2}\right\}$$

$$\Rightarrow y = 3\mathscr{L}^{-1}\left\{\frac{2}{s^2+2^2}\right\} + 3\mathscr{L}^{-1}\left\{\frac{1}{s^2}\right\}$$

$$\Rightarrow \therefore y = 3\sin 2t + 3t$$

Example (30): Solve the d.e. $\dfrac{dx}{dt} - 4x = 2e^{2t} + e^{4t}$, given that $t = 0$ when $x = 2$.

Solution: (Step 1) Taking L.T. on both sides of the linear equation:

$$\underbrace{\mathscr{L}\left\{\frac{dx}{dt}\right\}}_{sx(s)-x(0)} - 4\underbrace{\mathscr{L}\left\{x\right\}}_{x(s)} = 2\underbrace{\mathscr{L}\left\{e^{2t}\right\}}_{\frac{1}{s-2}} + \underbrace{\mathscr{L}\left\{e^{4t}\right\}}_{\frac{1}{s-4}}$$

(Step 2) Since $x(0) = 2$, therefore we get:

$$\Rightarrow sx(s) - 2 - 4x(s) = \frac{2}{s-2} + \frac{1}{s-4}$$

$$\Rightarrow (s-4)x(s) = \frac{2}{s-2} + \frac{1}{s-4} + 2$$

$$\Rightarrow x(s) = \frac{2}{(s-2)(s-4)} + \frac{1}{(s-4)^2} + \frac{2}{(s-4)}$$

For $\dfrac{2}{(s-2)(s-4)}$, we applied partial fraction:

$$\frac{2}{(s-2)(s-4)} = \frac{A}{(s-2)} + \frac{B}{(s-4)} \qquad \therefore 2 = A(s-4) + B(s-2)$$

By comparing the coefficient of similar term:

Constant Term: $2 = -4A - 2B$

s Term   : $0 = A + B$, $\therefore A = -B$

Therefore: $2 = -4A + 2A = -2A$,

$$\Rightarrow \therefore A = -1 \text{ and } \therefore B = 1$$

(Step 3) $\therefore x(s) = -\dfrac{1}{(s-2)} + \dfrac{1}{(s-4)} + \dfrac{1}{(s-4)^2} + \dfrac{2}{(s-4)}$

$$= \dfrac{1}{(s-4)^2} + \dfrac{3}{(s-4)} - \dfrac{1}{(s-2)}$$

(Step 4)

$$\therefore x(t) = \mathscr{L}^{-1}\{x(s)\} = e^{4t}\mathscr{L}^{-1}\left\{\dfrac{1}{(s)^2}\right\} + \mathscr{L}^{-1}\left\{\dfrac{3}{(s-4)}\right\} - \mathscr{L}^{-1}\left\{\dfrac{1}{(s-2)}\right\}$$

$$= e^{4t}t + 3e^{4t} - e^{2t}$$

3.5 Laplace Transform of Integral 拉普拉斯積分轉換

Prove that: $\mathscr{L}\left\{ \displaystyle\int_0^t f(t)\, dt \right\} = \dfrac{1}{s}\mathscr{L}\{f(t)\}$.

Let $y(t) = \displaystyle\int_0^t f(t)\, dt$ ------------ (1),

therefore, $\dfrac{dy}{dt} = \dfrac{d}{dt}\left[\displaystyle\int_0^t f(t)\, dt \right] = f(t)$ and $y(0) = \displaystyle\int_0^{t=0} f(t)\, dt = 0$

Recall that $\mathscr{L}\left\{ \dfrac{dy}{dt} \right\} = s\mathscr{L}\{y\} - y(0)$ and since $y(0) = 0$,

$$\therefore \mathscr{L}\left\{ \dfrac{dy}{dt} \right\} = s\mathscr{L}\{y\} \quad \text{and hence}$$

$$\Rightarrow \mathscr{L}\{y\} = \dfrac{1}{s}\mathscr{L}\left\{ \dfrac{dy}{dt} \right\} \quad \text{-------------- (2)}$$

since $\dfrac{dy}{dt} = \dfrac{d}{dt}\left[\int_0^t f(t)\,dt\right] = f(t)$

$\Rightarrow \dfrac{dy}{dt} = f(t)$ ----------------- (3),

Substitute (3) and (1) into (2), we get

$$\mathscr{L}\left\{\int_0^t f(t)\,dt\right\} = \dfrac{1}{s}\mathscr{L}\{f(t)\}$$

Example (31): Find the L.T. of $\int_0^t t\sin t\,dt$.

Solution: Applying the theorem $\boxed{\mathscr{L}\left\{\int_0^t f(t)\,dt\right\} = \dfrac{1}{s}\mathscr{L}\{f(t)\}}$

We get: $\mathscr{L}\left\{\int_0^t t\sin t\,dt\right\} = \dfrac{1}{s}\mathscr{L}\{t\sin t\}$

$\Rightarrow \dfrac{1}{s}\cdot\dfrac{2s}{(s^2+1)^2} = \dfrac{2}{(s^2+1)^2}$

Example (32): Find $\mathscr{L}\left\{\int_0^t t^3 e^{2t}\,dt\right\}$.

Solution: Using the theorem $\boxed{\mathscr{L}\left\{\int_0^t f(t)\,dt\right\} = \dfrac{1}{s}\mathscr{L}\{f(t)\}}$

We get: $\mathscr{L}\left\{\int_0^t t^3 e^{2t}\,dt\right\} = \dfrac{1}{s}\mathscr{L}\{t^3 e^{2t}\}$

Using 1st shift theorem:

$$\boxed{\mathscr{L}\{f(t)e^{at}\} = \mathscr{L}\{f(t)\}\big|_{s\to s-a}}$$

we have:

$$\mathscr{L}\left\{\int_0^t t^3 e^{2t}\,dt\right\} = \dfrac{1}{s}\mathscr{L}\{t^3\}\big|_{s\to s-2}$$

$$\Rightarrow = \dfrac{1}{s}\left[\dfrac{3!}{s^{3+1}}\right]_{s\to s-2} = \dfrac{1}{s}\left[\dfrac{6}{(s-2)^4}\right]$$

Example (33): Find (i) $\mathscr{L}\left\{e^{-2t}\int_0^t t\sin t\ dt\right\}$ (ii) $\mathscr{L}\left\{\int_0^t e^{-2t}\cdot t\sin t\ dt\right\}$

Solution:

(i) Using the 1st shift theorem, by letting $\int_0^t t\sin t\ dt = f(t)$,

$$\mathscr{L}\left\{e^{-2t}\underbrace{\int_0^t t\sin t\ dt}_{f(t)}\right\} = \mathscr{L}\left\{e^{-2t}f(t)\right\}$$

$$= \mathscr{L}\left\{f(t)\right\}\Big|_{s\to s-(-2)}$$

$$= \mathscr{L}\left\{\int_0^t t\sin t\ dt\right\}\Big|_{s\to s+2}$$

Apply the theorem $\boxed{\mathscr{L}\left\{\int_0^t f(t)\ dt\right\} = \frac{1}{s}\mathscr{L}\left\{f(t)\right\}}$, we get

$$\Rightarrow = \frac{1}{s}\mathscr{L}\left\{t\sin t\right\}\Big|_{s\to s+2} = \left[\frac{1}{s}\cdot\frac{2s}{(s^2+1)^2}\right]_{s\to s+2} = \left[\frac{2}{(s^2+1)^2}\right]_{s\to s+2}$$

$$\therefore \mathscr{L}\left\{e^{-2t}\int_0^t t\sin t\ dt\right\} = \frac{2}{[(s+2)^2+1]^2}$$

(ii) By applying the theorem $\boxed{\mathscr{L}\left\{\int_0^t f(t)\ dt\right\} = \frac{1}{s}\mathscr{L}\left\{f(t)\right\}}$ and

let $f(t) = e^{-2t}\cdot t\sin t$, we get

$$\Rightarrow \mathscr{L}\left\{\int_0^t e^{-2t}\cdot t\sin t\ dt\right\} = \mathscr{L}\left\{\int_0^t f(t)\ dt\right\}$$

$$\Rightarrow \frac{1}{s}\mathscr{L}\left\{f(t)\right\} = \frac{1}{s}\mathscr{L}\left\{e^{-2t}\cdot t\sin t\right\}$$

using 1st shift theorem, $\boxed{\mathscr{L}\left\{f(t)e^{at}\right\} = \mathscr{L}\left\{f(t)\right\}\Big|_{s\to s-a}}$ we get:

$$\Rightarrow \frac{1}{s}\mathscr{L}\left\{e^{-2t}\cdot t\sin t\right\} = \frac{1}{s}\mathscr{L}\left\{t\sin t\right\}\Big|_{s\to s-(-2)}$$

$$= \frac{1}{s}\left[\frac{2s}{(s^2+1)^2}\right]_{s\to s+2}$$

$$\therefore \mathscr{L}\left\{\int_0^t e^{-2t}\cdot t\sin t\ dt\right\} = \frac{1}{s}\cdot\frac{2(s+2)}{[(s+2)^2+1]^2}$$

Other method in Laplace Transform of Integral

The Laplace Transform of Integral can also be denoted as

$$\mathcal{L}\left\{\frac{f(t)}{t}\right\} = \int_s^\infty F(u)\,du$$

Prove that: $\mathcal{L}\left\{\dfrac{f(t)}{t}\right\} = \displaystyle\int_s^\infty F(u)\,du$

If there exist $\displaystyle\lim_{t\to 0}\frac{f(u)}{t}$, since $F(u) = \displaystyle\int_0^\infty e^{-ut} f(t)\,dt$

Let $\displaystyle\int_s^\infty F(u)\,du = \int_s^\infty\left[\int_0^\infty e^{-ut} f(t)\,dt\right]du = \int_0^\infty\left[\int_s^\infty e^{-ut}\,du\right]f(t)\,dt$

$$= \int_0^\infty\left[\frac{1}{-t}e^{-ut}\Big|_s^\infty\right]f(t)\,dt = \int_0^\infty\left[\left(\frac{1}{-t}e^{-(\infty)t}\right) - \left(\frac{1}{-t}e^{-(s)t}\right)\right]f(t)\,dt$$

$$= \int_0^\infty\left[0 + \frac{1}{t}e^{-st}\right]f(t)\,dt = \int_0^\infty e^{-st}\frac{f(t)}{t}\,dt = \mathcal{L}\left\{\frac{f(t)}{t}\right\}$$

Example (34): Find the Laplace Transform of $\dfrac{1-e^{-t}}{t}$

Solution:

$$\mathcal{L}\left\{\frac{1-e^{-t}}{t}\right\} = \int_s^\infty \mathcal{L}\left\{1-e^{-t}\right\}du = \int_s^\infty\left(\frac{1}{u} - \frac{1}{u+1}\right)du$$

$$= \Big[\ln|u| - \ln|u+1|\Big]_s^\infty = \left[\ln\left|\frac{u}{u+1}\right|\right]_s^\infty = \left[\ln\left|\frac{u}{u+1}\right|_{u\to\infty} - \ln\left|\frac{u}{u+1}\right|_{u\to s}\right]$$

$$= \left[0 - \ln\left|\frac{s}{s+1}\right|\right] = \ln\left|\frac{s+1}{s}\right|$$

Note* $\ln\left|\dfrac{u}{u+1}\right|_{u\to\infty} = \lim_{u\to\infty}\ln\left|\dfrac{u}{u+1}\times\left(\dfrac{\frac{1}{u}}{\frac{1}{u}}\right)\right| = \lim_{u\to\infty}\ln\left|\dfrac{1}{1+\frac{1}{u}}\right| = \ln\left|\dfrac{1}{1+\frac{1}{\infty}}\right| = \ln\left|\dfrac{1}{1+0}\right| = \ln|1| = 0$

Note: you can't write ➜ $\left. \ln\left|\dfrac{u}{u+1}\right|\right|_{u\to\infty} = \ln\left|\dfrac{\infty}{\infty+1}\right| = \ln\left|\dfrac{\infty}{\infty}\right| = \ln|1| = 0$, ← Both are not correct

兩者都不通

or ➜ $\left[\ln|u| - \ln|u+1|\right]_{u\to\infty} = \ln|\infty| - \ln|\infty+1| = 0$. ←

Many students are confused by the above two expressions which are wrongly denoted.

Example (35): Find the Laplace Transform of $\dfrac{\sin at}{t}$

Solution:

$$\mathscr{L}\left\{\frac{\sin at}{t}\right\} = \int_{s}^{\infty} \mathscr{L}\{\sin at\}\, du = \int_{s}^{\infty}\left(\frac{a}{u^2+a^2}\right)du$$

$$= \left[\tan^{-1}\left(\frac{u}{a}\right)\right]_{s}^{\infty} = \left[\tan^{-1}\left(\frac{\infty}{a}\right) - \tan^{-1}\left(\frac{s}{a}\right)\right]$$

$$= \left[\frac{\pi}{2} - \tan^{-1}\left(\frac{s}{a}\right)\right] = \cot^{-1}\frac{s}{a}$$

Example (36): Find the Laplace Transform of $\dfrac{e^{-4t} - e^{-t}}{t}$

Solution:

$$\mathscr{L}\left\{\frac{e^{-4t}-e^{-t}}{t}\right\} = \int_{s}^{\infty} \mathscr{L}\left\{e^{-4t}-e^{-t}\right\} du = \int_{s}^{\infty}\left(\frac{1}{u+4} - \frac{1}{u+1}\right)du$$

$$= \left[\ln|u+4| - \ln|u+1|\right]_{s}^{\infty} = \left[\ln\left|\frac{u+4}{u+1}\right|\right]_{s}^{\infty}$$

$$= \left[\ln\left|\frac{u+4}{u+1}\times\left(\frac{\frac{1}{u}}{\frac{1}{u}}\right)\right|\right]_{u\to\infty} - \left[\ln\left|\frac{u+4}{u+1}\right|_{u\to s}\right]$$

$$= \left[\underbrace{\ln|1|}_{0} - \ln\left|\frac{s+4}{s+1}\right|\right] = \ln\left|\frac{s+1}{s+4}\right|$$

3.6 The Initial and Final value of *f(t)* from *F(s)*
初值與終值定理

It is frequently useful to determine the initial and the final values of a response function $f(t)$ directly from the Transform function $F(s)$.

We may, for example, be interested in checking $F(s)$ to see if it correspond to a given initial value condition prior to determining $f(t)$ from $F(s)$. This is accomplish by applying two theorems which relate to the initial and final values of $f(t)$.

Initial Value Theorem 初值定理

If $f(t)$ and $f'(t)$ are both Laplace Transform and $f(t)$ tends to a definite limit as $t \to 0$, then

$$\lim_{t \to 0} f(t) = \lim_{s \to \infty} sF(s)$$

where $F(s) = \mathscr{L}\{f(t)\}$.

To prove the above, since $\mathscr{L}\{f'(t)\} = sF(s) - f(0)$, we get:

$$\lim_{t \to \infty} \mathscr{L}\{f'(t)\} = \lim_{s \to \infty} sF(s) - f(0)$$

Since $\lim_{t \to \infty} \mathscr{L}\{f'(t)\} = \lim_{s \to \infty} \int_0^\infty e^{-st} f'(t)\, dt = \lim_{s \to \infty} \int_0^\infty \overset{0}{\overbrace{e^{-(\infty)t}}} f'(t) dt = 0$ therefore,

$$0 = \lim_{s \to \infty} sF(s) - f(0) \quad \text{or} \quad \underbrace{f(0)}_{\lim_{t \to 0} f(t)} = \lim_{s \to \infty} sF(s)$$

Since $f(0)$ is also known as $\lim\limits_{t \to 0} f(t)$, therefore,

$$\lim_{t \to 0} f(t) = \lim_{s \to \infty} sF(s) \quad \Leftarrow \text{Proven}$$

Final Value Theorem 終值定理

If $f(t)$ and $f'(t)$ are both Laplace Transform and $f(t)$ tends to a definite limit as $t \to \infty$, then:

$$\lim_{t \to \infty} f(t) = \lim_{s \to 0} sF(s)$$

To prove the above, since $\mathscr{L}\{f'(t)\} = sF(s) - f(0)$, we let:

$$\lim_{t \to 0} \mathscr{L}\{f'(t)\} = \lim_{s \to 0} sF(s) - f(0)$$

Also, since $\lim\limits_{t \to 0} \mathscr{L}\{f'(t)\} = \lim\limits_{s \to 0} \int_0^\infty e^{-st} f'(t)dt$

$$= \lim_{s \to 0} \int_0^\infty \overbrace{e^{-(0)t}}^{1} f'(t)dt = \lim_{s \to 0} \int_0^\infty 1.f'(t)dt$$

$$= \int_0^\infty f'(t)\,dt = \int_0^\infty \left[\frac{df(t)}{dt}\right] dt = \int_0^\infty df(t) = \left[f(t)\right]_0^\infty$$

$$= \left[f(\infty) - f(0)\right]$$

Therefore, $\left[f(\infty) - f(0)\right] = \lim\limits_{s \to 0} sF(s) - f(0)$, by cancel $f(0)$ at both sides, we get:

$$\underbrace{f(\infty)}_{\lim\limits_{t \to \infty} f(t)} = \lim_{s \to 0} sF(s)$$

since $f(\infty)$ is also known as $\lim\limits_{t \to \infty} f(t)$, therefore:

$$\lim_{t \to \infty} f(t) = \lim_{s \to 0} sF(s) \quad \Leftarrow \text{Proven}$$

Example (37):   Find $\lim\limits_{t\to 0} f(t)$ and $\lim\limits_{t\to\infty} f(t)$ if:

$$F(s)=\frac{5}{s(s^2+s+2)}=\mathscr{L}\{f(t)\}$$

Solution: $\lim\limits_{t\to 0} f(t)=\lim\limits_{s\to\infty} s\cdot\dfrac{5}{s(s^2+s+2)}=0$

$$\lim\limits_{t\to\infty} f(t)=\lim\limits_{s\to 0} s\cdot\frac{5}{s(s^2+s+2)}$$

$$=\lim\limits_{s\to 0}\frac{5}{(s^2+s+2)}=\frac{5}{2}$$

Example (38):   Find $\lim\limits_{t\to 0} f(t)$ and $\lim\limits_{t\to\infty} f(t)$ if: $F(s)=\dfrac{6(s^2+s+1)}{s^3+2s+1}$

Solution: $\lim\limits_{t\to 0} f(t)=\lim\limits_{s\to\infty} s\cdot\dfrac{6(s^2+s+1)}{s^3+2s+1}$

$$=\lim\limits_{s\to\infty} s\cdot\frac{6(s^2+s+1)}{s^3+2s+1}=\lim\limits_{s\to\infty}\frac{6s^3+6s^2+6s}{s^3+2s+1}$$

$$=\lim\limits_{s\to\infty}\frac{(6s^3+6s^2+6s)\times\dfrac{1}{s^3}}{(s^3+2s+1)\times\dfrac{1}{s^3}}=\lim\limits_{s\to\infty}\frac{6+\dfrac{6}{s}+\dfrac{6}{s^2}}{1+\dfrac{2}{s^2}+\dfrac{1}{s^3}}$$

$$=\frac{6}{1}=6$$

$$\lim\limits_{t\to\infty} f(t)=\lim\limits_{s\to 0} s\cdot\frac{6(s^2+s+1)}{s^3+2s+1}=0$$

習 題

Section 3.1 Laplace Transform of some common Functions

Solve the following standard L.T using Table 3.0 as a reference.

(1) $\mathscr{L}\{9\}$

Ans: $\dfrac{9}{s}$

(2) $\mathscr{L}\{-7\}$

Ans: $-\dfrac{7}{s}$

(3) $\mathscr{L}\{9e^{5t}\}$

Ans: $\dfrac{9}{s-5}$

(4) $\mathscr{L}\{\sin 4t\}$

Ans: $\dfrac{4}{s^2+16}$

(5) $\mathscr{L}\{3\cos 4t\}$

Ans: $\dfrac{3s}{s^2+16}$

(6) $\mathscr{L}\{t^3\}$

Ans: $\dfrac{6}{s^4}$

(7) $\mathscr{L}\{5\cosh 2t\}$

Ans: $\dfrac{5s}{s^2-4}$

(8) $\mathscr{L}\{2\sinh 3t\}$

Ans: $\dfrac{6}{s^2-9}$

Solve the following linear L.T.

(9) $\mathscr{L}\{3\sin 2t+\cos 5t\}$

Ans: $\dfrac{6}{s^2+4}+\dfrac{s}{s^2+25}$

(10) $\mathscr{L}\{4\sin 4t+3\cos 4t\}$

Ans: $\dfrac{3s+16}{s^2+16}$

(11) $\mathscr{L}\{4e^{5t}+3\sinh 4t\}$

Ans: $\dfrac{4s^2+12s-124}{\left(s^2-16\right)\left(s-5\right)}$

(12) $\mathscr{L}\{3\sin 3t+4\sinh 3t\}$

Ans: $\dfrac{3\left(7s^2+9\right)}{s^4-81}$

(13) $\mathscr{L}\{t^4-3t^2+2t-9\}$

Ans: $\dfrac{1}{s^5}\left(-9s^4+2s^3-6s^2+24\right)$

(14) $\mathscr{L}\{5e^{3t}+\cosh 3t\}$

Ans: $\dfrac{6s^2-3s-45}{\left(s-3\right)\left(s^2-9\right)}$

Determine the following L.T. functions using multiply by t method.

(15) $\mathscr{L}\{t\sin 2t\}$

Ans: $\dfrac{4s}{\left(s^2+2^2\right)^2}$

(16) $\mathscr{L}\{t^2\sin 2t\}$

Ans: $\dfrac{4\left(3s^2-4\right)}{\left(s^2+2^2\right)^3}$

(17) $\mathscr{L}\{t\cosh 3t\}$

Ans: $\dfrac{s^2+3^2}{\left(s^2-3^2\right)^2}$

(18) $\mathscr{L}\{t^2\cosh 3t\}$

Ans: $\dfrac{2s\left(s^2+27\right)}{\left(s^2-3^2\right)^3}$

(19) $\mathscr{L}\{t\sinh 3t\}$

Ans: $\dfrac{6s}{\left(s^2-3^2\right)^2}$

(20) $\mathscr{L}\{t^2\sinh 3t\}$

Ans: $\dfrac{18\left(s^2+3\right)}{\left(s^2-3^2\right)^3}$

Section 3.2   First Shifting Property (S-Shifting)

Solve the following L.T. function using 1st shift theorem.

(21) $\mathscr{L}\{e^{-3t}\sin 4t\}$

Ans: $\dfrac{4}{s^2+6s+25}$

(22) $\mathscr{L}\{3e^{2t}\cos 3t\}$

Ans: $\dfrac{3(s-2)}{s^2-4s+13}$

(23) $\mathscr{L}\{t^4 e^{-4t}\}$

Ans: $\dfrac{24}{(s+4)^5}$

(24) $\mathscr{L}\{e^{-2t}\cdot t\cos 2t\}$

Ans: $\dfrac{s(s+4)}{\left(s^2+4s+8\right)^2}$

(25) $\mathscr{L}\{e^{4t}\cdot t\sin 3t\}$

Ans: $\dfrac{6(s-4)}{\left(s^2-8s+25\right)^2}$

(26) $\mathscr{L}\{e^{-t}\cosh 3t\}$

Ans: $\dfrac{s+1}{s^2+2s-8}$

Section 3.3　Inverse Laplace Transform

Solve the following Inverse L.T:

(27) $\mathscr{L}^{-1}\left\{\dfrac{4}{s+3}\right\}$

Ans: $4e^{-3t}$

(28) $\mathscr{L}^{-1}\left\{\dfrac{5s-3}{s^2+9}\right\}$

Ans: $5\cos 3t - \sin 3t$

(29) $\mathscr{L}^{-1}\left\{\dfrac{5}{3s+2}\right\}$

Ans: $\dfrac{5}{3}e^{-\frac{2}{3}t}$

(30) $\mathscr{L}^{-1}\left\{\dfrac{2s+1}{s^2-16}\right\}$

Ans: $2\cosh 4t + \dfrac{1}{4}\sinh 4t$

(31) $\mathscr{L}^{-1}\left\{\dfrac{12s}{\left(s^2+3^2\right)^2}\right\}$

Ans: $2t\sin 3t$

(32) $\mathscr{L}^{-1}\left\{\dfrac{4s^2-64}{\left(s^2+16\right)^2}\right\}$

Ans: $4t\cos 4t$

Solve the below problems using Inverse 1st shift theorem:

(33) $\mathscr{L}^{-1}\left\{\dfrac{4}{\left(s-5\right)^2+1}\right\}$

Ans: $4e^{5t}\sin t$

(34) $\mathscr{L}^{-1}\left\{\dfrac{s}{\left(s-4\right)^2+2}\right\}$

Ans: $e^{4t}\left(\cos\sqrt{2}\,t + 2\sqrt{2}\sin\sqrt{2}\,t\right)$

(35) $\mathscr{L}^{-1}\left\{\dfrac{2s+3}{s^2-2s+5}\right\}$

Ans: $\dfrac{1}{2}e^{t}\left(4\cos 2t + 5\sin 2t\right)$

(36) $\mathscr{L}^{-1}\left\{\dfrac{s^2}{\left(s-2\right)^4}\right\}$

Ans: $e^{2t}\left(t+2t^2+\dfrac{2}{3}t^3\right)$

Solve the below problems using partial fraction methods:

(37) $\mathscr{L}^{-1}\left\{\dfrac{2}{s^2+2s}\right\}$

Ans: $1-e^{-2t}$

(38) $\mathscr{L}^{-1}\left\{\dfrac{10}{s\left(s^2+9\right)}\right\}$

Ans: $\dfrac{10}{9}\left(1-\cos 3t\right)$

(39) $\mathscr{L}^{-1}\left\{\dfrac{2}{s^2(s+1)}\right\}$

    Ans: $2\left(e^{-t}+t-1\right)$

(40) $\mathscr{L}^{-1}\left\{\dfrac{4s+3}{(s+2)(s^2-3)}\right\}$

    Ans: $-5e^{-2t}+5\cosh\sqrt{3}\,t-\dfrac{6}{\sqrt{3}}\sinh\sqrt{3}\,t$

(41) $\mathscr{L}^{-1}\left\{\dfrac{3s+1}{(s-1)(s^2+1)}\right\}$

    Ans: $2e^{t}-2\cos t+\sin t$

(42) $\mathscr{L}^{-1}\left\{\dfrac{5s^2-15s+7}{(s+1)\ (s-2)^3}\right\}$

    Ans: $-e^{-t}+e^{2t}\left(-\dfrac{1}{2}t^2+2t+1\right)$

Solve the below problems using division by s method:

(43) $\mathscr{L}^{-1}\left\{\dfrac{1}{s^2-4s}\right\}$

    Ans: $\dfrac{1}{4}\left(e^{4t}-1\right)$

(44) $\mathscr{L}^{-1}\left\{\dfrac{1}{s(s^2+9)}\right\}$

    Ans: $-\dfrac{1}{9}\left(\cos 3t-1\right)$

(45) $\mathscr{L}^{-1}\left\{\dfrac{s^2-4}{s(s^2+4)^2}\right\}$

    Ans: $\dfrac{t\sin 2t}{2}+\dfrac{\cos 2t}{4}-\dfrac{1}{4}$

(46) $\mathscr{L}^{-1}\left\{\dfrac{1}{(s^2+2)^2}\right\}$

    Ans: $\dfrac{1}{4\sqrt{2}}\left(\sin\sqrt{2}\,t-\sqrt{2}\,t\cos\sqrt{2}\,t\right)$

Section 3.4   Laplace Transform of Derivatives

Solve the below differential equation using L.T with the given initial condition:

(47) $\dfrac{d^2y}{dt^2}+4\dfrac{dy}{dt}+3y=0$ $y'(0)=1$, $y(0)=3$

    Ans: $y=5e^{-t}-2e^{-3t}$

(48) $\dfrac{d^2y}{dt^2} - 2\dfrac{dy}{dt} - 3y = 2$ $y'(0) = 0$, $y(0) = 1$

Ans: $y = \dfrac{5}{12}e^{3t} + \dfrac{5}{4}e^{-t} - \dfrac{2}{3}$

(49) $\dfrac{d^2y}{dt^2} + 4y = \cos 2t$ $y'(0) = 0$, $y(0) = 0$

Ans: $y = \dfrac{1}{4}t\sin 2t$

(50) $\dfrac{d^2y}{dt^2} + \dfrac{dy}{dt} - 2y = 3e^t$ $y'(0) = 0$, $y(0) = 2$

Ans: $y = e^t + te^t + e^{-2t}$

(51) $\dfrac{d^3y}{dt^3} + 2\dfrac{d^2y}{dt^2} - 4\dfrac{dy}{dt} - 8y = 0$ $y''(0) = 0$, $y'(0) = 1$, $y(0) = 0$

Ans: $y = \dfrac{1}{2}\sinh 2t$

(52) $\dfrac{d^3y}{dt^3} - \dfrac{d^2y}{dt^2} + \dfrac{dy}{dt} - y = 0$ $y''(0) = 0$, $y'(0) = 1$, $y(0) = 0$

Ans: $y = \sin t$

Section 3.5　Laplace Transform of Integral

Solve the below L.T. integral problems:

(53) $\mathscr{L}\left\{\int_0^t t\cos t\ dt\right\}$

Ans: $\dfrac{1}{s}\left[\dfrac{s^2-1}{\left(s^2+1\right)^2}\right]$

(54) $\mathscr{L}\left\{\int_0^t t^2 e^{3t}\ dt\right\}$

Ans: $\dfrac{1}{s}\left[\dfrac{2}{\left(s-3\right)^3}\right]$

(55) $\mathscr{L}\left\{e^{3t}\int_0^t t^2\ dt\right\}$

Ans: $\dfrac{2}{\left(s-3\right)^4}$

(56) $\mathscr{L}\left\{\int_0^t e^{-2t}\cos 2t\ dt\right\}$

Ans: $\dfrac{1}{s}\left[\dfrac{s+2}{\left(s+2\right)^2+4}\right]$

(57) $\mathscr{L}\left\{e^{-3t}\int_0^t t\cos t\ dt\right\}$

Ans: $\dfrac{\left(s+3\right)^2-1}{\left(s+3\right)\left[\left(s+3\right)^2+1\right]^2}$

(58) $\mathscr{L}\left\{\int_0^t e^{-3t}\cdot t\cos t\ dt\right\}$

Ans: $\dfrac{1}{s}\left\{\dfrac{\left(s+3\right)^2-1}{\left[\left(s+3\right)^2-1\right]^2}\right\}$

(59) $\mathscr{L}\left\{\dfrac{\sin 3t}{t}\right\}$

Ans: $\cot^{-1}\dfrac{s}{3}$

(60) $\mathscr{L}\left\{\dfrac{e^{2t}\sin 3t}{t}\right\}$

Ans: $\cot^{-1}\dfrac{s-2}{3}$

(61) $\mathscr{L}\left\{\dfrac{2}{t}\left(1-\cos 2t\right)\right\}$

Ans: $\ln\left|\dfrac{s^2+4}{s^2}\right|$

(62) $\mathscr{L}\left\{\dfrac{1}{t}\left(e^{2t}-e^{-2t}\right)\right\}$

Ans: $\ln\left|\dfrac{s+2}{s-2}\right|$

(63) $\mathscr{L}\left\{\dfrac{e^{2t}-1}{t}\right\}$

Ans: $\ln\left|\dfrac{s}{s-2}\right|$

(64) $\mathscr{L}\left\{\dfrac{2}{t}\left(1-\cosh at\right)\right\}$

Ans: $\ln\left|\dfrac{s^2-a^2}{s^2}\right|$

Section 3.6   The Initial and Final Value of $f(t)$ from $F(s)$

Solve $\lim\limits_{t \to 0} f(t)$ and $\lim\limits_{t \to \infty} f(t)$ of the following L.T. function:

(65) $F(s) = \dfrac{5}{s^3 - s}$

   Ans: $\lim\limits_{t \to 0} f(t) = 0$, $\lim\limits_{t \to \infty} f(t) = -5$

(66) $F(s) = \dfrac{4s + 1}{s \left(s^2 + s + 2 \right)}$

   Ans: $\lim\limits_{t \to 0} f(t) = 0$, $\lim\limits_{t \to \infty} f(t) = \dfrac{1}{2}$

(67) $F(s) = \dfrac{2s + 1}{s^2 - 1}$

   Ans: $\lim\limits_{t \to 0} f(t) = 2$, $\lim\limits_{t \to \infty} f(t) = 0$

(68) $F(s) = \dfrac{3s^3 + 5s + 2}{s^4 + 3s^3 + 2s + 1}$

   Ans: $\lim\limits_{t \to 0} f(t) = 3$, $\lim\limits_{t \to \infty} f(t) = 0$

Chapter **4**

Laplace Transform Function
拉普拉斯轉換之函數

4.1 Heaviside Unit Step Function
單位階梯函數

The Unit Step Function is sometime known as (Heaviside Unit Step Function). Considered the function $f(t)$ defined by:

$$f(t)\begin{cases} 0 & for & t < 2 \\ 1 & for & t \geq 2 \end{cases}$$

The graph of $f(t)$ is given below:

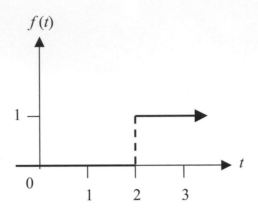

Figure 4.0   Graph of $u(t-2)$

Notice the break point at $t = 2$. The function jumps from a value of zero to a value of one at $t = 2$.

Such a function is called a unit step function and is denoted by the symbol $u(t-2)$.

Therefore, the unit step function $u(t-3)$ is given by:

$$u(t-3)\begin{cases} 0 & for & t < 3 \\ 1 & for & t \geq 3 \end{cases}$$

The graph of $f(t)$ for $u(t-3)$ is:

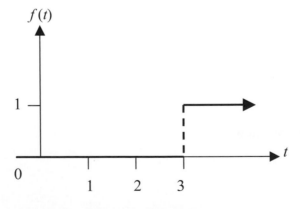

Figure 4.1   Graph of $u(t-3)$

In general the unit step function $u(t-c)$, where $c \geq 0$ is a constant is given by:

$$u(t-c)\begin{cases} 0 & for & t < c \\ 1 & for & t \geq c \end{cases}$$

The constant c indicates the value of t at which the function changes from 0 to 1.

4.1.1   Laplace Transform of $u(t-c)$ 拉普拉斯轉換 $u(t-c)$

Since $\mathscr{L}\{f(t)\} = \int_0^\infty e^{-st} f(t) \, dt$, by definition:

$$\mathscr{L}\underbrace{\{u(t-c)\}}_{f(t)} = \int_0^\infty e^{-st} \underbrace{u(t-c)}_{f(t)} \, dt$$

Assuming $u(t-c)$ as $f(t)$

$$e^{-st}u(t-c) = \begin{cases} 0 & for & t < c \\ e^{-st} & for & t \geq c \end{cases} \qquad or \qquad u(t-c) = \begin{cases} 0 & for & t < c \\ 1 & for & t \geq c \end{cases}$$

therefore:

$$\mathscr{L}\{u(t-c)\} = \int_0^c \underbrace{u(t-c)}_{0} \, e^{-st} dt + \int_c^\infty \underbrace{u(t-c)}_{1} \, e^{-st} dt$$

$$= \int_c^\infty e^{-st} dt = \left[\frac{e^{-st}}{-s} \right]_c^\infty$$

$$= \left[\underbrace{\left(\frac{e^{-s\infty}}{-s} \right)}_{0} - \left(\frac{e^{-sc}}{-s} \right) \right] = \frac{e^{-cs}}{s}$$

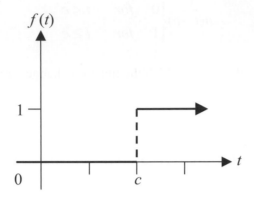

Figure 4.2   Graph of $u(t-c)$

From the diagram above, we get:

$$u(t-c) = \begin{cases} 0 & when & t < c \\ 1 & when & t \geq c \end{cases}$$

and hence

$$\mathscr{L}\{u(t-c)\} = \frac{e^{-cs}}{s}$$

Note that if $c = 0$, $\mathscr{L}\{u(t-0)\} = \mathscr{L}\{u(t)\} = \mathscr{L}\{1\} = \dfrac{1}{s}$

Example (1):   Sketch the function $f(t) = u(t-1) - u(t-3)$ and determine its L.T.

Solution: Observed that $f(t)$ has break points at $t = 1$ and $t = 3$.

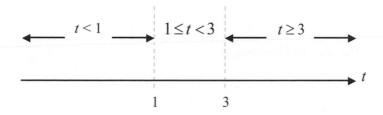

Figure 4.3 $f(t)$ at break point $t=1$ and $t=3$.

$\therefore$ we considered the values of $f(t)$ in the 3 intervals:

For $t < 1$,

$$f(t) = u\underbrace{(t-1)}_{-ve} - u\underbrace{(t-3)}_{-ve}$$

$$= 0 - 0 = 0$$

Note* for both $u(t-1)$ and $u(t-3)$ at $t < 1$, they are negative , hence assume as zero (0).

For $1 \le t < 3$,

$$f(t) = u\underbrace{(t-1)}_{+ve} - u\underbrace{(t-3)}_{-ve}$$

$$= 1 - 0 = 1$$

Note* For $1 \le t < 3$, $u(t-1)$ is positive and $u(t-3)$ is negative.

For $t \ge 3$,

$$f(t) = u\underbrace{(t-1)}_{+ve} - u\underbrace{(t-3)}_{+ve}$$

$$= 1 - 1 = 0$$

Note* For $t \ge 3$, $u(t-1)$ and $u(t-3)$ are both positive and hence assume as 1.

In other words, we have:

$$f(t) = u(t-1) - u(t-3) \text{ for } f(t) \begin{cases} 0 & for & t < 1 \\ 1 & for & 1 \le t < 3 \\ 0 & for & 3 \le t \end{cases}$$

The sketched function is:

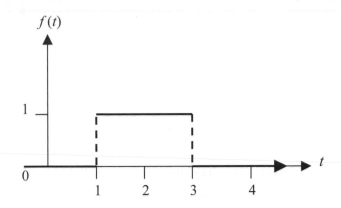

Figure 4.4   Graph of $u(t-1)-u(t-3)$

The L.T of $f(t)$ is:

$$\mathcal{L}\{f(t)\} = \mathcal{L}\{u(t-1)-u(t-3)\}$$

$$= \frac{e^{-s}}{s} - \frac{e^{-3s}}{s}$$

Example (2):   Sketch the function $f(t)=u(t-1)+u(t-3)$ and determine its L.T.

Solution: We considered the values of $f(t)$ in the 3 intervals:

For $t < 1$,

$$f(t) = u\underbrace{(t-1)}_{-ve} + u\underbrace{(t-3)}_{-ve}$$

$$= 0+0 = 0$$

Note* for both $u(t-1)$ and $u(t-3)$ at $t < 1$, they are negative , hence assume as zero (0).

For $1 \le t < 3$,

$$f(t) = u\underbrace{(t-1)}_{+ve} + u\underbrace{(t-3)}_{-ve}$$

$$= 1 + 0 = 1$$

Note* For $1 \le t < 3$, $u(t-1)$ is positive and $u(t-3)$ is negative.

For $t \ge 3$,

$$f(t) = u\underbrace{(t-1)}_{+ve} + u\underbrace{(t-3)}_{+ve}$$

$$= 1 + 1 = 2$$

Note* For $t \ge 3$, $u(t-1)$ and $u(t-3)$ are both positive and hence assume as 1.

Therefore, the function $f(t)$ is:

$$f(t) \begin{cases} 0 & for & t < 1 \\ 1 & for & 1 \le t < 3 \\ 2 & for & 3 \le t \end{cases}$$

The sketched diagram is:

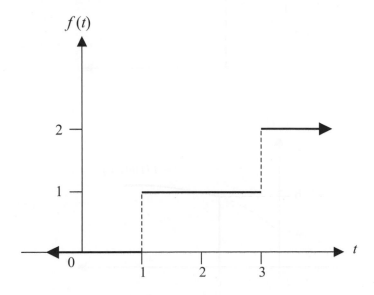

Figure 4.5   Graph of $u(t-1) + u(t-3)$

The L.T of $f(t)$ is:

$$\mathscr{L}\{f(t)\} = \mathscr{L}\{u(t-1)+u(t-3)\}$$

$$= \frac{e^{-s}}{s} + \frac{e^{-3s}}{s}$$

4.1.2　Laplace Transform of $f(t)u(t-c)$
拉普拉斯轉換 $f(t)u(t-c)$

Graph of $f(t)u(t-c)$

The graph of $f(t)u(t-c)$ is also considered as the 1st shift theorem. The product of $u(t-c)$ with a function $f(t)$ results in a function that is zero for $t < c$ but identically equal to $f(t)$ for $t \ge c$. The step function acts like an on/off switch to the function.

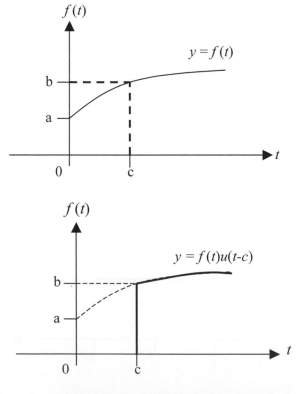

Figure 4.6　Graph of $f(t)u(t-c)$

Example (3):   Sketch the function

$$f(t) \begin{cases} 0 & for & t < 1 \\ t-1 & for & 1 \le t < 2 \\ 1 & for & 2 \le t \end{cases}$$

Solution: The graph of $y = t - 1$ is

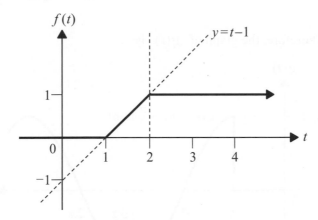

Figure 4.7   Graph of $f(t)$ with $y = t - 1$

Note* the function $f(t)$ and its L.T is shown in example (12)

Example (4):   Sketch the function for $t \ge 0$ given by $g(t) = u\left(t - \dfrac{\pi}{2}\right)\sin t$

Solution: The graph of $g(t) = \sin t$ is given by

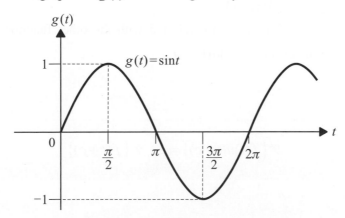

Figure 4.8   Graph of $g(t) = \sin t$

Multiplying $\sin t$ by $u\left(t-\dfrac{\pi}{2}\right)$ means that the function $\sin t$ is switched

on at $t=\dfrac{\pi}{2}$, i.e.

$$g(t)=u\left(t-\frac{\pi}{2}\right)\sin t=\begin{cases} 0 & for & t<\dfrac{\pi}{2} \\ \sin t & for & t\geq\dfrac{\pi}{2} \end{cases}$$

Therefore, the graph of $g(t)$ is:

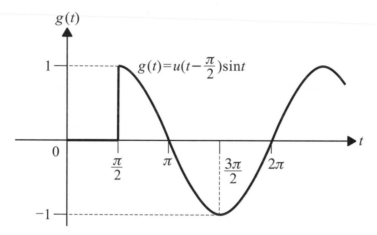

Figure 4.9   Graph of $u(t-\dfrac{\pi}{2})\sin t$

Laplace Transform of $f(t)u(t\text{-}c)$

The unit step function $u(t-c)$ is often combined with the other function of t, so we now consider the Laplace Transform of $f(t)u(t-c)$.

Theorem:

$$\mathscr{L}\{f(t)u(t-c)\}=e^{-cs}\mathscr{L}\{f(t+c)\}$$

Example (5): Find the L.T of the following unit step function.

(a) $t^2 u(t-3)$ (b) $\sin t \cdot u(t-\pi)$

Solution:

(a) $\mathscr{L}\{t^2 u(t-3)\} = e^{-3s}\mathscr{L}\{t^2\}\big|_{t\to(t+c)\to(t+3)}$

$$= e^{-3s}\underbrace{\mathscr{L}\{(t+3)^2\}}_{replace\ t\ with\ (t+3)}$$

$$= e^{-3s}\mathscr{L}\{t^2+6t+9\}$$

$$= e^{-3s}\left[\frac{2}{s^3}+\frac{6}{s^2}+\frac{9}{s}\right]$$

(b) $\mathscr{L}\{\sin t \cdot u(t-\pi)\} = e^{-\pi s}\mathscr{L}\{\sin t\}\big|_{t\to t+\pi}$

$$= e^{-\pi s}\underbrace{\mathscr{L}\{\sin(t+\pi)\}}_{replace\ t\ with\ (t+\pi)}$$

$$= e^{-\pi s}\mathscr{L}\{\sin t\underset{-1}{\cos\pi}+\underset{0}{\sin\pi}\cos t\}$$

$$= e^{-\pi s}\underbrace{\mathscr{L}\{-\sin t\}}_{-\frac{1}{s^2+1^2}} = -\frac{e^{-\pi s}}{s^2+1}$$

Example (6): Sketch $f(t)=t^2 u(t-2)$ and determine its L.T.

Solution: From the function $f(t)$, we know that

$$f(t)=\begin{cases}0 & for & t<2\\ t^2 & for & t\geq2\end{cases}$$

Sketching of $f(t)$ can be done by two simple steps:

(1) Draw the function $y = t^2$

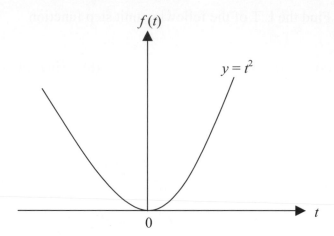

Figure 4.10   Graph of $y = t^2$

(2) Draw the break point for $u(t-2)$, in this case the break point is at 2.

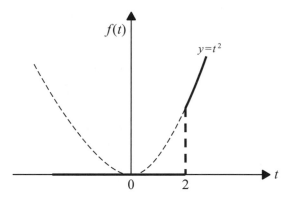

Figure 4.11   Graph of $t^2 u(t-2)$

The L.T of $f(t)$ is:

$$\mathscr{L}\left\{t^2 u(t-2)\right\} = e^{-2s}\,\mathscr{L}\left\{t^2\right\}\Big|_{t \to (t+c) \to (t+2)}$$

$$= e^{-2s}\,\underbrace{\mathscr{L}\left\{(t+2)^2\right\}}_{replace\ t\ with\ (t+2)}$$

$$= e^{-2s}\,\mathscr{L}\left\{t^2 + 4t + 4\right\}$$

$$= e^{-2s}\left[\frac{2}{s^3} + \frac{4}{s^2} + \frac{4}{s}\right]$$

Example (7):   Sketch $f(t) = t^3 u(t-1)$ and determine its L.T.

Solution: From the function $f(t)$, we know that

$$f(t) = t^3 u(t-1) = \begin{cases} 0 & for \quad t < 1 \\ t^3 & for \quad t \geq 1 \end{cases}$$

Therefore, the sketch of $f(t)$ is:

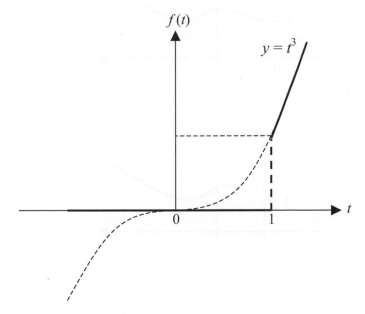

Figure 4.12   Graph of $t^3 u(t-1)$

The L.T of $f(t)$ is: $f(t) = t^3 u(t-1)$

$$\mathscr{L}\{t^3 u(t-1)\} = e^{-s} \mathscr{L}\{t^3\}\Big|_{t \to (t+c) \to (t+1)}$$

$$= e^{-s} \underbrace{\mathscr{L}\{(t+1)^3\}}_{replace\ t\ with\ (t+1)}$$

$$= e^{-s} \mathscr{L}\{t^3 + 3t^2 + 3t + 1\}$$

$$= e^{-s}\left[\frac{6}{s^4} + \frac{6}{s^3} + \frac{3}{s^2} + \frac{1}{s}\right]$$

4.1.3 Laplace Transform of $f(t-c)u(t-c)$
拉普拉斯轉換 $f(t-c)u(t-c)$

As mentioned earlier, the function $f(t-c)$ is the function $f(t)$ translated c units to the right along the horizontal axis and "cutting it off" (i.e. making it vanish) to the left of c.

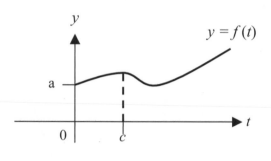

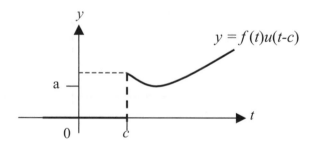

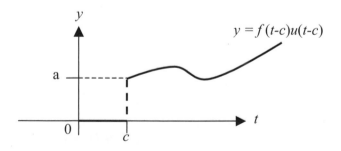

Figure 4.13 Graph of $f(t)$, $f(t)u(t-c)$ and $f(t-c)u(t-c)$

As for the unit step function $u(t-c)$, it is often combined with the other function of t. In this case, we now consider the Laplace Transform of $f(t-c)u(t-c)$ or sometimes known as the 2nd shift theorem 第二轉移定理. From Figure 4.13, it showed that for $f(t-c)u(t-c)$, instead of cutting off at point c (as in $f(t)u(t-c)$), the graph $f(t)$ shifted c units along the t axis.

Therefore, it is sometime known as Shifting on the t-axis ($t-$軸轉移).

Theorem:

$$\mathscr{L}\{f(t-c)u(t-c)\}=e^{-cs}\mathscr{L}\{f(t)\}$$

Note that the above is obtained by replacing t by $(t+c)$ during L.T as done earlier:

$$\mathscr{L}\{f(t-c)u(t-c)\}=e^{-cs}\mathscr{L}\{f(t-c)\}\big|_{t\to t+c}$$

$$=e^{-cs}\mathscr{L}\{f((t+c)-c)\}$$
$$=e^{-cs}\mathscr{L}\{f(t)\}$$

Note that if the value c at function $f(t-c)$ is not the same as in $u(t-c)$, the Laplace Transform of $f(t-c_1)u(t-c)$ for $c_1\neq c$ will be given as:

$$\mathscr{L}\{f(t-c_1)u(t-c)\}=e^{-cs}\mathscr{L}\{f(t-c_1)\}\big|_{t\to t+c}$$

$$=e^{-cs}\mathscr{L}\{f((t+c)-c_1)\}$$

$$=e^{-cs}\mathscr{L}\{f(t+c-c_1)\}$$

Example (8): Find the L.T of the following unit step function of $f(t-c)u(t-c)$

(a)　$(t-2)^2u(t-2)$ (b)　$\sin(t-\pi)u(t-\pi)$

(c)　$(t-3)^2u(t-2)$ (d)　$\sin(t-2\pi)u(t-\pi)$

Solution:　(a)　$\mathscr{L}\{(t-2)^2u(t-2)\}=e^{-2s}\mathscr{L}\{t^2\}$

$$=e^{-2s}\left(\frac{2}{s^3}\right)$$

(b) $\mathscr{L}\{\sin(t-\pi)u(t-\pi)\} = e^{-\pi s}\mathscr{L}\{\sin t\}$

$$= e^{-\pi s}\left(\frac{1}{s^2+1}\right)$$

(c) $\mathscr{L}\{(t-3)^2 u(t-2)\} = e^{-2s}\mathscr{L}\{(t-3)^2\}_{t \to t+2}$

$$= e^{-2s}\mathscr{L}\left\{\left[(t+2)-3\right]^2\right\}$$

$$= e^{-2s}\mathscr{L}\left\{(t-1)^2\right\}$$

$$= e^{-2s}\mathscr{L}\{t^2-2t+1\}$$

$$= e^{-2s}\left(\frac{2}{s^3}-\frac{2}{s^2}+\frac{1}{s}\right)$$

(d) $\mathscr{L}\{\sin(t-2\pi)u(t-\pi)\} = e^{-\pi s}\mathscr{L}\{\sin(t-2\pi)\}_{t \to t+\pi}$

$$= e^{-\pi s}\mathscr{L}\left\{\sin\left[(t+\pi)-2\pi\right]\right\}$$

$$= e^{-\pi s}\mathscr{L}\{\sin(t-\pi)\}$$

$$= e^{-\pi s}\mathscr{L}\{-\sin t\}$$

$$= -e^{-\pi s}\left(\frac{1}{s^2+1}\right)$$

Note* $\sin(t-\pi) = \sin t \underbrace{\cos \pi}_{-1} - \cos t \underbrace{\sin \pi}_{0}$

4.1.4 The Second Shift inverse Theorem
第二轉移反轉換定理

As mentioned earlier, the 2nd shift theorem is considered as:

$$\boxed{\mathscr{L}\{f(t-c)u(t-c)\} = e^{-cs}\mathscr{L}\{f(t)\}}$$

Note that the Inverse of 2nd shift theorem is exactly the reverse of 2nd shift theorem which can be written as:

$$\mathscr{L}^{-1}\left\{e^{-cs}F(s)\right\} = u(t-c)\mathscr{L}^{-1}\left\{F(s)\right\}_{t\to t-c}$$

since $\mathscr{L}^{-1}\left\{F(s)\right\} = f(t)$, therefore:

$$\mathscr{L}^{-1}\left\{F(s)\right\}_{t\to t-c} = f(t-c)$$

hence,

$$\mathscr{L}^{-1}\left\{e^{-cs}F(s)\right\} = f(t-c)u(t-c)$$

Example (9):   Solve the following inverse L.T.

(a) $\mathscr{L}^{-1}\left\{\dfrac{e^{-2s}}{s^2}\right\}$

(b) $\mathscr{L}^{-1}\left\{\dfrac{e^{-\pi s}}{s^2+1}\right\}$

(c) $\mathscr{L}^{-1}\left\{e^{-s}\left(\dfrac{1}{s-1}+\dfrac{2}{s}-\dfrac{3}{s^2}\right)\right\}$

(d) $\mathscr{L}^{-1}\left\{\dfrac{e^{-3s}}{(s+3)^3}\right\}$

Solution: (a) $\mathscr{L}^{-1}\left\{\dfrac{e^{-2s}}{s^2}\right\} = \mathscr{L}^{-1}\left\{e^{-2s}\cdot\dfrac{1}{s^2}\right\}$

$$= u(t-2)\underbrace{\mathscr{L}^{-1}\left\{\dfrac{1}{s^2}\right\}}_{t}\Big|_{t\to t-2}$$

$$= u(t-2)(t)\big|_{t\to t-2} = (t-2)u(t-2)$$

(b) $\mathscr{L}^{-1}\left\{\dfrac{e^{-\pi s}}{s^2+1}\right\} = \mathscr{L}^{-1}\left\{e^{-\pi s}\cdot\left(\dfrac{1}{s^2+1}\right)\right\}$

$= u(t-\pi)\,\mathscr{L}^{-1}\underbrace{\left\{\dfrac{1}{s^2+1^2}\right\}\Big|_{t\to t-\pi}}_{\sin t}$

$= u(t-\pi)\sin(t)\big|_{t\to t-\pi} = \sin(t-\pi)u(t-\pi)$

(c) $\mathscr{L}^{-1}\left\{e^{-s}\left(\dfrac{1}{s-1}+\dfrac{2}{s}-\dfrac{3}{s^2}\right)\right\} = u(t-1)\mathscr{L}^{-1}\left\{\dfrac{1}{s-1}+\dfrac{2}{s}-\dfrac{3}{s^2}\right\}_{t\to t-1}$

$= u(t-1)\left(e^t+2-3t\right)_{t\to t-1}$

$= u(t-1)\left\{e^{t-1}+2-3(t-1)\right\}$

$= \left(e^{t-1}-3t+5\right)u(t-1)$

(d) $\mathscr{L}^{-1}\left\{\dfrac{e^{-3s}}{(s+3)^3}\right\} = \mathscr{L}^{-1}\left\{e^{-3s}\cdot\dfrac{1}{(s+3)^3}\right\}$

$= u(t-3)\,\mathscr{L}^{-1}\left\{\dfrac{1}{(s+3)^3}\right\}_{t\to t-3}$

for $\mathscr{L}^{-1}\left\{\dfrac{1}{(s+3)^3}\right\} = \mathscr{L}^{-1}\left\{\dfrac{1}{[s-(-3)]^3}\right\}$, using 1st shift theorem, we get:

$\Rightarrow \left[e^{-3t}\cdot\mathscr{L}^{-1}\left\{\dfrac{1}{s^3}\right\}\right] = \left[e^{-3t}\cdot\dfrac{1}{2!}\cdot\mathscr{L}^{-1}\underbrace{\left\{\dfrac{2!}{s^{2+1}}\right\}}_{t^2}\right] = \dfrac{1}{2}e^{-3t}t^2$

$\therefore \mathscr{L}^{-1}\left\{\dfrac{e^{-3s}}{(s+3)^3}\right\} = u(t-3)\left(\dfrac{1}{2}e^{-3t}t^2\right)_{t\to t-3}$

$= \left(\dfrac{1}{2}e^{-3(t-3)}(t-3)^2\right)u(t-3)$

4.2 Pulse Function
脈波函數

Pulse function is sometime known as the functions in terms of step function. To recall the step unit function that was taught earlier, there are a few things to express $f(t)$ in terms of unit step functions.

Let $f(t)$ be a continuous function given by:

$$f(t)\begin{cases} f_1(t) & for & 0 \le t < a \\ f_2(t) & for & a \le t < b \\ f_3(t) & for & b \le t < c \\ f_4(t) & for & t \ge c \end{cases}$$

where $c > b > a > 0$, then $f(t)$ can be expressed as:

$$f(t) = f_1(t)[u(t) - u(t-a)] + f_2(t)[u(t-a) - u(t-b)] + f_3(t)[u(t-b) - u(t-c)] + f_4(t)u(t-c)$$

Example (10): Express the function:

$$f(t)\begin{cases} 0 & for & 0 \le t < 1 \\ t^2 & for & 1 \le t < 5 \\ 6 & for & 5 \le t < 8 \\ 0 & for & t \ge 8 \end{cases}$$

in terms of unit step function.

Solution:

$$f(t) = 0[u(t-0) - u(t-1)] + t^2[u(t-1) - u(t-5)]$$
$$+ 6[u(t-5) - u(t-8)] + 0[u(t-8)]$$

$$= t^2\left[u(t-1) - u(t-5)\right] + 6\left[u(t-5) - u(t-8)\right]$$
$$= t^2 u(t-1) - t^2 u(t-5) + 6u(t-5) - 6u(t-8)$$
$$= t^2 u(t-1) + (6 - t^2)u(t-5) - 6u(t-8)$$

Example (11):   Sketch

$$f(t) = \begin{cases} 2 & for & 0 \le t < 4 \\ t & for & t \ge 4 \end{cases}$$

and express $f(t)$ in terms of unit step functions and hence find its Laplace Transform.

Solution:

The sketch is:

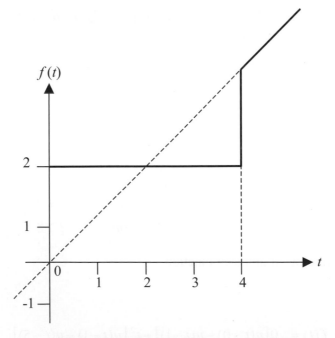

Figure 4.14   Graph of $2u(t) + (t-2)u(t-4)$

$f(t)$ in terms of unit step functions can be expressed as:

$$f(t) = 2[u(t) - u(t-4)] + t[u(t-4)]$$

$$= 2u(t) - 2u(t-4) + tu(t-4)$$

$$= 2u(t) + (t-2)u(t-4)$$

$$\therefore \mathscr{L}\{f(t)\} = \mathscr{L}\{2u(t)\} + \mathscr{L}\{(t-2)u(t-4)\}$$

Since $\mathscr{L}\{u(t)\} = \mathscr{L}\{1\}$, $\therefore \mathscr{L}\{2u(t)\} = \mathscr{L}\{2\} = \dfrac{2}{s}$

Applying 2nd shift theorem 利用第二轉移定理:

$$\boxed{\mathscr{L}\{f(t-c)u(t-c)\} = e^{-cs}\mathscr{L}\{f(t)\}}$$

$$\therefore \mathscr{L}\{(t-2)u(t-4)\} = e^{-4s}\mathscr{L}\{t-2\}\big|_{t \to t+4}$$

$$= e^{-4s}\mathscr{L}\{(t+4)-2\}$$

$$= e^{-4s}\mathscr{L}\{t+2\}$$

$$= e^{-4s}\left(\frac{1}{s^2} + \frac{2}{s}\right)$$

$$\therefore \mathscr{L}\{f(t)\} = \frac{2}{s} + e^{-4s}\left(\frac{1}{s^2} + \frac{2}{s}\right)$$

Example (12): Find $\mathscr{L}\{f(t)\}$ where

$$f(t)\begin{cases} 0 & for \quad 0 \le t < 1 \\ t-1 & for \quad 1 \le t < 2 \\ 1 & for \quad\quad 2 \le t \end{cases}$$

Solution: See the sketch at Figure (4.7).

$$f(t) = 0\big[u(t-0) - u(t-1)\big] + (t-1)\big[u(t-1) - u(t-2)\big] + 1\big[u(t-2)\big]$$

$$= tu(t-1) - tu(t-2) - u(t-1) + u(t-2) + u(t-2)$$

$$= (t-1)u(t-1) - (t-2)u(t-2)$$

Hence, $\mathscr{L}\{f(t)\} = \mathscr{L}\{(t-1)u(t-1)\} - \mathscr{L}\{(t-2)u(t-2)\}$

Applying 2nd shift theorem 利用第二轉移定理:

$$\boxed{\mathscr{L}\{f(t-c)u(t-c)\} = e^{-cs}\mathscr{L}\{f(t)\}}$$

$$F(s) = e^{-s}\mathscr{L}\{(t+1)-1\} - e^{-2s}\mathscr{L}\{(t+2)-2\}$$

$$= e^{-s}\mathscr{L}\{t\} - e^{-2s}\mathscr{L}\{t\}$$

$$= \left(e^{-s} - e^{-2s}\right)\mathscr{L}\{t\}$$

$$= \left(e^{-s} - e^{-2s}\right)\frac{1}{s^2}$$

Example (13):

Given $f(t)\begin{cases} t^2 & for \quad 0 \le t < 2 \\ 2 & for \quad 2 \le t < 3 \\ 4 & for \quad\quad 3 \le t \end{cases}$

(a) Sketch the graph

(b) Find the Laplace Transform of $f(t)$

Solution:

(a) The sketched graph:

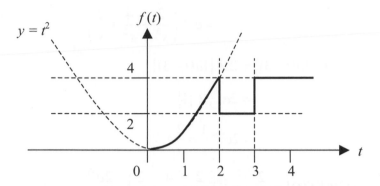

Figure 4.15   Graph of $t^2u(t)-(t^2-2)u(t-2)+2u(t-3)$

(b) Using the methods that were taught earlier on, the given function
$f(t)$ is:

$$f(t) = t^2\left[u(t) - u(t-2)\right] + 2\left[u(t-2) - u(t-3)\right] + 4\left[u(t-3)\right]$$

$$= t^2u(t) - t^2u(t-2) + 2u(t-2) - 2u(t-3) + 4u(t-3)$$

$$= t^2u(t) - (t^2-2)u(t-2) + 2u(t-3)$$

The Laplace transform of $f(t)$ is:

$$\therefore \mathscr{L}\left\{f(t)\right\} = \mathscr{L}\left\{t^2u(t)\right\} - \mathscr{L}\left\{(t^2-2)u(t-2)\right\} + \mathscr{L}\left\{2u(t-3)\right\}$$

Applying the 2nd shift theorem: $\boxed{\mathscr{L}\left\{f(t)u(t-c)\right\} = e^{-cs}\mathscr{L}\left\{f(t+c)\right\}}$

For

$$\Rightarrow \mathscr{L}\left\{t^2u(t)\right\} = \mathscr{L}\left\{t^2u(t-0)\right\}$$

$$= \underbrace{e^{-0s}}_{1} \mathscr{L}\left\{(t+0)^2\right\} = 1\mathscr{L}\left\{t^2\right\} = \frac{2}{s^3}$$

$$\Rightarrow \mathscr{L}\left\{(t^2-2)u(t-2)\right\} = e^{-2s}\mathscr{L}\left\{t^2-2\right\}\big|_{t\to t+2}$$

$$= e^{-2s}\mathscr{L}\left\{(t+2)^2-2\right\}$$

$$= e^{-2s}\mathscr{L}\left\{t^2+4t+2\right\}$$

$$= e^{-2s}\left(\frac{2}{s^3} + \frac{4}{s^2} + \frac{2}{s}\right)$$

$$\Rightarrow \mathscr{L}\{2u(t-3)\} = 2\mathscr{L}\{1u(t-3)\}$$

$$= 2e^{-3s}\mathscr{L}\{1\}$$

$$= 2e^{-3s}\frac{1}{s} = \frac{2}{s}e^{-3s}$$

$$\therefore \mathscr{L}\{f(t)\} = \frac{2}{s^3} - e^{-2s}\left(\frac{2}{s^3} + \frac{4}{s^2} + \frac{2}{s}\right) + \frac{2e^{-3s}}{s}$$

Example (14): Give an analytical definition of the function $f(t)$ where graph is given by:

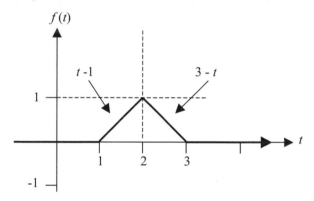

Figure 4.16   Graph of $(t-1)u(t-1) - 2(t-2)u(t-2) + (t-3)u(t-3)$

Hence express the function in term of unit step functions and determine its Laplace Transform.

Solution:

The function is expressed as:

$$f(t)\begin{cases} 0 & for & 0 \le t < 1 \\ t-1 & for & 1 \le t < 2 \\ 3-t & for & 2 \le t < 3 \\ 0 & for & t \ge 3 \end{cases}$$

Therefore, the function $f(t)$ is:

$$f(t) = \ 0\big[u(t-0)-u(t-1)\big]+(t-1)\big[u(t-1)-u(t-2)\big]$$
$$+(3-t)\big[u(t-2)-u(t-3)\big]+0\big[u(t-3)\big]$$
$$= (t-1)\big[u(t-1)-u(t-2)\big]+(3-t)\big[u(t-2)-u(t-3)\big]$$
$$= tu(t-1)-u(t-1)-tu(t-2)+u(t-2)$$
$$+3u(t-2)-tu(t-2)-3u(t-3)+tu(t-3)$$
$$= (t-1)u(t-1)-2(t-2)u(t-2)+(t-3)u(t-3)$$

Applying 2nd shift theorem, we get:

$$\mathscr{L}\{f(t)\} = \mathscr{L}\{(t-1)u(t-1)\}-2\mathscr{L}\{(t-2)u(t-2)\}+\mathscr{L}\{(t-3)u(t-3\}$$
$$= e^{-s}\mathscr{L}\{t\}-2e^{-2s}\mathscr{L}\{t\}\ +e^{-3s}\mathscr{L}\{t\}$$
$$= (e^{-s}-2e^{-2s}+e^{-3s})\mathscr{L}\{t\}$$
$$= (e^{-s}-2e^{-2s}+e^{-3s})\frac{1}{s^2}$$

4.3 Laplace Transform of Impulse Function 脈衝函數拉普拉斯轉換

The unit impulse function is sometimes known as **Dirac's Delta Function** and at $t=c$, it is represented by $\delta(t-c)$ and is defined as:

$$\delta(t-c) = \lim_{\alpha\to0}\frac{1}{\alpha}\big\{u(t-c)-u(t-c-\alpha)\big\}$$

Symbol α is the duration of a very small interval of time in which a very large force (impulse) is acting on. Figure 4.17(a) shown that $\delta(t-c)$ is a pulse of zero width with infinite height. Graphically it is represented by a vertical line surmounted by an arrow head. Figure 4.17(b) shown that the magnitude of the pulse is always 1 unit strength as accordance to the change in α.

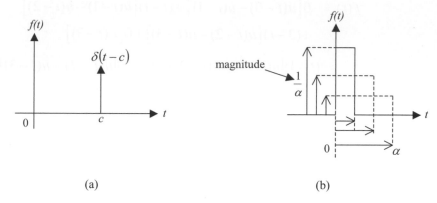

Figure 4.17   Unit impulse function

The unit impulse function at the origin is denoted by $\delta(t)$

4.3.1   Integration Involving the Impulse Function
脈衝函數積分轉換

(a) $\int_{p}^{q} \delta(t-c)\, dt = \begin{cases} 1 & for & p \leq c < q \\ 0 & for & otherwise \end{cases}$

(b) $\int_{p}^{q} f(t)\delta(t-c)\, dt = \begin{cases} f(c) & for & p \leq c < q \\ 0 & for & otherwise \end{cases}$

Example (15):   Evaluate:

(a) $\int_{1}^{5} (t^2 + 3)\, \delta(t-4)\, dt$ (b) $\int_{1}^{2} e^{-3t} \delta(t-5)\, dt$

Solution:

(a)   The impulse $\delta(t-4)$ occurs at $t-4$ **falls** in the interval $1 \leq t < 5$.

Hence, for $\int_{1}^{5} (t^2 + 3)\delta(t-4)\, dt$, substitute $t=4$ into $(t^2 + 3)$, we get:

$$(4^2 + 3) = 19$$

(b) The impulse $\delta(t-5)$ occurs at $t-5$ **didn't falls** in the interval $1 \le t < 2$.

Hence, $\int_1^2 e^{-3t}\delta(t-5)\,dt = 0$

4.3.2 Laplace Transform of $\delta(t-c)$ 拉普拉斯轉換 $\delta(t-c)$

Since $\int_p^q f(t)\delta(t-c)\,dt = f(c)$, if $p < c < q$ and $c > 0$:

Therefore: $\int_0^\infty f(t)\delta(t-c)\,dt = f(c)$

Hence if $f(t) = e^{-st}$, this becomes

$$\int_0^\infty e^{-st}\delta(t-c)\,dt = \mathscr{L}\{\delta(t-c)\}$$

since $\delta(t-c) = \lim_{\alpha \to 0}\frac{1}{\alpha}\{u(t-c)-u(t-c-\alpha)\}$

$$\therefore \mathscr{L}\{\delta(t-c)\} = \mathscr{L}\left\{\lim_{\alpha \to 0}\frac{1}{\alpha}\left[u(t-c)-u(t-c-\alpha)\right]\right\}$$

$$= \lim_{\alpha \to 0}\frac{1}{\alpha}\mathscr{L}\left\{\left[u(t-c)-u(t-c-\alpha)\right]\right\}$$

$$= \lim_{\alpha \to 0}\frac{1}{\alpha}\left[\frac{1}{s}e^{-cs}-\frac{1}{s}e^{-(c+\alpha)s}\right]$$

$$= \lim_{\alpha \to 0}\frac{e^{-cs}-e^{-(c+\alpha)s}}{\alpha s}$$

$$= \frac{e^{-cs}}{s}\lim_{\alpha \to 0}\frac{\left(1-e^{-s\alpha}\right)}{\alpha}$$

using L' Hospital rule

$$= \frac{e^{-cs}}{s} \lim_{\alpha \to 0} \frac{\frac{d}{d\alpha}\left(1 - e^{-s\alpha}\right)}{\frac{d}{d\alpha}(\alpha)}$$

$$= \frac{e^{-cs}}{s} \lim_{\alpha \to 0} \frac{se^{-s\alpha}}{1}$$

$$= \frac{e^{-cs}}{s} \frac{s \overbrace{e^{-s(0)}}^{1}}{1}$$

> L'Hospital rule:
> if $= \lim_{x \to c} f(x) = \lim_{x \to c} g(x) = 0$ or $\pm\infty$,
> and $\lim_{x \to c} \dfrac{f'(x)}{g'(x)}$ exists, then:
> $\Rightarrow \lim_{x \to c} \dfrac{f(x)}{g(x)} = \lim_{x \to c} \dfrac{f'(x)}{g'(x)}$

$$\therefore \mathscr{L}\{\delta(t-c)\} = e^{-cs}$$

Therefore, $\quad \mathscr{L}\{\delta(t-2)\} = e^{-2s} \quad$ and $\quad \mathscr{L}\{\delta 5(t-2)\} = 5e^{-2s}$

Note that the Laplace Transform of the impulse function at the origin is 1.

Therefore, for $c = 0$,

$$\mathscr{L}\{\delta(t)\} = e^{-cs}\big|_{c \to 0} = e^{-0s}$$
$$= 1$$

and hence, $\mathscr{L}^{-1}\{1\} = \delta(t)$

4.3.3   Laplace Transform of $f(t)\delta(t-c)$
拉普拉斯轉換 $f(t)\delta(t-c)$

Use the result:

$$\int_{p}^{q} f(t)\delta(t-c)\, dt = f(c), \text{ if } p < c < q$$

we can show that:

$$\mathcal{L}\{f(t)\delta(t-c)\} = f(c)e^{-cs}$$

Example (16): Evaluate the following impulse responses.

(a) $\mathcal{L}\{t^2\delta(t-2)\}$ (b) $\mathcal{L}\{(2t^2+1)\delta(t-2)\}$

(c) $\mathcal{L}\left\{\cos 2t\,\delta\left(t-\dfrac{\pi}{2}\right)\right\}$ (d) $\mathcal{L}\{e^{-3t}\delta(t-2)\}$

Solution: (a) $\mathcal{L}\{t^2\delta(t-2)\} = t^2 e^{-ts}\Big|_{t\to 2} = 4e^{-2s}$

(b) $\mathcal{L}\{(2t^2+1)\delta(t-2)\} = \left(2t^2+1\right) e^{-ts}\Big|_{t\to 2}$

$$= \left(2(2)^2+1\right)e^{-2s} = 9e^{-2s}$$

(c) $\mathcal{L}\left\{\cos 2t\,\delta\left(t-\dfrac{\pi}{2}\right)\right\} = \left[\cos 2t \cdot e^{-ts}\right]_{t\to\frac{\pi}{2}}$

$$= \underbrace{\cos 2\left(\dfrac{\pi}{2}\right)}_{-1} \cdot e^{-\frac{\pi}{2}s} = -e^{-\frac{\pi}{2}s}$$

(d) $\mathcal{L}\{e^{-3t}\delta(t-2)\} = e^{-3t}e^{-ts}\Big|_{t\to 2} = e^{-3t-ts}\Big|_{t\to 2}$

$$= e^{-t(s+3)}\Big|_{t\to 2} = e^{-2(s+3)}$$

4.4 Laplace Transform of Periodic Functions 拉普拉斯週期函數

Introduction to L.T. of Periodic Functions 拉普拉斯週期函數介紹

In many practical situation, we are dealing with problems of vibrations or oscillations either mechanically or electrically by nature and it is important that consideration be given to obtaining the Laplace Transform of such functions.

If $f(t) = f(t + nT)$, and $n = 1,2,3$, then $f(t)$ is called a periodic function 週期函數 and the smallest period as T.

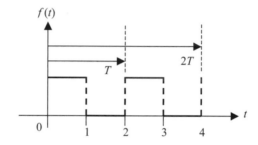

Figure 4.18 Periodic function of $f(t)$

If $f(t)$ is a periodic function of period T, then 若 $f(t)$ 為週期函數,則:

$$\mathscr{L}\{f(t)\} = \frac{1}{1 - e^{-sT}} \underbrace{\int_0^T e^{-st} f(t)}_{F_1(s) \leftarrow L.T \text{ of } 1st \text{ Period}} dt = \frac{F_1(s)}{1 - e^{-sT}}$$

as

$$F_1(s) = \int_0^T e^{-st} f(t) \, dt = \mathscr{L}\{f_1(t)\}$$

$f_1(t)$ is a periodic function obtained from the 1st period T. $f_1(t)$ 是自該週期函數擷取第一週期所得之函數.

Example (17): Find the L.T. of the periodic functions shown in the below diagram.

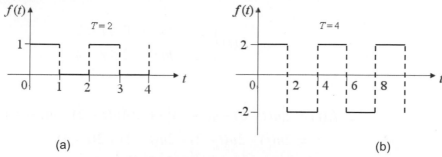

(a)   (b)

Figure 4.19   Periodic function at $T = 2$ and $T = 4$

Solution: (a)   Applying the L.T of Pulse Function method that was taught earlier on, we know that the period of $f_1(t)$ is:

$$f_1(t) \begin{cases} 1 & for \quad 0 \le t < 1 \\ 0 & for \quad 1 \le t < 2 \end{cases}$$

$$\therefore f_1(t) = 1[u(t-0) - u(t-1)] + \underbrace{0[u(t-1) - u(t-2)]}_{0}$$

$$= u(t) - u(t-1)$$

$$F_1(s) = \mathscr{L}\{f_1(t)\} = \mathscr{L}\{u(t) - u(t-1)\}$$

$$= \frac{1}{s} - \frac{e^{-s}}{s} = \frac{1-e^{-s}}{s}$$

Since period $T = 2$

$$\therefore \mathscr{L}\{f(t)\} = \frac{F_1(s)}{1-e^{-sT}}\Big|_{T \to 2} = \frac{1-e^{-s}}{s \underbrace{(1-e^{-2s})}_{(1-e^{-s})(1+e^{-s})}}$$

$$= \frac{(1-e^{-s})}{s(1-e^{-s})(1+e^{-s})} = \frac{1}{s(1+e^{-s})}$$

(b) From diagram (b), $f_1(t)$: which the 1st period of $f(t)$ is:

$$f_1(t) \begin{cases} 2 & for & 0 \le t < 2 \\ -2 & for & 2 \le t < 4 \end{cases}$$

$$\therefore f_1(t) = 2[u(t-0) - u(t-2)] + (-2)[u(t-2) - u(t-4)]$$
$$= 2u(t) - 2u(t-2) - 2u(t-2) + 2(t-4)$$
$$= 2u(t) - 4u(t-2) + 2u(t-4)$$

$$\therefore \mathscr{L}\{f_1(t)\} = F_1(s) = 2\mathscr{L}\{u(t)\} - 4\mathscr{L}\{u(t-2)\} + 2\mathscr{L}\{u(t-4)\}$$

$$= \frac{2}{s} - \frac{4e^{-2s}}{s} + \frac{2e^{-4s}}{s}$$

$$= \frac{2}{s}\left(1 - 2e^{-2s} + e^{-4s}\right)$$

$$= \frac{2}{s}\left(1 - e^{-2s}\right)^2$$

since $T = 4$,

$$\therefore \mathscr{L}\{f(t)\} = \frac{F_1(s)}{1 - e^{-sT}}\bigg|_{T \to 4} = \frac{\dfrac{2}{s}\left(1 - e^{-2s}\right)^2}{(1 - e^{-4s})}$$

$$= \frac{\dfrac{2}{s}\left(1 - e^{-2s}\right)^2}{(1 - e^{-2s})(1 + e^{-2s})} = \frac{2\left(1 - e^{-2s}\right)}{s(1 + e^{-2s})}$$

Example (18):   Find the L.T. of the periodic functions shown in the below diagram.

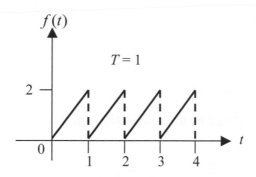

Figure 4.20   Periodic function (saw-tooth) at $T = 1$

Solution: From the above diagram, we have to compile $f_1(t) \Rightarrow 1$ period of $f(t)$:

$$f_1(t) \{ 2t \quad for \quad 0 \le t < 1$$

$\therefore$ we get $f_1(t) = 2t[u(t-0) - u(t-1)]$

$$= 2tu(t) - 2tu(t-1)$$

$\therefore \mathscr{L}\{f_1(t)\} = F_1(s) = \mathscr{L}\{2tu(t)\} - \mathscr{L}\{2tu(t-1)\}$

$$= \mathscr{L}\{2t\} - e^{-s}\mathscr{L}\{2t\}|_{t \to t+1}$$

$$= \frac{2}{s^2} - 2e^{-s}\mathscr{L}\{(t+1)\} = \frac{2}{s^2} - 2e^{-s}\left[\frac{1}{s^2} + \frac{1}{s}\right]$$

$$= \frac{2}{s^2} - \frac{2e^{-s}}{s^2} - \frac{2e^{-s}}{s} = \frac{2}{s^2}(1 - e^{-s}) - \frac{2}{s}e^{-s}$$

$\therefore \mathscr{L}\{f(t)\} = \dfrac{F_1(s)}{1 - e^{-Ts}}$ and since $T = 1$,

$$= \frac{2}{1 - e^{-s}}\left[\frac{1}{s^2}(1 - e^{-s}) - \frac{e^{-s}}{s}\right]$$

4.5 Convolution Theorem
摺積定理

Let $\mathscr{L}\{f(t)\} = F(s)$, $\mathscr{L}\{g(t)\} = G(s)$

Then $H(s) = F(s)G(s)$ is defined by the convolution $h(t)$ of $f(t)$ and $g(t)$ where:

$$h(t) = f(t) \otimes g(t) = \int_0^t f(t-\tau)g(\tau)d\tau$$

Note that in some other textbook it is written as: $h(t) = f(t) \otimes g(t) = \int_0^t f(\tau)g(t-\tau)d\tau$

The convolution of $f(t) \otimes g(t)$ have the following important properties:

1. $f \otimes g = g \otimes f$ $\Rightarrow$ Commutative law 換向律

2. $f \otimes (g_1 + g_2) \Rightarrow f \otimes g_1 + f \otimes g_2$ $\Rightarrow$ Distribution law 分配律

3. $f \otimes (g_1 \otimes g_2) \Rightarrow (f \otimes g_1) \otimes g_2$ $\Rightarrow$ Associative law 結合律

4. $f \otimes 0 = 0 \otimes f = 0$

Example (19):   Find the convolution of the following and its Laplace Transform:

(a) $h(t) = 1 \otimes 1$ (b) $h(t) = t \otimes t$ (c) $h(t) = t \otimes e^t$

Solution: (a) $h(t) = 1 \otimes 1 = \int_0^t 1 \cdot 1 \ d\tau = \tau \big|_0^t = t$

$$\mathscr{L}\{h(t)\} = \mathscr{L}\{1 \otimes 1\} = \mathscr{L}\{1\} \cdot \mathscr{L}\{1\}$$

$$= \frac{1}{s} \cdot \frac{1}{s} = \frac{1}{s^2}$$

(b) $h(t) = t \otimes t = \int_0^t (t-\tau)\tau \, d\tau = \int_0^t (t\tau - \tau^2) \, d\tau$

$$= \left[t\frac{\tau^2}{2} - \frac{\tau^3}{3} \right]_0^t = \frac{t^3}{2} - \frac{t^3}{3}$$

$$= \frac{t^3}{6}$$

$$\mathscr{L}\{h(t)\} = \mathscr{L}\{t \otimes t\} = \mathscr{L}\{t\} \cdot \mathscr{L}\{t\}$$

$$= \frac{1}{s^2} \cdot \frac{1}{s^2} = \frac{1}{s^4}$$

(c) $h(t) = t \otimes e^t = \int_0^t (t-\tau)e^\tau \, d\tau$

using integration by parts, we get:

$$\Rightarrow \left[(t-\tau)e^\tau + e^\tau \right] \Big|_0^t = \left[\left(0 \cdot e^t + e^t \right) - (t+1) \right]$$

$$= e^t - t - 1$$

$$\mathscr{L}\{h(t)\} = \mathscr{L}\{t \otimes e^t\} = \mathscr{L}\{t\} \cdot \mathscr{L}\{e^t\}$$

$$= \frac{1}{s^2} \cdot \frac{1}{s-1} = \frac{1}{s^2(s-1)}$$

Example (20): use convolution to find $\mathscr{L}^{-1}\left\{ \dfrac{1}{(s+2)(s+1)} \right\}$

Solution: $\mathscr{L}^{-1}\left\{ \underbrace{\dfrac{1}{(s+2)}}_{F(s)} \right\} = e^{-2t}$, $\mathscr{L}^{-1}\left\{ \underbrace{\dfrac{1}{(s+1)}}_{G(s)} \right\} = e^{-t}$

Therefore:

$$\mathcal{L}^{-1}\left\{\frac{1}{(s+2)(s+1)}\right\} = \mathcal{L}^{-1}\left\{\frac{1}{(s+2)}\cdot\frac{1}{(s+1)}\right\} = f(t)\otimes g(t) = e^{-2t}\otimes e^{-t}$$

$$= \int_0^t \underbrace{e^{-2(t-\tau)}}_{f(t-\tau)}\cdot\underbrace{e^{-\tau}}_{g(\tau)}d\tau$$

$$= \int_0^t e^{-2t+2\tau-\tau}d\tau = \int_0^t e^{-2t+\tau}d\tau$$

$$= \int_0^t e^{-2t}\cdot e^{\tau}d\tau = e^{-2t}\int_0^t e^{\tau}d\tau$$

$$= e^{-2t}\left[e^{\tau}\right]_0^t = e^{-2t}\left[e^t - e^0\right]$$

$$= e^{-2t}(e^t - 1)$$

Example (21):   use convolution to find $\mathcal{L}^{-1}\left\{\dfrac{1}{s^2(s-1)}\right\}$

Solution: $\underbrace{\mathcal{L}^{-1}\left\{\dfrac{1}{s^2}\right\} = t}_{F(s)}$, $\underbrace{\mathcal{L}^{-1}\left\{\dfrac{1}{(s-1)}\right\} = e^t}_{G(s)}$

Therefore:

$$\mathcal{L}^{-1}\left\{\frac{1}{s^2(s-1)}\right\} = \mathcal{L}^{-1}\left\{\frac{1}{s^2}\cdot\frac{1}{(s-1)}\right\} = f(t)\otimes g(t) = t\otimes e^t$$

$$= \int_0^t \underbrace{(t-\tau)}_{f(t-\tau)}\ \underbrace{e^{\tau}}_{g(\tau)}d\tau \qquad \text{(apply integral by parts)}$$

$$= e^t - t - 1$$

4.6 Laplace Transform Application on Electrical Circuit 拉普拉斯電路設計應用

The Laplace Transform can be use in solving equations involving in electrical circuit.

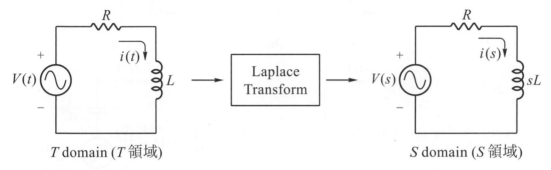

Figure 4.21   Transformation of electrical circuit from T domain to S domain

The above figure shown the *RL* circuit with the T domain on the L.H.S and S domain on the other after Laplace Transform.

The below figure shown the T and S domain of three common electrical circuits:

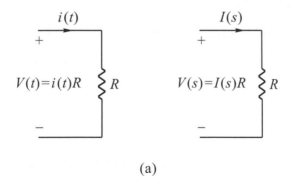

(a)

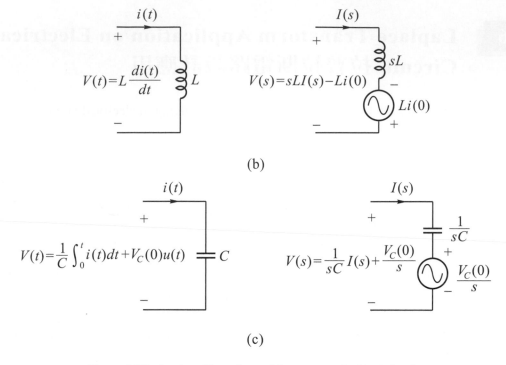

(b)

(c)

Figure 4.22   Laplace Transform of 3 common electrical circuits

This section will introduce the solution of an electrical circuit by applying L.T. using the following steps:

    (1)   Change from t to s transform

    (2)   Using s transform to get the solution

    (3)   Apply inverse L.T. to obtain the t transform as a solution.

RL circuit

Applying Kirchhoff's Law 基爾霍夫定律 on a series *RL* circuit, we get: $V_R(t) + V_L(t) = V(t)$.

Since $V_R(t) = i(t)R$, $V_L(t) = L\dfrac{di(t)}{dt}$, $\Rightarrow \therefore V(t) = i(t)R + L\dfrac{di(t)}{dt}$

The L.T of $V(t) \Rightarrow \mathscr{L}\{V(t)\} = \mathscr{L}\left\{i(t)R + L\dfrac{di}{dt}\right\} = R\underbrace{\mathscr{L}\{i(t)\}}_{I(s)} + L\underbrace{\mathscr{L}\left\{\dfrac{di}{dt}\right\}}_{sI(s)-i(o)}$

Therefore, for a series *RL* circuit

$$V(s) = I(s)R + sLI(s) - Li(0) \quad\text{.................................} \text{(4.61a)}$$

$$I(s) = \frac{V(s) + Li(0)}{R + sL} \quad\text{...} \text{(4.61b)}$$

RC circuit

Applying Kirchhoff's Law 基爾霍夫定律 on a series *RC* circuit, we get: $V_R(t) + V_C(t) = V(t)$

Since $V_R(t) = i(t)R$, $V_C(t) = \frac{1}{C}\int_0^t i(t)\,dt + V_C(0)u(t)$,

$$\Rightarrow \therefore V(t) = i(t)R + \frac{1}{C}\int_0^t i(t)\,dt + V_C(0)u(t)$$

The L.T of $V(t)$:

$$V(t) \Rightarrow \mathscr{L}\{V(t)\} = \mathscr{L}\left\{ i(t)R + \frac{1}{C}\int_0^t i(t)\,dt + V_C(0)u(t) \right\} = R\underbrace{\mathscr{L}\{i(t)\}}_{I(s)} + \frac{1}{C}\underbrace{\mathscr{L}\left\{\int_0^t i(t)\,dt\right\}}_{\frac{1}{s}\mathscr{L}\{i(t)\}=\frac{I(s)}{s}} + \frac{V_C(0)}{s}$$

Therefore, for a series *RC* circuit

$$V(s) = I(s)R + \frac{I(s)}{sC} + \frac{V_C(0)}{s} \quad\text{.........................} \text{(4.62a)}$$

$$I(s) = \frac{V(s) - \frac{V_C(0)}{s}}{\left(R + \frac{1}{sC} \right)} \quad\text{..................................} \text{(4.62b)}$$

RLC circuit

Applying Kirchhoff's Law 基爾霍夫定律 on a series *RLC* circuit, we get:

$$V_R + V_L + V_C = V(t)$$

Since $V_R(t) = i(t)R$, $V_L(t) = L\dfrac{di(t)}{dt}$ and $V_C(t) = \dfrac{1}{C}\displaystyle\int_0^t i(t)\,dt + V_C(0)u(t)$

$$\Rightarrow \therefore V(t) = i(t)R + L\frac{di(t)}{dt} + \frac{1}{C}\int_0^t i(t)\,dt + V_C(0)u(t)$$

The L.T of $V(t) \Rightarrow \mathscr{L}\{V(t)\} = \mathscr{L}\left\{ i(t)R + L\dfrac{di(t)}{dt} + \dfrac{1}{C}\displaystyle\int_0^t i(t)\,dt + V_C(0)u(t) \right\}$

$$= R\underbrace{\mathscr{L}\{i(t)\}}_{I(s)} + L\underbrace{\mathscr{L}\left\{\frac{di}{dt}\right\}}_{sI(s)-i(0)} + \frac{1}{C}\underbrace{\mathscr{L}\left\{\int_0^t i(t)\,dt\right\}}_{\frac{1}{s}\mathscr{L}\{i(t)\}\,=\,\frac{I(s)}{s}} + \underbrace{\mathscr{L}\{V_C(0)u(t)\}}_{\frac{V_C(0)}{s}}$$

Therefore, for a series *RLC* circuit

$$V(s) = I(s)R + sLI(s) - Li(0) + \frac{I(s)}{sC} + \frac{V_C(0)}{s} \quad\ldots\ldots\ldots\ldots (4.63a)$$

$$I(s) = \frac{V(s) + Li(0) - \dfrac{V_C(0)}{s}}{\left(R + sL + \dfrac{1}{sC} \right)} \quad\ldots\ldots\ldots\ldots\ldots\ldots\ldots (4.63b)$$

Note that Equations (4.61 to 4.63) can be re-written in another form. For example if the voltage $V(t)$ is a Unit Step Function where $V(t) = u(t)$, hence $\mathscr{L}\{V(t)\} = \mathscr{L}\{u(t)\} = \dfrac{1}{s}$.

Example (22): For an RL circuit, given $R = 2\Omega$, $L = 1H$, $V(t) = u(t)$ and $i(0) = 0$, find $i(t)$.

Solution:

Step (1) Since $V(t)$ is a Unit Step Function and by applying Eq 4.61a, we get,

$$\mathcal{L}\{V(t)\} \Rightarrow \mathcal{L}\{u(t)\} = I(s) \cdot (2) + s \cdot (1) \cdot I(s) - \underbrace{(1) \cdot (0)}_{0}$$

$$\Rightarrow \frac{1}{s} = (s+2)I(s)$$

$$\Rightarrow I(s) = \frac{1}{s(s+2)}$$

Step (2): Applying partial fraction on $I(s)$, we get:

$$\Rightarrow \frac{1}{s(s+2)} = \frac{A}{s} + \frac{B}{(s+2)}$$

Applying cover-up rule on A, $\quad \dfrac{1}{s(s+2)} = \dfrac{A}{s}$, $\quad \therefore A = \dfrac{1}{(s+2)}\Big|_{s\to 0} = \dfrac{1}{2}$

Applying cover-up rule on B, $\quad \dfrac{1}{s(s+2)} = \dfrac{B}{(s+2)}$, $\quad \therefore B = \dfrac{1}{s}\Big|_{s\to -2} = -\dfrac{1}{2}$

$$\therefore I(s) = \frac{1}{2s} - \frac{1}{2(s+2)}$$

Step (3): To find $i(t)$, by applying inverse L.T. on $I(s)$, we get:

$$\Rightarrow \mathcal{L}^{-1}\{I(s)\} = i(t) = \mathcal{L}^{-1}\left\{\frac{1}{2} \cdot \frac{1}{s} - \frac{1}{2} \cdot \frac{1}{(s+2)}\right\}$$

$$= \frac{1}{2} - \frac{1}{2}e^{-2t}$$

$$= \frac{1}{2}\left(1 - e^{-2t}\right) \quad \text{Amp}$$

The above solution obtained by procedures (Step 2 and 3) can also be achieved by using the convolution theorem:

Step (2): Apply convolution theorem on $I(s)$,

$$\Rightarrow i(t) = \mathscr{L}^{-1}\left\{\frac{1}{s(s+2)}\right\} = \mathscr{L}^{-1}\left\{\frac{1}{s}\cdot\frac{1}{s+2}\right\} = f(t)\otimes g(t)$$

$$= 1\otimes e^{-2t} = \int_0^t 1\cdot e^{-2\tau}d\tau = -\frac{1}{2}\left[e^{-2\tau}\right]_0^t$$

$$= -\frac{1}{2}\left[e^{-2t}-1\right] = \frac{1}{2}\left(1-e^{-2t}\right) \text{ Amp}$$

Example (23): For an RC circuit, given $R = 100\Omega$, $C = 0.01\text{F}$, $V(t) = 10V$, $V_C(0) = 0$ and $i(0) = 0$, find $i(t)$.

Solution: Step (1) By applying Eq 4.62a, we get,

$$\mathscr{L}\{V(t)\} \Rightarrow \mathscr{L}\{10\} = 100I(s) + \frac{I(s)}{s(0.01)} + \frac{V_C(0)}{s}$$

$$\Rightarrow \frac{10}{s} = 100I(s)\left(1+\frac{1}{s}\right) = 100I(s)\left(\frac{s+1}{s}\right)$$

Step (2): $\Rightarrow I(s) = \dfrac{1}{10s\left(\dfrac{s+1}{s}\right)} = \dfrac{1}{10(s+1)}$

Step (3): To find $i(t)$, by applying inverse L.T. on $I(s)$, we get:

$$\Rightarrow \mathscr{L}^{-1}\{I(s)\} = i(t) = \frac{1}{10}\mathscr{L}^{-1}\left\{\frac{1}{(s+1)}\right\}$$

$$= \frac{e^{-t}}{10} \text{ Amp}$$

Example (24): For a series RLC circuit with natural response, given $R = 2\Omega$, $L = 1\,\text{H}$, $C = \dfrac{1}{5}\,\text{F}$, $i(0) = 2$, $i'(0) = -4$, and $V_C(0) = 0$, find $i(t)$.

Solution:

Step (1): By applying Eq 4.63b, we get (Note that $V(s) = 0$ since it is a natural response),

$$I(s) = \frac{V(s) + Li(0) - \dfrac{V_C(0)}{s}}{\left(R + sL + \dfrac{1}{sC}\right)} = \frac{0 + 1\cdot(2) - \dfrac{(0)}{s}}{\left(2 + s(1) + \dfrac{1}{s\left(\frac{1}{5}\right)}\right)} = \frac{2}{2 + s + \dfrac{5}{s}}$$

$$\times\left(\frac{s}{s}\right) \rightarrow \quad I(s) = \frac{2}{2 + s + \dfrac{5}{s}} \times \frac{s}{s} = \frac{2s}{s^2 + 2s + 5}$$

Step (2): The current in Laplace form is:

$$\therefore I(s) = \frac{2s}{(s^2 + 2s + 5)} = \frac{2(s+1) - 2}{(s+1)^2 + 2^2} = \frac{2(s+1)}{(s+1)^2 + 2^2} - \frac{2}{(s+1)^2 + 2^2}$$

Step (3): Inverse Laplace the above, we get:

$$i(t) = \mathscr{L}^{-1}\{I(s)\} = \mathscr{L}^{-1}\left\{\frac{2(s+1)}{(s+1)^2 + 2^2} - \frac{2}{(s+1)^2 + 2^2}\right\}$$

$$= \mathscr{L}^{-1}\left\{\frac{2(s+1)}{(s+1)^2 + 2^2}\right\} - \mathscr{L}^{-1}\left\{\frac{2}{(s+1)^2 + 2^2}\right\}$$

$$= 2e^{-t}\cdot\underbrace{\mathscr{L}^{-1}\left\{\frac{s}{s^2 + 2^2}\right\}}_{\cos 2t} - e^{-t}\cdot\underbrace{\mathscr{L}^{-1}\left\{\frac{2}{s^2 + 2^2}\right\}}_{\sin 2t}$$

$$= 2e^{-t}\cdot\cos 2t - e^{-t}\cdot\sin 2t$$

$$= e^{-t}(2\cos 2t - \sin 2t) \quad \text{Amp}$$

Please note that since we were given values for $i(0)$, $i'(0)$ and $V_C(0)$, we can also apply the convention way of dealing with this problem for Step (1)

Step (1): Applying Kirchfoff's law, we know that: $V_R + V_L + V_C = 0$

$$\therefore Ri(t) + L\frac{di(t)}{dt} + \frac{1}{C}\int i(t)\, dt = 0$$

the derivative of the above equation gives us:

$$\frac{d}{dt}\left[Ri(t)\right] + \frac{d}{dt}\left[Li'(t)\right] + \frac{d}{dt}\left[\frac{1}{C}\int i(t)\, dt\right] = 0$$

$$\Rightarrow Ri'(t) + Li''(t) + \frac{1}{C}i(t) = 0$$

L.T. the above equation and apply the given values, we get:

$$\Rightarrow \mathscr{L}\{i''(t)\} + 2\mathscr{L}\{i'(t)\} + 5\mathscr{L}\{i(t)\} = 0$$

$$\Rightarrow \left[s^2 I(s) - \underbrace{si(0)}_{2} - \underbrace{i'(0)}_{-4}\right] + 2\left[sI(s) - \underbrace{i(0)}_{2}\right] + 5I(s) = 0$$

$$\Rightarrow s^2 I(s) - 2s + 4 + 2sI(s) - 4 + 5I(s) = 0$$

$$\Rightarrow (s^2 + 2s + 5)I(s) = 2s$$

$$\Rightarrow I(s) = \frac{2s}{s^2 + 2s + 5}$$

習 題

Section 4.1 Heaviside Unit Step Function

Solve the following L.T. of unit step function.

(1) $\mathscr{L}\{u(t-4)\}$

Ans: $\dfrac{e^{-4s}}{s}$

(2) $\mathscr{L}\{u(t)-u(t-5)\}$

Ans: $\dfrac{1}{s}-\dfrac{e^{-5s}}{s}$

(3) $\mathscr{L}\{t^2 u(t-4)\}$

Ans: $e^{-4s}\left(\dfrac{2}{s^3}+\dfrac{8}{s^2}+\dfrac{16}{s}\right)$

(4) $\mathscr{L}\{\cos t \cdot u(t-\pi)\}$

Ans: $-e^{-\pi s}\left(\dfrac{s}{s^2+1}\right)$

(5) $\mathscr{L}\{e^{2t}u(t-1)\}$

Ans: $\dfrac{e^{2-s}}{s-2}$

(6) $\mathscr{L}\{t^3 u(t-2)\}$

Ans: $e^{-2s}\left(\dfrac{6}{s^4}+\dfrac{12}{s^3}+\dfrac{12}{s^2}+\dfrac{8}{s}\right)$

(7) $\mathscr{L}\{\sin(t-1)\cdot u(t-1)\}$

Ans: $\dfrac{e^{-s}}{s^2+1}$

(8) $\mathscr{L}\{e^{(t-4)}u(t-4)\}$

Ans: $\dfrac{e^{-4s}}{s-1}$

(9) $\mathscr{L}\left\{\cos 3\left(t-\dfrac{\pi}{2}\right)\cdot u\left(t-\dfrac{\pi}{2}\right)\right\}$

Ans: $\dfrac{s\,e^{-\frac{\pi}{2}s}}{s^2+9}$

(10) $\mathscr{L}\{(t-5)u(t-1)\}$

Ans: $e^{-s}\left(\dfrac{1}{s^2}-\dfrac{4}{s}\right)$

(11) $\mathscr{L}\{e^{(t-2)}u(t-3)\}$

Ans: $\dfrac{e^{1-3s}}{s-1}$

(12) $\mathscr{L}\left\{\sin 4(t-\pi)\cdot u\left(t-\dfrac{\pi}{2}\right)\right\}$

Ans: $\dfrac{4\,e^{-\frac{\pi}{2}s}}{s^2+16}$

Solve the following inverse L.T. by applying 2nd shift inverse theorem.

(13) $\mathscr{L}^{-1}\left\{\dfrac{2e^{-4s}}{s^3}\right\}$

Ans: $(t-4)^2 u(t-4)$

(14) $\mathscr{L}^{-1}\left\{\dfrac{4se^{-3s}}{s^2-16}\right\}$

Ans: $4\cosh 4(t-3)u(t-3)$

(15) $\mathscr{L}^{-1}\left\{\dfrac{7e^{-5s}}{s^2+4}\right\}$

Ans: $\dfrac{7}{2}\sin 2(t-5)\ u(t-5)$

(16) $\mathscr{L}^{-1}\left\{\dfrac{3se^{-\frac{s}{2}}}{s^2+5}\right\}$

Ans: $3\cos\sqrt{5}\left(t-\dfrac{1}{2}\right)u\left(t-\dfrac{1}{2}\right)$

(17) $\mathscr{L}^{-1}\left\{e^{-3s}\left(\dfrac{1}{s+4}+\dfrac{3}{s^2+3}-\dfrac{2}{s}\right)\right\}$

Ans: $\left[e^{-4(t-3)}+\sqrt{3}\sin\sqrt{3}(t-3)-2\right]u(t-3)$

(18) $\mathscr{L}^{-1}\left\{\dfrac{e^{-2s}}{(s+2)^4}\right\}$

Ans: $\dfrac{1}{6}e^{-2(t-2)}(t-2)^3 u(t-2)$

Section 4.2   Pulse Function

For the following given functions $f(t)$, you are required to: (i) Sketch the function. (ii) Express the function in terms of unit step function. (iii) Determine its L.T.

(19) $f(t)=\begin{cases}2 & for & 0\le t<1\\ 1 & for & t\ge 1\end{cases}$

Ans: (i)

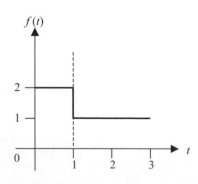

(ii) $f(t) = 2u(t) - u(t-1)$

(iii) $\mathscr{L}\{f(t)\} = \dfrac{2}{s} - \dfrac{e^{-s}}{s}$

(20) $f(t) = \begin{cases} 2 & for \quad 0 \le t < 2 \\ t+1 & for \quad\quad t \ge 2 \end{cases}$

Ans: (i)

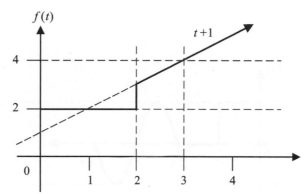

(ii) $f(t) = 2u(t) + (t-1)u(t-2)$

(iii) $\mathscr{L}\{f(t)\} = \dfrac{2}{s} + e^{-2s}\left(\dfrac{1}{s^2} + \dfrac{1}{s}\right)$

(21) $f(t) \begin{cases} 4 & for \quad 0 \le t < 2 \\ 3t-1 & for \quad 2 \le t < 3 \\ 6 & for \quad\quad 3 \le t \end{cases}$

Ans: (i)

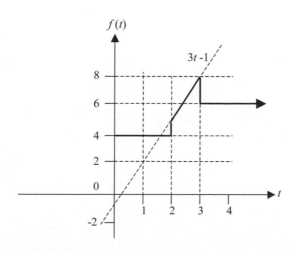

(ii) $f(t) = 4u(t) + (3t - 5)u(t - 2) + (-3t + 7)u(t - 3)$

(iii) $\mathscr{L}\{f(t)\} = \dfrac{4}{s} + e^{-2s}\left(\dfrac{3}{s^2} + \dfrac{1}{s}\right) - e^{-3s}\left(\dfrac{3}{s^2} + \dfrac{2}{s}\right)$

(22) $f(t) \begin{cases} \pi & for & 0 \le t < \pi \\ 0 & for & \pi \le t < 2\pi \\ \pi\sin t & for & 2\pi \le t \end{cases}$

Ans: (i)

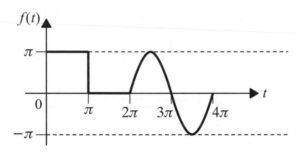

(ii) $f(t) = \pi\, u(t) - \pi\, u(t - \pi) + \pi\sin t\, u(t - 2\pi)$

(iii) $\mathscr{L}\{f(t)\} = \dfrac{\pi}{s} - \dfrac{\pi\, e^{-\pi s}}{s} + \dfrac{\pi\, e^{-2\pi s}}{s^2 + 1}$

(23) $f(t) \begin{cases} t & for & 0 \le t < 2 \\ 2 & for & 2 \le t < 4 \\ t - 3 & for & 4 \le t < 6 \\ 4 & for & t \ge 6 \end{cases}$

Ans: (i)

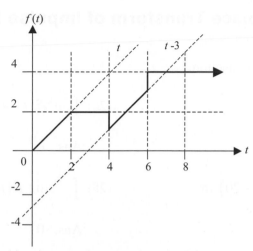

(ii) $f(t) = t\,u(t) - (t-2)u(t-2) + (t-5)u(t-4) - (t-7)u(t-6)$

(iii) $\mathscr{L}\{f(t)\} = \dfrac{1}{s^2} - \dfrac{e^{-2s}}{s^2} + \left(e^{-4s} - e^{-6s}\right)\left(\dfrac{1}{s^2} - \dfrac{1}{s}\right)$

(24) $f(t)\begin{cases} t & for & 0 \le t < 1 \\ 2 & for & 1 \le t < 2 \\ 4-t & for & 2 \le t < 4 \\ 2 & for & t \ge 4 \end{cases}$

Ans: (i)

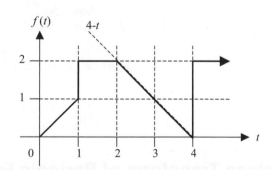

(ii) $f(t) = t\,u(t) - (t-2)u(t-1) - (t-2)u(t-2) + (t-2)u(t-4)$

(iii) $\mathscr{L}\{f(t)\} = \dfrac{1}{s^2} - e^{-s}\left(\dfrac{1}{s^2} - \dfrac{1}{s}\right) - \dfrac{e^{-2s}}{s^2} + e^{-4s}\left(\dfrac{1}{s^2} + \dfrac{2}{s}\right)$

Section 4.3   Laplace Transform of Impulse Function

Solve the following impulse function:

(25) $\int_0^7 6\,\delta(t-4)\,dt$

Ans: 6

(26) $\int_1^5 e^{3t}\delta(t-4)\,dt$

Ans: e^{12}

(27) $\int_0^\infty (2t^2-3t+1)\,\delta(t-20)\,dt$

Ans: 741

(28) $\int_0^{2\pi}\sin t\,\delta(t-\pi)\,dt$

Ans: 0

(29) $\int_0^{2\pi}t\cos t\,\delta(t-\pi)\,dt$

Ans: $-\pi$

(30) $\int_0^\pi t^2\cos t\,\delta(t-2\pi)\,dt$

Ans: 0 (didn't falls in the interval)

(31) $\mathscr{L}\{5\,\delta(t-2)\}$

Ans: $5e^{-2s}$

(32) $\mathscr{L}\{2t^2\,\delta(t-3)\}$

Ans: $18e^{-3s}$

(33) $\mathscr{L}\left\{\sin 2t\,\delta\left(t-\dfrac{\pi}{3}\right)\right\}$

Ans: $\dfrac{\sqrt{3}}{2}e^{-\frac{\pi}{3}s}$

(34) $\mathscr{L}\{3e^{-2t}\,\delta(t-4)\}$

Ans: $3e^{-4(s+2)}$

(35) $\mathscr{L}\{(5t^2-3)\,\delta(t-3)\}$

Ans: $42e^{-3s}$

(36) $\mathscr{L}\left\{t^2\sin 2t\,\delta\left(t-\dfrac{\pi}{3}\right)\right\}$

Ans: $\dfrac{\pi^2\sqrt{3}}{18}e^{-\frac{\pi}{3}s}$

Section 4.4   Laplace Transform of Periodic Function

Solve the L.T. of the following periodic function defined by:

(37) $f_1(t)=\begin{cases}2 & for & 0<t<2 \\ 0 & for & 2<t<4\end{cases}$, $f(t)=f(t+4)$

Ans:

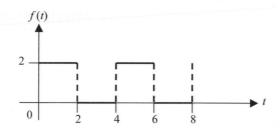

$$\mathscr{L}\{f(t)\} = \frac{2}{s\left(1+e^{-2s}\right)}$$

(38) $f_1(t) = \begin{cases} 2t & for & 0 < t < 3 \\ 0 & for & 3 < t < 6 \end{cases}$, $f(t) = f(t+6)$

Ans:

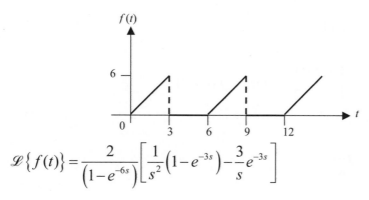

$$\mathscr{L}\{f(t)\} = \frac{2}{\left(1-e^{-6s}\right)}\left[\frac{1}{s^2}\left(1-e^{-3s}\right)-\frac{3}{s}e^{-3s}\right]$$

(39) $f_1(t) = \left\{ e^t \quad for \quad 0 < t < 2 \right.$, $f(t) = f(t+2)$

Ans:

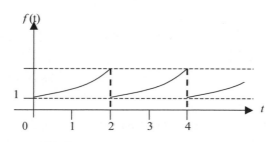

$$\mathscr{L}\{f(t)\} = \frac{1-e^{-2(s-1)}}{(s-1)\left(1-e^{-2s}\right)}$$

(40) $f_1(t) = \begin{cases} 2\sin t & for & 0 < t < \dfrac{\pi}{2} \\ 0 & for & \dfrac{\pi}{2} < t < \pi \end{cases}$, $f(t) = f(t+\pi)$

Ans:

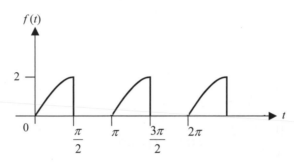

$$\mathcal{L}\{f(t)\} = \frac{2\left(1 - se^{-\frac{\pi}{2}s}\right)}{\left(s^2+1\right)\left(1-e^{-\pi s}\right)}$$

(41) $f_1(t) = \begin{cases} t & for & 0 < t < 1 \\ 2-t & for & 1 < t < 2 \end{cases}$, $f(t) = f(t+2)$

Ans:

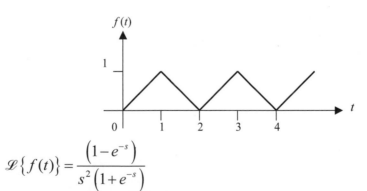

$$\mathcal{L}\{f(t)\} = \frac{\left(1-e^{-s}\right)}{s^2\left(1+e^{-s}\right)}$$

(42) $f_1(t) \begin{cases} t^2 & for & 0 < t < 2 \\ 4 & for & 2 < t < 4 \\ 0 & for & 4 < t < 8 \end{cases}$, $f(t) = f(t+8)$

Ans:

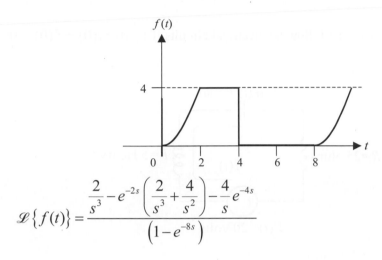

$$\mathscr{L}\{f(t)\} = \dfrac{\dfrac{2}{s^3} - e^{-2s}\left(\dfrac{2}{s^3} + \dfrac{4}{s^2}\right) - \dfrac{4}{s}e^{-4s}}{\left(1 - e^{-8s}\right)}$$

Section 4.5   Convolution Theorem

Solve the following inverse L.T using convolution theorem:

(43) $\mathscr{L}^{-1}\left\{\dfrac{2}{s\left(s^2+4\right)}\right\}$

Ans: $\dfrac{1}{2}(1-\cos 2t)$

(44) $\mathscr{L}^{-1}\left\{\dfrac{1}{(s-1)\,(s-2)}\right\}$

Ans: $e^t\left(e^t-1\right)$

(45) $\mathscr{L}^{-1}\left\{\dfrac{1}{(s+3)\,(s-2)}\right\}$

Ans: $\dfrac{1}{5}e^{-3t}\left(e^{5t}-1\right)$

(46) $\mathscr{L}^{-1}\left\{\dfrac{2}{s(s-2)^2}\right\}$

Ans: $e^{2t}\left(t-\dfrac{1}{2}\right)+\dfrac{1}{2}$

(47) $\mathscr{L}^{-1}\left\{\dfrac{1}{s^2\,(s+1)^2}\right\}$

Ans: $te^{-t}+2e^{-t}+t-2$

(48) $\mathscr{L}^{-1}\left\{\dfrac{1}{s^3\,(s^2+1)}\right\}$

Ans: $\dfrac{1}{2}\left(t^2+2\cos t-2\right)$

Section 4.6   Laplace Transform Application on Electrical Circuit

Determine the value $i(t)$ from the following electrical circuits if $V_C(0) = i(0) = i'(0) = 0$.

(49)

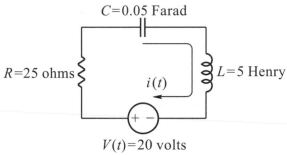

Ans: $i(t) = \dfrac{4}{3}\left(e^{-t} - e^{-4t}\right)$ amps

(50)

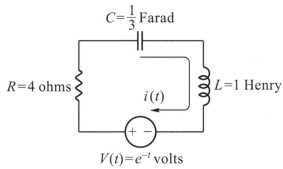

Ans: $i(t) = e^{-t}\left(\dfrac{3}{4} - \dfrac{1}{2}t\right) - \dfrac{3}{4}e^{-3t}$ amps

(51)

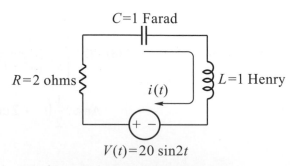

Ans: $i(t) = 4.8e^{-t} - 8te^{-t} - 4.8\cos 2t + 6.4\sin 2t$ amps

(52) Determine $V(s)$, $I(s)$ and $i(t)$ if $V_C(0) = i(0) = i'(0) = 0$. Note* $V(t)$ is a periodic function.

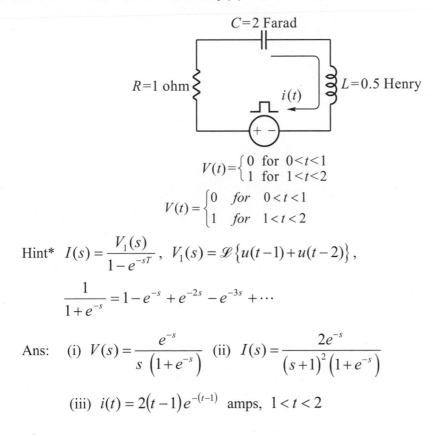

$C=2$ Farad

$R=1$ ohm

$L=0.5$ Henry

$i(t)$

$V(t) = \begin{cases} 0 & \text{for } 0<t<1 \\ 1 & \text{for } 1<t<2 \end{cases}$

$V(t) = \begin{cases} 0 & for \;\; 0<t<1 \\ 1 & for \;\; 1<t<2 \end{cases}$

Hint* $I(s) = \dfrac{V_1(s)}{1 - e^{-sT}}$, $V_1(s) = \mathscr{L}\{u(t-1) + u(t-2)\}$,

$\dfrac{1}{1 + e^{-s}} = 1 - e^{-s} + e^{-2s} - e^{-3s} + \cdots$

Ans: (i) $V(s) = \dfrac{e^{-s}}{s\left(1 + e^{-s}\right)}$ (ii) $I(s) = \dfrac{2e^{-s}}{\left(s+1\right)^2 \left(1 + e^{-s}\right)}$

(iii) $i(t) = 2(t-1)e^{-(t-1)}$ amps, $1 < t < 2$

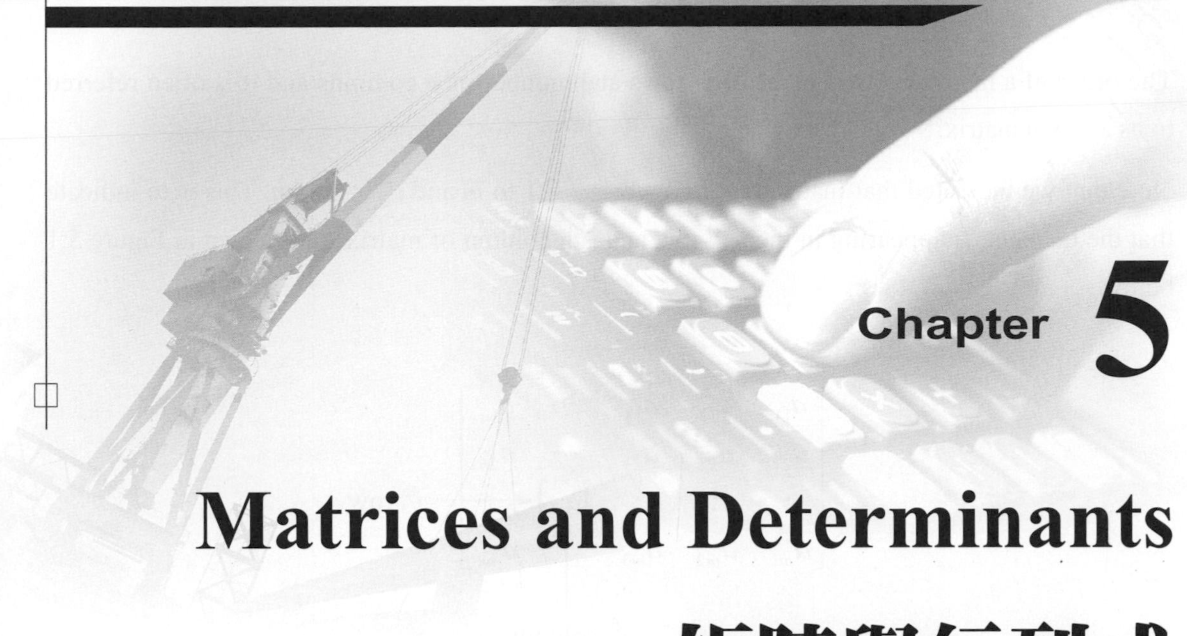

Chapter **5**

Matrices and Determinants
矩陣與行列式

5.1 Matrices Concepts
基本矩陣概念

A matrix is an order of rectangular array 排列 of numbers (or function) arranged in m rows 列 and n columns 行 denoted by:

$$
\begin{array}{c}
\begin{array}{cccc} n=1 & 2 & \dots & n \end{array} \\
A = \begin{bmatrix} a_{11} & a_{12} & \cdots & a_{1n} \\ a_{21} & a_{22} & & a_{2n} \\ \vdots & & \ddots & \vdots \\ a_{m1} & a_{m2} & \cdots & a_{mn} \end{bmatrix} \begin{array}{l} m=1 \\ =2 \\ =\cdots \\ =m \end{array} \quad m \text{ rows 列} \\
n \text{ columns 行}
\end{array}
$$

Figure 5.0　A matrix of order $m \times n$

The order of a matrix is its number of m rows and number of n columns and it is often referred to as a m x n matrix.

Note that we indicated that matrix $A = [a_{ij}]$ where $i = 1$ to m and $j = 1$ to n. This is to indicate that the element a_{ij} appearing in the i-th row and j-th column of matrix A as shown in Figure 5.1 below.

$$
\begin{bmatrix}
a_{11} & a_{12} & a_{13} & \cdots & a_{1n} \\
a_{21} & a_{22} & a_{23} & \cdots & a_{2n} \\
\vdots & \vdots & \vdots & (a_{ij}) & \\
a_{m1} & a_{m2} & a_{m3} & & a_{mn}
\end{bmatrix} \longleftarrow i^{\text{th}} \text{ row}
$$

j^{th} column

Figure 5.1   Matrix element

Each of these number a_{ij} is commonly known as an **element** 元素 or **entry** 輸入 of the matrix and these element can be of any form such as real 實數 or imaginary number 虛數. As for each element a_{11}, a_{22} and a_{33}, they are known as the principal diagonal elements 主要對角元素 of the matrix. Therefore, for a 3 x 3 matrix as shown in Figure 5.2, $a_{11} = 10$, $a_{22} = 1$, $a_{33} = -j6$.

$$
\begin{array}{l}
\text{Row 1} \rightarrow \\
\text{Row 2} \rightarrow \\
\text{Row 3} \rightarrow
\end{array}
\begin{bmatrix}
10 & 4 & 3 \\
\sin t & 1 & 5+j \\
e^t & 9 & -j6
\end{bmatrix}
$$

Column 1   Column 2   Column 3

Figure 5.2   Matrix element with order 3 x 3

Hence:

$A = \begin{bmatrix} 2 & 3 & -7 & 3 \end{bmatrix}$

A is a Line Matrix of order 1 x 4. (1 row and 4 columns). Note that a Line Matrix is a matrix consists of 1 row only).

$B = \begin{bmatrix} 2 \\ 4 \\ 5 \\ 7 \end{bmatrix}$

B is a Column Matrix of order 4 x 1 opposite to *A*. (4 rows and 1 column). Note that a Column Matrix consist of 1 column only

$C = \begin{bmatrix} 1+4j & 4 & \sin t & -j6 \\ -7 & 0 & 4 & 1 \end{bmatrix}$

C is a matrix of order 2 x 4. (2 rows and 4 columns).

$D = \begin{bmatrix} 2 & 5 & 6 & -7 \\ 3 & -3j & 4 & -1 \\ 1 & 8 & 9 & 5 \\ -4 & 6 & 1 & 7 \end{bmatrix}$

D is a Square Matrix of order 4 x 4. (4 rows and 4 columns). Note that a square matrix 方矩陣 is a matrix whose number of rows *n* is the same as number of columns *m*.

$E = \begin{bmatrix} 3 \end{bmatrix}$

E is a scalar 純量 matrix as is a 1x1 matrix.

Example (1): Determine the order of the below matrices.

(a) The matrix $\begin{bmatrix} 4 & 5 \\ 6 & 9 \\ 4 & 1 \end{bmatrix}$ is of order **3 x 2**

(b) The matrix $\begin{bmatrix} 2 & 6 & 1 & 7 \\ 4 & 1 & 1 & 9 \end{bmatrix}$ is of order **2 x 4**

(c) $\begin{bmatrix} 5 \\ 2 \end{bmatrix}$ is a **Column Matrix** of order **2 x 1**

(d) $\begin{bmatrix} 4 & 0 & 7 \end{bmatrix}$ is a **Line Matrix** of order **1 x 3**

5.2 Basic properties of Matrices 矩陣的基本性質

(a) Equality of Matrices 相同矩陣

Two matrices A and B are equal if:

(i) They are of the same size or are equal. E.g. Number of rows of A equals to number of rows B, and similar for columns.

(ii) All corresponding elements of A and B are equal. Therefore, if $A = (a_{ij})$, $B = (b_{ij})$, and if $a_{ij} = b_{ij}$ for all values of i and j, we said that :

$A = B$.

e.g. $A = \begin{bmatrix} 1 & 4 \\ 3 & 9 \end{bmatrix}$, $B = \begin{bmatrix} 3 & 1 \\ 5 & 9 \end{bmatrix}$, $C = \begin{bmatrix} 3 & 1 \\ 5 & 9 \end{bmatrix}$

we said that $A \neq B$ (A not equal to B) but $B = C$ (B is equal to C).

(b) Matrix Addition and Subtraction 矩陣之加法與減法

For addition of matrices, we can only add an m x n matrix to another m x n matrix. If A has elements a_{ij} and B has elements b_{ij}, then:

$$A + B \text{ has elements } \Rightarrow a_{ij} + b_{ij}$$

e.g. $\begin{bmatrix} a_{11} & a_{12} & a_{13} \cdots \\ a_{21} & a_{22} & a_{23} \cdots \\ \vdots & \vdots & \vdots \end{bmatrix} + \begin{bmatrix} b_{11} & b_{12} & b_{13} \cdots \\ b_{21} & b_{22} & b_{23} \cdots \\ \vdots & \vdots & \vdots \end{bmatrix} = \begin{bmatrix} a_{11} + b_{11} & a_{12} + b_{12} & a_{13} + b_{13} \cdots \\ a_{21} + b_{21} & a_{22} + b_{22} & a_{23} + b_{23} \cdots \\ \vdots & \vdots & \vdots \end{bmatrix}$

For matrix subtraction, the rule is the same as addition.

Example (2):   If $A = \begin{bmatrix} 2 & 4 \\ 6 & 1 \end{bmatrix}$, $B = \begin{bmatrix} 3 & 7 \\ 9 & 1 \end{bmatrix}$, determine (a) $A+B$ (b) $A-B$

Solution:

(a) $A+B = \begin{bmatrix} 2 & 4 \\ 6 & 1 \end{bmatrix} + \begin{bmatrix} 3 & 7 \\ 9 & 1 \end{bmatrix}$

$= \begin{bmatrix} 2+3 & 4+7 \\ 6+9 & 1+1 \end{bmatrix} = \begin{bmatrix} 5 & 11 \\ 15 & 2 \end{bmatrix}$

(b) $A-B = \begin{bmatrix} 2 & 4 \\ 6 & 1 \end{bmatrix} - \begin{bmatrix} 3 & 7 \\ 9 & 1 \end{bmatrix}$

$= \begin{bmatrix} 2-3 & 4-7 \\ 6-9 & 1-1 \end{bmatrix} = \begin{bmatrix} -1 & -3 \\ -3 & 0 \end{bmatrix}$

Note that:

(1)   For addition and subtraction, the two matrices must have the same sizes.

(2)   Matrix addition is cumulative 累積的 $\Rightarrow$ $A+B = B+A$

(3)   Matrix addition is associative 相連的 $\Rightarrow$ $A+(B+C) = (A+B)+C$

(c) Matrix Scalar Multiplication 矩陣之純量乘法

The matrix distribution law says that: $\lambda(A + B) = \lambda A + \lambda B$ as λ is a scalar 純量. This implies that each element of the matrix will be multiplied by the scalar number where $\lambda A = [\lambda a_{ij}]$.

Therefore, if $A = \begin{bmatrix} a_{11} & a_{12} \\ a_{21} & a_{22} \end{bmatrix}$, then $\lambda A = \lambda \begin{bmatrix} a_{11} & a_{12} \\ a_{21} & a_{22} \end{bmatrix} = \begin{bmatrix} \lambda a_{11} & \lambda a_{12} \\ \lambda a_{21} & \lambda a_{22} \end{bmatrix}$

Note that scalar multiplication is commutative 換向的 $\Rightarrow$ $\lambda A = A\lambda$. This means that we can work in reverse by taking out a common factor out of each element.

Example (3): If $A = \begin{bmatrix} 2 & 4 \\ 6 & 1 \end{bmatrix}$ and $B = \begin{bmatrix} 3 & 2 & 1 \\ 6 & 1 & 2 \end{bmatrix}$, find (a) $3A$ (b) $5B$.

Solution:

(a) $3A = A3 = \begin{bmatrix} 3\times2 & 3\times4 \\ 3\times6 & 3\times1 \end{bmatrix} = \begin{bmatrix} 6 & 12 \\ 18 & 3 \end{bmatrix}$

(b) $5B = B5 = \begin{bmatrix} 5\times3 & 5\times2 & 5\times1 \\ 5\times6 & 5\times1 & 5\times2 \end{bmatrix} = \begin{bmatrix} 15 & 10 & 5 \\ 30 & 5 & 10 \end{bmatrix}$

(d) Matrix Multiplication 矩陣之乘法

Two matrices A and B can be multiplied as $A \times B$ (denoted as AB) if and only if the number of columns of A is equal to the number of rows of B. If A is a $m \times n$ matrix and B is a $p \times q$ matrix, then:

$$AB = C \text{ is } n \times p \text{ with } C_{ij} = \sum_{k=1}^{n} a_{ij} b_{jk}$$

Note that if $A = \begin{bmatrix} 3 & 2 & 1 & 6 \\ 4 & 9 & 5 & 7 \end{bmatrix}$ and $B = \begin{bmatrix} 3 \\ 4 \\ 5 \\ 6 \end{bmatrix}$, the multiplication $A \times B$ can happen since

(column A) = (row B) = 4. Note that $B \times A$ in this case is impossible as (column B) $\neq$ (row A).

Figure 5.3 shows the multiplication of two matrices A and B that result in a matrix C. It is done by multiplying and summing the corresponding elements (i^{th} rows of matrix A with j^{th} column of matrix B) where;

$$C_{ij} = a_{i1}b_{1j} + a_{i2}b_{2j} + a_{i3}b_{3j} + \cdots + a_{in}b_{nj}$$

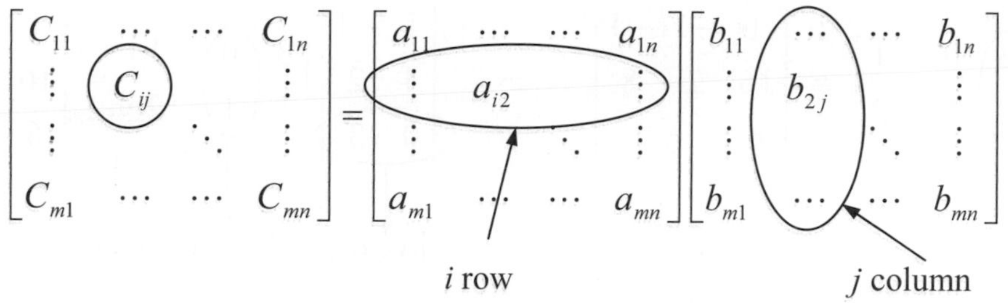

$$\begin{bmatrix} C_{11} & \cdots & \cdots & C_{1n} \\ \vdots & C_{ij} & & \vdots \\ \vdots & & \ddots & \vdots \\ C_{m1} & \cdots & \cdots & C_{mn} \end{bmatrix} = \begin{bmatrix} a_{11} & \cdots & \cdots & a_{1n} \\ \vdots & a_{i2} & & \vdots \\ \vdots & & \ddots & \vdots \\ a_{m1} & \cdots & \cdots & a_{mn} \end{bmatrix} \begin{bmatrix} b_{11} & \cdots & \cdots & b_{1n} \\ \vdots & b_{2j} & & \vdots \\ \vdots & & \ddots & \vdots \\ b_{m1} & \cdots & \cdots & b_{mn} \end{bmatrix}$$

i row   *j* column

Figure 5.3 Multiplication of two matrices

If we let $A = \begin{bmatrix} 1 & -1 \\ 4 & 2 \\ 0 & 3 \end{bmatrix}$ and $B = \begin{bmatrix} 3 & 0 & 1 \\ 2 & 1 & 2 \end{bmatrix}$, the multiplication of matrix A to matrix B is:

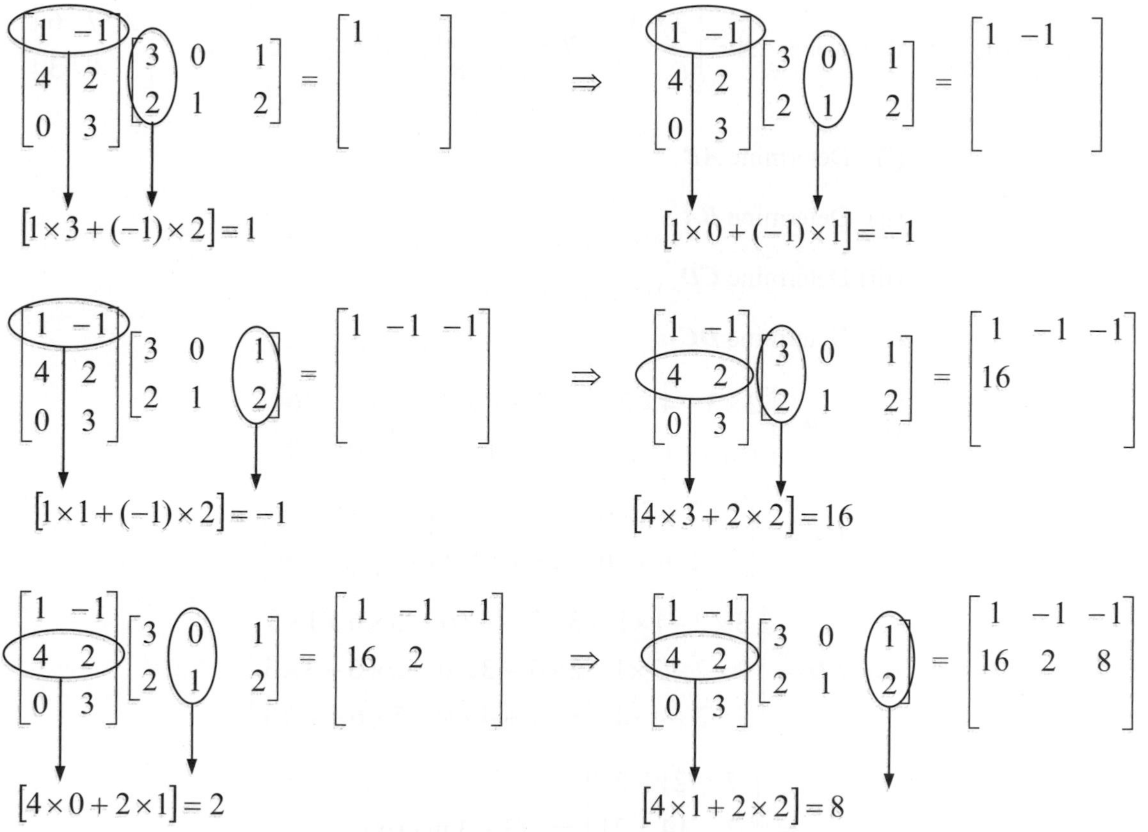

$$\begin{bmatrix} 1 & -1 \\ 4 & 2 \\ 0 & 3 \end{bmatrix}\begin{bmatrix} 3 & 0 & 1 \\ 2 & 1 & 2 \end{bmatrix} = \begin{bmatrix} 1 & & \\ & & \\ & & \end{bmatrix} \quad\Rightarrow\quad \begin{bmatrix} 1 & -1 \\ 4 & 2 \\ 0 & 3 \end{bmatrix}\begin{bmatrix} 3 & 0 & 1 \\ 2 & 1 & 2 \end{bmatrix} = \begin{bmatrix} 1 & -1 & \\ & & \\ & & \end{bmatrix}$$

$$[1\times3+(-1)\times2]=1 \qquad\qquad\qquad [1\times0+(-1)\times1]=-1$$

$$\begin{bmatrix} 1 & -1 \\ 4 & 2 \\ 0 & 3 \end{bmatrix}\begin{bmatrix} 3 & 0 & 1 \\ 2 & 1 & 2 \end{bmatrix} = \begin{bmatrix} 1 & -1 & -1 \\ & & \\ & & \end{bmatrix} \quad\Rightarrow\quad \begin{bmatrix} 1 & -1 \\ 4 & 2 \\ 0 & 3 \end{bmatrix}\begin{bmatrix} 3 & 0 & 1 \\ 2 & 1 & 2 \end{bmatrix} = \begin{bmatrix} 1 & -1 & -1 \\ 16 & & \\ & & \end{bmatrix}$$

$$[1\times1+(-1)\times2]=-1 \qquad\qquad\qquad [4\times3+2\times2]=16$$

$$\begin{bmatrix} 1 & -1 \\ 4 & 2 \\ 0 & 3 \end{bmatrix}\begin{bmatrix} 3 & 0 & 1 \\ 2 & 1 & 2 \end{bmatrix} = \begin{bmatrix} 1 & -1 & -1 \\ 16 & 2 & \\ & & \end{bmatrix} \quad\Rightarrow\quad \begin{bmatrix} 1 & -1 \\ 4 & 2 \\ 0 & 3 \end{bmatrix}\begin{bmatrix} 3 & 0 & 1 \\ 2 & 1 & 2 \end{bmatrix} = \begin{bmatrix} 1 & -1 & -1 \\ 16 & 2 & 8 \\ & & \end{bmatrix}$$

$$[4\times0+2\times1]=2 \qquad\qquad\qquad [4\times1+2\times2]=8$$

$$\begin{bmatrix} 1 & -1 \\ 4 & 2 \\ 0 & 3 \end{bmatrix} \begin{bmatrix} 3 & 0 & 1 \\ 2 & 1 & 2 \end{bmatrix} = \begin{bmatrix} 1 & -1 & -1 \\ 16 & 2 & 8 \\ 6 & & \end{bmatrix} \Rightarrow \begin{bmatrix} 1 & -1 \\ 4 & 2 \\ 0 & 3 \end{bmatrix} \begin{bmatrix} 3 & 0 & 1 \\ 2 & 1 & 2 \end{bmatrix} = \begin{bmatrix} 1 & -1 & -1 \\ 16 & 2 & 8 \\ 6 & 3 & \end{bmatrix}$$

$$\begin{bmatrix} 0 \times 3 + 3 \times 2 \end{bmatrix} = 6 \qquad\qquad\qquad \begin{bmatrix} 0 \times 0 + 3 \times 1 \end{bmatrix} = 3$$

$$\begin{bmatrix} 1 & -1 \\ 4 & 2 \\ 0 & 3 \end{bmatrix} \begin{bmatrix} 3 & 0 & 1 \\ 2 & 1 & 2 \end{bmatrix} = \begin{bmatrix} 1 & -1 & -1 \\ 16 & 2 & 8 \\ 6 & 3 & 6 \end{bmatrix}$$

The multiplication will end after all the rows on the left matrix have multiplied with all the columns on the right matrix.

$$\begin{bmatrix} 0 \times 1 + 3 \times 2 \end{bmatrix} = 6$$

Example (4): If matrices $A = \begin{bmatrix} 2 & 4 \\ 6 & 1 \end{bmatrix}$, $B = \begin{bmatrix} 3 & 7 \\ 2 & 8 \end{bmatrix}$, $C = \begin{bmatrix} 3 & 1 \\ 2 & 3 \\ 5 & 4 \end{bmatrix}$, $D = \begin{bmatrix} 2 & 7 & 6 \\ 1 & 0 & 3 \end{bmatrix}$

(i)   Determine AB

(ii) Determine BA

(iii) Determine CD

(iv) Determine DC

Solution:

(i) $AB = \begin{bmatrix} 2 \times 3 + 4 \times 2 & 2 \times 7 + 4 \times 8 \\ 6 \times 3 + 1 \times 2 & 6 \times 7 + 1 \times 8 \end{bmatrix} = \begin{bmatrix} 14 & 46 \\ 20 & 50 \end{bmatrix}$

(ii) $BA = \begin{bmatrix} 3 \times 2 + 7 \times 6 & 3 \times 4 + 7 \times 1 \\ 2 \times 2 + 8 \times 6 & 2 \times 4 + 8 \times 1 \end{bmatrix} = \begin{bmatrix} 48 & 19 \\ 52 & 16 \end{bmatrix}$

(iii) $CD = \begin{bmatrix} 3 \times 2 + 1 \times 1 & 3 \times 7 + 1 \times 0 & 3 \times 6 + 1 \times 3 \\ 2 \times 2 + 3 \times 1 & 2 \times 7 + 3 \times 0 & 2 \times 6 + 3 \times 3 \\ 5 \times 2 + 4 \times 1 & 5 \times 7 + 4 \times 0 & 5 \times 6 + 4 \times 3 \end{bmatrix}$

$$= \begin{bmatrix} 7 & 21 & 21 \\ 7 & 14 & 21 \\ 14 & 35 & 42 \end{bmatrix} \Rightarrow \text{(3 x 3 matrix)}$$

$$\text{(iv) } DC = \begin{bmatrix} 2\times3+7\times2+6\times5 & 2\times1+7\times3+6\times4 \\ 1\times3+0\times2+3\times5 & 1\times1+0\times3+3\times4 \end{bmatrix} = \begin{bmatrix} 50 & 47 \\ 18 & 13 \end{bmatrix}$$

$$\Rightarrow (2 \text{ x } 2 \text{ matrix})$$

From the above, we know that Matrix multiplication is not commutative. Therefore we can denote that $AB \neq BA$ and $CD \neq DC$. *矩陣之乘法不是換向的

From example (4), matrix A and matrix B are both square matrices of order (2 x 2). The multiplication of AB or BA will therefore produce a square matrix of order (2 x 2). But the multiplication of C and D with order (3 x 2) and (2 x 3) respectively will produce a matrix of order (3 x 3) for CD and a matrix of order (3 x 3) for DC.

Below are some of the properties of matrices for sums and products if matrices A, B and C are of appropriate dimension:

(i) $(AB)C = A(BC)$ (Associative 相連的)

(ii) $A(B+C) = AB + AC$ (Distributive 可分配)

(iii) $(B+C)A = BA + CA$ (Distributive 可分配)

(iv) $\lambda(AB) = (\lambda A)B = A(\lambda B)$ (Commutative 換向的) (Note* λ is a scalar)

(e) Powers of a Matrix 矩陣之乘方

If matrix A is an n x n matrix, any positive integer 正整數 power A^p is defined as

$$A^p = AA.....A \text{ (p is an integer 整數)}$$

In particular, $A^2 = AA$ and $A^3 = AAA$

Example (5):   Given the matrices: $A = \begin{bmatrix} 2 & 0 & 1 \\ 0 & 1 & -2 \\ 3 & 1 & -1 \end{bmatrix}$, $B = \begin{bmatrix} 3 & 1 \\ 2 & 0 \\ 0 & 4 \end{bmatrix}$ and $C = \begin{bmatrix} 6 & 4 \\ 2 & 1 \end{bmatrix}$

     Find: (a) AB (b) BA (c) B^2 (d) $C^2 A$ (e) ABC

Solution: (a) $AB = \begin{bmatrix} 2 & 0 & 1 \\ 0 & 1 & -2 \\ 3 & 1 & -1 \end{bmatrix} \begin{bmatrix} 3 & 1 \\ 2 & 0 \\ 0 & 4 \end{bmatrix}$

$$= \begin{bmatrix} 2\times3+0\times2+1\times0 & 2\times1+0\times0+1\times4 \\ 0\times3+1\times2+(-2)\times0 & 0\times1+1\times0+(-2)\times4 \\ 3\times3+1\times2+(-1)\times0 & 3\times1+1\times0+(-1)\times4 \end{bmatrix}$$

$$= \begin{bmatrix} 6 & 6 \\ 2 & -8 \\ 11 & -1 \end{bmatrix}$$

(b) $BA = \begin{bmatrix} 3 & 1 \\ 2 & 0 \\ 0 & 4 \end{bmatrix} \begin{bmatrix} 2 & 0 & 1 \\ 0 & 1 & -2 \\ 3 & 1 & -1 \end{bmatrix} \Rightarrow$ unable to multiply

(column of $B \neq$ row of A)

(c) $B^2 = B_1 \times B_2 = \begin{bmatrix} 3 & 1 \\ 2 & 0 \\ 0 & 4 \end{bmatrix} \begin{bmatrix} 3 & 1 \\ 2 & 0 \\ 0 & 4 \end{bmatrix} \Rightarrow$ unable to multiply

(column of $B_1 \neq$ row of B_2)

(d) $C^2 = \begin{bmatrix} 6 & 4 \\ 2 & 1 \end{bmatrix} \begin{bmatrix} 6 & 4 \\ 2 & 1 \end{bmatrix} = \begin{bmatrix} 6\times6+4\times2 & 6\times4+4\times1 \\ 2\times6+1\times2 & 2\times4+1\times1 \end{bmatrix} = \begin{bmatrix} 44 & 28 \\ 14 & 9 \end{bmatrix}$

$$C^2 A = \begin{bmatrix} 44 & 28 \\ 14 & 9 \end{bmatrix} \begin{bmatrix} 2 & 0 & 1 \\ 0 & 1 & -2 \\ 3 & 1 & -1 \end{bmatrix} \Rightarrow$$ unable to multiply

(column of $C^2 \neq$ row of A)

(e) $ABC = \begin{bmatrix} 6 & 6 \\ 2 & -8 \\ 11 & -1 \end{bmatrix} \begin{bmatrix} 6 & 4 \\ 2 & 1 \end{bmatrix}$

$$= \begin{bmatrix} 6\times6+6\times2 & 6\times4+6\times1 \\ 2\times6+(-8)\times2 & 2\times4+(-8)\times1 \\ 11\times6+(-1)\times2 & 11\times4+(-1)\times1 \end{bmatrix} = \begin{bmatrix} 48 & 30 \\ -4 & 0 \\ 64 & 43 \end{bmatrix}$$

(f) Matrix Transposition 矩陣轉置

Suppose A is an m x n matrix. Then from A, a new matrix can be formed whose rows are the columns of A, taken in order and whose columns are the rows of A, taken in order. Therefore, by interchanging the rows and columns in A, this new matrix is called the transpose of A; it is an n x m matrix and is denoted by A^T. Therefore,

$$\text{If } A = \begin{bmatrix} 1 & 5 & 3 \\ 4 & 7 & 2 \end{bmatrix}, \text{ then } A^T = \begin{bmatrix} 1 & 4 \\ 5 & 7 \\ 3 & 2 \end{bmatrix}$$

$$\text{If } A = \begin{bmatrix} 1 & 2 & 3 \\ 4 & 5 & 6 \\ 7 & 8 & 9 \end{bmatrix} \text{ then } A^T = \begin{bmatrix} 1 & 4 & 7 \\ 2 & 5 & 8 \\ 3 & 6 & 9 \end{bmatrix}$$

$$\text{If } A = \begin{bmatrix} 3 & 0 & 2 & 4 \\ 7 & -1 & -2 & 6 \\ 3 & 5 & -1 & -1 \end{bmatrix} \text{ then } A^T = \begin{bmatrix} 3 & 7 & 3 \\ 0 & -1 & 5 \\ 2 & -2 & -1 \\ 4 & 6 & -1 \end{bmatrix}$$

There are a few important properties of the transpose operation is that for an m x n matrix A and any p x q matrix B,

(1) $(A + B)^T = A^T + B^T$

(2) $(AB)^T = B^T A^T$

(3) $(A^T)^T = A$

5.3 Special Matrices
特別的矩陣

(a) Symmetric Matrices 對稱的矩陣

If a square matrix A is said to be symmetric, then: $A = A^T$.

$$A = A^{\mathrm{T}} = \begin{bmatrix} 1.3 & 3 & -1 \\ 3 & -2 & 0.5 \\ -1 & 0.5 & 3 \end{bmatrix} \Rightarrow \text{ Symmetric.}$$

(b) (Anti)Skew-Symmetric 反對稱 Matrices

If a square matrix A is said to be Skew-Symmetric/Anti-Symmetric, then: $A = -A^{\mathrm{T}}$

$$A = -A^{\mathrm{T}} = \begin{bmatrix} 0 & 2 & -1 \\ -2 & 0 & 3 \\ 1 & -3 & 0 \end{bmatrix} \Rightarrow \text{Skew/Anti-Symmetric}$$

(c) Zero Matrix 零矩陣

A Zero or Null matrix, 0, of a given size, has zeros for all its elements 元素. It is denoted by 0 and is not necessary a square matrix where $A = 0$.

(d) Diagonal Matrices 對角矩陣

A diagonal matrix is a square matrix with zeros everywhere except on the leading diagonal. A diagonal matrix is symmetric, for example:

$$\begin{bmatrix} 4 & 0 & 0 & 0 \\ 0 & 3 & 0 & 0 \\ 0 & 0 & -5 & 0 \\ 0 & 0 & 0 & 1 \end{bmatrix}$$

(e) Identity Matrix / Unit Matrix 單位矩陣

An identity or unit matrix is a diagonal matrix with all the diagonal elements is equal to 1. The order n has 1 at each position on the leading diagonal and zero elsewhere. It is denoted by $\mathbf{I}_n$ or, of its order is clear from the context, simply by $\mathbf{I}$. Thus:

$$\mathbf{I}_2 = \begin{bmatrix} 1 & 0 \\ 0 & 1 \end{bmatrix}, \quad \mathbf{I}_3 = \begin{bmatrix} 1 & 0 & 0 \\ 0 & 1 & 0 \\ 0 & 0 & 1 \end{bmatrix}$$

$\mathbf{I}_n$ is diagonal matrix of order $n \times n$.

(f) Triangular Matrices 三角矩陣

For a square matrix of order $p \times p$, if all the elements below the main diagonal are zero, it is an **upper triangle** matrix 上三角矩陣 .

$$A = \begin{bmatrix} a_{11} & a_{12} & \cdots & a_{1p} \\ 0 & a_{22} & & \vdots \\ \vdots & & \ddots & \\ 0 & \cdots & \cdots & a_{pp} \end{bmatrix} \qquad \text{e.g. } A = \begin{bmatrix} 1 & 2 & 3 \\ 0 & 4 & 6 \\ 0 & 0 & 5 \end{bmatrix}$$

It is called a **lower triangle** matrix 下三角矩陣 if all the elements above the diagonal are zero.

$$A = \begin{bmatrix} a_{11} & 0 & \cdots & 0 \\ a_{21} & a_{22} & & \vdots \\ \vdots & & \ddots & \vdots \\ a_{p1} & a_{p2} & \cdots & a_{pp} \end{bmatrix} \qquad \text{e.g. } A = \begin{bmatrix} 1 & 0 & 0 \\ 2 & 4 & 0 \\ 3 & 6 & 5 \end{bmatrix}$$

5.4   **Determinant 行列式**

The ideal of a determinant is closely related to that of a square matrix and is crucial to the solution of linear equations. We shall deal here mainly with 2 x 2 and 3 x 3 determinants.

Given the square matrix $A = \begin{bmatrix} a_{11} & a_{12} \\ a_{21} & a_{22} \end{bmatrix}$, the **determinant** of matrix A, denoted by det A or $|A|$, and it is given by:

$$|A| = \begin{vmatrix} \overset{+}{a_{11}} & a_{12} \\ a_{21} & a_{22} \\ \scriptstyle{-} & \end{vmatrix} = a_{11}a_{12} - a_{12}a_{21}$$

Note that   determinant can only be determined if the number of rows is equal to number of column which mean that it is only applied to a square matrix only. If a matrix determinant is zero, it is known as a *singular* matrix 奇異方陣.

Example (6):   Determine the determinant of the following 2 x 2 matrices

(a) $A = \begin{bmatrix} 2 & 4 \\ 6 & 1 \end{bmatrix}$,   (b) $B = \begin{bmatrix} 3 & 7 \\ 3 & 8 \end{bmatrix}$,   (c) $C = \begin{bmatrix} 4 & 0 \\ 2 & 2 \end{bmatrix}$

Solution: (a) $|A| = \begin{bmatrix} 2 & 4 \\ 6 & 1 \end{bmatrix} = 2 \times 1 - 4 \times 6 = -22$

(b) $|B| = \begin{bmatrix} 3 & 7 \\ 3 & 8 \end{bmatrix} = 3 \times 8 - 7 \times 3 = 3$

(c) $|C| = \begin{bmatrix} 4 & 0 \\ 2 & 2 \end{bmatrix} = 4 \times 2 - 0 \times 2 = 8$

5.4.1   Minor and Cofactors 子式與餘因子

For a matrix A of order $m \times n$, its determinant A or sometime denoted as $|A|$, is associated with its minor 子式 and cofactor 餘因子.

The Minors 子式

For a given determinant of $\begin{vmatrix} A & B & C \\ D & E & F \\ G & H & I \end{vmatrix}$, the minor of element A , denoted as $\left(M_A \right)$ is the

determinant of the remains after removing all the elements (rows and columns) associating with   element A.

$\begin{vmatrix} \cancel{A} & \cancel{B} & \cancel{C} \\ D & E & F \\ G & H & I \end{vmatrix}$ 　　　　Therefore, $M_A = \begin{vmatrix} E & F \\ H & I \end{vmatrix} = E \times I - F \times H$

By applying the above methods from element A to I, we will get:

$$M_B = \begin{vmatrix} D & F \\ G & I \end{vmatrix}, \quad M_C = \begin{vmatrix} D & E \\ G & H \end{vmatrix}, \quad M_D = \begin{vmatrix} B & C \\ H & I \end{vmatrix}, \quad M_E = \begin{vmatrix} A & C \\ G & I \end{vmatrix},$$

$$M_F = \begin{vmatrix} A & B \\ G & H \end{vmatrix}, \quad M_G = \begin{vmatrix} B & C \\ E & F \end{vmatrix}, \quad M_H = \begin{vmatrix} A & C \\ D & F \end{vmatrix}, \quad M_I = \begin{vmatrix} A & B \\ D & E \end{vmatrix}$$

Therefore, the minor (M) is:

$$M = \begin{vmatrix} \begin{vmatrix} E & F \\ H & I \end{vmatrix} & \begin{vmatrix} D & F \\ G & I \end{vmatrix} & \begin{vmatrix} D & E \\ G & H \end{vmatrix} \\ \begin{vmatrix} B & C \\ H & I \end{vmatrix} & \begin{vmatrix} A & C \\ G & I \end{vmatrix} & \begin{vmatrix} A & B \\ G & H \end{vmatrix} \\ \begin{vmatrix} B & C \\ E & F \end{vmatrix} & \begin{vmatrix} A & C \\ D & F \end{vmatrix} & \begin{vmatrix} A & B \\ D & E \end{vmatrix} \end{vmatrix} = \begin{vmatrix} M_A & M_B & M_C \\ M_D & M_E & M_F \\ M_G & M_H & M_I \end{vmatrix}$$

Example (7):   Determine the minor (M) of the following determinant:

(a) $|X| = \begin{vmatrix} 1 & 3 \\ 5 & 7 \end{vmatrix}$ (b) $|Y| = \begin{vmatrix} 1 & 2 & 3 \\ 5 & 6 & 7 \\ 9 & 5 & 1 \end{vmatrix}$

Solution: (a)   Minor of the determinant $X = M_X = \begin{vmatrix} 7 & 5 \\ 3 & 1 \end{vmatrix}$

(since it is a 2×2 matrix)

(b) Minor of the determinant $Y =$

$$M_Y = \begin{vmatrix} \begin{vmatrix} 6 & 7 \\ 5 & 1 \end{vmatrix} & \begin{vmatrix} 5 & 7 \\ 9 & 1 \end{vmatrix} & \begin{vmatrix} 5 & 6 \\ 9 & 5 \end{vmatrix} \\ \begin{vmatrix} 2 & 3 \\ 5 & 1 \end{vmatrix} & \begin{vmatrix} 1 & 3 \\ 9 & 1 \end{vmatrix} & \begin{vmatrix} 1 & 2 \\ 9 & 5 \end{vmatrix} \\ \begin{vmatrix} 2 & 3 \\ 6 & 7 \end{vmatrix} & \begin{vmatrix} 1 & 3 \\ 5 & 7 \end{vmatrix} & \begin{vmatrix} 1 & 2 \\ 5 & 6 \end{vmatrix} \end{vmatrix} = \begin{vmatrix} -29 & -58 & -29 \\ -13 & -26 & -13 \\ -4 & -8 & -4 \end{vmatrix}$$

since

$$M_{11} = \begin{vmatrix} 6 & 7 \\ 5 & 1 \end{vmatrix} - 29, \quad M_{12} = \begin{vmatrix} 5 & 7 \\ 9 & 1 \end{vmatrix} = -58, \quad M_{13} = \begin{vmatrix} 5 & 6 \\ 9 & 5 \end{vmatrix} = -29,$$

$$M_{21} = \begin{vmatrix} 2 & 3 \\ 5 & 1 \end{vmatrix} = -13, \quad M_{22} = \begin{vmatrix} 1 & 3 \\ 9 & 1 \end{vmatrix} = -26, \quad M_{23} = \begin{vmatrix} 1 & 2 \\ 9 & 5 \end{vmatrix} = -13,$$

$$M_{31} = \begin{vmatrix} 2 & 3 \\ 6 & 7 \end{vmatrix} = -4, \quad M_{32} = \begin{vmatrix} 1 & 3 \\ 5 & 7 \end{vmatrix} = -8, \quad M_{33} = \begin{vmatrix} 1 & 2 \\ 5 & 6 \end{vmatrix} = -4.$$

The Cofactors 餘因子

The cofactor of a square matrix is simply the minor M attached with a "place sign 記號" as shown in Figure 5.4.

$$C = \begin{vmatrix} M_{11} & M_{12} & \cdots & M_{1n} \\ M_{21} & M_{22} & & M_{2n} \\ \vdots & & \ddots & \vdots \\ M_{n1} & M_{n2} & \cdots & M_{nn} \end{vmatrix} \Leftrightarrow \begin{vmatrix} + & - & + & - & \cdots \\ - & + & - & \\ + & - & + & \\ \vdots & & & \end{vmatrix} \Rightarrow \begin{vmatrix} +M_{11} & -M_{12} & \cdots & \cdots M_{1n} \\ -M_{21} & +M_{22} & & \cdots M_{2n} \\ \vdots & & \ddots & \vdots \\ \vdots M_{n1} & \cdots M_{n2} & \cdots & \cdots M_{nn} \end{vmatrix}$$

$\underbrace{\qquad}_{Minor}$ $\underbrace{\qquad}_{placed\ sign}$

Figure 5.4   Minor *M* attached with a place sign = Cofactor *C*

Therefore, each element of the cofactor *C* is simply the minor of the element in the determinant together with its 'place sign'. From Figure 5.4, the appropriate place signs are given by alternately plus and minus from the top left-hand corner which carries a +.

Example (8):   From the given determinant, find the cofactor of element: (a) 7   (b) 8.

$$\begin{vmatrix} 1 & 2 & 3 \\ 4 & 5 & 6 \\ 7 & 8 & 9 \end{vmatrix}$$

Solution: (a)   the Minor of the determinant for element 7 is:

$$M_7 = \begin{vmatrix} 2 & 3 \\ 5 & 6 \end{vmatrix} = 12 - 15 = -3$$

To obtain the cofactor for element M_7, we put in the signs for element 7 which in this case is +ve.

$$\begin{vmatrix} 1 & 2 & 3 \\ 4 & 5 & 6 \\ 7 & 8 & 9 \end{vmatrix} \quad \begin{vmatrix} + & - & + \\ - & + & - \\ + & - & + \end{vmatrix}$$

Therefore the Cofactor for element 7 in the determinant is:

$$C_7 = +M_7 = +(-3) = -3$$

(b)   the Minor of the determinant for element 8 is:

$$M_8 = \begin{vmatrix} 1 & 3 \\ 4 & 6 \end{vmatrix} = 6 - 12 = -6$$

To obtain the cofactor for element M_8, we put in the signs for element 8 which in this case is -ve.

$$\begin{vmatrix} 1 & 2 & 3 \\ 4 & 5 & 6 \\ 7 & 8 & 9 \end{vmatrix} \qquad \begin{matrix} + & - & + \\ - & + & - \\ + & - & + \end{matrix}$$

Therefore the Cofactor for element 8 in the determinant is:

$$C_8 = -M_8 = -(-6) = 6$$

Example (9):   Find the Minor and cofactors of determinant A.

$$|A| = \begin{vmatrix} 3 & 1 & 4 \\ 1 & 3 & 2 \\ 2 & 0 & 1 \end{vmatrix}$$

Solution: The minor M_{ij} of determinant A is:

$$M_{ij} = \begin{vmatrix} M_{11} & M_{12} & M_{13} \\ M_{21} & M_{22} & M_{23} \\ M_{31} & M_{32} & M_{33} \end{vmatrix} = \begin{vmatrix} \begin{vmatrix} 3 & 2 \\ 0 & 1 \end{vmatrix} & \begin{vmatrix} 1 & 2 \\ 2 & 1 \end{vmatrix} & \begin{vmatrix} 1 & 3 \\ 2 & 0 \end{vmatrix} \\ \begin{vmatrix} 1 & 4 \\ 0 & 1 \end{vmatrix} & \begin{vmatrix} 3 & 4 \\ 2 & 1 \end{vmatrix} & \begin{vmatrix} 3 & 1 \\ 2 & 0 \end{vmatrix} \\ \begin{vmatrix} 1 & 4 \\ 3 & 2 \end{vmatrix} & \begin{vmatrix} 3 & 4 \\ 1 & 2 \end{vmatrix} & \begin{vmatrix} 3 & 1 \\ 1 & 3 \end{vmatrix} \end{vmatrix} = \begin{vmatrix} 3 & -3 & -6 \\ 1 & -5 & -2 \\ -10 & 2 & 8 \end{vmatrix}$$

By putting in the placed sign, the cofactor C_{ij} of determinant A is:

$$C_{ij} = \begin{vmatrix} +M_{11} & -M_{12} & +M_{13} \\ -M_{21} & +M_{22} & -M_{23} \\ +M_{31} & -M_{32} & +M_{33} \end{vmatrix} = \begin{vmatrix} C_{11} & C_{12} & C_{13} \\ C_{21} & C_{22} & C_{23} \\ C_{31} & C_{32} & C_{33} \end{vmatrix} = \begin{vmatrix} 3 & 3 & -6 \\ -1 & -5 & 2 \\ -10 & -2 & 8 \end{vmatrix}$$

5.4.2 Cofactor expansion of a determinant of any order
行列式任何階之餘因子展開

For a square matrix of order 3×3, the determinant of any order higher or equal to 3×3 can be obtained by making use of the Cofactors.

If we let a 3×3 matrix A be : $\begin{bmatrix} A_{11} & A_{12} & A_{13} \\ A_{21} & A_{22} & A_{23} \\ A_{31} & A_{32} & A_{33} \end{bmatrix}$

and C_{ij} be the cofactor of determinant:

$$C_{ij} = \begin{vmatrix} C_{11} & C_{12} & C_{13} \\ C_{21} & C_{22} & C_{23} \\ C_{31} & C_{32} & C_{33} \end{vmatrix} \quad \text{or} \quad C_{ij} = \begin{vmatrix} +M_{11} & -M_{12} & +M_{13} \\ -M_{21} & +M_{22} & -M_{23} \\ +M_{31} & -M_{32} & +M_{33} \end{vmatrix}$$

The determinant of matrix A expanding along the first row of the cofactor can be denoted as:

$$|A| = A_{11}C_{11} + A_{12}C_{12} + A_{13}C_{13}$$

Similarly, we can obtain the determinant by expanding the 2nd or 3rd row of the cofactors respectively:

$$|A| = A_{21}C_{21} + A_{22}C_{22} + A_{23}C_{23} \quad \text{or} \quad |A| = A_{31}C_{31} + A_{32}C_{32} + A_{33}C_{33}$$

Note that the determinant can be expanded at any row or column.

Alternatively, the determinant can be expanded by replacing C_{ij} with M_{ij} that comes with a placed sign. Therefore, the determinant expanded along the 1st row of C_{ij} can be denoted as:

$$|A| = A_{11}C_{11} + A_{12}C_{12} + A_{13}C_{13} = A_{11}M_{11} - A_{12}M_{12} + A_{13}M_{13}$$

Example (10):   Find the determinant of matrix $A = \begin{bmatrix} 2 & 3 & 5 \\ 4 & 1 & 6 \\ 1 & 4 & 0 \end{bmatrix}$ using the cofactors.

Solution: If we chose to expand the determinant by cofactor along the 1st row, then, we have to determine the 3 cofactors along the 1st row of matrix A.

the minor of the element 2 (which is element A_{11}) is:

$$M_{11} = \begin{vmatrix} 1 & 6 \\ 4 & 0 \end{vmatrix} = 0 - 24 = -24$$

the minor of the element 3 (which is element A_{12}) is:

$$M_{12} = \begin{vmatrix} 4 & 6 \\ 1 & 0 \end{vmatrix} = 0 - 6 = -6$$

the minor of the element 5 (which is element A_{13}) is:

$$M_{13} = \begin{vmatrix} 4 & 1 \\ 1 & 4 \end{vmatrix} = 16 - 1 = 15$$

By putting in the placed sign for the above Minors, we get the cofactors of the 1st row:

$$C_{11} = +M_{11} = -24 \qquad C_{12} = -M_{12} = 6 \qquad C_{13} = +M_{13} = 15$$

Therefore, by expanding along the 1st row of the cofactors, we get:

$$\text{Det } A = |A| = \begin{vmatrix} 2 & 3 & 5 \\ 4 & 1 & 6 \\ 1 & 4 & 0 \end{vmatrix} = A_{11}C_{11} + A_{12}C_{12} + A_{13}C_{13}$$

$$= 2(-24) + 3(6) + 5(15) = 45$$

Example (11):   Find the determinant of matrix A by evaluating the minors and cofactors.

$$|A| = \begin{vmatrix} 3 & 4 & 5 \\ 6 & -4 & 2 \\ 2 & -1 & 1 \end{vmatrix}$$

Solution: If we chose to expand the determinant by cofactor along the 1st row, then, we have to determine the 3 cofactors along the 1st row of matrix A.

the minor of the element 3 (which is element A_{11}) is:

$$M_{11} = \begin{vmatrix} -4 & 2 \\ -1 & 1 \end{vmatrix} = -4 - (-2) = -2$$

the minor of the element 4 (which is element A_{12}) is:

$$M_{12} = \begin{vmatrix} 6 & 2 \\ 2 & 1 \end{vmatrix} = 6 - (4) = 2$$

the minor of the element 5 (which is element A_{13}) is:

$$M_{13} = \begin{vmatrix} 6 & -4 \\ 2 & -1 \end{vmatrix} = -6 - (-8) = 2$$

By putting in the placed sign for the above Minors, we get the cofactors of the 1st row:

$$C_{11} = +M_{11} = -2 \qquad C_{12} = -M_{12} = -2 \qquad C_{13} = +M_{13} = 2$$

Therefore, by expanding along the 1st row of the cofactors, we get:

$$\text{Det } A = |A| = \begin{vmatrix} 3 & 4 & 5 \\ 6 & -4 & 2 \\ 2 & -1 & 1 \end{vmatrix} = A_{11}C_{11} + A_{12}C_{12} + A_{13}C_{13}$$

$$= 3(-2) + 4(-2) + 5(2) = -4$$

We can always check that the same result is obtained by expanding along any row or column (by observing the correct signs).

The Elementary properties of Determinant

1. If every element 元素 of a row 行(or column 列) of A is zero, then det$(A) = 0$.

2. det$(A) =$ det(A^{T}).

3. If all the elements in any row (or column) of A are multiplied by a scalar 純量 α, then the determinant is αdet(A).

4. If A and B are $n \times n$ matrices, then det$(AB) =$ det(A)det$(B) =$ det(BA).

Note that for any square matrices with any order higher than 3×3, we will always use the same method to obtain the determinant.

Example (12): Find the determinant of matrix A.

$$|A| = \begin{vmatrix} 4 & 2 & 3 & 4 \\ 1 & 1 & 5 & -2 \\ 2 & 3 & -5 & -3 \\ -1 & 0 & 2 & 0 \end{vmatrix}$$

Solution: From the above matrix, we get to know that row 4 consist of the most zeros, therefore, it is always wise to chose any row or column with the most zeros so as to reduce the steps on finding the determinant. Therefore, by expanding row 4, we get:

$$\begin{vmatrix} 4 & 2 & 3 & 4 \\ 1 & 1 & 5 & -2 \\ 2 & 3 & -5 & -3 \\ -1 & 0 & 2 & 0 \end{vmatrix} = -1\left(-\begin{vmatrix} 2 & 3 & 4 \\ 1 & 5 & -2 \\ 3 & -5 & -3 \end{vmatrix}\right) + 2\left(-\begin{vmatrix} 4 & 2 & 4 \\ 1 & 1 & -2 \\ 2 & 3 & -3 \end{vmatrix}\right)$$

Note that the placed sign for element A_{41} and A_{43} are negative.

By employing a much more conventional way of finding the determinant of A, we get:

$$|A| = \begin{vmatrix} 2 & 3 & 4 \\ 1 & 5 & -2 \\ 3 & -5 & -3 \end{vmatrix} - 2\begin{vmatrix} 4 & 2 & 4 \\ 1 & 1 & -2 \\ 2 & 3 & -3 \end{vmatrix} \text{ (expanding along row 1)}$$

$$= 2\begin{vmatrix} 5 & -2 \\ -5 & -3 \end{vmatrix} - 3\begin{vmatrix} 1 & -2 \\ 3 & -3 \end{vmatrix} + 4\begin{vmatrix} 1 & 5 \\ 3 & -5 \end{vmatrix} - 2\left(4\begin{vmatrix} 1 & -2 \\ 3 & -3 \end{vmatrix} - 2\begin{vmatrix} 1 & -2 \\ 2 & -3 \end{vmatrix} + 4\begin{vmatrix} 1 & 1 \\ 2 & 3 \end{vmatrix}\right)$$

$$= 2(-25) - 3(3) + 4(-20) - 2\left[4(3) - 2(1) + 4(1)\right]$$

$$= -139 - 28 = -167$$

Example (13): Prove that the determinant of a square matrix has the same value as that of the determinant of the transpose matrix by using the determinant given below.

$$\begin{vmatrix} 5 & 2 & 1 \\ 0 & 6 & 3 \\ 8 & 4 & 7 \end{vmatrix}$$

Solution: Using the conventional way, the determinant of the matrix associating with the 1st row is:

$$\Rightarrow = 5\begin{vmatrix} 6 & 3 \\ 4 & 7 \end{vmatrix} - 2\begin{vmatrix} 0 & 3 \\ 8 & 7 \end{vmatrix} + 1\begin{vmatrix} 0 & 6 \\ 8 & 4 \end{vmatrix}$$

$$= 5(42-12) - 2(0-24) + 1(0-48)$$

$$= 5(30) - 2(-24) + 1(-48) = 150 + 48 - 48 = \underline{\textbf{150}}$$

Note that the transpose of $\begin{bmatrix} 5 & 2 & 1 \\ 0 & 6 & 3 \\ 8 & 4 & 7 \end{bmatrix}^{\text{T}}$ is $\Rightarrow \begin{bmatrix} 5 & 0 & 8 \\ 2 & 6 & 4 \\ 1 & 3 & 7 \end{bmatrix}$

Therefore, the determinant of the transposed matrix associating with the 1st row is:

$$5(42-12) - 0(14-4) + 8(6-6) = 5(30) = \underline{\textbf{150}}$$

Therefore, we proved that the determinant of a square matrix has the same value as that of the determinant of the transpose matrix.

5.4.3　The Adjoint of a square matrix 方矩陣之伴隨

Given a n-th order square matrix $A = (a_{ij})$ with cofactors 餘因子 $C_{ij} = A_{ij}$ The adjoint matrix of A is defined to be:

$$\text{Adj } A = (A_{ij})^{\text{T}} = (A_{ji}).$$

Therefore, if A_{ij} is the cofactor of matrix A ,

$$\text{Adj } A = (A_{ij})^{\text{T}} = (A_{ji}) = \begin{bmatrix} A_{11} & A_{12} & A_{13} \\ A_{21} & A_{22} & A_{23} \\ A_{31} & A_{32} & A_{33} \end{bmatrix}^{\text{T}} = \begin{bmatrix} A_{11} & A_{21} & A_{31} \\ A_{12} & A_{22} & A_{32} \\ A_{13} & A_{23} & A_{33} \end{bmatrix}$$

From the above, the adjoint of A is obtained by replacing each element of A by its cofactor, and transposing.

Therefore, to find the adjoint of a square matrix:

Step (1): form the matrix of cofactors.

Step (2): form the transpose of the cofactors.

Example (14):　Determine the adjoint of the following matrices:

(a) $A = \begin{bmatrix} 1 & 2 \\ 3 & 4 \end{bmatrix}$　(b) $B = \begin{bmatrix} 2 & 3 & 5 \\ 4 & 1 & 6 \\ 1 & 4 & 0 \end{bmatrix}$　(c) $C = \begin{bmatrix} 3 & 0 & 1 \\ 0 & -2 & 5 \\ 1 & -1 & 2 \end{bmatrix}$

Solution:　(a)　The cofactor of matrix A is: $\Rightarrow \begin{bmatrix} |4| & -|3| \\ -|2| & |1| \end{bmatrix}$

Therefore, $\text{Adj } A = \begin{bmatrix} 4 & -3 \\ -2 & 1 \end{bmatrix}^{\text{T}} = \begin{bmatrix} 4 & -2 \\ -3 & 1 \end{bmatrix}$

(b) The cofactor of matrix B is:

$$\Rightarrow \begin{bmatrix} +\begin{vmatrix} 1 & 6 \\ 4 & 0 \end{vmatrix} & -\begin{vmatrix} 4 & 6 \\ 1 & 0 \end{vmatrix} & +\begin{vmatrix} 4 & 1 \\ 1 & 4 \end{vmatrix} \\ -\begin{vmatrix} 3 & 5 \\ 4 & 0 \end{vmatrix} & +\begin{vmatrix} 2 & 5 \\ 1 & 0 \end{vmatrix} & -\begin{vmatrix} 2 & 3 \\ 1 & 4 \end{vmatrix} \\ +\begin{vmatrix} 3 & 5 \\ 1 & 6 \end{vmatrix} & -\begin{vmatrix} 2 & 5 \\ 4 & 6 \end{vmatrix} & +\begin{vmatrix} 2 & 3 \\ 4 & 1 \end{vmatrix} \end{bmatrix} = \begin{bmatrix} -24 & 6 & 15 \\ 20 & -5 & -5 \\ 13 & 8 & -10 \end{bmatrix}$$

Therefore, Adj $B = \begin{bmatrix} -24 & 6 & 15 \\ 20 & -5 & -5 \\ 13 & 8 & -10 \end{bmatrix}^{T} = \begin{bmatrix} -24 & 20 & 13 \\ 6 & -5 & 8 \\ 15 & -5 & -10 \end{bmatrix}$

(c) The cofactor of matrix C is:

$$\Rightarrow \begin{bmatrix} +\begin{vmatrix} -2 & 5 \\ -1 & 2 \end{vmatrix} & -\begin{vmatrix} 0 & 5 \\ 1 & 2 \end{vmatrix} & +\begin{vmatrix} 0 & -2 \\ 1 & -1 \end{vmatrix} \\ -\begin{vmatrix} 0 & 1 \\ -1 & 2 \end{vmatrix} & +\begin{vmatrix} 3 & 1 \\ 1 & 2 \end{vmatrix} & -\begin{vmatrix} 3 & 0 \\ 1 & -1 \end{vmatrix} \\ +\begin{vmatrix} 0 & 1 \\ -2 & 5 \end{vmatrix} & -\begin{vmatrix} 3 & 1 \\ 0 & 5 \end{vmatrix} & +\begin{vmatrix} 3 & 0 \\ 0 & -2 \end{vmatrix} \end{bmatrix} = \begin{bmatrix} 1 & 5 & 2 \\ -1 & 5 & 3 \\ 2 & -15 & -6 \end{bmatrix}$$

Therefore, Adj $C = \begin{bmatrix} 1 & 5 & 2 \\ -1 & 5 & 3 \\ 2 & -15 & -6 \end{bmatrix}^{T} = \begin{bmatrix} 1 & -1 & 2 \\ 5 & 5 & -15 \\ 2 & 3 & -6 \end{bmatrix}$

5.4.4　The Inverse of a matrix 反矩陣

If matrix A is of an order n x n and $\det(A) \neq 0$, we say that A is **non-singular** 非奇異方陣. But if $\det(A) = 0$, A is **singular** 奇異方陣.

If matrix A is n x n and non-singular, then there is a unique matrix B such that

$$AB = BA = I_{n} = A^{-1}A = A A^{-1}$$

The matrix B is the inverse 相反 of A and is denoted by A^{-1}.

If matrix A is an n x n non singular matrix, then the inverse of A is:

$$A^{-1} = \frac{1}{|A|} \text{Adj}(A)$$

where Adj(A), as described early is the adjoint of A and $|A|$ is the determinant.

Example (15):   Determine the inverse of the following matrices:

(a) $A = \begin{bmatrix} a & b \\ c & d \end{bmatrix}$ (b) $B = \begin{bmatrix} 2 & 0 & 5 \\ 3 & 1 & 2 \\ 1 & 4 & 0 \end{bmatrix}$ (c) $C = \begin{bmatrix} 19 & 2 & -9 \\ -4 & -1 & 2 \\ -2 & 0 & 1 \end{bmatrix}$

Solution: (a)   The adjoint of matrix A is: Adj $A \Rightarrow \begin{bmatrix} d & -b \\ -c & a \end{bmatrix}$

The determinant of A is: $|A| = ad - bc$

Therefore, the inverse of A is:

$$A^{-1} = \frac{1}{|A|} \text{Adj}(A) = \frac{1}{ad-bc} \begin{bmatrix} d & -b \\ -c & a \end{bmatrix}$$

(b)   The cofactor of matrix B is:

$$\Rightarrow \begin{bmatrix} +\begin{vmatrix} 1 & 2 \\ 4 & 0 \end{vmatrix} & -\begin{vmatrix} 3 & 2 \\ 1 & 0 \end{vmatrix} & +\begin{vmatrix} 3 & 1 \\ 1 & 4 \end{vmatrix} \\ -\begin{vmatrix} 0 & 5 \\ 4 & 0 \end{vmatrix} & +\begin{vmatrix} 2 & 5 \\ 1 & 0 \end{vmatrix} & -\begin{vmatrix} 2 & 0 \\ 1 & 4 \end{vmatrix} \\ +\begin{vmatrix} 0 & 5 \\ 1 & 2 \end{vmatrix} & -\begin{vmatrix} 2 & 5 \\ 3 & 2 \end{vmatrix} & +\begin{vmatrix} 2 & 0 \\ 3 & 1 \end{vmatrix} \end{bmatrix} = \begin{bmatrix} -8 & 2 & 11 \\ 20 & -5 & -8 \\ -5 & 11 & 2 \end{bmatrix}$$

Therefore, Adj $B = \begin{bmatrix} -8 & 2 & 11 \\ 20 & -5 & -8 \\ -5 & 11 & 2 \end{bmatrix}^{\mathrm{T}} = \begin{bmatrix} -8 & 20 & -5 \\ 2 & -5 & 11 \\ 11 & -8 & 2 \end{bmatrix}$

The determinant of B from the cofactors along the 1st row is:

$$|B| = 2(-8) + 0(2) + 5(11) = 39$$

Therefore, the inverse of B is: $B^{-1} = \dfrac{1}{|B|}\mathrm{Adj}(B)$

$$= \frac{1}{39}\begin{bmatrix} -8 & 20 & -5 \\ 2 & -5 & 11 \\ 11 & -8 & 2 \end{bmatrix}$$

(c) The cofactor of matrix C is:

$$\Rightarrow \begin{bmatrix} +\begin{vmatrix} -1 & 2 \\ 0 & 1 \end{vmatrix} & -\begin{vmatrix} -4 & 2 \\ -2 & 1 \end{vmatrix} & +\begin{vmatrix} -4 & -1 \\ -2 & 0 \end{vmatrix} \\ -\begin{vmatrix} 2 & -9 \\ 0 & 1 \end{vmatrix} & +\begin{vmatrix} 19 & -9 \\ -2 & 1 \end{vmatrix} & -\begin{vmatrix} 19 & 2 \\ -2 & 0 \end{vmatrix} \\ +\begin{vmatrix} 2 & -9 \\ -1 & 2 \end{vmatrix} & -\begin{vmatrix} 19 & -9 \\ -4 & 2 \end{vmatrix} & +\begin{vmatrix} 19 & 2 \\ -4 & -1 \end{vmatrix} \end{bmatrix} = \begin{bmatrix} -1 & 0 & -2 \\ -2 & 1 & -4 \\ -5 & -2 & -11 \end{bmatrix}$$

Therefore, Adj $C = \begin{bmatrix} -1 & 0 & -2 \\ -2 & 1 & -4 \\ -5 & -2 & -11 \end{bmatrix}^{\mathrm{T}} = \begin{bmatrix} -1 & -2 & -5 \\ 0 & 1 & -2 \\ -2 & -4 & -11 \end{bmatrix}$

The determinant of C from the cofactors along the 3rd row is:

$$|C| = -2(-5) + 0(-2) + 1(-11) = -1$$

Therefore, the inverse of C is:

$$C^{-1} = \frac{1}{|C|}\mathrm{Adj}(C) = \frac{1}{-1}\begin{bmatrix} -1 & -2 & -5 \\ 0 & 1 & -2 \\ -2 & -4 & -11 \end{bmatrix} = \begin{bmatrix} 1 & 2 & 5 \\ 0 & -1 & 2 \\ 2 & 4 & 11 \end{bmatrix}$$

Therefore, the basic properties of matrix inversion are:

1. $(A^{-1})^{-1} = A$.
2. $(A^{-1})^{T} = (A^{T})^{-1}$.
3. If A and B are non-singular of n x n matrices, then $(AB)^{-1} = B^{-1}A^{-1}$.
4. $\det(A^{-1}) = (\det(A^{-1}))^{-1}$.

Therefore, the steps in order to form the inverse of a square matrix A are:

(a) Form a matrix of the cofactors of the elements of $|A|$.

(b) Evaluate the determinant $|A|$ from the cofactors

(c) Form the transpose of the cofactors so as to obtain the adjoint of A.

(d) Divide each element of the transposed cofactors by the determinant.

5.5 Systems of Linear Equations
線性方程系統

A system of simultaneous 聯立 linear equations is a set of equations in the following form:

$$a_{11}x_1 + a_{12}x_2 + \ldots + a_{1n}x_n = b_1$$
$$a_{21}x_1 + a_{22}x_2 + \ldots + a_{2n}x_n = b_2$$
$$\vdots$$
$$a_{m1}x_1 + a_{m2}x_2 + \ldots + a_{mn}x_n = b_m$$

or it can presented as in matrix notation as:

$$\underbrace{\begin{bmatrix} a_{11} & a_{12} & \cdots & a_{1n} \\ a_{21} & a_{22} & & a_{2n} \\ \vdots & & \ddots & \vdots \\ a_{m1} & a_{m2} & \cdots & a_{mn} \end{bmatrix}}_{A} \underbrace{\begin{bmatrix} x_1 \\ x_2 \\ \vdots \\ x_n \end{bmatrix}}_{x} = \underbrace{\begin{bmatrix} b_1 \\ b_2 \\ \vdots \\ b_m \end{bmatrix}}_{b}$$

or

$$Ax = b \dots\dots\dots\dots\dots\dots\dots\dots\dots\dots\dots (5.1)$$

where A is a given $m \times n$ matrix , b is a given $m \times 1$ column vector and x is an unknown matrix coefficients of a $n \times 1$ column vector. Note that b is a constant and if $b = 0$, then Eq.(5.1) is called homogeneous equation 齊次方程式. So if $b \neq 0$, it is called non-homogeneous equations 反齊次方程式 (or inhomogeneous). $Ax = b$ represents a system of m equations in n unknown. m and n are not necessary equal and therefore, we may have $m > n$, $m < n$ or $m = n$.

5.5.1   Solution of $Ax = b$ 解 $Ax = b$

The column of numbers $[x_1 \ x_2 \ \dots \ x_n]^T$ is known as the solution to Eq.(5.1). Therefore, we need to determine the values of x_1, x_2, $\dots x_n$. Note that when evaluating Eq.(5.1), we may encounter three possibilities:

(i) only one solution 單一解   (ii) many solutions 多解   (iii) no solutions 無解

If we obtained at least one solution from a set of simultaneous linear equations, this set of equations are considered as consistent 一致. If there is no solutions to the simultaneous linear equations, it is considered as inconsistent 不一致 .

Several cases are considered in this section:

Case **(a)** $b \neq 0$ and $|A| = 0$

In this case, the inverse matrix does not exist, and therefore this case is complicated. There will be only two possible outcomes in this case: (i) No solution or (ii) many solutions

An example of case (a): (i) No Solution Case.

$$\begin{matrix} 4x + 2y = 1 \\ 4x + 2y = 2 \end{matrix} \Leftrightarrow \begin{bmatrix} 4 & 2 \\ 4 & 2 \end{bmatrix} \begin{bmatrix} x \\ y \end{bmatrix} = \begin{bmatrix} 1 \\ 2 \end{bmatrix}$$

In this case, both linear equations indicated that $4x + 2y = 1$ and 2. The results in both linear equations are therefore inconsistent with each other. Hence the above has no solution.

An example of case (a): (ii) Many Solution Case.

$$2x + y = 2 \atop 4x + 2y = 4 \Leftrightarrow \begin{bmatrix} 2 & 1 \\ 4 & 2 \end{bmatrix} \begin{bmatrix} x \\ y \end{bmatrix} = \begin{bmatrix} 2 \\ 4 \end{bmatrix}$$

In this case, the 2nd linear equation is twice of the 1st linear equation. So, any x and y that satisfy any of the two linear equations is a solution to the system of equations.

Case (b) $b \neq 0$ and $|A| \neq 0$

In this case, the inverse matrix A^{-1} exist, and hence:

$$A^{-1}Ax = A^{-1}b \qquad \text{(Note* } A^{-1}A = 1)$$

so that $x = A^{-1}b$

An example of case (b):

$$1x - 2y = 5 \atop 2x + 2y = 4 \Leftrightarrow \begin{bmatrix} 1 & -2 \\ 2 & 2 \end{bmatrix} \begin{bmatrix} x \\ y \end{bmatrix} = \begin{bmatrix} 5 \\ 4 \end{bmatrix}$$

The above linear equation has only one solution; $x = 3$ and $y = -1$.

Case (c) $b = 0$ and $|A| \neq 0$

In this case, inverse matrix A^{-1} exist, and the homogeneous equation is:

$$Ax = 0$$

Which give $A^{-1}Ax = A^{-1}0$ or $x = 0$

We therefore only have the trivial 不重要的 solution $x = 0$

An example of case (c);

$$3x - 6y = 0 \atop x + y = 0 \Leftrightarrow \begin{bmatrix} 3 & -6 \\ 1 & 1 \end{bmatrix} \begin{bmatrix} x \\ y \end{bmatrix} = \begin{bmatrix} 0 \\ 0 \end{bmatrix}$$

Therefore, $x = y = 0$.

5.5.2 Solution by matrix inversion 反矩陣之解

Considered the linear equation (Eq. 5.1) again, if A is a square matrix (i.e. the number of equations is the same as the number of unknowns) and the equations are independent of each other, A will be full rank, i.e. A is non-singular.

By considering the two equations mentioned in ***case* (b)**, which is the results of pre-multiplying both sides of Eq. (5.1) by A^{-1}, we get:

$$A^{-1}Ax = A^{-1}b \dots\dots\dots\dots\dots\dots\dots\dots\dots\dots (5.2a)$$

$$x = A^{-1}b \dots\dots\dots\dots\dots\dots\dots\dots\dots\dots\dots (5.2b)$$

Note:

(1) The solution is unique for given the A and b.

(2) If $\det(A) = 0$ (i.e. A is singular), A^{-1} does not exist. Hence the method cannot be applied.

Example (16):   Solve the below linear equation by matrix inversion.

$$\begin{bmatrix} 1 & 1 & 3 \\ 1 & 2 & 4 \\ 1 & 3 & 1 \end{bmatrix} \begin{bmatrix} x_1 \\ x_2 \\ x_3 \end{bmatrix} = \begin{bmatrix} 2 \\ 3 \\ 1 \end{bmatrix}$$

Solution: Comparing the linear equation with Eq.(5.1), we get the matrix form:

$$A = \begin{bmatrix} 1 & 1 & 3 \\ 1 & 2 & 4 \\ 1 & 3 & 1 \end{bmatrix}, \quad x = \begin{bmatrix} x_1 \\ x_2 \\ x_3 \end{bmatrix} \quad \text{and} \quad b = \begin{bmatrix} 2 \\ 3 \\ 1 \end{bmatrix}$$

The 1st step is to find the inverse of A whereby: $A^{-1} = \dfrac{1}{|A|} \mathbf{Adj}(A)$

Therefore we get:

$$A^{-1} = -\frac{1}{4}\begin{bmatrix} -10 & 8 & -2 \\ 3 & -2 & -1 \\ 1 & -2 & 1 \end{bmatrix}$$
$$\underbrace{\qquad\qquad}_{\text{Adj}(A)}$$

By substituting A^{-1} into Eq. (5.2b), we get:

$$x = A^{-1}b = -\frac{1}{4}\begin{bmatrix} -10 & 8 & -2 \\ 3 & -2 & -1 \\ 1 & -2 & 1 \end{bmatrix}\begin{bmatrix} 2 \\ 3 \\ 1 \end{bmatrix}$$

Therefore, the solution for x is:

$$x = \begin{bmatrix} x_1 \\ x_2 \\ x_3 \end{bmatrix} = \begin{bmatrix} -\frac{1}{2} \\ \frac{1}{4} \\ \frac{3}{4} \end{bmatrix}$$

Therefore, $x_1 = -\frac{1}{2}$, $x_2 = \frac{1}{4}$, $x_3 = \frac{3}{4}$

Example (17): Solve the below system of equation by matrix inversion.

$$3x_1 \qquad + 2x_3 = 2$$
$$- 2x_2 + 5x_3 = 0$$
$$x_1 + x_2 + 2x_3 = 1$$

Solution: Comparing the linear equation with Eq.(5.1), we get the matrix form:

$$A = \begin{bmatrix} 3 & 0 & 2 \\ 0 & -2 & 5 \\ 1 & 1 & 2 \end{bmatrix}, \quad x = \begin{bmatrix} x_1 \\ x_2 \\ x_3 \end{bmatrix} \text{ and } b = \begin{bmatrix} 2 \\ 0 \\ 1 \end{bmatrix}$$

Applying the equation: $A^{-1} = \frac{1}{|A|}\text{Adj}(A)$ we get:

$$A^{-1} = -\frac{1}{23} \underbrace{\begin{bmatrix} -9 & 2 & 4 \\ 5 & 4 & -15 \\ 2 & -3 & -6 \end{bmatrix}}_{\text{Adj}(A)}$$

By substituting A^{-1} into Eq.(5.2b), we get:

$$x = A^{-1}b = -\frac{1}{23}\begin{bmatrix} -9 & 2 & 4 \\ 5 & 4 & -15 \\ 2 & -3 & -6 \end{bmatrix}\begin{bmatrix} 2 \\ 0 \\ 1 \end{bmatrix} = -\frac{1}{23}\begin{bmatrix} -14 \\ -5 \\ -2 \end{bmatrix}$$

Therefore, the solution for x is:

$$x = \begin{bmatrix} x_1 \\ x_2 \\ x_3 \end{bmatrix} = \frac{1}{23}\begin{bmatrix} 14 \\ 5 \\ 2 \end{bmatrix}$$

Therefore, $x_1 = \dfrac{14}{23}$, $x_2 = \dfrac{5}{23}$, $x_3 = \dfrac{2}{23}$

While $x = A^{-1}b$ is a useful theoretical representation of the solution to $Ax = b$, a lot of efforts are needed to find A^{-1}. In general, we can apply some other more efficient methods to the solution to $Ax = b$.

5.5.3   Solution by Cramer's Rule 克蘭默法則

If A is square and non-singular (det $\neq 0$), then the solution to $Ax = b$ can be computed using Cramer's Rule that given as:

$$x_i = \frac{D_i}{D} = \frac{\det(A_i)}{\det(A)} \quad \text{..} (5.3)$$

where D is $\det(A)$, D_i is $\det(A_i)$, and A_i is a matrix obtained from matrix A by replacing the ith column of A with b.

Note that Cramer's method is derived from the matrix inversion equation. Therefore, we can only apply Cramer's Rule if the matrix notation of the linear equation is square and non-singular.

Example (18): Solve the below system of linear equation by Cramer's Rule.

$$x_1 + x_2 \quad + 3x_3 = 2$$

$$x_1 + 2x_2 \quad + 4x_3 = 3$$

$$x_1 + 3x_2 \quad + x_3 = 1$$

Solution: the matrix notation for the linear equation is:

$$\overbrace{\begin{bmatrix} 1 & 1 & 3 \\ 1 & 2 & 4 \\ 1 & 3 & 1 \end{bmatrix}}^{A} \overbrace{\begin{bmatrix} x_1 \\ x_2 \\ x_3 \end{bmatrix}}^{x} = \overbrace{\begin{bmatrix} 2 \\ 3 \\ 1 \end{bmatrix}}^{b}$$

therefore, $\det(A) = D = \begin{vmatrix} 1 & 1 & 3 \\ 1 & 2 & 4 \\ 1 & 3 & 1 \end{vmatrix} = 1\begin{vmatrix} 2 & 4 \\ 3 & 1 \end{vmatrix} - 1\begin{vmatrix} 1 & 4 \\ 1 & 1 \end{vmatrix} + 3\begin{vmatrix} 1 & 2 \\ 1 & 3 \end{vmatrix}$

$$= [(2 \times 1) - (4 \times 3)] - [(1 \times 1) - (4 \times 1)] + 3[(1 \times 3) - (2 \times 1)]$$

$$= -4$$

apply cramer's rule:

$$\det(A_1) = D_1 = \begin{vmatrix} 2 & 1 & 3 \\ 3 & 2 & 4 \\ 1 & 3 & 1 \end{vmatrix} = 2\begin{vmatrix} 2 & 4 \\ 3 & 1 \end{vmatrix} - 1\begin{vmatrix} 3 & 4 \\ 1 & 1 \end{vmatrix} + 3\begin{vmatrix} 3 & 2 \\ 1 & 3 \end{vmatrix}$$

$(1^{st}$ column of A replaced by $b)$ $= 2[(2 \times 1) - (4 \times 3)] - [(3 \times 1) - (4 \times 1)] + 3[(3 \times 3) - (2 \times 1)]$

$$= -20 + 1 + 21 = 2$$

$$\det(A_2) = D_2 = \begin{vmatrix} 1 & 2 & 3 \\ 1 & 3 & 4 \\ 1 & 1 & 1 \end{vmatrix} = 1\begin{vmatrix} 3 & 4 \\ 1 & 1 \end{vmatrix} - 2\begin{vmatrix} 1 & 4 \\ 1 & 1 \end{vmatrix} + 3\begin{vmatrix} 1 & 3 \\ 1 & 1 \end{vmatrix}$$

(2nd column of *A* replaced by *b*) $= [(3\times1)-(4\times1)] - 2[(1\times1)-(4\times1)] + 3[(1\times1)-(3\times1)]$

$$= -1 + 6 - 6 = -1$$

$$\det(A_3) = D_3 = \begin{vmatrix} 1 & 1 & 2 \\ 1 & 2 & 3 \\ 1 & 3 & 1 \end{vmatrix} = 1\begin{vmatrix} 2 & 3 \\ 3 & 1 \end{vmatrix} - 1\begin{vmatrix} 1 & 3 \\ 1 & 1 \end{vmatrix} + 2\begin{vmatrix} 1 & 2 \\ 1 & 3 \end{vmatrix}$$

(3rd column of *A* replaced by *b*) $= [(2\times1)-(3\times3)] - [(1\times1)-(3\times1)]$

$$+ 2[(1\times3)-(2\times1)]$$

$$= -7 + 2 + 2 = -3$$

So, we have $\qquad x_1 = \dfrac{D_1}{D} = -\dfrac{1}{2}; \qquad x_2 = \dfrac{D_2}{D} = \dfrac{1}{4}; \qquad x_3 = \dfrac{D_3}{D} = \dfrac{3}{4}$

Example (19): Solve the below linear equation by Cramer's Rule.

$$x + 2y + 3z = 20$$
$$7x + 3y + z = 13$$
$$x + 6y + 2z = 0$$

Solution: the matrix notation for the linear equation is:

$$\overbrace{\begin{bmatrix} 1 & 2 & 3 \\ 7 & 3 & 1 \\ 1 & 6 & 2 \end{bmatrix}}^{A}\overbrace{\begin{bmatrix} x \\ y \\ z \end{bmatrix}}^{x} = \overbrace{\begin{bmatrix} 20 \\ 13 \\ 0 \end{bmatrix}}^{b}$$

therefore, $\det(A) = D = \begin{vmatrix} 1 & 2 & 3 \\ 7 & 3 & 1 \\ 1 & 6 & 2 \end{vmatrix} = 1\begin{vmatrix} 3 & 1 \\ 6 & 2 \end{vmatrix} - 2\begin{vmatrix} 7 & 1 \\ 1 & 2 \end{vmatrix} + 3\begin{vmatrix} 7 & 3 \\ 1 & 6 \end{vmatrix}$

$$= [(3\times2)-(1\times6)] - 2[(7\times2)-(1\times1)] + 3[(7\times6)-(3\times1)]$$

$$= 0 - 26 + 117 = 91$$

apply cramer's rule:

$$\det(A_1) = D_1 = \begin{vmatrix} 20 & 2 & 3 \\ 13 & 3 & 1 \\ 0 & 6 & 2 \end{vmatrix} = 20\begin{vmatrix} 3 & 1 \\ 6 & 2 \end{vmatrix} - 13\begin{vmatrix} 2 & 3 \\ 6 & 2 \end{vmatrix} + 0\begin{vmatrix} 2 & 3 \\ 3 & 1 \end{vmatrix}$$

(1st column of A replaced by b)

$$= 20[(3 \times 2) - (1 \times 6)] - 13[(2 \times 2) - (3 \times 6)] + 0$$

$$= 0 - 13(-14) = 182$$

$$\det(A_2) = D_2 = \begin{vmatrix} 1 & 20 & 3 \\ 7 & 13 & 1 \\ 1 & 0 & 2 \end{vmatrix} = 1\begin{vmatrix} 20 & 3 \\ 13 & 1 \end{vmatrix} - 0\begin{vmatrix} 1 & 3 \\ 7 & 1 \end{vmatrix} + 2\begin{vmatrix} 1 & 20 \\ 7 & 13 \end{vmatrix}$$

(2nd column of A replaced by b)

$$= [(20 \times 1) - (3 \times 13)] - 0 + 2[(1 \times 13) - (20 \times 7)]$$

$$= -19 + 2(-127) = -273$$

$$\det(A_3) = D_3 = \begin{vmatrix} 1 & 2 & 20 \\ 7 & 3 & 13 \\ 1 & 6 & 0 \end{vmatrix} = 1\begin{vmatrix} 2 & 20 \\ 3 & 13 \end{vmatrix} - 6\begin{vmatrix} 1 & 20 \\ 7 & 13 \end{vmatrix} + 0\begin{vmatrix} 1 & 2 \\ 7 & 3 \end{vmatrix}$$

(3rd column of A replaced by b)

$$= [(2 \times 13) - (20 \times 3)] - 6[(1 \times 13) - (20 \times 7)] + 0$$

$$= -34 - 6(-127) = 728$$

So, we have $\quad x_1 = \dfrac{D_1}{D} = \dfrac{182}{91} = 2; \quad x_2 = \dfrac{D_2}{D} = -\dfrac{273}{91} = -3; \quad x_3 = \dfrac{D_3}{D} = \dfrac{728}{91} = 8$

5.5.4 Solution by Elementary Row Operation (ERO) 基本列運算

For the linear equation $Ax = b$, we can represent the linear system by using the augmented matrix 增廣矩陣 represented by $[A \mid b]$.

$$\text{E.g.} \quad \overbrace{\begin{bmatrix} 3 & 2 \\ 1 & 4 \end{bmatrix}}^{A} \overbrace{\begin{bmatrix} x_1 \\ x_2 \end{bmatrix}}^{x} = \overbrace{\begin{bmatrix} 2 \\ 3 \end{bmatrix}}^{b},$$

the augmented matrix is:

$$[A \mid b] = \begin{bmatrix} 3 & 2 & 2 \\ 1 & 4 & 3 \end{bmatrix}$$

The above completely describes the system of equations. Note that the augmented matrix $[A \mid b]$ can have a unique solution, many solutions or no solutions.

Elementary Row Operations (ERO-增廣矩陣)

We can use the **Elementary row Operations (*ERO*)** to reduce the augmented matrix to **Row-Echelon (*RE*-列階梯)** form or **Reduced Row-Echelon (*RRE*-減化列階梯)** form.

For each of these above operations, there is a corresponding operation on the augmented matrix of the system which will not affect the final solution, they are:

(1) inter-changing any 2 rows of the matrix.

(2) multiplying or dividing any row of the matrix by a finite non-zero constant.

(3) Adding to any row of the matrix by a finite non-zero constant.

These are known as the Elementary Row Operations on the augmented matrix.

Row-Echelon Matrices 列階梯矩陣

A matrix in **Row-Echelon (*RE*)** form has these properties:

(a) If there are rows of zeros, they must occur at the bottom 底部 of the matrix.

(b) the 1st non-zero element (from the left) of each non-zero row is 1 (called a leading 1).

(c) The leading 1 in the next row is to the right of the leading 1 of the previous 之前 row.

Note*: The *RE* form of a matrix is not unique.

The following matrices are in **Row-Echelon** form:

$$\begin{bmatrix} 1 & 2 & 3 & 1 & 5 \\ 0 & 1 & 1 & 0 & 2 \\ 0 & 0 & 0 & 0 & 0 \end{bmatrix} \qquad \begin{bmatrix} 1 & 3 & 2 & 3 & 5 \\ 0 & 1 & 1 & 2 & 4 \\ 0 & 0 & 0 & 0 & 0 \end{bmatrix} \qquad \begin{bmatrix} 0 & 1 & 2 \\ 0 & 0 & 1 \\ 0 & 0 & 0 \end{bmatrix}$$

$$\begin{bmatrix} 1 & 5 & 1 & 6 \\ 0 & 1 & 0 & 0 \\ 0 & 0 & 0 & 0 \end{bmatrix} \qquad \begin{bmatrix} 1 & 5 & 1 & 6 \\ 0 & 1 & 0 & 0 \\ 0 & 0 & 0 & 0 \\ 0 & 0 & 0 & 0 \end{bmatrix} \qquad \begin{bmatrix} 1 & 1 & 2 \\ 0 & 1 & 0 \\ 0 & 0 & 1 \end{bmatrix}$$

The following matrices are not **Row-Echelon**:

$$\begin{bmatrix} 3 & 3 & 2 & 3 & 5 \\ 0 & 1 & 1 & 0 & 2 \\ 0 & 0 & 0 & 0 & 1 \end{bmatrix} \quad \begin{bmatrix} 0 & 3 & 5 \\ 0 & 0 & 1 \\ 0 & 0 & 0 \end{bmatrix} \quad \begin{bmatrix} 0 & 1 & 2 & 0 \\ 1 & 3 & 1 & 2 \\ 0 & 0 & 0 & 0 \end{bmatrix} \quad \begin{bmatrix} 1 & 2 & 1 & 5 \\ 0 & 1 & 0 & 0 \\ 0 & 0 & 0 & 0 \\ 0 & 0 & 0 & 1 \end{bmatrix}$$

Reduced Row-Echelon Matrices 減化列階梯矩陣

A row-echelon matrix will convert into **Reduced Row-Echelon (*RRE*)** form if only each leading 1's in its column is the only non-zero element.   Note*: ***RRE*** form of a matrix has a unique solution.

The following matrices are in ***RRE*** form

$$\begin{bmatrix} 1 & 0 & 0 & 4 \\ 0 & 1 & 0 & 3 \\ 0 & 0 & 1 & 2 \\ 0 & 0 & 0 & 0 \end{bmatrix} \quad \begin{bmatrix} 1 & 0 & 0 & 1 \\ 0 & 1 & 0 & 3 \\ 0 & 0 & 1 & 5 \end{bmatrix} \quad \begin{bmatrix} 1 & 0 & 0 & 9 & 5 \\ 0 & 1 & 0 & 0 & 6 \\ 0 & 0 & 1 & 0 & 4 \end{bmatrix} \quad \begin{bmatrix} 1 & 0 & 0 \\ 0 & 1 & 0 \\ 0 & 0 & 1 \end{bmatrix}$$

the below matrices are of ***RE*** form but not a ***RRE*** matrix

$$\begin{bmatrix} 1 & 1 & 1 & 6 \\ 0 & 1 & 2 & 3 \\ 0 & 0 & 0 & 0 \end{bmatrix} \quad \begin{bmatrix} 1 & 0 & 1 & 6 \\ 0 & 1 & 0 & 0 \\ 0 & 0 & 1 & 0 \\ 0 & 0 & 0 & 0 \end{bmatrix} \quad \begin{bmatrix} 1 & 0 & -1 & 6 \\ 0 & 1 & 0 & 3 \\ 0 & 0 & 1 & 2 \end{bmatrix} \quad \begin{bmatrix} 1 & 1 & 0 \\ 0 & 1 & 0 \\ 0 & 0 & 1 \end{bmatrix}$$

The Rank of a matrix 矩陣的秩

The rank of a matrix A is the largest integer 整數 n for which there exists 存在 a non-singular n x n sub-matrix 子矩陣.

If the matrix A is reduced 減化 to **RE** form (by elementary row operations), then the number of leading 1's in the **RE** matrix is the rank of A.

Hence the solutions of the augmented matrix can be categorized in terms of the ranks of $[A \mid b]$ and A.   Assuming A is a m x n matrix;

    (i)   if rank $([A \mid b]) =$ rank $(A) = n$, then we have a unique solution.

    (ii) If rank $([A \mid b]) =$ rank (A) but less than n, then will be many solutions.

    (iii) If rank $([A \mid b]) \neq$ rank (A), then there is no solution.

Example (20):   Determine the rank of the below matrix A:

$$A = \begin{bmatrix} 2 & 2 & 4 \\ -1 & 3 & -3 \\ 1 & 1 & \alpha \end{bmatrix} \quad \text{(note that } \alpha \text{ is a constant)}$$

Solution:

$$A \Rightarrow \begin{bmatrix} 2 & 2 & 4 \\ 0 & 4 & -1 \\ 0 & 4 & \alpha - 3 \end{bmatrix} \begin{matrix} \\ R2 + 0.5R1 \\ R3 + R2 \end{matrix}$$

Where R indicates row, and hence $R2$ indicates row 2.

$$\Rightarrow \begin{bmatrix} 2 & 2 & 4 \\ 0 & 4 & -1 \\ 0 & 0 & \alpha - 2 \end{bmatrix} \begin{matrix} \\ \\ R3 - R2 \end{matrix}$$

$$\Rightarrow \begin{bmatrix} 1 & 1 & 2 \\ 0 & 1 & -0.25 \\ 0 & 0 & \alpha - 2 \end{bmatrix} \begin{matrix} 0.5R1 \\ 0.25R2 \\ \end{matrix}$$

If $\alpha \neq 2$ (there will be no row of zeros at the bottom)

$$\Rightarrow \begin{bmatrix} 1 & 1 & 2 \\ 0 & 1 & -0.25 \\ 0 & 0 & 1 \end{bmatrix} \frac{R3}{\alpha-2}$$

There are three leading 1's and hence rank $(A) = 3$.

If we assume $\alpha = 2$ (therefore the bottom will be a row of zeros):

$$\Rightarrow \begin{bmatrix} 1 & 1 & 2 \\ 0 & 1 & -0.25 \\ 0 & 0 & 0 \end{bmatrix}$$

Then, there will be two leading 1's and hence rank $(A) = 2$.

Properties of the rank of a matrix:

1. Rank$(A) = 0 \Rightarrow$ if matrix $A = 0$.

2. Rank$(A) = n \Rightarrow$ if A is a non-singular 非奇異 $n \times n$ matrix.

3. Rank$(A) = $ Rank(A^{T}).

4. Rank$(A) \leq \min\{n, m\} \Rightarrow$ if A is $n \times m$.

So now we are in the position to solve a system of linear equation using **ERO**. In this section, two methods are considered, they are:

(i) Gaussian Elimination 高斯消去法

The Gaussian Elimination is a standard method for solving linear systems. In this method, **ERO** is introduced until the left side of the augmented matrix $[A \mid b]$ becomes a **triangle** matrix or turn into a **RE** matrix. i.e.

$$[A \mid b] \Rightarrow [R \mid c]$$

where R is a **triangle** matrix, c is the transform of column matrix b. The required solution can then be determined by back substitution 背代替.

Example (21): Use Gaussian elimination to solve the below linear equation:

$$x_1 + 2x_2 - 3x_3 = 3$$
$$2x_1 - x_2 - x_3 = 11$$
$$3x_1 + 2x_2 + x_3 = -5$$

Solution: the matrix notation is:

$$\begin{bmatrix} 1 & 2 & -3 \\ 2 & -1 & -1 \\ 3 & 2 & 1 \end{bmatrix} \begin{bmatrix} x_1 \\ x_2 \\ x_3 \end{bmatrix} = \begin{bmatrix} 3 \\ 11 \\ -5 \end{bmatrix}$$

the augmented matrix is:

$$\left[\begin{array}{ccc:c} 1 & 2 & -3 & 3 \\ 2 & -1 & -1 & 11 \\ 3 & 2 & 1 & -5 \end{array} \right]$$

Applying **ERO**:

$$\left[\begin{array}{ccc:c} 1 & 2 & -3 & 3 \\ 0 & -5 & 5 & 5 \\ 0 & -4 & 10 & -14 \end{array} \right] \begin{array}{l} \\ R2 - 2R1 \\ R3 - 3R1 \end{array}$$

$$\left[\begin{array}{ccc:c} 1 & 2 & -3 & 3 \\ 0 & -5 & 5 & 5 \\ 0 & 0 & 6 & -18 \end{array} \right] \begin{array}{l} \\ \\ R3 - \frac{4}{5}R2 \end{array}$$

As a result of **ERO** steps, the matrix of coefficients of *x* has been reduced to a *triangle matrix*. Finally, we detached 分開 the right hand column back to its original position 最初位置 and get:

$$\begin{bmatrix} 1 & 2 & -3 \\ 0 & -5 & 5 \\ 0 & 0 & 6 \end{bmatrix} \begin{bmatrix} x_1 \\ x_2 \\ x_3 \end{bmatrix} = \begin{bmatrix} 3 \\ 5 \\ -18 \end{bmatrix}$$

or in linear form:

$$
\begin{aligned}
x_1 + 2x_2 - 3x_3 &= 3 \\
-5x_2 - 5x_3 &= 5 \\
6x_3 &= -18
\end{aligned}
$$

Finally, in order to determine the solution for x, back substitution was introduced.

Starting from the bottom row, we get:

$$6x_3 = -18 \Rightarrow \therefore x_3 = -3$$

From the middle row:

$$-5x_2 + 5x_3 = 5 \Rightarrow \therefore x_2 = -4$$

From the 1st row:

$$x_1 + 2x_2 - 3x_3 = 3 \Rightarrow \therefore x_1 = 2$$

Therefore, $x_1 = 2$, $x_2 = -4$, $x_3 = -3$

Example (22): Use Gaussian elimination to solve the below linear equation:

$$
\begin{aligned}
2x_1 - 4x_2 + x_3 &= 6 \\
4x_1 + 2x_2 - 3x_3 &= 14 \\
x_1 - x_2 + 5x_3 &= -12
\end{aligned}
$$

Solution: the matrix notation is:

$$
\begin{bmatrix} 2 & -4 & 1 \\ 4 & 2 & -3 \\ 1 & -1 & 5 \end{bmatrix}
\begin{bmatrix} x_1 \\ x_2 \\ x_3 \end{bmatrix} =
\begin{bmatrix} 6 \\ 14 \\ -12 \end{bmatrix}
$$

the augmented matrix is:

$$
\left[\begin{array}{ccc|c} 2 & -4 & 1 & 6 \\ 4 & 2 & -3 & 14 \\ 1 & -1 & 5 & -12 \end{array}\right]
$$

Applying **ERO**:

$$\begin{bmatrix} 1 & -1 & 5 & \vdots & -12 \\ 4 & 2 & -3 & \vdots & 14 \\ 2 & -4 & 1 & \vdots & 6 \end{bmatrix} \Bigg\} \text{ Interchange } R_1 \text{ and } R_3$$

$$\begin{bmatrix} 1 & -1 & 5 & \vdots & -12 \\ 0 & 6 & -23 & \vdots & 62 \\ 0 & -2 & -9 & \vdots & 30 \end{bmatrix} \begin{matrix} \\ R2 - 4R1 \\ R3 - 2R1 \end{matrix}$$

$$\begin{bmatrix} 1 & -1 & 5 & \vdots & -12 \\ 0 & 1 & -\frac{23}{6} & \vdots & 10\frac{1}{3} \\ 0 & 0 & -50 & \vdots & 152 \end{bmatrix} \begin{matrix} \\ \frac{1}{6}R2 \\ 3R3 + R2 \end{matrix}$$

$$\begin{bmatrix} 1 & -1 & 5 & \vdots & -12 \\ 0 & 1 & -\frac{23}{6} & \vdots & 10\frac{1}{3} \\ 0 & 0 & 1 & \vdots & -\frac{76}{25} \end{matrix} \begin{matrix} \\ \\ -\frac{1}{50}R3 \end{matrix}$$

As a result of **ERO**, the matrix of coefficients of **x** has been reduced to a **triangle matrix** with a leading 1 at the beginning of each row. By detaching the right hand column back to its original position, we get:

$$\begin{bmatrix} 1 & -1 & 5 \\ 0 & 1 & -\frac{23}{6} \\ 0 & 0 & 1 \end{bmatrix} \begin{bmatrix} x_1 \\ x_2 \\ x_3 \end{bmatrix} = \begin{bmatrix} -12 \\ 10\frac{1}{3} \\ -\frac{76}{25} \end{bmatrix}$$

or in linear form:

$$x_1 - x_2 + 5x_3 = -12$$
$$x_2 - \frac{23}{6}x_3 = 10\frac{1}{3}$$
$$x_3 = -\frac{76}{25}$$

Finally, in order to determine the solution for x, back substitution was introduced.

Starting from the bottom row, we get:

$$\therefore x_3 = -\frac{76}{25}$$

From the middle row:

$$x_2 - \frac{23}{6}x_3 = 10\frac{1}{3} \Rightarrow \quad \therefore x_2 = -\frac{33}{25}$$

From the 1st row:

$$x_1 - x_2 + 5x_3 = -12 \Rightarrow \therefore x_1 = \frac{47}{25}$$

Therefore, $x_1 = \frac{47}{25}$, $x_2 = -\frac{33}{25}$, $x_3 = -\frac{76}{25}$

(ii) Gauss - Jordan Elimination 高斯－約旦消去法

In this operation, **ERO** (增廣矩陣) are introduced until the left hand side of the augmented matrix ($[A \mid b]$) turns into **RE** matrix and eventually a matrix of the form **RRE** (減化列階梯) is obtained as shown below:

$$\underbrace{\left[A \mid b\right]}_{\text{Augmented matrix}} \Rightarrow \quad \underbrace{\left[R \mid c\right]}_{\text{RE matrix}} \Rightarrow \quad \underbrace{\left[E \mid d\right]}_{\text{RRE matrix}}$$

When a system of linear equation is solved by applying this method, it normally generates three possibilities: (i) Unique solution   (ii) Infinite number of solutions   (iii) No solution .

Note that for the above three cases, the system of equation is considered as consistent if it has a unique or infinite number of solutions. If there is no solution, the system of equation is considered as inconsistent.

Example (23):   Apply Gauss-Jordan elimination to solve the linear equation:

$$2x_1 - 2x_2 + 2x_3 = 3$$
$$-x_1 + 4x_2 + 3x_3 = 1$$
$$x_1 + 2x_2 + x_3 = 3$$

Solution:

The matrix notation is:

$$\begin{bmatrix} 2 & -2 & 2 \\ -1 & 4 & 3 \\ 1 & 2 & 1 \end{bmatrix} \begin{bmatrix} x_1 \\ x_2 \\ x_3 \end{bmatrix} = \begin{bmatrix} 3 \\ 1 \\ 3 \end{bmatrix}$$

The augmented matrix is:

$$[A \mid b] = \begin{bmatrix} 2 & -2 & 2 & \vdots & 3 \\ -1 & 4 & 3 & \vdots & 1 \\ 1 & 2 & 1 & \vdots & 3 \end{bmatrix}$$

Applying **ERO**:

$$\begin{bmatrix} 1 & 2 & 5 & \vdots & 4 \\ -1 & 4 & 3 & \vdots & 1 \\ 0 & 6 & 4 & \vdots & 4 \end{bmatrix} \begin{matrix} R1 + R2 \\ \\ R3 + R2 \end{matrix}$$

$$\begin{bmatrix} 1 & 2 & 5 & \vdots & 4 \\ 0 & 6 & 8 & \vdots & 5 \\ 0 & 6 & 4 & \vdots & 4 \end{bmatrix} R2 + R1$$

$$\begin{bmatrix} 1 & 2 & 5 & \vdots & 4 \\ 0 & 1 & \frac{4}{3} & \vdots & \frac{5}{6} \\ 0 & 0 & 4 & \vdots & 1 \end{bmatrix} \begin{matrix} \\ \frac{R2}{6} \\ -(R3 - R2) \end{matrix}$$

$$\begin{bmatrix} 1 & 0 & \frac{7}{3} & \vdots & \frac{7}{3} \\ 0 & 1 & \frac{4}{3} & \vdots & \frac{5}{6} \\ 0 & 0 & 1 & \vdots & \frac{1}{4} \end{bmatrix} \begin{matrix} R1 - 2R2 \\ \\ \frac{R3}{4} \end{matrix}$$

the above is reduced to **RE** form and is suitable for Gaussian Elimination.

$$\begin{bmatrix} 1 & 0 & 0 & \vdots & \frac{7}{4} \\ 0 & 1 & 0 & \vdots & \frac{1}{2} \\ 0 & 0 & 1 & \vdots & \frac{1}{4} \end{bmatrix} \begin{matrix} R1 - \frac{7}{3} R3 \\ R2 - \frac{4}{3} R3 \\ \\ \end{matrix}$$

As a result of further **ERO**, there are now 3 leading 1's in this **RRE** matrix which is suitable for Gauss-Jordan Elimination. Therefore, rank([A | b]) =

rank(A) = 3 (= n), so we have a unique solution.

From the final **RRE** matrix determined, we have:

$$x = \begin{bmatrix} x_1 \\ x_2 \\ x_3 \end{bmatrix} = \begin{bmatrix} \frac{7}{4} \\ \frac{1}{2} \\ \frac{1}{4} \end{bmatrix} \text{ (unique solution)}$$

Example (24):   Apply Gauss-Jordan elimination to solve the linear equation:

$$2x_1 + x_2 + 5x_3 = 1$$
$$x_1 - 3x_2 + 6x_3 = 2$$
$$3x_1 + 5x_2 + 4x_3 = 0$$

Solution: The matrix notation is:

$$\begin{bmatrix} 2 & 1 & 5 \\ 1 & -3 & 6 \\ 3 & 5 & 4 \end{bmatrix} \begin{bmatrix} x_1 \\ x_2 \\ x_3 \end{bmatrix} = \begin{bmatrix} 1 \\ 2 \\ 0 \end{bmatrix}$$

The augmented matrix is:

$$[A \mid b] = \begin{bmatrix} 2 & 1 & 5 & \vdots & 1 \\ 1 & -3 & 6 & \vdots & 2 \\ 3 & 5 & 4 & \vdots & 0 \end{bmatrix}$$

Applying **ERO**:

$$\begin{bmatrix} 1 & -3 & 6 & \vdots & 2 \\ 2 & 1 & 5 & \vdots & 1 \\ 3 & 5 & 4 & \vdots & 0 \end{bmatrix} \begin{matrix} R1 \Leftrightarrow R2 \\ R2 \Leftrightarrow R1 \\ \end{matrix}$$

$$\begin{bmatrix} 1 & -3 & 6 & \vdots & 2 \\ 0 & 7 & -7 & \vdots & -3 \\ 0 & 7 & -7 & \vdots & -3 \end{bmatrix} \begin{matrix} \\ R2 - 2R1 \\ (R3 - 3R1) \times \frac{1}{2} \end{matrix}$$

$$\left[\begin{array}{ccc|c} 1 & 0 & 3 & \frac{5}{7} \\ 0 & 7 & -7 & -3 \\ 0 & 0 & 0 & 0 \end{array}\right] \begin{array}{l} R1 + \frac{3}{7}R2 \\ \\ R3 - R2 \end{array}$$

The **RRE** matrix form is:

$$\left[\begin{array}{ccc|c} 1 & 0 & 3 & \frac{5}{7} \\ 0 & 1 & -1 & -\frac{3}{7} \\ 0 & 0 & 0 & 0 \end{array}\right] \frac{1}{7}R2$$

As a result of **ERO**, there are 2 leading 1's in this **RRE** matrix and since rank($[A \mid b]$) = rank(A) = 2 < 3 (= n). Therefore, we expected infinite number of solutions.

Therefore, the final **RRE** matrix representing the system determined is:

$$x_1 + 3x_3 = \frac{5}{7}$$

$$x_2 - x_3 = -\frac{3}{7}$$

Note that this system consists of 2 linear equations with 3 unknowns

If we let $x_3 = \delta$, where δ can be any real number 實數, the system is reduced to:

$$x_1 = \frac{5}{7} - 3\delta = \frac{5 - 21\delta}{7}$$

$$x_2 = -\frac{3}{7} + \delta = \frac{(7\delta - 3)}{7} \qquad \text{(infinite solution)}$$

$$x_3 = \delta$$

Therefore, the above system for x_1, x_2 and x_3 has infinite number of solutions since δ is considered as an arbitrary constant.

Example (25):   Apply Gauss-Jordan elimination to solve the linear equation:

$$x_1 \;+\; 2x_2 \;+\; x_3 = 4$$

$$-x_1 \;+\; 4x_2 \;+\; 3x_3 = 9$$

$$2x_1 \;-\; 2x_2 \;-\; 2x_3 = -3$$

Solution: The matrix notation is:

$$\begin{bmatrix} 1 & 2 & 1 \\ -1 & 4 & 3 \\ 2 & -2 & -2 \end{bmatrix} \begin{bmatrix} x_1 \\ x_2 \\ x_3 \end{bmatrix} = \begin{bmatrix} 4 \\ 9 \\ -3 \end{bmatrix}$$

The augmented matrix is:

$$[A \,|\, b] = \begin{bmatrix} 1 & 2 & 1 & \vdots & 4 \\ -1 & 4 & 3 & \vdots & 9 \\ 2 & -2 & -2 & \vdots & -3 \end{bmatrix}$$

Applying **ERO**:

$$\begin{bmatrix} 1 & 2 & 1 & \vdots & 4 \\ 0 & 6 & 4 & \vdots & 13 \\ 0 & -6 & -4 & \vdots & -11 \end{bmatrix} \begin{matrix} \\ R2 + R1 \\ R3 - 2R1 \end{matrix}$$

$$\begin{bmatrix} 1 & 2 & 1 & 4 \\ 0 & 6 & 4 & 13 \\ 0 & 0 & 0 & 2 \end{bmatrix} R3 + R2 \quad \Leftarrow False, cannot\ continue$$

Note that from the last row, there is an inconsistency as the equation indicates that:

$$0x_1 + 0x_2 + 0x_3 = 2 \quad \text{(Impossible)}$$

Clearly there is an inconsistency in the above system and therefore, there are no solutions.

5.6   Eigenvalues and Eigenvectors
特微值與特微向量

In many applications of matrices to technological problems, we always encounter equation of the form:

$$Ax = \lambda x \quad \text{...(5.4)}$$

Where $A = [\, a_{ij} \,]$ is a square matrix and λ is a number (scalar). Clearly, $x = 0$ is a solution for any value of λ and is not normally useful. λ is called the **eigenvalue** (or latent root, or characteristic root, or proper value) corresponding to the **eigenvector** X.

The equation $Ax = \lambda x$ can be written as :

that gives us:
$$\lambda x - Ax = 0 \text{ or } Ax - \lambda x = 0$$
$$\text{...(5.5)}$$
$$(\lambda I - A)\, x = 0 \text{ or } (A - \lambda I)\, x = 0$$

and its matrix notation are:

$$\underbrace{\begin{bmatrix} \lambda - a_{11} & \cdots & -a_{1n} \\ \vdots & \ddots & \vdots \\ -a_{mn} & \cdots & \lambda - a_{mn} \end{bmatrix} \begin{bmatrix} x_1 \\ \vdots \\ x_n \end{bmatrix} = 0}_{(\lambda I - A)x = 0} \quad \text{or} \quad \underbrace{\begin{bmatrix} a_{11} - \lambda & \cdots & a_{1n} \\ \vdots & \ddots & \vdots \\ a_{mn} & \cdots & a_{mn} - \lambda \end{bmatrix} \begin{bmatrix} x_1 \\ \vdots \\ x_n \end{bmatrix} = 0}_{(A - \lambda I)x = 0}$$

In this section, we will only introduce the latter equation $(A - \lambda I)\, x = 0$

Note that the unit matrix (**I**) [see section 5.3(e)] is introduced since we can subtract only a matrix from another matrix.

The above represents the set of homogeneous linear equations (i.e. right-hand constants all zero) to have a non-trival solution, whereby $|A - \lambda I| = 0$ is the characteristic determinant. On expanding this determinant, it gives us a polynomial 多項式 of degree n and the solution of the characteristic equation that gives the value of λ which in this case, is the eigenvalues of A.

To determine the corresponding eigenvector for each eigenvalue (λ_i), the eigenvalue is back substituted into Eq.(5.4) and solve for vector X_n (eigenvector) by either applying "Gaussian elimination" or "Back substitution" to the system.

Example (26): Find the eigenvalues of the matrix

$$A = \begin{bmatrix} 4 & -1 \\ 2 & 1 \end{bmatrix}$$

Solution: Applying Eq.(5.5), the characteristic determinant is :

$$|A - \lambda I| = \begin{vmatrix} (4-\lambda) & -1 \\ 2 & (1-\lambda) \end{vmatrix}$$

$$= (4-\lambda)(1-\lambda) + 2$$

$$= 4 - 5\lambda + \lambda^2 + 2$$

$$= \lambda^2 - 5\lambda + 6$$

$$= (\lambda-2)(\lambda-3)$$

Therefore the characteristic equation is $\Rightarrow |A - \lambda I| = (\lambda-2)(\lambda-3) = 0$.

Hence the eigenvalues of A are: $\lambda_1 = 2$; $\lambda_2 = 3$.

Example (27): Find the eigenvalues and its corresponding eigenvectors of the matrix:

$$A = \begin{bmatrix} 4 & 3 \\ 1 & 2 \end{bmatrix}$$

Solution: Applying Eq.(5.5), the characteristic determinant is :

$$|A - \lambda I| = \begin{vmatrix} (4-\lambda) & 3 \\ 1 & (2-\lambda) \end{vmatrix}$$

$$= (4-\lambda)(2-\lambda) - 3$$

$$= 8 - 4\lambda - 2\lambda + \lambda^2 - 3$$

$$= \lambda^2 - 6\lambda + 5$$

$$= (\lambda-1)(\lambda-5)$$

Therefore the characteristic equation is $\Rightarrow |A - \lambda\mathbf{I}| = (\lambda - 1)(\lambda - 5) = 0.$

Hence the eigenvalues of A are: $\lambda_1 = 1; \lambda_2 = 5.$

To determine the eigenvector:

For $\lambda_1 = 1$, the equation $Ax = \lambda x$ becomes:

$$\begin{bmatrix} 4 & 3 \\ 1 & 2 \end{bmatrix}\begin{bmatrix} x_1 \\ x_2 \end{bmatrix} = 1\begin{bmatrix} x_1 \\ x_2 \end{bmatrix}$$

$$\left.\begin{array}{l} 4x_1 + 3x_2 = x_1 \\ x_1 + 2x_2 = x_2 \end{array}\right\} \text{either of these gives } x_2 = -x_1$$

therefore, the above results tell us that whatever value of x_1 has, the value of x_2 is its negative. Therefore, if we let $x_1 = c_1$, the simplest eigenvector when $\lambda = 1$ is

$$X_1 = c_1\begin{bmatrix} 1 \\ -1 \end{bmatrix}$$

Where c_1 is an arbitrary constant.

For $\lambda_2 = 5$, $Ax = \lambda x$ becomes:

$$\begin{bmatrix} 4 & 3 \\ 1 & 2 \end{bmatrix}\begin{bmatrix} x_1 \\ x_2 \end{bmatrix} = 5\begin{bmatrix} x_1 \\ x_2 \end{bmatrix}$$

$$\left.\begin{array}{l} 4x_1 + 3x_2 = 5x_1 \\ x_1 + 2x_2 = 5x_2 \end{array}\right\} \text{either of these gives } x_1 = 3x_2$$

therefore, the above results tell us that whatever value of x_2 has, the value of x_1 is three times of its value. Therefore, if we let $x_2 = c_2$, the simplest eigenvector when $\lambda = 5$ is

$$X_2 = c_2\begin{bmatrix} 3 \\ 1 \end{bmatrix}$$

Where c_2 is an arbitrary constant.

Hence,

$$X_1 = \begin{bmatrix} 1 \\ -1 \end{bmatrix} \text{ is an eigenvector corresponding to } \lambda_1 = 1.$$

$$X_2 = \begin{bmatrix} 3 \\ 1 \end{bmatrix} \text{ is an eigenvector corresponding to } \lambda_2 = 5.$$

Example (28): Find the eigenvalues and its corresponding eigenvectors of the matrix:

$$A = \begin{bmatrix} 2 & -1 & -1 \\ 0 & 4 & 2 \\ 1 & -1 & 0 \end{bmatrix}$$

Solution: Applying Eq.(5.5), the characteristic determinant is:

$$|A - \lambda I| = \begin{vmatrix} (2-\lambda) & -1 & -1 \\ 0 & (4-\lambda) & 2 \\ 1 & -1 & (0-\lambda) \end{vmatrix}$$

Expanding the above characteristic determinant associating with the 1st row, we get:

$$|A - \lambda I| = (2-\lambda)\,[(4-\lambda)\,(-\lambda) - (2)\,(-1)] + 1[0\,(0-\lambda) - (2)\,(1)] - [(0)\,(-1) - (4-\lambda)\,(1)]$$

$$= (2-\lambda)(\lambda^2 - 4\lambda + 2) + [-2 - (-4+\lambda)]$$

$$= (2-\lambda)(\lambda^2 - 4\lambda + 2) + (2-\lambda)$$

$$= (2-\lambda)\,[(\lambda^2 - 4\lambda + 2) + 1]$$

$$= (2-\lambda)(\lambda^2 - 4\lambda + 3)$$

$$= (2-\lambda)(\lambda - 1)(\lambda - 3)$$

Therefore the characteristic equation is $\Rightarrow |A - \lambda I| = (\lambda - 1)(2 - \lambda)(\lambda - 3) = 0$.

Hence the eigenvalues of A are: $\lambda_1 = 1$; $\lambda_2 = 2$; $\lambda_3 = 3$.

To determine the eigenvector, we applied Gaussian elimination to the system $(A - \lambda I)\,x = 0$ (see Eq. 5.5).

For $\lambda = \lambda_1 = 1$, the characteristic equation $(A - \lambda I)\,x = 0$ is:

$$\begin{bmatrix} (2-1) & -1 & -1 & 0 \\ 0 & (4-1) & 2 & 0 \\ 1 & -1 & (0-1) & 0 \end{bmatrix}$$

$$\begin{bmatrix} 1 & -1 & -1 & 0 \\ 0 & 3 & 2 & 0 \\ 1 & -1 & -1 & 0 \end{bmatrix}$$

$$\begin{bmatrix} 1 & -1 & -1 & 0 \\ 0 & 3 & 2 & 0 \\ 0 & 0 & 0 & 0 \end{bmatrix} R3 - R1$$

$$\begin{bmatrix} 1 & 0 & -\frac{1}{3} & 0 \\ 0 & 3 & 2 & 0 \\ 0 & 0 & 0 & 0 \end{bmatrix} \begin{matrix} R1 + \frac{1}{3}R2 \\ \\ \\ \end{matrix}$$

Therefore, the matrix representing the system determined is:

$$\left. \begin{matrix} x_1 - \frac{1}{3}x_3 = 0 \\ 3x_2 + 2x_3 = 0 \end{matrix} \right\} \Rightarrow \quad x_3 = 3x_1 \quad \text{and} \quad x_2 = -2x_1$$

The above results tell us that whatever value of x_1 has, the value of x_2 is negative twice of it and x_3 is three times of its value.

If we let $x_1 = c_1$, the eigenvector when $\lambda = 1$ is

$$X_1 = c_1 \begin{bmatrix} 1 \\ -2 \\ 3 \end{bmatrix}$$

For $\lambda = \lambda_2 = 2$, the characteristic equation $(A - \lambda I)\,x = 0$ is:

$$\begin{bmatrix} (2-2) & -1 & -1 & 0 \\ 0 & (4-2) & 2 & 0 \\ 1 & -1 & (0-2) & 0 \end{bmatrix}$$

$$\begin{bmatrix} 0 & -1 & -1 & 0 \\ 0 & 2 & 2 & 0 \\ 1 & -1 & -2 & 0 \end{bmatrix}$$

$$\begin{bmatrix} 1 & -1 & -2 & 0 \\ 0 & 2 & 2 & 0 \\ 0 & -1 & -1 & 0 \end{bmatrix} \begin{matrix} R1 \Leftrightarrow R3 \\ \\ R3 \Leftrightarrow R1 \end{matrix}$$

$$\begin{bmatrix} 1 & -1 & -2 & 0 \\ 0 & 1 & 1 & 0 \\ 0 & 0 & 0 & 0 \end{bmatrix} \begin{matrix} \\ 0.5R2 \\ R3 + 0.5R2 \end{matrix}$$

$$\begin{bmatrix} 1 & 0 & -1 & 0 \\ 0 & 1 & 1 & 0 \\ 0 & 0 & 0 & 0 \end{bmatrix} R1 + R2$$

The matrix representing the system determined is:

$$\left. \begin{matrix} x_1 - x_3 = 0 \\ x_2 + x_3 = 0 \end{matrix} \right\} \Rightarrow x_1 = -x_2 \text{ and } x_3 = -x_2$$

Therefore, the above **RRE** results tell us that whatever value of x_2 has, the value of x_1 and x_3 is its negative value.

If we let $x_2 = c_2$, the eigenvector when $\lambda = 2$ is

$$X_2 = c_2 \begin{bmatrix} -1 \\ 1 \\ -1 \end{bmatrix}$$

For $\lambda = \lambda_3 = 3$, the characteristic equation $(A - \lambda I) x = 0$ is:

$$\begin{bmatrix} (2-3) & -1 & -1 & 0 \\ 0 & (4-3) & 2 & 0 \\ 1 & -1 & (0-3) & 0 \end{bmatrix}$$

$$\begin{bmatrix} -1 & -1 & -1 & 0 \\ 0 & 1 & 2 & 0 \\ 1 & -1 & -3 & 0 \end{bmatrix}$$

$$\begin{bmatrix} 1 & 1 & 1 & 0 \\ 0 & 1 & 2 & 0 \\ 0 & -2 & -4 & 0 \end{bmatrix} \begin{matrix} -R1 \\ \\ R3+R1 \end{matrix}$$

$$\begin{bmatrix} 1 & 1 & 1 & 0 \\ 0 & 1 & 2 & 0 \\ 0 & 0 & 0 & 0 \end{bmatrix} R3+2R2$$

$$\begin{bmatrix} 1 & 0 & -1 & 0 \\ 0 & 1 & 2 & 0 \\ 0 & 0 & 0 & 0 \end{bmatrix} R1-R2$$

The matrix representing the system determined is:

$$\left. \begin{matrix} x_1 - x_3 = 0 \\ x_2 + 2x_3 = 0 \end{matrix} \right\} \Rightarrow x_1 = x_3 \text{ and } x_2 = -2x_3$$

Therefore, the above **RRE** results tell us that whatever value of x_3 has, the value of x_1 is the same and the value of x_2 is negative twice of its value.

If we let $x_3 = c_3$, the eigenvector when $\lambda = 3$ is

$$X_3 = c_3 \begin{bmatrix} 1 \\ -2 \\ 1 \end{bmatrix}$$

Hence,

$$X_1 = c_1 \begin{bmatrix} 1 \\ -2 \\ 3 \end{bmatrix} \text{ is an eigenvector corresponding to } \lambda_1 = 1.$$

$$X_2 = c_2 \begin{bmatrix} -1 \\ 1 \\ -1 \end{bmatrix} \text{ is an eigenvector corresponding to } \lambda_2 = 2.$$

$$X_3 = c_3 \begin{bmatrix} 1 \\ -2 \\ 1 \end{bmatrix} \text{ is an eigenvector corresponding to } \lambda_3 = 3.$$

Example (29): Find the eigenvalues and its corresponding eigenvectors of the matrix:

$$A = \begin{bmatrix} -1 & -3 & -6 \\ 2 & 4 & 2 \\ 2 & 2 & 7 \end{bmatrix}$$

Solution: Applying Eq. 5.5, the characteristic determinant is:

$$|A - \lambda I| = \begin{vmatrix} (-1-\lambda) & -3 & -6 \\ 2 & (4-\lambda) & 2 \\ 2 & 2 & (7-\lambda) \end{vmatrix}$$

Expanding the above characteristic determinant associating with the 1st row, we get:

$$|A - \lambda I| = (-1-\lambda)[(4-\lambda)(7-\lambda)-(2)(2)] +3[2(7-\lambda) - (2)(2)] - 6[(2)(2)-(4-\lambda)(2)]$$

$$= (-1 -\lambda)(\lambda^2 - 11\lambda +24) +3(-2\lambda +10) -6(2\lambda -4)$$

$$= (-1 - \lambda)(\lambda - 3)(\lambda - 8) - 18(\lambda - 3)$$

$$= (\lambda - 3) [-(\lambda^2 - 7\lambda +10)]$$

$$= -(\lambda - 2)(\lambda - 3)(\lambda - 5)$$

Therefore the characteristic equation is

$$\Rightarrow |A - \lambda I| = (\lambda - 2)(\lambda - 3)(\lambda - 5) = 0.$$

Hence the eigenvalues of A are: $\lambda_1 = 2$; $\lambda_2 = 3$; $\lambda_3 = 5$.

To determine the eigenvector, we applied Gaussian elimination to the system $(A - \lambda I) x = 0$ (see Eq. 5.5).

For $\lambda = \lambda_1 = 2$, the characteristic equation $(A - \lambda I) x = 0$ is:

$$\begin{bmatrix} (-1-2) & -3 & -6 & 0 \\ 2 & (4-2) & 2 & 0 \\ 2 & 2 & (7-2) & 0 \end{bmatrix}$$

$$\begin{bmatrix} -3 & -3 & -6 & 0 \\ 2 & 2 & 2 & 0 \\ 2 & 2 & 5 & 0 \end{bmatrix}$$

$$\begin{bmatrix} 1 & 1 & 2 & 0 \\ 1 & 1 & 1 & 0 \\ 2 & 2 & 5 & 0 \end{bmatrix} \begin{matrix} -\frac{1}{3}R1 \\ 0.5R2 \\ \end{matrix}$$

$$\begin{bmatrix} 1 & 1 & 2 & 0 \\ 0 & 0 & -1 & 0 \\ 0 & 0 & 1 & 0 \end{bmatrix} \begin{matrix} \\ R2-R1 \\ R3-2R1 \end{matrix}$$

$$\begin{bmatrix} 1 & 1 & 0 & 0 \\ 0 & 0 & -1 & 0 \\ 0 & 0 & 0 & 0 \end{bmatrix} \begin{matrix} R1+2R2 \\ \\ R3+R2 \end{matrix}$$

Therefore, the matrix representing the system determined is:

$$\left. \begin{matrix} x_1 + x_2 = 0 \\ -x_3 = 0 \end{matrix} \right\} \Rightarrow x_2 = -x_1 \text{ and } x_3 = 0$$

Therefore, the above **RE** results tell us that whatever value of x_1 has, the value of x_2 is the negative of its value and x_3 is zero. If we let $x_1 = c_1$, the eigenvector when $\lambda = 2$ is

$$X_1 = c_1 \begin{bmatrix} 1 \\ -1 \\ 0 \end{bmatrix}$$

For $\lambda = \lambda_2 = 3$, the characteristic equation $(A - \lambda I)\,x = 0$ is:

$$\begin{bmatrix} (-1-3) & -3 & -6 & 0 \\ 2 & (4-3) & 2 & 0 \\ 2 & 2 & (7-3) & 0 \end{bmatrix}$$

$$\begin{bmatrix} -4 & -3 & -6 & 0 \\ 2 & 1 & 2 & 0 \\ 2 & 2 & 4 & 0 \end{bmatrix}$$

$$\begin{bmatrix} -4 & -3 & -6 & 0 \\ 0 & -1 & -2 & 0 \\ 1 & 1 & 2 & 0 \end{bmatrix} \begin{matrix} \\ 2R2 + R1 \\ \frac{1}{2}R3 \end{matrix}$$

$$\begin{bmatrix} 1 & 1 & 2 & 0 \\ 0 & -1 & -2 & 0 \\ -4 & -3 & -6 & 0 \end{bmatrix} \begin{matrix} R1 \Leftrightarrow R3 \\ \\ R3 \Leftrightarrow R1 \end{matrix}$$

$$\begin{bmatrix} 1 & 1 & 2 & 0 \\ 0 & -1 & -2 & 0 \\ 0 & 1 & 2 & 0 \end{bmatrix} \begin{matrix} \\ \\ R3 + 4R1 \end{matrix}$$

$$\begin{bmatrix} 1 & 1 & 2 & 0 \\ 0 & -1 & -2 & 0 \\ 0 & 0 & 0 & 0 \end{bmatrix} \begin{matrix} \\ \\ R3 + R2 \end{matrix}$$

$$\begin{bmatrix} 1 & 0 & 0 & 0 \\ 0 & 1 & 2 & 0 \\ 0 & 0 & 0 & 0 \end{bmatrix} \begin{matrix} R1 + R2 \\ -R2 \\ \end{matrix}$$

Therefore, the **RRE** matrix representing the system determined is:

$$\left. \begin{matrix} x_1 = 0 \\ x_2 + 2x_3 = 0 \end{matrix} \right\} \Rightarrow x_1 = 0 \text{ and } x_3 = -\frac{1}{2}x_2$$

Therefore, the above results tell us that whatever value of x_2 has, the value of x_3 is negative half of its value and x_1 is zero. If we let $x_2 = c_2$, the eigenvector when $\lambda = 3$ is

$$X_2 = c_2 \begin{bmatrix} 0 \\ 1 \\ -\frac{1}{2} \end{bmatrix}$$

For $\lambda = \lambda_3 = 5$, the characteristic equation $(A - \lambda \mathbf{I})\,x = 0$ is:

$$\begin{bmatrix} (-1-5) & -3 & -6 & 0 \\ 2 & (4-5) & 2 & 0 \\ 2 & 2 & (7-5) & 0 \end{bmatrix}$$

$$\begin{bmatrix} -6 & -3 & -6 & 0 \\ 2 & -1 & 2 & 0 \\ 2 & 2 & 2 & 0 \end{bmatrix}$$

$$\begin{bmatrix} 2 & 2 & 2 & 0 \\ 2 & -1 & 2 & 0 \\ -6 & -3 & -6 & 0 \end{bmatrix} \begin{matrix} R1 \Leftrightarrow R3 \\ \\ R3 \Leftrightarrow R1 \end{matrix}$$

$$\begin{bmatrix} 1 & 1 & 1 & 0 \\ 2 & -1 & 2 & 0 \\ 2 & 1 & 2 & 0 \end{bmatrix} \begin{matrix} 0.5R1 \\ \\ -\frac{1}{3}R3 \end{matrix}$$

$$\begin{bmatrix} 1 & 1 & 1 & 0 \\ 0 & -3 & 0 & 0 \\ 0 & -1 & 0 & 0 \end{bmatrix} \begin{matrix} \\ R2 - 2R1 \\ R3 - 2R1 \end{matrix}$$

The matrix representing the system determined is:

$$\left. \begin{aligned} x_1 + x_2 + x_3 &= 0 \\ -3x_2 &= 0 \\ -x_2 &= 0 \end{aligned} \right\} \Rightarrow \quad x_2 = 0 \ \text{ and } \ x_1 = -x_3$$

Therefore, the above results tell us that whatever value of x_3 has, the value of x_1 is negative of its value and x_2 is zero. If we let $x_3 = c_3$, the eigenvector when $\lambda = 5$ is

$$X_3 = c_3 \begin{bmatrix} -1 \\ 0 \\ 1 \end{bmatrix}$$

Therefore,

$$X_1 = c_1 \begin{bmatrix} 1 \\ -1 \\ 0 \end{bmatrix} \text{ is an eigenvector corresponding to } \lambda_1 = 2.$$

$$X_2 = c_2 \begin{bmatrix} 0 \\ 1 \\ -\frac{1}{2} \end{bmatrix} \text{ is an eigenvector corresponding to } \lambda_2 = 3.$$

$$X_3 = c_3 \begin{bmatrix} -1 \\ 0 \\ 1 \end{bmatrix} \text{ is an eigenvector corresponding to } \lambda_3 = 5.$$

5.7 Matrix Diagonalization 矩陣的對角線化

In this section, diagonalization of an $n \times n$ matrix A is presented. Diagonalization is a vital tool in the solving of linear 1st – order differential equation. Besides using it for the analysis of matrix A geometrical characteristic, it is also able to simplify any other mathematical calculation that involves the matrix A.

We will discuss on how to determine an invertiable (可逆的) non-singular $n \times n$ matrix P, such that the diagonal matrix D is;

$$D = P^{-1}AP \quad\text{...} (5.6)$$

If there existed an invertiable matrix P, which in turn satisfied Eq 5.6 for the diagonal matrix D, matrix A is known to be diagonalizable (可對角線化), and that matrix P diagonalized (對角線化) matrix A.

Note that the condition for Diagonalization is when the $n \times n$ matrix A has n number of linearly independent eigenvectors, and then A is diagonalizable.

Example (30):   Diagonalize the below 2 × 2 matrix A if;

$$A = \begin{bmatrix} 4 & 3 \\ 1 & 2 \end{bmatrix}$$

Solution: From Example (27), we realized that the eigenvectors of matrix A corresponding to $\lambda_1 = 1$ and $\lambda_2 = 5$ are; $X_1 = \begin{bmatrix} 1 \\ -1 \end{bmatrix}$ and $X_2 = \begin{bmatrix} 3 \\ 1 \end{bmatrix}$, respectively. Using these two vectors as column of the non-singular matrix P that is used to diagonalize matrix A, we get:

$$P = \begin{bmatrix} X_1 & X_2 \end{bmatrix} = \begin{bmatrix} 1 & 3 \\ -1 & 1 \end{bmatrix}$$

Therefore, the inverse of P is:

$$P^{-1} = \begin{bmatrix} 1 & -3 \\ 1 & 1 \end{bmatrix}$$

and the diagonal matrix D is:

$$D = P^{-1}AP = \begin{bmatrix} 1 & -3 \\ 1 & 1 \end{bmatrix} \begin{bmatrix} 4 & 3 \\ 1 & 2 \end{bmatrix} \begin{bmatrix} 1 & 3 \\ -1 & 1 \end{bmatrix} = \begin{bmatrix} 4 & 0 \\ 0 & 20 \end{bmatrix}$$

Note that if we reverse the column of P where; $P = \begin{bmatrix} X_2 & X_1 \end{bmatrix} = \begin{bmatrix} 3 & 1 \\ 1 & -1 \end{bmatrix}$, the diagonal matrix D will be:

$$D = P^{-1}AP = \begin{bmatrix} -1 & -1 \\ -1 & 3 \end{bmatrix} \begin{bmatrix} 4 & 3 \\ 1 & 2 \end{bmatrix} \begin{bmatrix} 3 & 1 \\ 1 & -1 \end{bmatrix} = \begin{bmatrix} -20 & 0 \\ 0 & -4 \end{bmatrix}$$

Example (31):   Diagonalize the below 3 × 3 matrix A if;

$$A = \begin{bmatrix} -1 & -3 & -6 \\ 2 & 4 & 2 \\ 2 & 2 & 7 \end{bmatrix}$$

Solution:

From Example (29), we realized that the eigenvectors of matrix A corresponding to $\lambda_1 = 2$, $\lambda_2 = 3$ and $\lambda_3 = 5$ are; $X_1 = c_1 \begin{bmatrix} 1 \\ -1 \\ 0 \end{bmatrix}$,

$X_2 = c_2 \begin{bmatrix} 0 \\ 1 \\ -\frac{1}{2} \end{bmatrix}$ and $X_3 = c_3 \begin{bmatrix} -1 \\ 0 \\ 1 \end{bmatrix}$, respectively. Using these three

vectors as column of the non-singular matrix P that diagonalize matrix A, we get:

$$P = \begin{bmatrix} X_1 & X_2 & X_3 \end{bmatrix} = \begin{bmatrix} 1 & 0 & -1 \\ -1 & 1 & 0 \\ 0 & -\frac{1}{2} & 1 \end{bmatrix}$$

Therefore, the inverse of P is:

$$P^{-1} = \begin{bmatrix} 2 & 1 & 2 \\ 2 & 2 & 2 \\ 1 & 1 & 2 \end{bmatrix}$$

and the diagonal matrix D is:

$$D = P^{-1}AP = \begin{bmatrix} 2 & 1 & 2 \\ 2 & 2 & 2 \\ 1 & 1 & 2 \end{bmatrix} \begin{bmatrix} -1 & -3 & -6 \\ 2 & 4 & 2 \\ 2 & 2 & 7 \end{bmatrix} \begin{bmatrix} 1 & 0 & -1 \\ -1 & 1 & 0 \\ 0 & -\frac{1}{2} & 1 \end{bmatrix}$$

$$= \begin{bmatrix} 2 & 0 & 0 \\ 0 & 3 & 0 \\ 0 & 0 & 5 \end{bmatrix} = \begin{bmatrix} \lambda_1 & 0 & 0 \\ 0 & \lambda_2 & 0 \\ 0 & 0 & \lambda_3 \end{bmatrix}$$

Note that if we reverse the column of P where;

$$P = \begin{bmatrix} X_3 & X_2 & X_1 \end{bmatrix} = \begin{bmatrix} -1 & 0 & 1 \\ 0 & 1 & -1 \\ 1 & -\frac{1}{2} & 0 \end{bmatrix},$$

the diagonal matrix D will be:

$$D = P^{-1}AP = \begin{bmatrix} 1 & 1 & 2 \\ 2 & 2 & 2 \\ 2 & 1 & 2 \end{bmatrix} \begin{bmatrix} -1 & -3 & -6 \\ 2 & 4 & 2 \\ 2 & 2 & 7 \end{bmatrix} \begin{bmatrix} -1 & 0 & 1 \\ 0 & 1 & -1 \\ 1 & -\frac{1}{2} & 0 \end{bmatrix}$$

$$= \begin{bmatrix} 5 & 0 & 0 \\ 0 & 3 & 0 \\ 0 & 0 & 2 \end{bmatrix} = \begin{bmatrix} \lambda_3 & 0 & 0 \\ 0 & \lambda_2 & 0 \\ 0 & 0 & \lambda_1 \end{bmatrix}$$

習 題

Section 5.1 Matrices Concept

(1) Determine the orders of the following matrices.

(a) $\begin{bmatrix} 4 & 2 & 2 \\ -1 & 3 & 2 \end{bmatrix}$ (b) $\begin{bmatrix} 3+j2 \end{bmatrix}$ (c) $\begin{bmatrix} 3 \\ 2 \\ -1 \end{bmatrix}$ (d) $\begin{bmatrix} 1 & 4 & 5 & 4 & 5 \end{bmatrix}$

     Ans: 2×3 Ans: 1×1 Ans: 3×1 Ans: 1×5

(e) $\begin{bmatrix} 4 & 2 & 6 & 2 & 5 \\ 3 & 5 & 7 & 2 & 6 \end{bmatrix}$ (f) $\begin{bmatrix} 2 & 2 & 4 \\ 3 & 1 & 4 \\ 1 & -1 & 2 \\ 5 & 4 & 9 \\ 2 & 2 & 3 \end{bmatrix}$ (g) $\begin{bmatrix} 1 & 1 & 2 & 2 & 5 & 3 \\ 2 & 3 & -j & 3 & e^2 & 4 \\ 3 & 9 & 7 & 10 & -11 & 20 \end{bmatrix}$

     Ans: 2×5 Ans: 5×3 Ans: 3×6

Section 5.2 Basic properties of Matrices

(2) From the given matrices A and B, find: (i) $A + B$ (ii) $A - B$ (iii) $B - A$

(a) $A = \begin{bmatrix} 2 & 3 \\ 0 & 1 \end{bmatrix}$, $B = \begin{bmatrix} 4 & 1 \\ 1 & -2 \end{bmatrix}$

     Ans: $A + B = \begin{bmatrix} 6 & 4 \\ 1 & -1 \end{bmatrix}$, $A - B = \begin{bmatrix} -2 & 2 \\ -1 & 3 \end{bmatrix}$, $B - A = \begin{bmatrix} 2 & -2 \\ 1 & -3 \end{bmatrix}$

(b) $A = \begin{bmatrix} 2 & 6 & -4 \\ 1 & 3 & 5 \end{bmatrix}$, $B = \begin{bmatrix} -1 & 2 & 7 \\ 1 & -3 & 10 \end{bmatrix}$

     Ans: $A + B = \begin{bmatrix} 1 & 8 & 3 \\ 2 & 0 & 15 \end{bmatrix}$, $A - B = \begin{bmatrix} 3 & 4 & -11 \\ 0 & 6 & -5 \end{bmatrix}$, $B - A = \begin{bmatrix} -3 & -4 & 11 \\ 0 & -6 & 5 \end{bmatrix}$

(c) $A = \begin{bmatrix} 3 & -1 \\ 0 & 4 \\ 2 & 5 \end{bmatrix}$, $B = \begin{bmatrix} 3 \\ 9 \\ 4 \end{bmatrix}$

Ans: Not possible

(d) $A = \begin{bmatrix} 0 & 5 & -3 \\ -1 & 7 & 5 \\ 2 & 10 & -6 \end{bmatrix}$, $B = \begin{bmatrix} 3 & 5 & 4 \\ 2 & -7 & -2 \\ -2 & 9 & 6 \end{bmatrix}$

Ans: $A + B = \begin{bmatrix} 3 & 10 & 1 \\ 1 & 0 & 3 \\ 0 & 19 & 0 \end{bmatrix}$, $A - B = \begin{bmatrix} -3 & 0 & -7 \\ -3 & 14 & 7 \\ 4 & 1 & -12 \end{bmatrix}$, $B - A = \begin{bmatrix} 3 & 0 & 7 \\ 3 & -14 & -7 \\ -4 & -1 & 12 \end{bmatrix}$

(3) From the given matrices A and B, find: (i) $-B$ (ii) $A - 3B$ (iii) $2A + 4B$

(a) $A = \begin{bmatrix} -1 & 0 & 5 \\ 3 & 2 & 6 \end{bmatrix}$, $B = \begin{bmatrix} 3 & 2 & 7 \\ -1 & -2 & 4 \end{bmatrix}$

Ans: $-B = \begin{bmatrix} -3 & -2 & -7 \\ 1 & 2 & -4 \end{bmatrix}$, $A - 3B = \begin{bmatrix} -10 & -6 & -16 \\ 6 & 8 & -6 \end{bmatrix}$, $2A + 4B = \begin{bmatrix} 10 & 8 & 38 \\ 2 & -4 & 28 \end{bmatrix}$

(b) $A = \begin{bmatrix} -2 & 0 \\ -1 & 4 \\ 7 & 6 \\ 3 & 1 \end{bmatrix}$, $B = \begin{bmatrix} 1 & 2 \\ -2 & 4 \\ 3 & 1 \\ -3 & -1 \end{bmatrix}$

Ans: $-B = \begin{bmatrix} -1 & -2 \\ 2 & -4 \\ -3 & -1 \\ 3 & 1 \end{bmatrix}$, $A - 3B = \begin{bmatrix} -5 & -6 \\ 5 & -8 \\ -2 & 3 \\ 12 & 4 \end{bmatrix}$, $2A + 4B = \begin{bmatrix} 0 & 8 \\ -10 & 24 \\ 26 & 16 \\ -6 & -2 \end{bmatrix}$

(4) Evaluate the following multiplication of matrices.

(a) $\begin{bmatrix} 1 & 3 & 0 \end{bmatrix}\begin{bmatrix} -1 \\ 4 \\ 7 \end{bmatrix}$

(b) $\begin{bmatrix} 2 & -9 \\ 0 & 1 \\ 3 & -1 \end{bmatrix}\begin{bmatrix} 0 & 2 & 3 \\ 3 & 1 & 0 \end{bmatrix}$

(c) $\begin{bmatrix} 1 & 3 \\ 0 & 1 \\ 3 & -1 \end{bmatrix}\begin{bmatrix} 2 \\ 2 \\ 3 \end{bmatrix}$

Ans: 11

Ans: $\begin{bmatrix} -27 & -5 & 6 \\ 3 & 1 & 0 \\ -3 & 5 & 9 \end{bmatrix}$

Ans: Not possible

(d) $\begin{bmatrix} -5 \\ 2 \\ 3 \end{bmatrix}\begin{bmatrix} 2 & -2 \end{bmatrix}$

(e) $\begin{bmatrix} 1 & 3 & -1 \\ 3 & 4 & 0 \\ -3 & 0 & 2 \end{bmatrix}\begin{bmatrix} 1 & 10 \\ 2 & 9 \\ 3 & 10 \end{bmatrix}\begin{bmatrix} 1 & 3 \\ -1 & 4 \\ 0 & -1 \end{bmatrix}$

Ans: $\begin{bmatrix} -10 & 10 \\ 4 & -4 \\ 6 & -6 \end{bmatrix}$

Ans: Not possible

(f) $\begin{bmatrix} 0 & 1 \\ -5 & 6 \end{bmatrix}\begin{bmatrix} 1 & 0 & 0 \\ 0 & 2 & 0 \end{bmatrix}\begin{bmatrix} -1 \\ 3 \\ 4 \end{bmatrix}$

(g) $\begin{bmatrix} 2 & 3 & 4 \end{bmatrix}\begin{bmatrix} 0 & -1 & 6 \\ 1 & 3 & 4 \end{bmatrix}$

Ans: $\begin{bmatrix} 6 \\ 41 \end{bmatrix}$

Ans: Not possible

(5) From the given matrices A and B, find: (i) AB (ii) BA

(a) $A = \begin{bmatrix} 5 & 2 \\ 7 & 4 \\ 3 & 1 \end{bmatrix}$, $B = \begin{bmatrix} 9 & 2 & 4 \\ -2 & 3 & 6 \end{bmatrix}$

Ans: $AB = \begin{bmatrix} 41 & 16 & 32 \\ 55 & 26 & 52 \\ 25 & 9 & 18 \end{bmatrix}$, $BA = \begin{bmatrix} 71 & 30 \\ 29 & 14 \end{bmatrix}$

(b) $A = \begin{bmatrix} 2 & 4 & 3 \\ 1 & 3 & 2 \end{bmatrix}$, $B = \begin{bmatrix} 7 & -1 \\ -2 & 0 \\ 1 & 2 \end{bmatrix}$

Ans: $AB = \begin{bmatrix} 9 & 4 \\ 3 & 3 \end{bmatrix}$, $BA = \begin{bmatrix} 13 & 25 & 19 \\ -4 & -8 & -6 \\ 4 & 10 & 7 \end{bmatrix}$

(c) $A = \begin{bmatrix} 3 & 1 \\ 2 & 3 \\ 5 & 4 \end{bmatrix}$, $B = \begin{bmatrix} 2 & 7 & 6 \\ 1 & 0 & 3 \end{bmatrix}$

Ans: $AB = \begin{bmatrix} 7 & 21 & 21 \\ 7 & 14 & 21 \\ 14 & 35 & 42 \end{bmatrix}$, $BA = \begin{bmatrix} 50 & 47 \\ 18 & 13 \end{bmatrix}$

(d) $A = \begin{bmatrix} 1 & 5 \\ 2 & 7 \\ 3 & 4 \end{bmatrix}$, $B = \begin{bmatrix} 1 & 4 & 3 & 1 \\ 2 & 5 & 1 & 6 \end{bmatrix}$

Ans: $AB = \begin{bmatrix} 11 & 29 & 8 & 31 \\ 16 & 43 & 13 & 44 \\ 11 & 32 & 13 & 27 \end{bmatrix}$, Not possible

(6) Transpose the following matrices:

(a) $A = \begin{bmatrix} 2 & 7 & 6 & 0 \end{bmatrix}$ (b) $A = \begin{bmatrix} 2 & 7 & 3 \\ 1 & 2 & 5 \end{bmatrix}$ (c) $A = \begin{bmatrix} 2 & 4 \\ 5 & 1 \end{bmatrix}$

Ans: $A^T = \begin{bmatrix} 2 \\ 7 \\ 6 \\ 0 \end{bmatrix}$ Ans: $A^T = \begin{bmatrix} 2 & 1 \\ 7 & 2 \\ 3 & 5 \end{bmatrix}$ Ans: $A^T = \begin{bmatrix} 2 & 5 \\ 4 & 1 \end{bmatrix}$

(d) $A = A = \begin{bmatrix} 4 & 6 \\ 7 & 9 \\ 2 & 5 \end{bmatrix}$

(e) $A = \begin{bmatrix} 1 & 2 & 5 \\ 2 & 3 & 6 \\ 0 & 4 & 7 \end{bmatrix}$

Ans: $A^T = \begin{bmatrix} 4 & 7 & 2 \\ 6 & 9 & 5 \end{bmatrix}$

Ans: $A^T = \begin{bmatrix} 1 & 2 & 0 \\ 2 & 3 & 4 \\ 5 & 6 & 7 \end{bmatrix}$

(f) $A = \begin{bmatrix} -1 & 5 & 1 & 4 \\ 0 & 1 & 3 & 5 \\ 6 & 3 & 1 & 8 \\ 10 & 9 & -1 & 11 \end{bmatrix}$

Ans: $A^T = \begin{bmatrix} -1 & 0 & 6 & 10 \\ 5 & 1 & 3 & 9 \\ 1 & 3 & 1 & -1 \\ 4 & 5 & 8 & 11 \end{bmatrix}$

(g) If $A = \begin{bmatrix} 2 & 7 & 6 \\ 3 & 1 & 5 \end{bmatrix}$ and $B = \begin{bmatrix} 4 & 0 \\ 3 & 7 \\ 1 & 5 \end{bmatrix}$, find (i) AB (ii) $(AB)^T$ (iii) $(BA)^T$

(iv) $A^T B$ (v) AB^T

Ans: (i) $\begin{bmatrix} 35 & 79 \\ 20 & 32 \end{bmatrix}$, (ii) $\begin{bmatrix} 35 & 20 \\ 79 & 32 \end{bmatrix}$, (iii) $\begin{bmatrix} 8 & 27 & 17 \\ 28 & 28 & 12 \\ 24 & 53 & 31 \end{bmatrix}$, (iv) impossible,

(v) impossible

Section 5.3   Special Matrices

(7) Which of the following matrices are (i) symmetric, or   (ii) anti-symmetric, or   (iii) upper triangular, or   (iv) non of the above?

(a) $\begin{bmatrix} 1 & 0 & 4 \\ 0 & 9 & -2 \\ 4 & -2 & 8 \end{bmatrix}$ (b) $\begin{bmatrix} 2 & 0 & 5 \\ 0 & 3 & 1 \\ -5 & -1 & 1 \end{bmatrix}$ (c) $\begin{bmatrix} 0 & -5 & 3 & 1 \\ 5 & 0 & -1 & 6 \\ -3 & 1 & 0 & -2 \\ -1 & -6 & 2 & 0 \end{bmatrix}$

Ans: symmetric   Ans: non of the above   Ans: anti-symmetric

(d) $\begin{bmatrix} 1 & 1 & -3 \\ 0 & 9 & -1 \\ 0 & 0 & -2 \end{bmatrix}$ (e) $\begin{bmatrix} 0 & 1 & -9 \\ 0 & 0 & -2 \\ 0 & 0 & 0 \end{bmatrix}$ (f) $\begin{bmatrix} 0 & 2 & 6 & 5 \\ 0 & 1 & 6 & 2 \\ 0 & 0 & 0 & 2 \end{bmatrix}$

Ans: upper triangular   Ans: non of the above   Ans: non of the above

Section 5.4   Determinant

(8) Evaluate the determinant from the following matrices:

(a) $\begin{bmatrix} 7 & -3 \\ -5 & 6 \end{bmatrix}$ (b) $\begin{bmatrix} -1 & -4 \\ 2 & 5 \end{bmatrix}$ (c) $\begin{bmatrix} 10 & -3 \\ 12 & 4 \end{bmatrix}$ (d) $\begin{bmatrix} 25 & -10 \\ 32 & 3 \end{bmatrix}$

Ans: 27   Ans: 3   Ans: 76   Ans: 395

(e) $\begin{bmatrix} 1 & 6 & 2 \\ -4 & 3 & 0 \\ -2 & 5 & 0 \end{bmatrix}$ (f) $\begin{bmatrix} 3 & 2 & -1 \\ -2 & 4 & 3 \\ 5 & 0 & -2 \end{bmatrix}$ (g) $\begin{bmatrix} 2 & 2 & 0 \\ 7 & -7 & 3 \\ 1 & -4 & 9 \end{bmatrix}$ (h) $\begin{bmatrix} 3 & 2 & 5 \\ 4 & 7 & 9 \\ 1 & 8 & 6 \end{bmatrix}$

Ans: -28 Ans: 18   Ans: -222 Ans: 5

(i) $\begin{bmatrix} -3 & 1 & -2 & 3 \\ 5 & 4 & 2 & 0 \\ 0 & 1 & 1 & -1 \\ 2 & 0 & 1 & 1 \end{bmatrix}$ (j) $\begin{bmatrix} 2 & 2 & 1 & 3 \\ 6 & 7 & 5 & 7 \\ 6 & 3 & 0 & 0 \\ 2 & 6 & 1 & 7 \end{bmatrix}$ (k) $\begin{bmatrix} -3 & 1 & -2 & 3 \\ 5 & 4 & 2 & 0 \\ 0 & 1 & 1 & -1 \\ 2 & 0 & 1 & 0 \end{bmatrix}$

Ans: 45   Ans: -168 Ans: -24

(9) From the given matrices, find: (i) minors   (ii) cofactors   (iii) determinant.

(a) $\begin{bmatrix} 1 & 4 & 0 \\ 1 & 3 & -1 \\ 5 & 6 & 1 \end{bmatrix}$

Ans: (i) $M = \begin{bmatrix} 9 & 6 & -9 \\ 4 & 1 & -14 \\ -4 & -1 & -1 \end{bmatrix}$, (ii) $C = \begin{bmatrix} 9 & -6 & -9 \\ -4 & 1 & 14 \\ -4 & 1 & -1 \end{bmatrix}$, (iii) det $= -15$

(b) $\begin{bmatrix} 2 & 3 & 1 \\ 3 & 5 & -2 \\ -1 & 2 & -3 \end{bmatrix}$

Ans: (i) $M = \begin{bmatrix} -11 & -11 & 11 \\ -11 & -5 & 7 \\ -11 & -7 & 1 \end{bmatrix}$, (ii) $C = \begin{bmatrix} -11 & 11 & 11 \\ 11 & -5 & -7 \\ -11 & 7 & 1 \end{bmatrix}$, (iii) det $= 22$

(c) $\begin{bmatrix} 6 & -3 & 5 \\ 2 & 1 & 4 \\ 0 & 1 & -4 \end{bmatrix}$

Ans: (i) $M = \begin{bmatrix} -8 & -8 & 2 \\ 7 & -24 & 6 \\ -17 & 14 & 12 \end{bmatrix}$, (ii) $C = \begin{bmatrix} -8 & 8 & 2 \\ -7 & -24 & -6 \\ -17 & -14 & 12 \end{bmatrix}$, (iii) det $= -62$

(d) $\begin{bmatrix} 1 & 0 & -3 & -1 \\ 4 & 1 & -2 & 1 \\ -2 & 1 & 1 & 2 \\ 0 & 2 & 0 & 3 \end{bmatrix}$

Ans: (i) $M = \begin{bmatrix} -1 & 0 & -2 & 0 \\ -1 & -15 & 3 & 10 \\ -1 & 30 & -7 & -20 \\ 0 & 25 & -5 & -15 \end{bmatrix}$, (ii) $C = \begin{bmatrix} -1 & 0 & -2 & 0 \\ 1 & -15 & -3 & 10 \\ -1 & -30 & -7 & 20 \\ 0 & 25 & 5 & -15 \end{bmatrix}$,

(iii) det $= 5$

(10) Find the (i) determinant   (ii) adjoint   and (iii) inverse of the following matrices.

(a) $\begin{bmatrix} 8 & -3 \\ -5 & 1 \end{bmatrix}$ Ans: (i) -7 (ii) $\begin{bmatrix} 1 & 3 \\ 5 & 8 \end{bmatrix}$ (iii) $-\dfrac{1}{7}\begin{bmatrix} 1 & 3 \\ 5 & 8 \end{bmatrix}$

(b) $\begin{bmatrix} 4 & 10 \\ 1 & -1 \end{bmatrix}$ Ans: (i) -14 (ii) $\begin{bmatrix} -1 & -10 \\ -1 & 4 \end{bmatrix}$ (iii) $\dfrac{1}{14}\begin{bmatrix} 1 & 10 \\ 1 & -4 \end{bmatrix}$

(c) $\begin{bmatrix} -8 & -3 \\ 7 & 1 \end{bmatrix}$ Ans: (i) 13 (ii) $\begin{bmatrix} 1 & 3 \\ -7 & -8 \end{bmatrix}$ (iii) $\dfrac{1}{13}\begin{bmatrix} 1 & 3 \\ -7 & -8 \end{bmatrix}$

(d) $\begin{bmatrix} 2 & -4 \\ -2 & 7 \end{bmatrix}$ Ans: (i) 6 (ii) $\begin{bmatrix} 7 & 4 \\ 2 & 2 \end{bmatrix}$ (iii) $\dfrac{1}{6}\begin{bmatrix} 7 & 4 \\ 2 & 2 \end{bmatrix}$

(e) $\begin{bmatrix} 1 & -2 & 0 \\ 2 & 1 & -2 \\ 4 & 2 & 1 \end{bmatrix}$ Ans: (i) 25 (ii) $\begin{bmatrix} 5 & 2 & 4 \\ -10 & 1 & 2 \\ 0 & -10 & 5 \end{bmatrix}$ (iii) $\dfrac{1}{25}\begin{bmatrix} 5 & 2 & 4 \\ -10 & 1 & 2 \\ 0 & -10 & 5 \end{bmatrix}$

(f) $\begin{bmatrix} -1 & 7 & 1 \\ 0 & 6 & 5 \\ 4 & -2 & 3 \end{bmatrix}$ Ans: (i) 88 (ii) $\begin{bmatrix} 28 & -23 & 29 \\ 20 & -7 & 5 \\ -24 & 26 & -6 \end{bmatrix}$ (iii) $\dfrac{1}{88}\begin{bmatrix} 28 & -23 & 29 \\ 20 & -7 & 5 \\ -24 & 26 & -6 \end{bmatrix}$

(g) $\begin{bmatrix} 7 & 1 & 3 \\ 1 & 0 & 2 \\ 2 & 4 & 5 \end{bmatrix}$ Ans: (i) -45 (ii) $\begin{bmatrix} -8 & 7 & 2 \\ -1 & 29 & -11 \\ 4 & -26 & -1 \end{bmatrix}$ (iii) $\dfrac{1}{45}\begin{bmatrix} 8 & -7 & -2 \\ 1 & -29 & 11 \\ -4 & 26 & 1 \end{bmatrix}$

(h) $\begin{bmatrix} -4 & 3 & 5 \\ -3 & 4 & -6 \\ 1 & -1 & 2 \end{bmatrix}$ Ans: (i) -13 (ii) $\begin{bmatrix} 2 & -11 & -38 \\ 0 & -13 & -39 \\ -1 & -1 & -7 \end{bmatrix}$ (iii) $\dfrac{1}{13}\begin{bmatrix} -2 & 11 & 38 \\ 0 & 13 & 39 \\ 1 & 1 & 7 \end{bmatrix}$

Section 5.5   Systems of Linear Equations

(11) Evaluate the following sets of system of equations using (i) matrix inversion method and (ii) prove the answer by applying Cramer's Rule.

(a)
$$x_1 - 3x_2 = -2$$
$$7x_1 + 5x_2 = 12$$

Ans: $x_1 = 1$, $x_2 = 1$

(b)
$$x_1 + x_2 = 1$$
$$3x_1 - 4x_2 = 2$$

Ans: $x_1 = \dfrac{6}{7}$, $x_2 = \dfrac{1}{7}$

(c)
$$x_1 + 2x_2 + x_3 = 4$$
$$3x_1 - 4x_2 - 2x_3 = 2$$
$$5x_1 + 3x_2 + 5x_3 = -1$$

Ans: $x_1 = 2$, $x_2 = 3$, $x_3 = -4$

(d)
$$x + 2y + 3z = 20$$
$$7x + 3y + z = 13$$
$$x + 6y + 2z = 0$$

Ans: $x = 2$, $y = -3$, $z = 8$

(e)
$$x_1 + 2x_2 + 4x_3 = 6$$
$$-2x_1 + x_2 + 2x_3 = 3$$
$$- 2x_2 + x_3 = -1$$

Ans: $x_1 = 0$, $x_2 = 1$, $x_3 = 1$

(f)
$$3x + 2y + 4z = 3$$
$$x + y + z = 2$$
$$2x - y + 3z = -3$$

Ans: $x = 1$, $y = 2$, $z = -1$

(12) For the following matrices, find: (i) Reduced echelon form of matrix A (ii) Rank of A.

(a) $A = \begin{bmatrix} 1 & 1 & 5 \\ 1 & 2 & 3 \\ 2 & 5 & 4 \end{bmatrix}$ Ans: (i) $A = \begin{bmatrix} 1 & 0 & 7 \\ 0 & 1 & -2 \\ 0 & 0 & 0 \end{bmatrix}$, (ii) Rank $= 2$

(b) $A = \begin{bmatrix} 1 & 3 & 5 \\ 1 & 2 & 3 \\ 2 & 6 & 10 \end{bmatrix}$ Ans: (i) $A = \begin{bmatrix} 1 & 2 & 3 \\ 0 & 0 & 0 \\ 0 & 0 & 0 \end{bmatrix}$, (ii) Rank $= 1$

(c) $A = \begin{bmatrix} 0 & 4 & 18 \\ -1 & -2 & 1 \\ 2 & 5 & 2 \end{bmatrix}$ Ans: (i) $A = \begin{bmatrix} 1 & 0 & 0 \\ 0 & 1 & 0 \\ 0 & 0 & 1 \end{bmatrix}$, (ii) Rank $= 3$

(d) $A = \begin{bmatrix} -1 & -2 & 1 & -4 \\ -1 & 0 & -3 & 2 \\ 0 & 1 & -2 & 3 \end{bmatrix}$ Ans: (i) $A = \begin{bmatrix} 1 & 0 & 3 & -2 \\ 0 & 1 & -2 & 3 \\ 0 & 0 & 0 & 0 \end{bmatrix}$, (ii) Rank $= 2$

(13) Solve the following sets of system of equations using Gaussian Elimination method.

(a)
$$x - 4y - 2z = 21$$
$$2x + y + 2z = 3$$
$$3x + 2y - z = -2$$
Ans: $x = 3$, $y = -5$, $z = 1$

(b)
$$2x_1 + 4x_2 + 6x_3 = 10$$
$$3x_1 - x_2 + 2x_3 = 8$$
$$-2x_1 + 3x_2 + 2x_3 = 1$$
Ans: $x_1 = -1$, $x_2 = -3$, $x_3 = 4$

(c)
$$x + 3y - 3z = 2$$
$$4x + 8y + 2z = 16$$
$$5x - y + 2z = 3$$
Ans: $x = \dfrac{1}{2}$, $y = \dfrac{3}{2}$, $z = 1$

(d)
$$x + y - 2z = 3$$
$$4x - 6y + 12z = 16$$
$$3x - 2y + 4z = 1$$
Ans: No solution

(e)
$$x - 3y + 2z = 7$$
$$6x - 4y + 2z = 0$$
$$4x + z = 3$$
$$x + \dfrac{1}{2}y + 2z = 14$$
Ans: $x = -1$, $y = 2$, $z = 7$

(f)
$$-x + y - z = 1$$
$$5x - 5y + 12z = -1$$
$$6x - 6y + 7z = 2$$
$$3z = 0$$
Ans: No solution

(g)
$$3x_1 - 4x_2 - x_3 - 2x_4 = 4$$
$$x_1 + 2x_2 - x_3 + x_4 = 0$$
$$4x_1 + 6x_2 - 2x_4 = 0$$
$$x_1 + x_2 + x_3 + x_4 = 6$$
Ans: $x_1 = 1$, $x_2 = 0$, $x_3 = 3$, $x_4 = 2$

(h)
$$3x_1 + x_2 + 5x_3 + 14x_4 = 0$$
$$x_3 - 3x_4 = 0$$
$$2x_1 + x_2 + 3x_3 + 7x_4 = 0$$
$$2x_1 + 6x_3 + 8x_4 = 0$$
Ans: $x_1 = -13\delta$, $x_2 = 10\delta$, $x_3 = 3\delta$, $x_4 = \delta$

(14) Solve the following sets of system of equations using Gauss-Jordan Elimination method.

(a)
$$x_1 + x_2 = 2$$
$$2x_1 + x_2 = 1$$
Ans: $x_1 = -1$, $x_2 = 3$

(b)
$$-3x_1 + 2x_2 = 1$$
$$2x_1 + x_2 = -2$$
Ans: $x_1 = -\dfrac{5}{7}$, $x_2 = -\dfrac{4}{7}$

(c)
$$2x_2 + 2x_3 = 2$$
$$x_1 + x_2 = 1$$
$$x_1 + 2x_2 - x_3 = 0$$
Ans: $x_1 = 1$, $x_2 = 0$, $x_3 = 1$

(d)
$$-x_1 + x_2 + 2x_3 = 1$$
$$3x_1 - x_2 + x_3 = 1$$
$$-x_1 + 3x_2 + 4x_3 = 1$$
Ans: $x_1 = -\dfrac{1}{5}$, $x_2 = -\dfrac{4}{5}$, $x_3 = \dfrac{4}{5}$

(e)
$$x_1 + 2x_2 + x_3 = 3$$
$$2x_1 - 2x_2 - 5x_3 = 2$$
$$2x_1 - x_2 - 3x_3 = 1$$
Ans: $x_1 = -1$, $x_2 = 3$, $x_3 = -2$

(f) $\begin{aligned} -x_1 + x_2 + x_3 &= 1 \\ 3x_1 + x_2 + x_3 &= 5 \\ x_1 + x_2 + x_3 &= 3 \end{aligned}$

Ans: $x_1 = 1$, $x_2 = 2 - \delta$, $x_3 = \delta$

(g) $\begin{aligned} 4x_2 + 4x_3 &= 2 \\ -x_1 - 2x_2 + x_3 &= 3 \\ 2x_1 - 2x_2 + 5x_3 &= 4 \\ x_1 - x_2 + 2x_3 &= 3 \end{aligned}$

Ans: No solution

(h) $\begin{aligned} x_1 + x_2 + x_3 &= -1 \\ 2x_1 + 3x_2 + x_3 - 5x_4 &= -9 \\ -x_1 - 3x_2 + x_3 + 6x_4 &= 7 \\ -x_1 - x_2 - x_3 + x_4 &= 3 \end{aligned}$

Ans: $x_1 = -4 - 2\delta$, $x_2 = 3 + \delta$, $x_3 = \delta$, $x_4 = 2$

Section 5.6 Eigenvalues and Eigenvectors

(15) Find the (i) eigenvalues and (ii) eigenvectors of the following matrices.

(a) $A = \begin{bmatrix} 5 & -6 \\ 3 & -4 \end{bmatrix}$ Ans: (i) $\lambda_1 = 2$, $\lambda_2 = -1$ (ii) $X_1 = c_1 \begin{bmatrix} 1 \\ \frac{1}{2} \end{bmatrix}$, $X_2 = c_2 \begin{bmatrix} 1 \\ 1 \end{bmatrix}$

(b) $A = \begin{bmatrix} 4 & 1 \\ 3 & 2 \end{bmatrix}$ Ans: (i) $\lambda_1 = 1$, $\lambda_2 = 5$ (ii) $X_1 = c_1 \begin{bmatrix} 1 \\ -3 \end{bmatrix}$, $X_2 = c_2 \begin{bmatrix} 1 \\ 1 \end{bmatrix}$

(c) $A = \begin{bmatrix} 1 & 3 \\ 2 & 1 \end{bmatrix}$

Ans: (i) $\lambda_1 = 1 - \sqrt{6}$, $\lambda_2 = 1 + \sqrt{6}$ (ii) $X_1 = c_1 \begin{bmatrix} 1 \\ -\frac{2}{\sqrt{6}} \end{bmatrix}$, $X_2 = c_2 \begin{bmatrix} \frac{3}{\sqrt{6}} \\ 1 \end{bmatrix}$

(d) $A = \begin{bmatrix} -2 & 1 \\ 7 & 2 \end{bmatrix}$

Ans: (i) $\lambda_1 = \sqrt{11}$, $\lambda_2 = -\sqrt{11}$ (ii) $X_1 = c_1 \begin{bmatrix} 1 \\ 2 + \sqrt{11} \end{bmatrix}$, $X_2 = c_2 \begin{bmatrix} -\frac{(2+\sqrt{11})}{7} \\ 1 \end{bmatrix}$

(e) $A = \begin{bmatrix} 1 & -1 & 0 \\ 1 & 2 & 1 \\ -2 & 1 & -1 \end{bmatrix}$

Ans: (i) $\lambda_1 = -1$, $\lambda_2 = 1$, $\lambda_3 = 2$ (ii) $X_1 = c_1 \begin{bmatrix} 1 \\ 2 \\ -7 \end{bmatrix}$, $X_2 = c_2 \begin{bmatrix} 1 \\ 0 \\ -1 \end{bmatrix}$,

$X_3 = c_3 \begin{bmatrix} -1 \\ 1 \\ 1 \end{bmatrix}$

(f) $A = \begin{bmatrix} 2 & 0 & 1 \\ -1 & 4 & -1 \\ -1 & 2 & 0 \end{bmatrix}$

Ans: (i) $\lambda_1 = 1$, $\lambda_2 = 2$, $\lambda_3 = 3$ (ii) $X_1 = c_1 \begin{bmatrix} 1 \\ 0 \\ -1 \end{bmatrix}$, $X_2 = c_2 \begin{bmatrix} 2 \\ 1 \\ 0 \end{bmatrix}$, $X_3 = c_3 \begin{bmatrix} 1 \\ 2 \\ 1 \end{bmatrix}$

(g) $A = \begin{bmatrix} 1 & 2 & 1 \\ 6 & -1 & 0 \\ -1 & -2 & -1 \end{bmatrix}$

Ans: (i) $\lambda_1 = 0$, $\lambda_2 = 3$, $\lambda_3 = -4$ (ii) $X_1 = c_1 \begin{bmatrix} 1 \\ 6 \\ -13 \end{bmatrix}$, $X_2 = c_2 \begin{bmatrix} 2 \\ 3 \\ -2 \end{bmatrix}$, $X_3 = c_3 \begin{bmatrix} -1 \\ 2 \\ 1 \end{bmatrix}$

(h) $A = \begin{bmatrix} 2 & 2 & -2 \\ 1 & 3 & 1 \\ 1 & 2 & 2 \end{bmatrix}$

Ans: (i) $\lambda_1 = 1$, $\lambda_2 = 2$, $\lambda_3 = 4$ (ii) $X_1 = c_1 \begin{bmatrix} 1 \\ -\frac{1}{2} \\ 0 \end{bmatrix}$, $X_2 = c_2 \begin{bmatrix} -2 \\ 1 \\ 1 \end{bmatrix}$, $X_3 = c_3 \begin{bmatrix} 0 \\ 1 \\ 1 \end{bmatrix}$

Section 5.7　Matrix Diagonalization

(16) Find the Diagonalized matrix D from the following matrix A:

(a)　$A = \begin{bmatrix} -5 & 9 \\ -6 & 10 \end{bmatrix}$

Ans: $D = \begin{bmatrix} 1 & 0 \\ 0 & 4 \end{bmatrix}$

(b)　$A = \begin{bmatrix} 3 & 4 \\ -1 & 7 \end{bmatrix}$

Ans: Unable to diagonalize matrix A

(c)　$A = \begin{bmatrix} 0 & 0 & -2 \\ 1 & 2 & 1 \\ 1 & 0 & 3 \end{bmatrix}$

Ans: $D = \begin{bmatrix} 2 & 0 & 0 \\ 0 & 2 & 0 \\ 0 & 0 & 1 \end{bmatrix}$

(d)　$A = \begin{bmatrix} 2 & 0 & 0 \\ 2 & 1 & 1 \\ 0 & 0 & 2 \end{bmatrix}$

Ans: $D = \begin{bmatrix} 2 & 0 & 0 \\ 0 & 2 & 0 \\ 0 & 0 & 1 \end{bmatrix}$

(e)　$A = \begin{bmatrix} 2 & 1 & -1 \\ 1 & 1 & 1 \\ 3 & 2 & 1 \end{bmatrix}$

Ans: $D = \begin{bmatrix} 1 & 0 & 0 \\ 0 & 2 & 0 \\ 0 & 0 & 3 \end{bmatrix}$

(f)　$A = \begin{bmatrix} 1 & 0 & 0 \\ 1 & 2 & 0 \\ -3 & 5 & 2 \end{bmatrix}$

Ans: Unable to diagonalize matrix A

Chapter **6**

Fourier Series
傅立葉級數

One of the most common features of natural phenomena is periodicity. A wide range of possible periodic phenomena 週期現象 exists in our daily life; example: sound or electromagnetic wave, vibration, alternating current or voltage etc.

All these periodic phenomena can be analyse by using Fourier series which allow us to represent a periodic function (under certain conditions) as an infinite trigonometric series in terms of sine and cosine functions. One of the advantages of Fourier series is that it can represent a function containing discontinuities.

6.1 Periodic Functions
週期函數

A periodic function $f(t)$ is said to be *periodic* if its function value repeats at regular intervals of the independent variable.　The regular interval between the repetitions is known as the period T of the function as

$$f(t+T) = f(t)$$

for all values of t in the domain of the function.

The most common periodic function is a sine wave e.g $\boxed{f(t) = \sin t}$ as shown below:

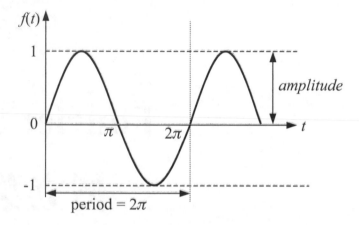

Figure 6.0　A periodic sine wave with period = 2π　and amplitude = 1

The periodic function above goes through a complete range of values while t increases from 0 to 360 degree (0 to 2π radian). Therefore, the period is 360 degree or 2π radian 弧度 and the amplitude 振幅 is 1.

Periodic Function of $f(t) = A \sin nt$

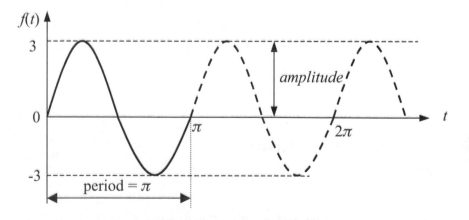

Figure 6.1　A periodic sine wave with period = π　and amplitude = 3

The amplitude for Figure 6.1 is 3 and the period is 180 degree (π radian). Note that it takes 2 cycles to complete a full 360 degree. Therefore,

$$f(t) = 3\sin 2t$$

Hence, we can consider $f(t)$ as $A\sin nt$ where

A is the amplitude.

n is the number of complete cycles in 360 degree.

Period is $= \dfrac{360°}{n}$ or $\dfrac{2\pi}{n}$.

Note that a function $f(t)$ can be periodic without a sinusoidal appearance. Figure 6.2 shown that $f(t)$ is a triangular waveform with a period $T = 1$.

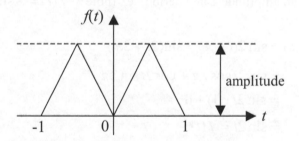

Figure 6.2   A periodic triangular wave with period = 1

For a function denoted as:

$$f(t) = \sin t, \quad -\infty < t < \infty$$

It is a periodic function with period 2π due to the fact that

$$f(t + 2\pi) = \sin(t + 2\pi)$$
$$= \sin t \cos 2\pi + \cos t \sin 2\pi$$
$$= \sin t.(1) + 0$$
$$= \sin t = f(t)$$

therefore, by replacing t by $t + 4\pi$, we will have:

$$f(t+4\pi) = f(\underbrace{t+2\pi}_{t}+2\pi) = f(\underbrace{t+2\pi}_{t}) = f(t)$$

This implies that 4π is also a period of $f(t) = \sin t$. The same applies to 6π, 8π, 10π, $\cdots$

The smallest period here is 2π and it is known as the ***fundamental period*** of the function. In general, if $f(t) = f(t+T)$, then,

$$f(t) = f(t+T) = f(t+2T) = f(t+3T) = \cdots$$

Therefore, $2T, 3T, 4T, \cdots$ are considered as periods of the function $f(t)$.

Hence, the function

$$f(t) = \sin 2t, \quad -\infty < t < \infty$$

is a periodic function with an amplitude 1 and period π (note* $f(t) = A\sin nx$).

$$\begin{aligned}
f(t+\pi) &= \sin 2(t+\pi) = \sin(2t + 2\pi) \\
&= \sin 2t \cos 2\pi + \cos 2t \sin 2\pi \\
&= \sin 2t \cdot (1) + 0 \\
&= \sin 2t = f(t)
\end{aligned}$$

and π is the smallest period.

So, if the function is given as: $f(t) = \sin t + \sin 2t$, it can be denoted as a periodic function with an amplitude 1 and period 2π since

$$\begin{aligned}
f(t+2\pi) &= \sin(t+2\pi) + \sin(2t + 4\pi) \\
&= \sin t + \sin 2t \\
&= f(t)
\end{aligned}$$

The function and period with different $\sin nt$ is shown in below table:

Table 6.0   Function and period with different $\sin nt$

Function	Period
$\sin t$	$2\pi, 4\pi, 6\pi, 8\pi, \ldots\ldots$
$\sin 2t$	$\pi, 2\pi, 3\pi, 4\pi, \ldots\ldots$
$\sin 3t$	$\dfrac{2}{3}\pi, \dfrac{4}{3}\pi, 2\pi, \dfrac{8}{3}\pi, \ldots\ldots$

Analytical description of periodic function

A periodic function can be defined analytically in many different ways.

Example (1):   Consider a periodic function $f(t)$ whose definition over 1 period is given by:

$$f(t) = \begin{cases} 0 & \text{for} & -\pi \le t < 0 \\ \pi - t & \text{for} & 0 \le t < \pi \end{cases}$$

Sketch the graph of the function over 2 periods.

Solution:

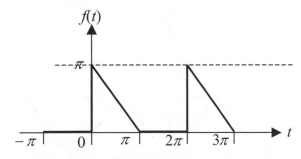

Figure 6.3   Graph of $f(t)$ over 2 periods

Example (2): Consider a periodic function $f(t)$ whose definition over 1 period is given by:

$$f(t) = \begin{cases} 1 & for & 0 \le t < 1 \\ -1 & for & -1 \le t < 0 \end{cases}$$

sketch the graph of the function over 3 periods.

Solution:

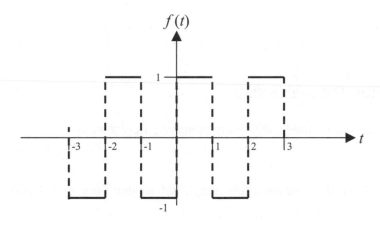

Figure 6.4   Graph of $f(t)$ over 3 periods

Example (3): The graph of a periodic function is given below:

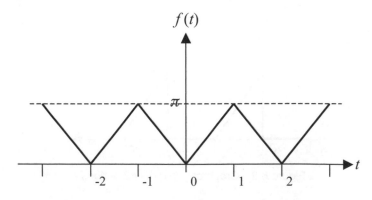

Figure 6.5   Graph of periodic function $f(t)$

Give a definition of the function over 1 period from $-1 \le t < 1$

Solution: The function above has period $T = 2$. Therefore, we can denote that $f(t+2) = f(t)$. The periodic function over 1 periodic from $-1 \le t < 1$ can be defined as:

$$f(t) = \begin{cases} -\pi t & for & -1 \le t < 0 \\ \pi t & for & 0 \le t < 1 \end{cases}$$

Example (4):   Sketch the waveform of the function defined by:

$$f(t) = \cos\frac{t}{2} \quad for \quad 0 \le t < 2\pi$$

as $f(t) = f(t + \underbrace{2\pi}_{period})$

Solution:

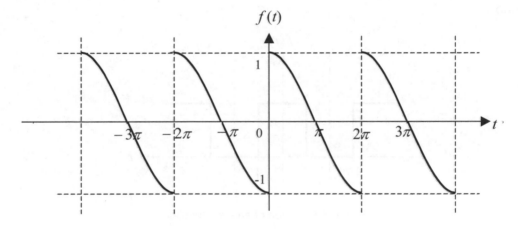

Figure 6.6   Graph of $\cos\frac{t}{2}$

6.1.1   Even and Odd functions 偶函數和奇函數

**Even Function** 偶函數

A function $f(t)$ is an even function if

$$f(-t) = f(t)$$

for all t in the domain of the function. A periodic function $f(t)$ of period T is even if $f(-t) = f(t)$ for $-\dfrac{T}{2} \leq t < \dfrac{T}{2}$.

Example (5): Sketch the even function

$$f(t) = \begin{cases} 0 & for & -2 \leq t < -1 \\ 1 & for & -1 \leq t < 1 \\ 0 & for & 1 \leq t < 2 \end{cases}$$

$$f(t+4) = f(t)$$

Solution:

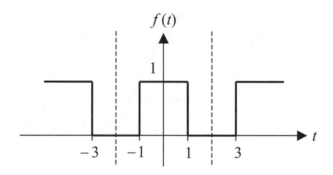

Figure 6.7   Graph of an even function

Example (6): Sketch and determine if the below function is odd or even.

$$f(t) = t^2 \quad for \quad -\infty < t < \infty$$

Solution:

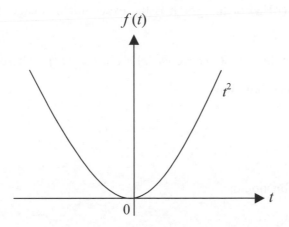

Figure 6.8   Graph of $f(t) = t^2$

The graph above is symmetrical about the y-axis. The left hand side (LHS) of the graph is the exact mirror image of the right hand side (RHS).

In addition, $f(-t) = (-t)^2 = t^2 = f(t)$. Therefore, $f(t) = t^2$ is an **even function**.

Example (7):   Sketch and determine if $f(t) = \cos t$ is an even function.

Solution:

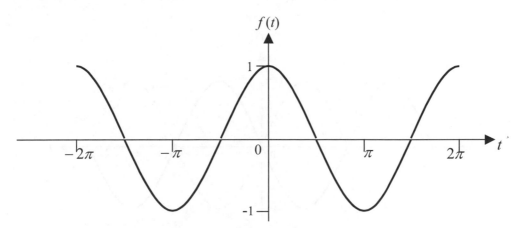

Figure 6.9   Graph of even function $f(t) = \cos t$

Note that the graph above is symmetrical about the y-axis. The left hand side (LHS) of the graph is the exact mirror image of the right hand side (RHS).

In addition, $f(-t) = \cos(-t) = \cos t = f(t)$. Therefore, $f(t) = \cos t$ is an **even function**.

Odd Function 奇函數

A function $f(t)$ is an odd function if

$$f(-t) = -f(t)$$

for all values of t in the domain of the function.

Therefore,

(i) $f(t) = t$ is an odd function because

$$f(-t) = -t = -f(t)$$

(ii) $f(t) = \sin t$ is an odd function because

$$f(-t) = \sin(-t) = -\sin t = -f(t)$$

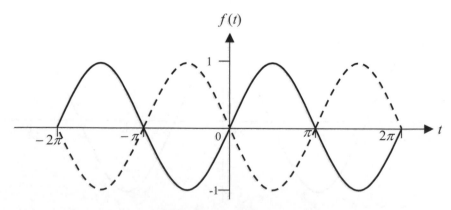

Figure 6.10   Graph of $f(t) = \sin t$

The graph of $f(t) = \sin t$ in the interval from -2π to zero can be obtained by two reflections: one along the y-axis (see dotted line) followed by another reflection along the (horizontal) x-axis. The graph of $f(t) = \sin t$ is said to be symmetrical about the origin.

Example (8):   Sketch the function and prove that it is an odd function:

$$f(t) = \begin{cases} -t-1 & for & -1 \le t < 0 \\ -t+1 & for & 0 \le t < 1 \end{cases}$$

$f(t+2) = f(t)$

Solution:

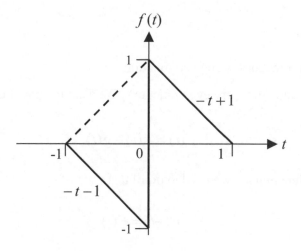

Figure 6.11   Graph of an odd function

The graph of $f(t) = -t-1$ is actually the reflection of $f(t) = -t+1$: one along the y-axis (see dotted line) followed by another reflection along the (horizontal) x-axis.

In addition, $f(-t) = t+1$ for $-1 \le t < 0$ and $f(-t) = t-1$ for $0 \le t < 1$. Therefore, the above graph is an odd function.

Properties of Odd and Even Functions 奇函數與偶函數之性質

1. The sum of two even functions is an even function. (even + even) = even.

2. The sum of two odd functions is an odd function. (odd + odd) = odd.

3. The sum of an odd and even function is neither odd nor even function. (odd + even) ≠ odd or even.

4. The product of two odd functions is an even function. (odd x odd) = even.

5. The product of two even functions is an even function. (even x even) = even.

6. The product of an odd and even function is an odd function. (odd x even) = odd.

Proof:

The sum of even functions is an even function.

Suppose $f(t)$ and $g(t)$ are even functions. We want to show that:

$$F(t) = f(t) + g(t)$$

is also an even function i.e. we need to proof that

$$F(-t) = F(t)$$

Since $f(t)$ and $g(t)$ are even functions, therefore:

$$F(-t) = f(-t) + g(-t)$$
$$= f(t) + g(t)$$
$$= F(t)$$

∴ $F(t) = f(t) + g(t)$ is an even function.

The integral properties of Odd and Even Functions 奇函數與偶函數之積分性質

1. If $f(t)$ is an odd function, then for any constant $a > 0$,

$$\int_{-a}^{a} f(t)\, dt = 0$$

2. If $f(t)$ is an even function, then for any constant $a > 0$,

$$\int_{-a}^{a} f(t)\, dt = 2\int_{0}^{a} f(t)\, dt$$

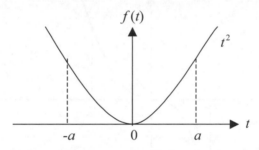

Figure 6.12   Graph of $f(t) = t^2$ from $-a \le t < a$

To prove that

$$\int_{-a}^{a} f(t)\, dt = \int_{0}^{a} f(t)\, dt + \int_{-a}^{0} f(t)\, dt = 2\int_{0}^{a} f(t)\, dt,$$

we can make use of Figure 6.12 as shown above. Since the function $f(t) = t^2$, we can derive that:

$$\Rightarrow \int_{-a}^{a} t^2\, dt = \left[\frac{t^3}{3}\right]_{-a}^{a} = \frac{a^3}{3} - \left(-\frac{a^3}{3}\right) = \frac{2a^3}{3}$$

or

$$\Rightarrow \int_{-a}^{a} t^2\, dt = 2\int_{0}^{a} t^2\, dt = 2\left[\frac{t^3}{3}\right]_{0}^{a} = \frac{2a^3}{3}$$

Hence $\boxed{\int_{-a}^{a} f(t)\, dt = 2\int_{0}^{a} f(t)\, dt}$.

| Example (9): | Prove that the function given is odd function and determine the area $X+Y$: |

$$f(t) = t^3, -a < t < a$$

| Solution: | The function is odd because: |

(i) $f(-t) = (-t)^3 = -t^3 = -f(t)$ and

(ii) $\int_{-a}^{a} t^3 \, dt = \left[\dfrac{t^4}{4} \right]_{-a}^{a} = \underbrace{\left[\dfrac{a^4}{4} \right]}_{Area\ X} - \underbrace{\left[\dfrac{(-a)^4}{4} \right]}_{Area\ Y} = 0$

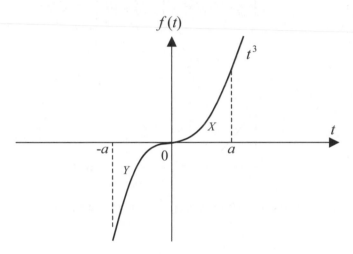

Figure 6.13   Graph of $f(t) = t^3$ from $-a \le t < a$

6.1.2   Odd Plus Constant Function 奇數加常數之函數

A function $f(t)$ is said to be odd plus constant if $f(t) = g(t) + c$, where $g(t)$ is the odd function and c is a constant. Note that for a odd plus constant function, $\int_{-a}^{a} f(t) \, dt$ is not necessary to be zero.

| Example (10): | Prove that the below function is an odd function and determine its constant line. |

$$f(t) = \begin{cases} 2 & for & -1 \le t < 0 \\ 4 & for & 0 \le t < 1 \end{cases}$$

$$f(t+2) = f(t)$$

Solution:

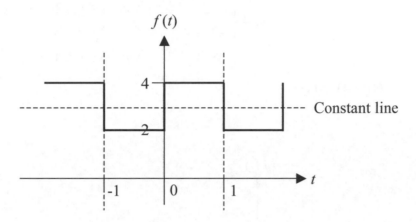

Figure 6.14   Graph of odd plus constant function

The function is odd because:

$$f(-t) = (-2) = -2 = -f(t) \quad \text{for} \quad -1 \le t < 0$$

$$f(-t) = (-4) = -4 = -f(t) \quad \text{for} \quad 0 \le t < 1$$

But when we perform $\int_{-1}^{1} f(t)\,dt = \int_{-1}^{0} 2\,dt + \int_{0}^{1} 4\,dt = \left[2t\right]_{-1}^{0} + \left[4t\right]_{0}^{1}$

$$= \left[2(0) - 2(-1)\right] + \left[4(1) - 4(0)\right] = 6$$

Hence $\int_{-a}^{a} f(t)\,dt \ne 0$ in this odd plus constant function since the constant line is at 3.

6.1.3   Half-wave symmetry 半波對稱

A periodic function of period T has half wave symmetry if:

$$f(t) = -f\left(t \pm \frac{T}{2}\right) \quad \text{for} \quad -\frac{T}{2} < t < \frac{T}{2}$$

Example (11):   Sketch the *half-wave symmetry* function:

$$f(t) = \begin{cases} 2t & for & 0 \le t < 1 \\ 2 & for & 1 \le t < 2 \\ -2t + 4 & for & 2 \le t < 3 \\ -2 & for & 3 \le t < 4 \end{cases}$$

$$f(t+4) = f(t)$$

Solution:

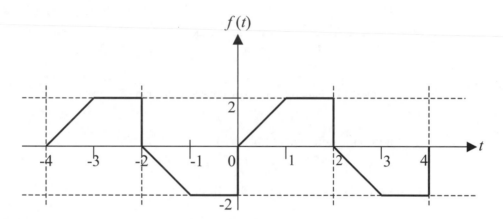

Figure 6.15   Graph of Half-wave symmetry function

6.2   **Fourier Series Coefficient** 傅立葉級數之係數

A important features of a general periodic function is that it can be represented as an infinite sum of sine and cosine functions which are periodic. This series of sine and cosine terms are known as Fourier Series.

Before we learn how to determine the Fourier Coefficient, it is best to revise some of the special integral that are used throughout the theory of Fourier Series.

(1) $\displaystyle\int_{k}^{k+T} \cos nw_0 t \ dt = 0$ $\qquad$ (2) $\displaystyle\int_{k}^{k+T} \sin nw_0 t \ dt = 0$

(3) $\displaystyle\int_{k}^{k+T} \cos mw_0 t \cdot \cos nw_0 t \ dt = 0 \quad m \neq n$ $\quad$ (4) $\displaystyle\int_{k}^{k+T} \sin mw_0 t \cdot \sin nw_0 t \ dt = 0 \quad m \neq n$

(5) $\displaystyle\int_{k}^{k+T} \cos mw_0 t \cdot \sin nw_0 t \ dt = 0$ $\qquad$ (6) $\displaystyle\int_{k}^{k+T} \cos^2 nw_0 t \ dt = \dfrac{T}{2}$

(7) $\displaystyle\int_{k}^{k+T} \sin^2 nw_0 t \ dt = \dfrac{T}{2}$

where m and n are positive integers, k is a constant, and $w_0 = \dfrac{2\pi}{T}$. Note that T is the period.

Note*

$$2 \cos A \cos B = \cos(A-B) + \cos(A+B)$$
$$2 \cos A \sin B = \sin(A+B) - \sin(A-B)$$
$$2 \sin A \cos B = \sin(A+B) + \sin(A-B)$$
$$2 \sin A \sin B = \cos(A-B) - \cos(A+B)$$

Determination of the Fourier Coefficients 找尋傅立葉之係數

The basis of a Fourier Series is to represent a periodic function $f(t)$ of period T by a Trigonometrical series of the form:

$$f(t) = a_0 + a_1 \cos w_0 t + a_2 \cos 2w_0 t + a_3 \cos 3w_0 t +$$
$$\cdots + a_n \cos nw_0 t + \cdots + b_1 \sin w_0 t + b_2 \sin 2w_0 t \ \dots\dots\dots\dots\dots (6.1)$$
$$+ b_3 \sin 3w_0 t + \cdots + b_n \sin nw_0 t$$

$$\therefore f(t) = a_0 + \sum_{n=1}^{\infty} a_n \cos nw_0 t + \sum_{n=1}^{\infty} b_n \sin nw_0 t \ \dots\dots\dots\dots\dots (6.2)$$

where $w_0 = \dfrac{2\pi}{T}$ and a_0, a_n, b_n are constant for $n = 1, 2, 3$ provided that the function $f(t)$:

    (i)   is defined and is a single value function.

    (ii) must be continuous or have a finite number of discontinuous within the period T.

    (iii) has a finite number of positive and negative maxima and minima in any one period.

    (iv) has a finite average value for the period T.

    (v) and $f'(t)$ must be piecewise continuous 連續分段 in the periodic interval.

The above are known as the ***Dirichlet Conditions*** 底律雷特條件 and if is satisfied, the Fourier series converges to $f(t_1)$, (if $t = t_1$) is a point of continuity and hence the above series exist.

In most cases, the above conditions will be met and the Fourier series can be taken as representing the particular function and only a few terms are required to present a much accurate results. Note that:

a_0 is referred to as the d-c component.

a_1 is referred to as the amplitude of the fundamental cosine component.

b_1 is referred to as the amplitude of the fundamental sine component.

a_n is referred to as the amplitude of the nth cosine component.

b_n is referred to as the amplitude of the nth sine component.

$a_1 \cos w_0 t + b_1 \sin w_0 t$ is referred to as the fundamental harmonic 諧波.

$a_n \cos n w_0 t + b_n \sin n w_0 t$ is referred to as the nth harmonic.

For example, if a function $f(t)$ is represented by making use of a series of cosine components only, the largest period is known as the 1st harmonic or know as fundamental harmonic of $f(t)$. Hence,

    $f(t) = a_1 \cos t$ ➜ fundamental (1st harmonic)

    $f(t) = a_2 \cos 2t$ ➜ 2nd harmonic

    $f(t) = a_3 \cos 3t$ ➜ 3rd harmonic

$f(t) = a_n \cos nt$ ➜ n^{th} harmonic

To find a_0, integrate both sides of Eq.(6.1) w.r.t. t from k to $k+T$

$$\int_k^{k+T} f(t)\ dt = \int_k^{k+T} a_0\ dt + \underbrace{\int_k^{k+T} a_1 \cos w_0 t\ dt}_{0} + \cdots + \underbrace{\int_k^{k+T} a_n \cos nw_0 t\ dt}_{0}\ \cdots +$$

$$\underbrace{\int_k^{k+T} b_1 \sin w_0 t\ dt}_{0} + \cdots + \underbrace{\int_k^{k+T} b_n \sin nw_0 t\ dt}_{0}$$

From the above,

$$\begin{aligned}
\int_k^{k+T} f(t)\ dt &= \int_k^{k+T} a_0\ dt \\
&= a_0 \left[t\right]_k^{k+T} \\
&= a_0 \left[(k+T)-k\right] \\
&= a_0 \left[T\right]
\end{aligned}$$

$$\therefore\ a_0 = \frac{1}{T}\int_k^{k+T} f(t)\ dt \ \dots\dots\dots\dots\dots\dots\dots\dots\dots\dots\dots(6.3)$$

To find a_n, multiply both sides of Eq. (6.1) by $\cos nw_0 t$ and then integrate w.r.t. t from k to $k+T$

$$\int_k^{k+T} f(t)\ \cdot \cos nw_0 t\ dt = a_0 \underbrace{\int_k^{k+T} \cos nw_0 t\ dt}_{0} + a_1 \underbrace{\int_k^{k+T} \cos w_0 t \cdot \cos nw_0 t\ dt}_{0} + \cdots +$$

$$a_n \int_k^{k+T} \cos^2 nw_0 t\ dt\ + \cdots + b_1 \underbrace{\int_k^{k+T} \sin w_0 t \cdot \cos nw_0 t\ dt}_{0} + \cdots +$$

$$b_n \underbrace{\int_k^{k+T} \sin nw_0 t \cdot \cos nw_0 t\ dt}_{0}$$

$$\int_k^{k+T} f(t)\ \cdot \cos nw_0 t\ dt = a_n \underbrace{\int_k^{k+T} \cos^2 nw_0 t\ dt}_{\frac{T}{2}} = a_n \frac{T}{2}$$

$$\therefore \ a_n = \frac{2}{T}\int_k^{k+T} f(t)\cos nw_0 t \ dt \ \text{.......................................(6.4)}$$

Similarly, to find b_n, multiply both sides of Eq. (6.1) by $\sin nw_0 t$ and then integrate w.r.t. t from k to $k+T$

$$\int_k^{k+T} f(t)\cdot \sin nw_0 t \ dt = b_n \underbrace{\int_k^{k+T} \sin^2 nw_0 t \ dt}_{\frac{T}{2}} = b_n\frac{T}{2}$$

$$\therefore \ b_n = \frac{2}{T}\int_k^{k+T} f(t)\sin nw_0 t \ dt \ \text{.......................................(6.5)}$$

* These formulae are known as Euler formulae (尤勒公式).

Example (12):   A periodic function is defined as:

$$f(t) = \begin{cases} t & for & 0 \le t < 1 \\ 0 & for & 1 \le t < 2 \end{cases}$$

$$f(t+2) = f(t)$$

Obtain the Fourier series up to and including the third harmonics.

Solution:

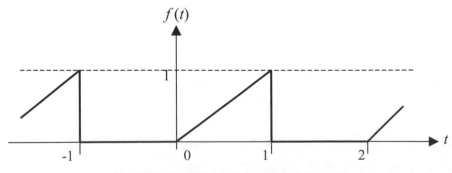

Figure 6.16   Graph of periodic function $f(t)$

The function has period $T = 2$, $\therefore w_0 = \dfrac{2\pi}{T} = \dfrac{2\pi}{2} = \pi$

$$a_0 = \frac{1}{T}\int_k^{k+T} f(t)\,dt$$

$$= \frac{1}{2}\int_0^2 f(t)\,dt = \frac{1}{2}\int_0^1 t\,dt$$

$$= \frac{1}{2}\left[\frac{t^2}{2}\right]_0^1 = \frac{1}{2}\left[\frac{1}{2}-\frac{0}{2}\right] = \frac{1}{4}$$

$$a_n = \frac{2}{T}\int_k^{k+T} f(t)\cos nw_0 t\,dt$$

$$= \frac{2}{2}\int_0^2 f(t)\cos n\frac{2\pi}{T}(t)\,dt = \int_0^2 f(t)\cos n\frac{2\pi}{2}t\,dt$$

$$= \int_0^1 t\cos n\pi\,t\,dt + \underbrace{\int_1^2 (0)\cos n\pi\,t\,dt}_{0}$$

$$= \left[t\cdot\frac{1}{n\pi}\sin n\pi\,t\right]_0^1 - \int_0^1 \frac{1}{n\pi}\sin n\pi\,t\,dt\text{, using integral by parts}$$

$$= 0 - \frac{1}{n\pi}\left[-\frac{1}{n\pi}\cos n\,\pi\,t\right]_0^1 = \frac{1}{n^2\pi^2}\left[\underset{(-1)^n}{\cos n\,\pi}-1\right]$$

Therefore,

$$a_n = \frac{(-1)^n-1}{n^2\pi^2} \Rightarrow \begin{cases} -\dfrac{2}{n^2\pi^2} & for \quad n=1,3,5,\cdots \text{ odd number} \\ 0 & for \quad n=2,4,6,\cdots \text{even number}\end{cases}$$

Hence: $n=1,\ a_1 = -\dfrac{2}{\pi^2}$ $\qquad n=2,\ a_2 = 0 \qquad n=3,\ a_3 = -\dfrac{2}{9\pi^2}$

$$b_n = \frac{2}{T}\int_k^{k+T} f(t)\sin nw_0 t\,dt$$

$$= \frac{2}{2}\int_0^2 f(t)\sin n\pi\,t\,dt = \int_0^1 t\sin n\pi\,t\,dt + \underbrace{\int_1^2 (0)\sin n\pi\,t\,dt}_{0}$$

$$= \left[t\cdot\frac{-1}{n\pi}\cos n\pi\,t\right]_0^1 - \int_0^1 \frac{-1}{n\pi}\cos n\pi\,t\,dt$$

$$= -\frac{1}{n\pi}\cos n\pi + \underbrace{\frac{1}{n\pi}\left[\frac{1}{n\pi}\sin n\pi\, t\right]_0^1}_{0} = -\frac{1}{n\pi}\underbrace{\cos n\pi}_{(-1)^n}$$

Therefore,

$$b_n = -\frac{(-1)^n}{n\pi} \Rightarrow \begin{cases} \dfrac{1}{n\pi} & for \quad n=1,\ 3,\ 5,\ \cdots \text{ odd number} \\ -\dfrac{1}{n\pi} & for \quad n=2,\ 4,\ 6,\ \cdots \text{even number} \end{cases}$$

Hence: $n = 1,\ b_1 = \dfrac{1}{\pi}$ \qquad $n = 2,\ b_2 = -\dfrac{1}{2\pi}$ \qquad $n = 3,\ b_3 = \dfrac{1}{3\pi}$

Therefore, the Fourier series up to the third harmonics is:

$$f(t) = \frac{1}{4} - \frac{2}{\pi^2}\cos \pi\, t - \frac{2}{9\pi^2}\cos 3\pi\, t + \cdots +$$

$$\frac{1}{\pi}\sin \pi\, t - \frac{1}{2\pi}\sin 2\pi\, t + \frac{1}{3\pi}\sin 3\pi\, t$$

or

$$f(t) = \frac{1}{4} + \frac{1}{\pi}\left(\sin \pi\, t - \frac{2}{\pi}\cos \pi\, t\right) - \frac{1}{2\pi}\sin 2\pi\, t$$

$$+ \frac{1}{3\pi}\left(\sin 3\pi\, t - \frac{2}{3\pi}\cos 3\pi\, t\right) + \cdots$$

Partial sums of Fourier Series and the effects of harmonics 傅立葉級數之部份整合與諧波之作用

For any function up to the nth harmonics, it is interesting to determine how accurate is the Fourier series that represents the function with which it is associated. In any cases, to completely representing a function using the Fourier series requires infinite number of harmonic terms. Therefore, we will in this case use the few terms of a Fourier series which is known as the partial sums of the Fourier series to represents the function.

Fourier Series

Lets consider the function as shown below:

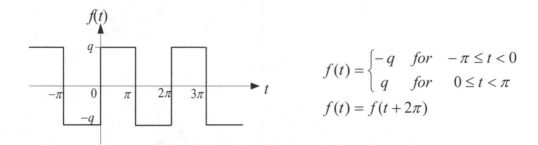

$$f(t) = \begin{cases} -q & for \quad -\pi \le t < 0 \\ q & for \quad 0 \le t < \pi \end{cases}$$

$$f(t) = f(t + 2\pi)$$

Figure 6.17   Graph of periodic function $f(t)$ with period = 2π

From the above figure, its corresponding Fourier series up to the fifth harmonics is:

$$f(t) = \frac{4q}{\pi} \sin t + \frac{4q}{3\pi} \sin 3t + \frac{4q}{5\pi} \sin 5t + \cdots$$

Hence, we can denote that the 1st three partial sums of the corresponding Fourier series are:

$$S_1 = \frac{4q}{\pi} \sin t , \quad S_2 = \frac{4q}{\pi}\left[\sin t + \frac{1}{3} \sin 3t \right], \quad S_3 = \frac{4q}{\pi}\left[\sin t + \frac{1}{3} \sin 3t + \frac{1}{5} \sin 5t \right]$$

We can begin by plotting from the 1st partial sum with only one sine term. This is to see the effects of the subsequence harmonics that was added into the partial sums.

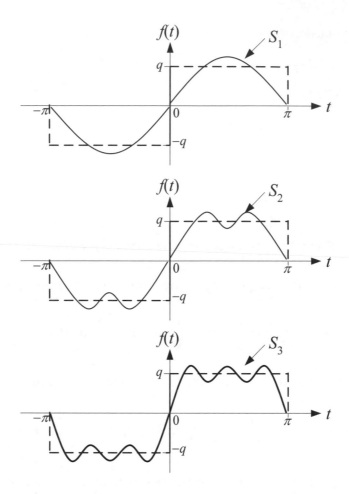

Figure 6.18   The 1st three partial sums of Fourier series with increasing harmonics term

From the above figure, it is observed that as the number of harmonics terms increased in the partial sums, the partial sums plot will approach the shape of the original graph as shown in Figure 6.17. Note that the ripples 波紋 amplitude will decrease but increase in numbers as the harmonics term increases. Eventually, at an infinite term of harmonics, the plot will be an exact shape as the origin.

6.3 **Fourier Series Functions**
傅立葉級數之函數

6.3.1 Sine and Cosine Functions of Fourier Series
傅立葉級數之正弦與餘弦函數

If $f(t)$ is either Odd or Even functions, its Fourier Series can be referred to as Fourier Sine or Fourier Cosine series respectively. 若 $f(t)$ 是奇函數或偶函數, 則其級數純為傅立葉正弦或傅立葉餘弦級數。

For an odd function, $a_0 = a_n = 0$. Therefore, Eq.(6.2) can be re-written as:

$$f(t) = \sum_{n=1}^{\infty} b_n \sin nw_0 t \quad\text{.........} (6.6a)$$

$$f(t) = b_1 \sin w_0 t + b_2 \sin 2w_0 t + b_3 \sin 3w_0 t + \cdots + b_n \sin nw_0 t \quad\text{.........} (6.6b)$$

For an even function, $b_n = 0$. Therefore, Eq. 6.2 can be re-written as:

$$f(t) = a_0 + \sum_{n=1}^{\infty} a_n \cos nw_0 t \quad\text{.........} (6.7a)$$

$$f(t) = a_0 + a_1 \cos w_0 t + a_2 \cos 2w_0 t + a_3 \cos 3w_0 t + \cdots + a_n \cos nw_0 t \quad\text{.........} (6.7b)$$

Therefore, it is necessary to identify if a function is an odd or even function as it will help prevent any unnecessary calculation.

Example (13): Find the Fourier series for the periodic function defined by

$$f(t) = \begin{cases} 1 & for & 0 \le t < 1 \\ -1 & for & -1 \le t < 0 \end{cases}$$

$$f(t+2) = f(t)$$

and obtain the fourier series up to the 5th harmonics.

Solution:

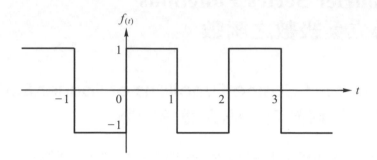

Figure 6.19   Graph of periodic function with period = 2

The Function has period $T = 2$, $\therefore w_0 = \dfrac{2\pi}{T} = \dfrac{2\pi}{2} = \pi$, where $f(t)$ is

an odd periodic function (see Figure 6.4 for reference).

We need to express $f(t)$ as in Eq.(6.6),   where

$$a_0 = \frac{1}{T}\int_k^{k+t} f(t)dt = \frac{1}{2}\int_{-1}^{1} f(t)\, dt$$

Reminder*

> $f(t)$ is an odd function.
> Integrate an odd function over 1
> period is zero for a_0.

$$= \frac{1}{2}\left[\int_{-1}^{0} -1\, dt + \int_{0}^{1} 1\, dt\right]$$

$$= \frac{1}{2}\left\{[-t]_{-1}^{0} + [t]_{0}^{1}\right\} = \frac{1}{2}[-1+1] = 0$$

$$a_n = \frac{2}{T}\int_k^{k+t} f(t)\cos nw_0 t\, dt$$

$$= \frac{2}{2}\int_{-1}^{1} \underbrace{f(t)}_{\text{odd}}\ \underbrace{\cos n\pi\, t}_{\text{even}}\, dt \qquad \Rightarrow \text{odd x even = odd function}$$

$$= 0 \text{ for } n = 1, 2, 3, \cdots$$

Reminder*

> Integrate an odd function over 1
> period is zero for a_n.

$$b_n = \frac{2}{T}\int_k^{k+T} f(t)\sin nw_0 dt$$

$$= \frac{2}{T}\int_{-1}^{1} \underbrace{f(t)}_{\text{odd}}\underbrace{\sin n\pi\, t}_{\text{odd}}\, dt \qquad \Rightarrow \text{odd x odd = even function}$$

$$= 2 \cdot \frac{2}{T} \int_0^1 f(t) \sin n\pi \; t \, dt$$

$$= 2 \left[\frac{-\cos \; (n\pi \; t)}{n\pi} \right]_0^1 \qquad \Rightarrow \text{since } T = 2 \text{ and } f(t) = 1 \text{ for } 0 < t < 1$$

$$= -\frac{2}{n\pi} \left[\cos \; (n\pi \cdot 1) - \underbrace{\cos(n\pi \cdot 0)}_{1} \right]$$

$$= -\frac{2}{n\pi} [\cos \; n\pi - 1]$$

Therefore,

$$b_n = \frac{2}{n\pi} \left[1 - (-1)^n \right] \Rightarrow \begin{cases} \dfrac{4}{n\pi} & for \quad n = 1, \; 3, \; 5, \; \cdots \text{ odd number} \\ 0 & for \quad n = 2, \; 4, \; 6, \; \cdots \text{even number} \end{cases}$$

Hence $b_1 = \dfrac{4}{\pi}$, $b_2 = 0$, $b_3 = \dfrac{4}{3\pi}$, $b_4 = 0$, $b_5 = \dfrac{4}{5\pi}$, $b_6 = 0$, $\cdots$

The Fourier Series Eq. is $\quad \therefore f(t) = \displaystyle\sum_{n=odd}^{\infty} \frac{4}{n\pi} \sin n\pi \; t$,

and its Fourier Series up to the 5th harmonics is:

$$\therefore f(t) = \frac{4}{\pi} \sin \pi \, t + \frac{4}{3\pi} \sin 3\pi \, t + \frac{4}{5\pi} \sin 5\pi \, t + \cdots$$

$$= \frac{4}{\pi} \left[\sin \pi \; t + \frac{1}{3} \sin 3\pi \; t + \frac{1}{5} \sin 5\pi \; t + \cdots \right]$$

Example (14): Find the Fourier series for the periodic function defined by

$$f(t) = \begin{cases} -\pi t & for \quad -1 \le t < 0 \\ \pi t & for \quad 0 \le t < 1 \end{cases}$$

$$f(t+2) = f(t)$$

and obtain the fourier series up to the 6th harmonics.

Solution:

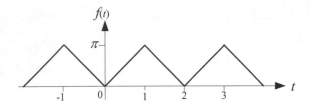

Figure 6.20   Graph of periodic function with period = 2

The Function has period $T = 2$, $\therefore w_0 = \dfrac{2\pi}{T} = \dfrac{2\pi}{2} = \pi$, where $f(t)$ is

an even function.

Therefore, the Fourier Series for $f(t)$ in this case is of the form as in Eq.(6.7) since b_n is zero for even function.

Since $w_0 = \pi$, we get:

$$a_0 = \frac{1}{T}\int_k^{k+T} f(t)\ dt = 2 \times \frac{1}{2}\int_0^1 f(t)\ dt$$

$$= \int_0^1 \pi\ t\ dt = \left[\frac{\pi\ t^2}{2}\right]_0^1 = \frac{\pi}{2}$$

$$a_n = \frac{2}{T}\int_k^{k+T} f(t)\cos nw_0 t\ dt$$

$$= \frac{2}{2}\int_{-1}^1 f(t)\cos n\pi\ t\ dt = 2\int_0^1 \pi\ t\cos n\pi\ t\ dt$$

$$= 2\pi\int_0^1 t\cos n\pi\ t\ dt \quad\text{, apply integral by parts, we get:}$$

$$= 2\pi\left\{\left[\underbrace{t \cdot \frac{\sin n\pi\ t}{n\pi}}_{0}\right]_0^1 - \int_0^1 \frac{\sin n\pi\ t}{n\pi}\ dt\right\} = 2\pi\left\{-\frac{1}{n\pi}\int_0^1 \sin n\pi\ t\ dt\right\}$$

$$= -\frac{2}{n}\int_0^1 \sin(n\pi\ t)\ dt = -\frac{2}{n}\left[-\frac{\cos n\pi\ t}{n\pi}\right]_0^1$$

$$= \frac{2}{n^2\pi}[\cos n\pi\, t]_0^1 = \frac{2}{n^2\pi}\left\{\underbrace{\cos n\pi(1)}_{(-1)^n} - \underbrace{\cos n\pi(0)}_{1}\right\}$$

Therefore,

$$a_n = \frac{2}{n^2\pi}\left[(-1)^n - 1\right] \Rightarrow \begin{cases} -\dfrac{4}{n^2\pi} & for \quad n = 1,3,5,\cdots \text{ odd number} \\ 0 & for \quad n = 2,4,6,\cdots \text{even number} \end{cases}$$

Hence, $a_1 = -\dfrac{4}{\pi}$, $a_2 = 0$, $a_3 = -\dfrac{4}{9\pi}$, $a_4 = 0$, $a_5 = -\dfrac{4}{25\pi}$, $a_6 = 0$, $\cdots$

$b_n = 0$ since function $f(t)$ is even .

The Fourier Series Eq. is $\therefore f(t) = \dfrac{\pi}{2} + \displaystyle\sum_{n=odd}^{\infty} -\dfrac{4}{n^2\pi}\cos n\pi\, t$,

and its Fourier Series up to the 6th harmonics is:

$$\therefore f(t) = \frac{\pi}{2} - \frac{4}{\pi}\cos \pi\, t - \frac{4}{9\pi}\cos 3\pi\, t - \frac{4}{25\pi}\cos 5\pi\, t - \cdots$$

$$= \frac{\pi}{2} - \frac{4}{\pi}\left[\cos \pi\, t + \frac{1}{9}\cos 3\pi\, t + \frac{1}{25}\cos 5\pi\, t - \cdots\right]$$

Example (15): Find the Fourier series for the periodic function defined by

$$f(t)\begin{cases} 0 & for \quad -\pi \le t < -\dfrac{\pi}{2} \\ \pi & for \quad -\dfrac{\pi}{2} \le t < \dfrac{\pi}{2} \\ 0 & for \quad \dfrac{\pi}{2} \le t < \pi \end{cases}$$

$f(t) = f(t + 2\pi)$

and obtain the fourier series up to the 7th harmonics.

Solution:

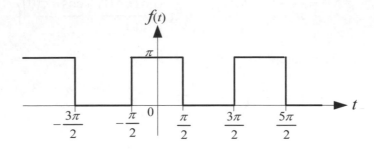

Figure 6.21   Graph of periodic function with period $= 2\pi$

The Function has period $T = 2\pi$, $\therefore w_0 = \dfrac{2\pi}{T} = \dfrac{2\pi}{2\pi} = 1$, where $f(t)$ is an even function.

$$a_0 = \frac{1}{T} \int_k^{k+T} f(t)\, dt = \frac{1}{2\pi} \times 2\int_0^{\pi} f(t)\, dt$$

$$= \frac{1}{\pi}\left[\int_0^{\frac{\pi}{2}} \pi\, dt + \int_{\frac{\pi}{2}}^{\pi} 0\, dt\right] = \frac{1}{\pi} \times \pi\left[t\right]_0^{\frac{\pi}{2}}$$

$$= \left[\frac{\pi}{2} - 0\right] = \frac{\pi}{2}$$

$$a_n = \frac{2}{T}\int_k^{k+\pi} f(t)\cos nw_0 t\; dt$$

$$= \frac{2}{2\pi} \times 2\int_0^{\pi} f(t)\cos nt\; dt = \frac{2}{\pi}\left[\int_0^{\frac{\pi}{2}} \pi \cdot \cos nt\; dt + \underbrace{\int_{\frac{\pi}{2}}^{\pi} 0 \cdot \cos nt\; dt}_{0}\right]$$

$$= 2\left[\frac{1}{n} \cdot \sin nt\right]_0^{\frac{\pi}{2}} = \frac{2}{n}\left[\sin n\left(\frac{\pi}{2}\right) - \sin n(0)\right]$$

Therefore, $a_n = \dfrac{2}{n}\sin\dfrac{n\pi}{2} = \begin{cases} 0 & for \quad n = 2,4,6,\cdots \\ \dfrac{2}{n} & for \quad n = 1,5,9,\cdots \\ -\dfrac{2}{n} & for \quad n = 3,7,11,\cdots \end{cases}$

$b_n = \dfrac{2}{T}\displaystyle\int_k^{k+T} f(t)\sin nt\, dt = 0$ since the function $f(t)$ is even.

$\therefore f(t) = \dfrac{\pi}{2} + \displaystyle\sum_{n=1,5,9\ldots}^{\infty} \dfrac{2\cos nt}{n} - \sum_{n=3,7,11\ldots}^{\infty} \dfrac{2\cos nt}{n}$

$\qquad = \dfrac{\pi}{2} + 2\left[\cos t - \dfrac{\cos 3t}{3} + \dfrac{\cos 5t}{5} - \dfrac{\cos 7t}{7} + \cdots\right]$

Example (16): Find the Fourier series for the periodic function defined by

$$f(t) = t \quad for \quad -1 \le t < 1$$

$f(t) = f(t+2)$

and obtain the fourier series up to the 4th harmonics.

Solution:

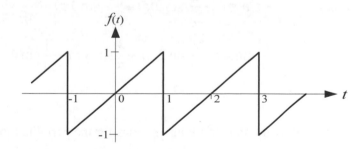

Figure 6.22   Saw-tooth diagram with period = 2

The Function has period $T = 2$, $\therefore w_0 = \dfrac{2\pi}{T} = \dfrac{2\pi}{2} = \pi$, where $f(t)$ is an odd function.

$\therefore \Rightarrow a_0 = a_n = 0$

$$b_n = \frac{2}{T} \int_k^{k+T} f(t) \sin nw_0 t \ dt$$

$$= \frac{2}{2} \int_{-1}^{1} t \sin n\pi \ t \ dt = 2 \int_0^1 t \sin n\pi \ t \ dt$$

$$= 2 \left[-\frac{t}{n\pi} \cos n\pi \ t + \left(\frac{1}{n\pi}\right)^2 \sin n\pi \ t \right]_0^1 = -\frac{2}{n\pi} \left[1 \cdot \underbrace{\cos n\pi}_{(-1)^n} - 0 \right]$$

Therefore, $b_n = -\frac{2}{n\pi}(-1)^n = \begin{cases} \dfrac{2}{n\pi} & \text{for} \quad n = 1, 3, 5, \cdots \\[3mm] -\dfrac{2}{n\pi} & \text{for} \quad n = 2, 4, 6, \cdots \end{cases}$

The Fourier Series Eq. is

$$\therefore f(t) = \sum_{n=1}^{\infty} b_n \sin n\pi \ t = \sum_{n=odd}^{\infty} \frac{2}{n\pi} \sin n\pi \ t + \sum_{n=even}^{\infty} \left(-\frac{2}{n\pi}\right) \sin n\pi \ t,$$

and its Fourier Series up to the 4th harmonics is:

$$\therefore f(t) = \sum_{n=1}^{\infty} b_n \sin n\pi \ t$$

$$= b_1 \sin \pi \ t + b_2 \sin 2\pi \ t + b_3 \sin 3\pi \ t + b_4 \sin 4\pi \ t + \cdots$$

$$= \frac{2}{\pi} \sin \pi \ t - \frac{2}{2\pi} \sin 2\pi \ t + \frac{2}{3\pi} \sin 3\pi \ t - \frac{2}{4\pi} \sin 4\pi \ t + \cdots$$

$$= \frac{2}{\pi} \left[\sin \pi \ t - \frac{1}{2} \sin 2\pi \ t + \frac{1}{3} \sin 3\pi \ t - \frac{1}{4} \sin 4\pi \ t + \cdots \right]$$

Example (17): Find the trigonometric Fourier series for the periodic function defined by

$$f(t) = \begin{cases} -\sin \pi \ t & \text{for} \quad -1 \le t < 0 \\ \sin \pi \ t & \text{for} \quad 0 \le t < 1 \end{cases}$$

$$f(t) = f(t+2)$$

and obtain the fourier series up to the 6th harmonics.

Solution:

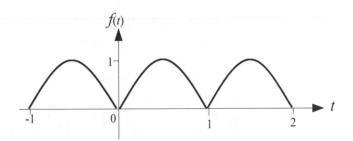

Figure 6.23   Sine wave diagram with period = 2

Solution:

The Function has period $T = 2$, $\therefore w_0 = \dfrac{2\pi}{T} = \dfrac{2\pi}{2} = \pi$, where $f(t)$ is

an even function.

Since b_n is zero for even function and $w_0 = \pi$, we get:

$$a_0 = \frac{1}{T}\int_{k}^{k+T} f(t)\,dt = \frac{2}{T}\int_{0}^{1} f(t)\,dt$$

$$= \frac{2}{2}\int_{0}^{1} \sin \pi \ t \ dt = \left[-\frac{1}{\pi}\cos \pi t\right]_{0}^{1}$$

$$= -\frac{1}{\pi}\left[\cos \pi t\right]_{0}^{1} = -\frac{1}{\pi}\left[\cos \pi(1) - \cos \pi(0)\right]$$

$$= -\frac{1}{\pi}(-2) = \frac{2}{\pi}$$

$$a_n = \frac{2}{T}\int_{k}^{k+T} f(t)\cos nw_0 t \ dt = \frac{2}{T}\times 2\int_{0}^{1} f(t)\cos n\pi \ t \ dt$$

$$= 2\int_{0}^{1} \sin \pi \ t \cdot \cos n\pi \ t \ dt$$

$$= \int_{0}^{1}\left[\sin(1+n)\pi \ t + \sin(1-n)\pi \ t\right] dt$$

Note*
$2\sin A\cos B = \sin(A+B) + \sin(A-B)$

$$= \left[-\frac{\cos(1+n)\pi t}{(1+n)\pi} - \frac{\cos(1-n)\pi t}{(1-n)\pi}\right]_{0}^{1}$$

$$= \left[-\underbrace{\frac{\cos(1+n)\pi}{(1+n)\pi}}_{\frac{\cos n\pi}{(1+n)\pi}} \underbrace{\frac{\cos(1-n)\pi}{(1-n)\pi}}_{\frac{\cos n\pi}{(1-n)\pi}} \right] - \left[-\frac{1}{(1+n)\pi} - \frac{1}{(1-n)\pi} \right]$$

$$= \frac{\cos n\pi}{(1+n)\pi} + \frac{1}{(1+n)\pi} + \frac{\cos n\pi}{(1-n)\pi} + \frac{1}{(1-n)\pi}$$

$$= \frac{\cos n\pi + 1}{(1+n)\pi} + \frac{\cos n\pi + 1}{(1-n)\pi}$$

Therefore,

$$a_n = \frac{(-1)^n + 1}{(1+n)\pi} + \frac{(-1)^n + 1}{(1-n)\pi} = \begin{cases} 0 & \text{for} \quad n = 1,3,5,\cdots \\ \dfrac{2}{(1+n)\pi} + \dfrac{2}{(1-n)\pi} & \text{for} \quad n = 2,4,6,\cdots \end{cases}$$

Hence, $a_1 = 0$; $a_2 = -\dfrac{4}{3\pi}$; $a_3 = 0$; $a_4 = -\dfrac{4}{15\pi}$; $a_5 = 0$; $a_6 = -\dfrac{4}{35\pi}$

The Fourier Series Eq. is

$$\therefore f(t) = \frac{2}{\pi} + \sum_{n=even}^{\infty} \left[\frac{2}{(1+n)\pi} + \frac{2}{(1-n)\pi} \right] \cos n\pi\, t ,$$

and its Fourier Series up to the 6th harmonics is:

$$\therefore f(t) = \frac{2}{\pi} - \frac{4}{3\pi}\cos 2\pi\, t - \frac{4}{15\pi}\cos 4\pi\, t - \frac{4}{35\pi}\cos 6\pi\, t + \cdots$$

$$= \frac{2}{\pi} - \frac{4}{\pi}\left[\frac{1}{3}\cos 2\pi\, t - \frac{1}{15}\cos 4\pi\, t - \frac{1}{35}\cos 6\pi\, t + \cdots \right]$$

Note* : since $\cos(A \pm B) = \cos A \cos B \mp \sin A \sin B$, therefore:

$$\Rightarrow -[\cos(1+n)\pi] \qquad\qquad \Rightarrow -[\cos(1-n)\pi]$$

$$= -[\cos(\pi + n\pi)] \qquad\qquad = -[\cos(\pi - n\pi)]$$

$$= -[\cos\pi\cos n\pi - \sin\pi\sin n\pi] \qquad = -[\cos\pi\cos n\pi + \sin\pi\sin n\pi]$$

$$= -[-\cos n\pi - 0] \qquad\qquad = -[-\cos n\pi + 0]$$

$$= -[-\cos n\pi] \qquad\qquad = -[-\cos n\pi]$$

$$= \cos n\pi \qquad\qquad\qquad = \cos n\pi$$

Example (18): Find the Fourier series for the periodic function defined by

$$f(t) = \begin{cases} t+3 & for & 0 \le t < 2 \\ t-7 & for & 2 \le t < 4 \end{cases}$$

$$f(t) = f(t+4)$$

and obtain the fourier series up to the 4th harmonics.

Solution:

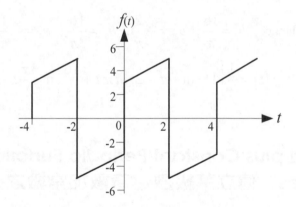

Figure 6.24   Graph of periodic function with period = 4

The Function has period $T = 4$, $\therefore w_0 = \dfrac{2\pi}{T} = \dfrac{2\pi}{4} = \dfrac{\pi}{2}$, where $f(t)$ is

an odd function.

$$\therefore \Rightarrow a_0 = a_n = 0$$

$$b_n = \frac{2}{T}\int_k^{k+T} f(t)\sin nw_0 t\ dt = \frac{2}{4} \times 2\int_0^2 f(t)\sin n\frac{\pi}{2}t\ dt$$

$$= \int_0^2 (t+3)\sin\left(\frac{n\pi}{2}\right)t\ dt \quad , \text{ apply integral by parts, we get:}$$

$$= \left[-\frac{2}{n\pi}(t+3)\cos\left(\frac{n\pi}{2}\right)t\right]_0^2 - \left[-\frac{2}{n\pi}\int_0^2 \cos\left(\frac{n\pi}{2}\right)t\ dt\right]$$

$$= \left[-\frac{10}{n\pi} \cos n\pi \right] - \left[-\frac{6}{n\pi} \right] + \frac{2}{n\pi} \underbrace{\left[\frac{2}{n\pi} \sin \left(\frac{n\pi}{2} \right) t \right]_0^2}_{0}$$

$$= \frac{2}{n\pi} (3 - 5 \cos n\pi)$$

Therefore, $b_n = \frac{6 - 10(-1)^n}{n\pi} = \begin{cases} \dfrac{16}{n\pi} & for \quad n = 1, 3, 5, \cdots \\[3mm] -\dfrac{4}{n\pi} & for \quad n = 2, 4, 6, \cdots \end{cases}$

Hence, $b_1 = \dfrac{16}{\pi}$; $b_2 = -\dfrac{2}{\pi}$; $b_3 = \dfrac{16}{3\pi}$; $b_4 = -\dfrac{1}{\pi}$

$$\therefore f(t) = \frac{1}{\pi} \left[16 \sin \frac{\pi}{2} t - 2 \sin \pi t + \frac{16}{3} \sin \frac{3\pi}{2} t - \sin 2\pi t + \cdots \right]$$

6.3.2 Odd plus Constant Periodic Functions of Fourier Series 傅立葉級數之奇數加常數之週期函數

If $f(t)$ is an odd + constant periodic function, the Fourier coefficient will be of the form:

$$a_0 = \frac{1}{T} \int_k^{k+T} f(t) dt , \qquad a_n = 0 , \qquad b_n = \frac{2}{T} \int_k^{k+T} f(t) \sin nw_0 t \, dt$$

Note that in this case, a_0 is not equal to zero as there is a constant term added into the function.

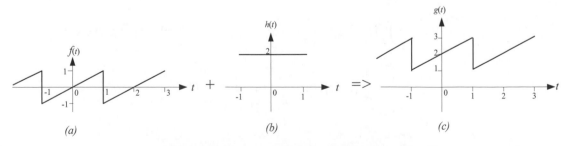

Figure 6.25   Odd plus Constant function $g(t) = h(t) + f(t)$

From Figure 6.25, it shows that the odd function $f(t)$ have shifted 2 steps upwards after adding with a constant function of $h(t) = 2$. Therefore, we can say that:

$$g(t) = h(t) + f(t)$$

as $g(t)$ is the results of a odd function + constant function as shown in Figure 6.25c.

If the Fourier series of $f(t)$ (see Figure 6.25a) is:

$$f(t) = \frac{2}{\pi}\left[\sin \pi t - \frac{1}{2}\sin 2\pi t + \frac{1}{3}\sin 3\pi t - \frac{1}{4}\sin 4\pi t + \cdots \right]$$

Therefore,

$$g(t) = 2 + \frac{2}{\pi}\left[\sin \pi t - \frac{1}{2}\sin 2\pi t + \frac{1}{3}\sin 3\pi t - \frac{1}{4}\sin 4\pi t + \cdots \right]$$

Note that if $f(t)$ is an even + constant periodic function, the Fourier coefficient will be of the form same as in Eq. 6.7.

Example (19): Find the Fourier series for the periodic function defined by

$$f(t) = \begin{cases} \dfrac{2}{\pi}t + 2 & for & -\pi \le t < \pi \end{cases}$$

$$f(t) = f(t + 2\pi)$$

and obtain the fourier series up to the 4th harmonics.

Solution:

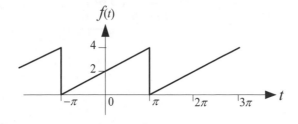

Figure 6.26   Odd plus Constant function with constant = 2

The above diagram has period $T = 2\pi$, $\therefore w_0 = \dfrac{2\pi}{T} = \dfrac{2\pi}{2\pi} = 1$, where $f(t)$ is an odd + constant function.

$$a_0 = \frac{1}{T}\int_k^{k+T} f(t)dt = \frac{1}{2\pi}\int_{-\pi}^{-\pi+2\pi}\left(\frac{2}{\pi}t+2\right)dt$$

$$= \frac{2}{2\pi}\int_{-\pi}^{\pi}\left(\frac{1}{\pi}t+1\right)dt = \frac{1}{\pi}\int_{-\pi}^{\pi}\left(\frac{1}{\pi}t+1\right)dt$$

$$= \frac{1}{\pi}\left\{\int_{-\pi}^{\pi}\frac{1}{\pi}t\ dt + \int_{-\pi}^{\pi}1\ dt\right\} = \frac{1}{\pi}\left\{\left[\frac{t^2}{2\pi}\right]_{-\pi}^{\pi} + [\pi - (-\pi)]\right\}$$

$$= \frac{1}{\pi}\left\{\frac{1}{2\pi}\underbrace{\left[\pi^2 - (-\pi)^2\right]}_{0} + 2\pi\right\} = \frac{2\pi}{\pi}$$

$$= 2$$

Therefore, the constant function is at 2.

$a_n = 0$ where $f(t)$ is an odd + constant function.

$$b_n = \frac{2}{T}\int_k^{k+T} f(t)\sin nw_0 t\ dt$$

$$= \frac{2}{2\pi}\int_{-\pi}^{\pi}\left(\frac{2}{\pi}t+2\right)\sin nt\ dt \qquad \text{, apply integral by parts, we get:}$$

$$= \frac{1}{\pi}\left\{\left[\left(\frac{2}{\pi}t+2\right)\left(-\frac{\cos nt}{n}\right)\right]_{-\pi}^{\pi} - \int_{-\pi}^{\pi}\left(-\frac{\cos nt}{n}\right)\cdot\frac{2}{\pi}\ dt\right\}$$

$$= \frac{1}{\pi}\left\{-\frac{4}{n}\cos n\pi + \frac{2}{n\pi}\underbrace{\left[\frac{1}{n}\sin nt\right]_{-\pi}^{\pi}}_{0}\right\}$$

$$= -\frac{4}{n\pi}\cos n\pi$$

Therefore, $b_n = -\dfrac{4(-1)^n}{n\pi} = \begin{cases} \dfrac{4}{n\pi} & for \quad n = 1, 3, 5, \cdots \\ -\dfrac{4}{n\pi} & for \quad n = 2, 4, 6, \cdots \end{cases}$

Hence, $b_1 = \dfrac{4}{\pi}$; $b_2 = -\dfrac{2}{\pi}$; $b_3 = \dfrac{4}{3\pi}$; $b_4 = -\dfrac{1}{\pi}$

The Fourier Series Eq. is

$$\therefore f(t) = 2 + \sum_{n=odd}^{\infty} \dfrac{4}{n\pi} \sin nt + \sum_{n=even}^{\infty} \left(-\dfrac{4}{n\pi}\right) \sin nt \,,$$

and its Fourier Series up to the 4th harmonics is:

$$\therefore f(t) = 2 + \dfrac{4}{\pi}\left[\sin t - \dfrac{1}{2}\sin 2t + \dfrac{1}{3}\sin 3t - \dfrac{1}{4}\sin 4t + \cdots \right]$$

6.3.3 Half-wave Symmetry Functions of Fourier Series
傅立葉級數之半波對稱函數

As mentioned earlier, a periodic function $f(t)$ is of a half wave symmetry form if:

$$f(t) = -f\left(t \pm \dfrac{T}{2}\right)$$

Its Fourier series can be defined as:

$$f(t) = \sum_{n=odd}^{\infty}\left(a_n \cos nw_0 t + b_n \sin nw_0 t\right) \dots\dots\dots\dots\dots (6.8)$$

If n is even number：$a_0 = 0$, $a_n = 0$, $b_n = 0$

If n is odd number：$a_0 = 0$ .... (6.9a)

$$a_n = \frac{4}{T}\int_0^{\frac{T}{2}} f(t)\cos nw_0 t \ dt \text{ ....} (6.9b)$$

$$b_n = \frac{4}{T}\int_0^{\frac{T}{2}} f(t)\sin nw_0 t \ dt \text{ ....} (6.9c)$$

Example (20):   Determine the Fourier series of the half-wave symmetry periodic function defined by

$$f(t) = \begin{cases} -1 & \text{for} \quad -2 \le t < -1 \\ 0 & \text{for} \quad -1 \le t < 0 \\ 1 & \text{for} \quad 0 \le t < 1 \\ 0 & \text{for} \quad 1 \le t < 2 \end{cases}$$

$f(t+4) = f(t)$

and obtain the fourier series up to the 5th harmonics.

Solution:

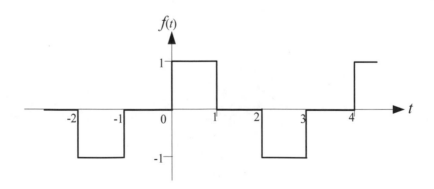

Figure 6.27   Half-wave symmetry function with period = 4

The above Half-wave symmetry function has period $T = 4$,

$$\therefore w_0 = \frac{2\pi}{T} = \frac{2\pi}{4} = \frac{\pi}{2} .$$

Note that $a_0 = a_n = b_n = 0$ when n = even number and $a_0 = 0$ when n = odd number.

For odd values of n, by applying Eq. (6.9b), we get:

$$a_n = \frac{4}{T}\int_0^{\frac{T}{2}} f(t)\cos nw_0 t\ dt = \frac{4}{4}\int_0^{\frac{4}{2}} f(t)\cos\left(\frac{n\pi}{2}\right)t\ dt$$

$$= \int_0^1 1\cdot\cos\left(\frac{n\pi}{2}\right)t\ dt + \int_1^2 (0)\cdot\cos\left(\frac{n\pi}{2}\right)t\ dt$$

$$= \int_0^1 \cos\left(\frac{n\pi}{2}\right)t\ dt = \left[\frac{2}{n\pi}\sin\left(\frac{n\pi}{2}\right)t\right]_0^1$$

$$= \frac{2}{n\pi}\sin\left(\frac{n\pi}{2}\right)$$

For odd values of n, by apply Eq. (6.9c), we get:

$$b_n = \frac{4}{T}\int_0^{\frac{T}{2}} f(t)\sin nw_0 t\ dt = \frac{4}{4}\int_0^2 f(t)\sin\left(\frac{n\pi}{2}\right)t\ dt$$

$$= \int_0^1 1\cdot\sin\left(\frac{n\pi}{2}\right)t\ dt + \int_1^2 (0)\cdot\sin\left(\frac{n\pi}{2}\right)t\ dt$$

$$= \int_0^1 \sin\left(\frac{n\pi}{2}\right)t\ dt = \left[-\frac{2}{n\pi}\cdot\cos\left(\frac{n\pi}{2}\right)t\right]_0^1$$

$$= -\frac{2}{n\pi}\left[\cos\left(\frac{n\pi}{2}\cdot(1)\right) - \underbrace{\cos\left(\frac{n\pi}{2}\cdot(0)\right)}_{1}\right]$$

$$= \frac{2}{n\pi}\left[1 - \cos\left(\frac{n\pi}{2}\right)\right]$$

Therefore, $a_n = \dfrac{2}{n\pi}\sin\left(\dfrac{n\pi}{2}\right) = \begin{cases} \dfrac{2}{n\pi} & for \quad n = 1, 5, 9, \cdots \\ -\dfrac{2}{n\pi} & for \quad n = 3, 7, 11, \cdots \end{cases}$

Therefore, $b_n = \dfrac{2}{n\pi}\left[1 - \cos\left(\dfrac{n\pi}{2}\right)\right] = \begin{cases} \dfrac{2}{n\pi} & for \quad n = 1, 3, 5, \cdots \end{cases}$

The Fourier Series Eq. is

$$\therefore f(t) = \sum_{n=odd}^{\infty} \frac{2}{n\pi}\sin\left(\frac{n\pi}{2}\right)\cos\left(\frac{n\pi}{2}\right)t + \sum_{n=odd}^{\infty}\frac{2}{n\pi}\sin\left(\frac{n\pi}{2}\right)t,$$

and its Fourier Series up to the 5th harmonics is:

$$\therefore f(t) = \frac{2}{\pi}\left[\cos\left(\frac{\pi}{2}\right)t - \frac{1}{3}\cos\left(\frac{3\pi}{2}\right)t + \frac{1}{5}\cos\left(\frac{5\pi}{2}\right)t + \cdots\right.$$

$$\left. + \sin\left(\frac{\pi}{2}\right)t + \frac{1}{3}\sin\left(\frac{3\pi}{2}\right)t + \frac{1}{5}\sin\left(\frac{5\pi}{2}\right)t + \cdots\right]$$

Example (21): Determine the Fourier series of the below periodic function up to the 7th harmonics defined by

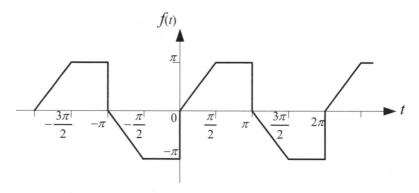

Figure 6.28   Half-wave symmetry function with period = 2π,

Solution:

From the above figure, we know that it is a half-wave symmetry function. Therefore, $T = 2\pi$, $w_0 = \dfrac{2\pi}{T} = \dfrac{2\pi}{2\pi} = 1$. The function $f(t)$ between 0 to π is defined as

$$f(t) = \begin{cases} 2t & for \quad 0 \le t < \dfrac{\pi}{2} \\[2mm] \pi & for \quad \dfrac{\pi}{2} \le t < \pi \end{cases}$$

$$f(t + 2\pi) = f(t)$$

Note that $a_0 = a_n = b_n = 0$ when n = even number and $a_0 = 0$ when n = odd number.

For odd values of n, by applying Eq. (6.9b), we get:

$$a_n = \frac{4}{T} \int_0^{\frac{T}{2}} f(t) \cos n w_0 t \ dt$$

$$= \frac{4}{2\pi} \left[\int_0^{\frac{\pi}{2}} f(t) \cos nt \ dt + \int_{\frac{\pi}{2}}^{\pi} f(t) \cos nt \ dt \right]$$

$$= \frac{2}{\pi} \left[\int_0^{\frac{\pi}{2}} 2t \cos nt \ dt + \int_{\frac{\pi}{2}}^{\pi} \pi \cos nt \ dt \right]$$

$$= \frac{2}{n\pi} \left\{ \left[2t \sin nt \right]_0^{\frac{\pi}{2}} - 2 \int_0^{\frac{\pi}{2}} \sin nt \ dt + \left[\pi \sin nt \right]_{\frac{\pi}{2}}^{\pi} \right\}$$

$$= \frac{2}{n\pi} \left\{ \pi \sin \frac{n\pi}{2} - 0 + \left[\frac{2 \cos nt}{n} \right]_0^{\frac{\pi}{2}} + \underbrace{\pi \sin n\pi}_{0} - \pi \sin \frac{n\pi}{2} \right\}$$

$$= \frac{2}{n\pi} \left[\frac{2 \cos nt}{n} \right]_0^{\frac{\pi}{2}} = \frac{2}{n\pi} \left[\frac{2 \cos n\left(\frac{\pi}{2}\right)}{n} - \frac{2 \cos n(0)}{n} \right]$$

$$= \frac{4}{n^2 \pi} \left[\cos \frac{n\pi}{2} - 1 \right] = -\frac{4}{n^2 \pi} \quad (\text{for } n \text{ is odd number})$$

For odd values of n, by apply Eq. (6.9c), we get:

$$b_n = \frac{4}{T} \int_0^{\frac{T}{2}} f(t) \sin n w_0 t \ dt$$

$$= \frac{4}{2\pi}\left[\int_0^{\frac{\pi}{2}} 2t\sin nt\ dt + \int_{\frac{\pi}{2}}^{\pi} \pi\sin nt\ dt\right]$$

$$= -\frac{2}{n\pi}\left\{\left[2t\cos nt\right]_0^{\frac{\pi}{2}} - 2\int_0^{\frac{\pi}{2}}\cos nt\ dt + \left[\pi\cos nt\right]_{\frac{\pi}{2}}^{\pi}\right\}$$

$$= -\frac{2}{n\pi}\left\{\pi\cos\frac{n\pi}{2} - 0 - 2\left[\frac{\sin nt}{n}\right]_0^{\frac{\pi}{2}} + \pi\cos n\pi - \pi\cos\frac{n\pi}{2}\right\}$$

$$= \frac{4\sin\frac{n\pi}{2}}{n^2\pi} + \frac{-2\cos n\pi}{n} = \frac{4\sin\frac{n\pi}{2}}{n^2\pi} + \frac{-2}{n}(-1)^n$$

$$= \frac{4\sin\frac{n\pi}{2}}{n^2\pi} + \frac{2}{n} = \frac{2}{n}\left(\frac{2\sin\frac{n\pi}{2}}{n\pi} + 1\right) \quad (\text{for } n \text{ is odd number})$$

Therefore, $a_n = -\dfrac{4}{n^2\pi} = \left\{-\dfrac{4}{\pi}\left(\dfrac{1}{n^2}\right)\right. \quad for \quad n = 1, 3, 5, \cdots$

$$b_n = \frac{2}{n}\left(\frac{2\sin\frac{n\pi}{2}}{n\pi} + 1\right) = \begin{cases} \dfrac{2}{\pi}\left(\dfrac{n\pi + 2}{n^2}\right) & for \quad n = 1, 5, 9, \cdots \\[3mm] \dfrac{2}{\pi}\left(\dfrac{n\pi - 2}{n^2}\right) & for \quad n = 3, 7, 11, \cdots \end{cases}$$

$$\therefore f(t) = \sum_{n=odd}^{\infty}\left[-\frac{4}{n^2\pi}\cos nt + \frac{2}{n}\left(\frac{2\sin\frac{n\pi}{2}}{n\pi} + 1\right)\sin nt\right]$$

$$= -\frac{4}{\pi}\left[\cos t + \frac{\cos 3t}{3^2} + \frac{\cos 5t}{5^2} + \frac{\cos 7t}{7^2} + \cdots\right]$$

$$+ \frac{2}{\pi}\left[\frac{(\pi + 2)\sin t}{1^2} + \frac{(3\pi - 2)\sin 3t}{3^2} + \frac{(5\pi + 2)\sin 5t}{5^2} + \frac{(7\pi - 2)\sin 7t}{7^2} + \cdots\right]$$

6.4 Fourier Series Magnitude Phase Angle Form 傅立葉級數之振幅相位角型式

In this form, the linear combination of both Sine and Cosine terms in the Trigonometric Fourier Series are combined into single cosine terms. Each of these cosine terms consist of an amplitude 振幅 and a phase 相位. This will enable us to determine and plot the amplitude spectrum 幅譜 and the phase spectrum 相譜 of a period function. Therefore, for a periodic function $f(t)$ with period T, its fourier series magnitude phase angle is of the form:

$$f(t) = a_0 + \sum_{n=1}^{\infty} \left(a_n \cos nw_0 t + b_n \sin nw_0 t \right)$$

$$= a_0 + \sum_{n=1}^{\infty} \sqrt{a_n^2 + b_n^2} \left(\frac{a_n}{\sqrt{a_n^2 + b_n^2}} \cos nw_0 t + \frac{b_n}{\sqrt{a_n^2 + b_n^2}} \sin nw_0 t \right)$$

$$= a_0 + \sum_{n=1}^{\infty} A_n \left(\cos \phi_n \cos nw_0 t + \sin \phi_n \sin nw_0 t \right)$$

$$= a_0 + \sum_{n=1}^{\infty} A_n \left(\cos nw_0 t \cos \phi_n + \sin nw_0 t \sin \phi_n \right)$$

$$= a_0 + \sum_{n=1}^{\infty} A_n \cos \left(nw_0 t - \phi_n \right) \quad\dotfill (6.10)$$

Note* $\cos(A - B) = \cos A \cos B + \sin A \sin B$

where A_n is the harmonic magnitude/amplitude 諧波振幅 and is of the form:

$$A_n = \sqrt{a_n^2 + b_n^2} \quad\dotfill (6.11)$$

and ϕ_n is the phase angle 相位角 and is of the form:

$$\phi_n = \tan^{-1} \frac{b_n}{a_n} \quad\dotfill (6.12)$$

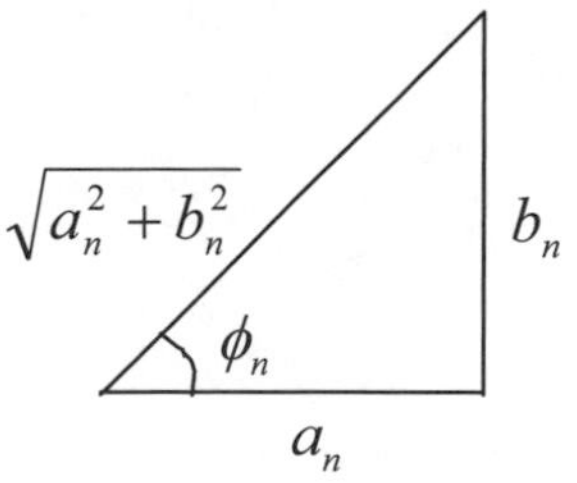

$$\cos \phi_n = \frac{a_n}{\sqrt{a_n^2 + b_n^2}}$$

$$\sin \phi_n = \frac{b_n}{\sqrt{a_n^2 + b_n^2}}$$

Figure 6.29   Relationship of the Fourier series magnitude and phase

The above diagram shows the relationship of the magnitude and phase as discussed.

Example (22): The periodic function $f(t)$ is defined by:

$$f(t) = \begin{cases} 0 & for \quad -\pi \le t < 0 \\ 1 & for \quad 0 \le t < \dfrac{\pi}{2} \\ 0 & for \quad \dfrac{\pi}{2} \le t < \pi \end{cases}$$

Determine the Fourier series in magnitude angle form and hence draw the frequency spectrum up to the 5th harmonics.

Solution:

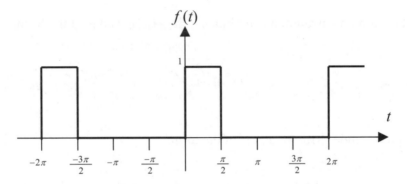

Figure 6.30   Periodic function with period = 2π

The Function has period $T = 2\pi$, $\therefore w_0 = \dfrac{2\pi}{T} = \dfrac{2\pi}{2\pi} = 1$, therefore:

$$a_0 = \frac{1}{T}\int_{k}^{k+t} f(t)\, dt = \frac{1}{2\pi}\int_{0}^{\frac{\pi}{2}} 1\, dt$$

$$= \frac{1}{2\pi}[t]_0^{\frac{\pi}{2}} = \frac{1}{4}$$

$$a_n = \frac{2}{T}\int_{k}^{k+t} f(t)\cos nw_0 t\, dt$$

$$= \frac{2}{2\pi}\int_{0}^{\frac{\pi}{2}} 1\cdot\cos n(1)t\, dt = \frac{1}{\pi}\left[\frac{\sin nt}{n}\right]_0^{\frac{\pi}{2}}$$

$$= \frac{1}{n\pi}\left[\sin n\left(\frac{\pi}{2}\right) - \underbrace{\sin n(0)}_{0}\right]$$

$$= \frac{1}{n\pi}\left(\sin \frac{n\pi}{2}\right) \quad \text{for } n = 1, 2,\ 3,\cdots$$

$$b_n = \frac{2}{T}\int_k^{k+T} f(t)\sin nw_0 t\, dt$$

$$= \frac{2}{2\pi}\int_0^{\frac{\pi}{2}} 1\cdot\sin n(1)t\ dt = \frac{1}{\pi}\int_0^{\frac{\pi}{2}}\sin nt\ dt$$

$$= \frac{1}{\pi}\left[-\frac{\cos nt}{n}\right]_0^{\frac{\pi}{2}} = -\frac{1}{n\pi}\left[\cos n\left(\frac{\pi}{2}\right) - \underbrace{\cos n(0)}_{1}\right]$$

$$= -\frac{1}{n\pi}\left(\cos \frac{n\pi}{2} - 1\right) \quad \text{or} \quad \frac{1}{n\pi}\left(1 - \cos \frac{n\pi}{2}\right) \quad \text{for } n = 1, 2,\ 3,\cdots$$

hence

$$n = 1 \Rightarrow \begin{cases} a_1 = \frac{1}{\pi}\underbrace{\sin\left(\frac{\pi}{2}\right)}_{1} = \frac{1}{\pi} \\ b_1 = \frac{1}{\pi}\left[1 - \underbrace{\cos\left(\frac{\pi}{2}\right)}_{0}\right] = \frac{1}{\pi} \end{cases}$$

$$n = 2 \Rightarrow \begin{cases} a_2 = \frac{1}{2\pi}\underbrace{\sin \pi}_{0} = 0 \\ b_2 = \frac{1}{2\pi}\left[1 - \underbrace{\cos \pi}_{-1}\right] = \frac{1}{\pi} \end{cases}$$

$$n = 3 \Rightarrow \begin{cases} a_3 = \frac{1}{3\pi}\underbrace{\sin\left(\frac{3\pi}{2}\right)}_{-1} = -\frac{1}{3\pi} \\ b_3 = \frac{1}{3\pi}\left[1 - \underbrace{\cos\left(\frac{3\pi}{2}\right)}_{0}\right] = \frac{1}{3\pi} \end{cases}$$

$$n = 4 \Rightarrow \begin{cases} a_4 = \dfrac{1}{4\pi}\underbrace{\sin(2\pi)}_{0} = 0 \\[4mm] b_4 = \dfrac{1}{4\pi}\left[1 - \underbrace{\cos(2\pi)}_{1}\right] = 0 \end{cases}$$

$$n = 5 \Rightarrow \begin{cases} a_5 = \dfrac{1}{5\pi}\underbrace{\sin\left(\dfrac{5\pi}{2}\right)}_{1} = \dfrac{1}{5\pi} \\[4mm] b_5 = \dfrac{1}{5\pi}\left[1 - \underbrace{\cos\left(\dfrac{5\pi}{2}\right)}_{1}\right] = \dfrac{1}{5\pi} \end{cases}$$

The Fourier series $f(t)$ up to the fifth harmonics is:

$$\Rightarrow f(t) = \frac{1}{4} + \frac{1}{\pi}(\cos t + \sin t) + \frac{1}{\pi}\sin(2t)$$

$$+ \frac{1}{3\pi}(-\cos 3t + \sin 3t) + \frac{1}{5\pi}(\cos 5t + \sin 5t) + \cdots$$

To determine the magnitude angle of the form

$$\Rightarrow f(t) = a_0 + \sum_{n=1}^{\infty} A_n \cos(nw_0 t - \phi_n),$$ we need to find A_n and ϕ_n for

$n = 1, 2, 3, \cdots$

By applying Eq 6.11 and 6.12, we get:

$$n=1 \Rightarrow \begin{cases} A_1 = \sqrt{a_1^2 + b_1^2} = \sqrt{\left(\dfrac{1}{\pi}\right)^2 + \left(\dfrac{1}{\pi}\right)^2} = 0.4502 \\[4mm] \phi_1 = \tan^{-1}\left(\dfrac{b_1}{a_1}\right) = \tan^{-1}\left(\dfrac{\frac{1}{\pi}}{\frac{1}{\pi}}\right) = 45° = 0.785 \text{ rad} \end{cases}$$

$$n=2 \Rightarrow \begin{cases} A_2 = \sqrt{(0)^2 + \left(\dfrac{1}{\pi}\right)^2} = \dfrac{1}{\pi} \text{ or } 0.3183 \\[4mm] \phi_2 = \tan^{-1}\left(\dfrac{\frac{1}{\pi}}{0}\right) = 90° = 1.5708 \text{ rad} \end{cases}$$

$$n=3 \Rightarrow \begin{cases} A_3 = \sqrt{\left(-\dfrac{1}{3\pi}\right)^2 + \left(\dfrac{1}{3\pi}\right)^2} = 0.15 \\[2ex] \phi_3 = \tan^{-1}\left(\dfrac{\dfrac{1}{3\pi}}{-\dfrac{1}{3\pi}}\right) = -45° = -0.7854 \text{ or } 2.356 \text{ rad} \end{cases}$$

$$n = 4 \Rightarrow \begin{cases} A_4 = \sqrt{(0)^2 + (0)^2} = 0 \\[2ex] \phi_4 = \tan^{-1}\left(\dfrac{0}{0}\right) = 0° = 0 \text{ rad} \end{cases}$$

$$n=5 \Rightarrow \begin{cases} A_5 = \sqrt{\left(\dfrac{1}{5\pi}\right)^2 + \left(\dfrac{1}{5\pi}\right)^2} = 0.09 \\[2ex] \phi_5 = \tan^{-1}\left(\dfrac{\dfrac{1}{5\pi}}{\dfrac{1}{5\pi}}\right) = 45° = 0.7854 \text{ rad} \end{cases}$$

Hence, the magnitude angle form of the periodic function $f(t)$ up to the fifth harmonics is:

$$f(t) = 0.25 + 0.4502\cos(t - 0.7854) + 0.3183\cos(2t - 1.5708)$$
$$+ 0.15\cos(3t - 2.356) + 0.09\cos(5t - 0.7854) + \cdots$$

since $w_0 = 1$ and ϕ_n is commonly denoted in radian 弧度.

The frequency spectrum for the above function is:

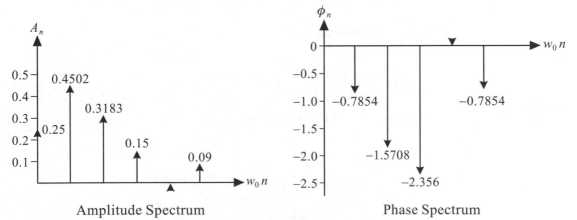

Amplitude Spectrum   Phase Spectrum

Figure 6.31   The frequency spectrum

Example (23): Given the periodic function $f(t)$:

$$f(t) = \begin{cases} 0 & for & -\pi \le t < 0 \\ t & for & 0 \le t < \pi \end{cases}$$

Determine (i) Fourier series, (ii) the Fourier magnitude angle form and (iii) the frequency spectrum plot of the function up to the sixth harmonics.

Solution:

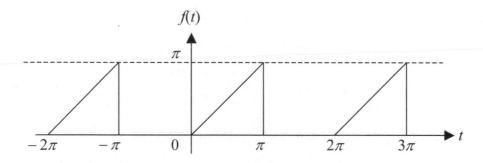

Figure 6.32   Periodic function with period = 2π

The Function has period $T = 2\pi$, $\therefore w_0 = \dfrac{2\pi}{T} = \dfrac{2\pi}{2\pi} = 1$, therefore:

$$a_0 = \frac{1}{T}\int_k^{k+t} f(t)\, dt = \frac{1}{2\pi}\int_0^{\pi} t\, dt$$

$$= \frac{1}{2\pi}\left[\frac{t^2}{2}\right]_0^{\pi} = \frac{1}{4\pi}\left[(\pi)^2 - (0)^2\right] = \frac{\pi}{4}$$

$$a_n = \frac{2}{T}\int_k^{k+t} f(t)\cos nw_0 t\, dt$$

$$= \frac{2}{2\pi}\int_0^{\pi} t\cos n(1)t\, dt = \frac{1}{\pi}\int_0^{\pi} t\cos nt\, dt$$

=> apply integral by parts, we get:

$$= \frac{1}{\pi}\left\{ t\cdot\underbrace{\int\cos nt\, dt}_{\frac{1}{n}\sin nt} - \int\left[\underbrace{\int\cos nt\, dt}_{\frac{1}{n}\sin nt}\cdot\frac{d}{dt}(t)\right]dt \right\}_0^{\pi}$$

$$= \frac{1}{n\pi} \left[(t\sin nt) - \underbrace{\int \sin nt \, dt}_{-\frac{1}{n}\cos nt} \right]_0^\pi$$

$$= \frac{1}{n\pi} \left[t\sin nt + \frac{1}{n}\cos nt \right]_0^\pi$$

$$= \frac{1}{n\pi} \left[\left((\pi)\underbrace{\sin n(\pi)}_{0} + \frac{1}{n}\cos n(\pi) \right) - \left((0)\underbrace{\sin n(0)}_{0} + \frac{1}{n}\underbrace{\cos n(0)}_{1} \right) \right]$$

$$= \frac{1}{n\pi} \left[\frac{1}{n}\cos n(\pi) - \frac{1}{n} \right] = \frac{1}{n^2 \pi}(\cos n\pi - 1)$$

$$= \frac{1}{n^2 \pi} \left[(-1)^n - 1 \right] \quad \text{for } n = 1, 2, \ 3, \cdots$$

$$b_n = \frac{2}{T} \int_k^{k+T} f(t)\sin nw_0 t \, dt$$

$$= \frac{2}{2\pi} \int_0^\pi t\sin n(1)t \, dt = \frac{1}{\pi} \int_0^\pi t\sin nt \, dt$$

=> apply integral by parts, we get:

$$= \frac{1}{\pi} \left\{ t \cdot \underbrace{\int \sin nt \, dt}_{-\frac{1}{n}\cos nt} - \int \left[\underbrace{\int \sin nt \, dt}_{-\frac{1}{n}\cos nt} \cdot \frac{d}{dt}(t) \right] dt \right\}_0^\pi$$

$$= -\frac{1}{n\pi} \left[(t\cos nt) - \underbrace{\int \cos nt \, dt}_{\frac{1}{n}\sin nt} \right]_0^\pi$$

$$= -\frac{1}{n\pi} \left[t\cos nt - \frac{1}{n}\sin nt \right]_0^\pi$$

$$= -\frac{1}{n\pi}\left[\left((\pi)\cos n(\pi) - \frac{1}{n}\underbrace{\sin n(\pi)}_{0}\right) - \left((0)\cos n(0) - \frac{1}{n}\underbrace{\sin n(0)}_{0}\right)\right]$$

$$= -\frac{1}{n\pi}(\pi\cos n\pi) = -\frac{1}{n}\cos n\pi$$

$$= -\frac{(-1)^n}{n} \quad \text{for } n = 1, 2, 3, \cdots$$

hence

$$n = 1 \Rightarrow \begin{cases} a_1 = \dfrac{1}{(1)^2\,\pi}\left[(-1)^1 - 1\right] = -\dfrac{2}{\pi} \\ b_1 = -\dfrac{(-1)^1}{1} = 1 \end{cases}$$

$$n = 2 \Rightarrow \begin{cases} a_2 = \dfrac{1}{(2)^2\,\pi}\left[(-1)^2 - 1\right] = 0 \\ b_2 = -\dfrac{(-1)^2}{2} = -\dfrac{1}{2} \end{cases}$$

$$n = 3 \Rightarrow \begin{cases} a_3 = \dfrac{1}{(3)^2\,\pi}\left[(-1)^3 - 1\right] = -\dfrac{2}{9\pi} \\ b_3 = -\dfrac{(-1)^3}{3} = \dfrac{1}{3} \end{cases}$$

$$n = 4 \Rightarrow \begin{cases} a_4 = \dfrac{1}{(4)^2\,\pi}\left[(-1)^4 - 1\right] = 0 \\ b_4 = -\dfrac{(-1)^4}{4} = -\dfrac{1}{4} \end{cases}$$

$$n = 5 \Rightarrow \begin{cases} a_5 = \dfrac{1}{(5)^2\,\pi}\left[(-1)^5 - 1\right] = -\dfrac{2}{25\pi} \\ b_5 = -\dfrac{(-1)^5}{5} = \dfrac{1}{5} \end{cases}$$

$$n = 6 \Rightarrow \begin{cases} a_6 = \dfrac{1}{(6)^2 \pi} \left[(-1)^6 - 1 \right] = 0 \\ b_6 = -\dfrac{(-1)^6}{6} = -\dfrac{1}{6} \end{cases}$$

(i)   The Fourier series of $f(t)$ up to the sixth harmonics is:

$$\Rightarrow f(t) = \frac{\pi}{4} + \left(-\frac{2}{\pi} \cos t + \sin t \right) - \frac{1}{2} \sin(2t) + \left(-\frac{2}{9\pi} \cos 3t + \frac{1}{3} \sin 3t \right)$$

$$- \frac{1}{4} \sin(4t) + \left(-\frac{2}{25\pi} \cos 5t + \frac{1}{5} \sin 5t \right) - \frac{1}{6} \sin(6t) + \cdots$$

To determine the magnitude angle form

$\Rightarrow f(t) = a_0 + \displaystyle\sum_{n=1}^{\infty} A_n \cos(nw_0 t - \phi_n)$, we need to find A_n and ϕ_n for

$n = 1, 2, \ 3, \cdots$

Therefore,

$$n = 1 \Rightarrow \begin{cases} A_1 = \sqrt{\left(-\dfrac{2}{\pi} \right)^2 + (1)^2} = 1.1854 \\ \\ \phi_1 = \tan^{-1} \left(\dfrac{1}{-\dfrac{2}{\pi}} \right) = -57.52° = -1.0039 \text{ rad} \end{cases}$$

$$n = 2 \Rightarrow \begin{cases} A_2 = \sqrt{(0)^2 + \left(-\dfrac{1}{2} \right)^2} = \dfrac{1}{2} \text{ or } 0.5 \\ \\ \phi_2 = \tan^{-1} \left(\dfrac{-\dfrac{1}{2}}{0} \right) = -90° = -1.5708 \text{ rad} \end{cases}$$

$$n = 3 \Rightarrow \begin{cases} A_3 = \sqrt{\left(-\dfrac{2}{9\pi} \right)^2 + \left(\dfrac{1}{3} \right)^2} = 0.3408 \\ \\ \phi_3 = \tan^{-1} \left(\dfrac{1/3}{-2/9\pi} \right) = -78.02° = -1.3617 \text{ rad} \end{cases}$$

$$n = 4 \Rightarrow \begin{cases} A_4 = \sqrt{(0)^2 + \left(-\dfrac{1}{4}\right)^2} = \dfrac{1}{4} \text{ or } 0.25 \\ \\ \phi_4 = \tan^{-1}\left(\dfrac{-\frac{1}{4}}{0}\right) = -90° = -1.5708 \text{ rad} \end{cases}$$

$$n = 5 \Rightarrow \begin{cases} A_5 = \sqrt{\left(-\dfrac{2}{25\pi}\right)^2 + \left(\dfrac{1}{5}\right)^2} = 0.2016 \\ \\ \phi_5 = \tan^{-1}\left(\dfrac{\frac{1}{5}}{-\frac{2}{25\pi}}\right) = -82.74° = -1.4441 \text{ rad} \end{cases}$$

$$n = 6 \Rightarrow \begin{cases} A_6 = \sqrt{(0)^2 + \left(-\dfrac{1}{6}\right)^2} = \dfrac{1}{6} \text{ or } 0.1667 \\ \\ \phi_6 = \tan^{-1}\left(\dfrac{-\frac{1}{6}}{0}\right) = -90° = -1.5708 \text{ rad} \end{cases}$$

(ii) Hence, the Fourier magnitude angle form of the periodic function $f(t)$ up to the sixth harmonics is:

$$f(t) = 0.7854 + 1.1854\cos(t + 1.0039) + 0.5\cos(2\,t + 1.5708)$$
$$+ 0.3408\cos(3t + 1.3617) + 0.25\cos(4t + 1.5708)$$
$$+ 0.2016\cos(5t + 1.4441) + 0.1667\cos(6t + 1.5708) + \cdots$$

since $w_0 = 1$ and ϕ_n is commonly denoted in radian 弧度.

(iii) The frequency spectrum for the above function is:

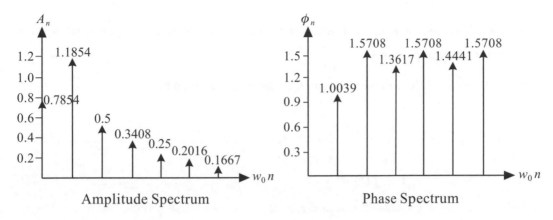

Figure 6.33   The frequency spectrum

6.5   Fourier Series Exponential Form
傅立葉級數之複數型式

In this form, the Fourier series can be expressed in an equivalent form in terms of the complex exponentials.

If $f(t)$ is a periodic function with period T, then the exponential form (or complex form) of the Fourier series is given by:

$$f(t) = C_0 + \sum_{n=-\infty, n\neq 0}^{\infty} C_n e^{jnw_0 t} \quad \text{... (6.13)}$$

where the complex Fourier coefficients C_n are given by :

$$C_n = \frac{1}{T} \int_k^{k+T} f(t)\, e^{-jnw_0 t} dt \quad \text{... (6.14)}$$

The advantage of the exponential form is that it represents the coefficient C_n as a single formula for all values of n (except when $n = 0$). This makes the exponential form more convenient for analytic purposes.

The absolute values of the complex Fourier Coefficients are given as:

(i) $\left| C_n \right| = \left| C_{-n} \right| = \dfrac{1}{2}\sqrt{a_n^2 + b_n^2}$, for $n = 1, 2, 3, \cdots$ .... (6.15a)

(ii) $\left| C_0 \right| = \left| a_0 \right| = \dfrac{1}{T}\displaystyle\int_k^{k+T} f(t)\, dt$ .... (6.15b)

Note that the complex amplitude spectrum of $f(t)$ is a plot of $\left| C_n \right|$ against frequency $w_0 n$.

Example (24): Find the complex Fourier series of the below function, follow by the complex Fourier coefficient and plot the amplitude spectrum.

$$f(t) = \begin{cases} 1 & for \quad 0 \le t < 1 \\ 0 & for \quad -1 \le t < 0 \end{cases}$$

$$f(t) = f(t+2)$$

Solution: The function has period $T = 2$, $\therefore\ w_0 = \dfrac{2\pi}{T} = \dfrac{2\pi}{2} = \pi$, therefore:

$$C_n = \dfrac{1}{T}\int_k^{k+T} f(t)\, e^{-jnw_0 t}\, dt \qquad for \quad n = \pm 1, \pm 2, \pm 3, \cdots$$

$$= \dfrac{1}{2}\int_0^1 1 \cdot e^{-jn\pi t}\, dt = \dfrac{1}{2}\left[\dfrac{1}{-jn\pi} \cdot e^{-jn\pi t} \right]_0^1$$

$$= -\dfrac{1}{j2n\pi}\left[e^{-jn\pi (1)} - \underbrace{e^{-jn\pi (0)}}_{1} \right]$$

$$= \dfrac{1}{j2n\pi}\left[1 - e^{-jn\pi} \right]$$

from Euler equation, since $e^{-j\theta} = \cos\theta - j\sin\theta$, we get:

$$C_n = \frac{1}{j2n\pi}\left[1-\left(\underbrace{\cos n\pi}_{(-1)^n}-j\underbrace{\sin n\pi}_{0}\right)\right]$$

$$= \frac{1}{j2n\pi}\left[1-(-1)^n\right]$$

Hence, $C_n = \begin{cases} 0 & for \quad n=\pm2,\pm4,\pm6,\cdots \\ \dfrac{1}{jn\pi} & for \quad n=\pm1,\pm3,\pm5,\cdots \end{cases}$

For $C_0=a_0=\dfrac{1}{T}\int_k^{k+T} f(t)\ dt=\dfrac{1}{2}\int_0^1 (1)\ dt=\dfrac{1}{2}$

Therefore, the complex Fourier series is of the form (see Eq 6.13):

$$f(t) = \frac{1}{2}+\sum_{n=-\infty,n\neq0}^{\infty}\frac{1}{j2n\pi}\left[1-(-1)^n\right]\cdot e^{jn\pi t}$$

If value of n is selected to be from $\Rightarrow n=-3\leq n\leq 3$, the exponential Fourier series of $f(t)$ will be given by:

$$f(t) = \cdots + C_{-3}e^{-j3w_0t}+C_{-2}e^{-j2w_0t}+C_{-1}e^{-jw_0t}$$
$$+C_0+C_1e^{jw_0t}+C_2e^{j2w_0t}+C_3e^{j3w_0t}+\cdots$$
$$= \cdots+\left(\frac{1}{-j3\pi}\right)e^{-j3\pi t}+0+\left(\frac{1}{-j\pi}\right)e^{-j\pi t}+$$
$$\frac{1}{2}+\left(\frac{1}{j\pi}\right)e^{j\pi t}+0+\left(\frac{1}{j3\pi}\right)e^{j3\pi t}+\cdots$$
$$= \cdots+\frac{j}{3\pi}e^{-j3\pi t}+\frac{j}{\pi}e^{-j\pi t}+\frac{1}{2}-\frac{j}{\pi}e^{j\pi t}-\frac{j}{3\pi}e^{j3\pi t}+\cdots$$

Therefore, the magnitudes of the complex coefficient are:

$$|C_n|=|C_{-n}|=\left|\frac{1}{n\pi}\right| \ ;for \ n=\pm1,\pm3,\pm5,\cdots and \qquad |C_0|=|a_0|=\frac{1}{2}$$

Therefore, the amplitude spectrum plot is:

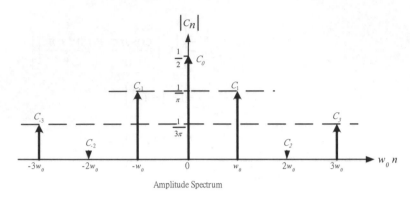

Amplitude Spectrum

Figure 6.34   The amplitude spectrum plot of complex coefficient

Example (25):   Find the exponential Fourier series of the below function and plot the amplitude spectrum.

$$f(t) = \begin{cases} 0 & for \quad -\pi \leq t < -\dfrac{\pi}{2} \\[2mm] 1 & for \quad -\dfrac{\pi}{2} \leq t < \dfrac{\pi}{2} \\[2mm] 0 & for \quad \dfrac{\pi}{2} \leq t < \pi \end{cases}$$

$$f(t) = f(t + 2\pi)$$

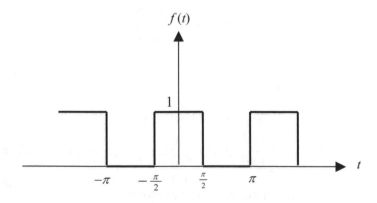

Figure 6.35   Periodic function with period = 2π

Solution: The function has period $T = 2\pi$, $\therefore w_0 = \dfrac{2\pi}{T} = \dfrac{2\pi}{2\pi} = 1$, therefore:

$$C_n = \frac{1}{T}\int_k^{k+T} f(t)\, e^{-jnw_0 t}\, dt \qquad \text{for}\quad n = \pm 1, \pm 2, \pm 3, \cdots$$

$$= \frac{1}{2\pi}\int_{-\frac{\pi}{2}}^{\frac{\pi}{2}} 1\cdot e^{-jn(1)\,t}\, dt = \frac{1}{2\pi}\left[\frac{1}{-jn}\cdot e^{-jn t}\right]_{-\frac{\pi}{2}}^{\frac{\pi}{2}}$$

$$= -\frac{1}{j2n\pi}\left[e^{-jn\left(\frac{\pi}{2}\right)} - e^{-jn\left(-\frac{\pi}{2}\right)}\right] = \frac{1}{n\pi}\underbrace{\left[\frac{e^{j\left(\frac{n\pi}{2}\right)} - e^{-j\left(\frac{n\pi}{2}\right)}}{2j}\right]}_{\sin\left(\frac{n\pi}{2}\right)}$$

$$= \frac{1}{n\pi}\sin\left(\frac{n\pi}{2}\right)$$

To determine the complex coefficient,

hence, $\quad C_n = \begin{cases} 0 & for \quad n = \pm 2, \pm 4, \pm 6, \cdots \\ \dfrac{1}{n\pi} & for \quad n = \pm 1, \pm 5, \pm 9, \cdots \\ -\dfrac{1}{n\pi} & for \quad n = \pm 3, \pm 7, \pm 11, \cdots \end{cases}$

and $\quad C_0 = a_0 = \dfrac{1}{T}\int_k^{k+T} f(t)\, dt = \dfrac{1}{2\pi}\int_{-\frac{\pi}{2}}^{\frac{\pi}{2}} (1)\, dt$

$$= \frac{1}{2\pi}\left[\left(\frac{\pi}{2}\right) - \left(-\frac{\pi}{2}\right)\right] = \frac{1}{2}$$

Therefore, the complex Fourier series is of the form:

$$f(t) = \frac{1}{2} + \sum_{n=-\infty, n\neq 0}^{\infty} \frac{1}{n\pi}\sin\left(\frac{n\pi}{2}\right)\cdot e^{jnt}$$

and the magnitudes of the complex coefficient are:

$$\therefore C_{\pm 1} = \frac{1}{\pi} = 0.3183, \quad C_{\pm 2} = 0, \quad C_{\pm 3} = -\frac{1}{3\pi} = -0.1061, \quad C_{\pm 4} = 0,$$

$$C_{\pm 5} = \frac{1}{5\pi} = 0.0637, \quad C_{\pm 6} = 0, \quad C_{\pm 7} = -\frac{1}{7\pi} = -0.0455, \quad C_{\pm 8} = 0$$

If value of n is $\Rightarrow n = -7 \leq n \leq 7$, the exponential Fourier series of $f(t)$ will be:

$$f(t) = \cdots C_{-7}e^{-j7w_0 t} + C_{-6}e^{-j6w_0 t} + C_{-5}e^{-j5w_0 t} + C_{-4}e^{-j4w_0 t} +$$

$$C_{-3}e^{-j3w_0 t} + C_{-2}e^{-j2w_0 t} + C_{-1}e^{-jw_0 t} + C_0 + C_1 e^{jw_0 t} + C_2 e^{j2w_0 t} +$$

$$C_3 e^{j3w_0 t} + C_4 e^{j4w_0 t} + C_5 e^{j5w_0 t} + C_6 e^{j6w_0 t} + C_7 e^{j7w_0 t} + \cdots$$

$$= \cdots -\left(\frac{1}{7\pi}\right)e^{-j7t} + 0 + \left(\frac{1}{5\pi}\right)e^{-j5t} + 0 - \left(\frac{1}{3\pi}\right)e^{-j3t} + 0 +$$

$$\left(\frac{1}{\pi}\right)e^{-jt} + \frac{1}{2} + \left(\frac{1}{\pi}\right)e^{jt} + 0 - \left(\frac{1}{3\pi}\right)e^{j3t} + 0 + \left(\frac{1}{5\pi}\right)e^{j5t} +$$

$$0 - \left(\frac{1}{7\pi}\right)e^{j7t} + \cdots$$

$$= \cdots -\frac{e^{-j7t}}{7\pi} + \frac{e^{-j5t}}{5\pi} - \frac{e^{-j3t}}{3\pi} + \frac{e^{-jt}}{\pi} + \frac{1}{2} + \frac{e^{jt}}{\pi} -$$

$$\frac{e^{j3t}}{3\pi} + \frac{e^{j5t}}{5\pi} - \frac{e^{j7t}}{7\pi} + \cdots$$

Therefore, the amplitude spectrum plot is:

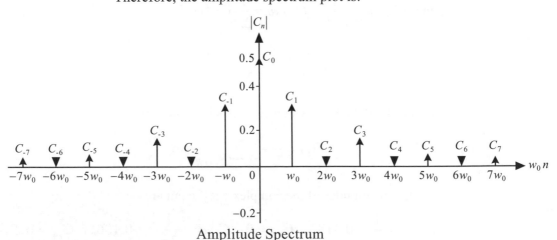

Amplitude Spectrum

Figure 6.36   The amplitude spectrum plot

習 題

Section 6.1   Periodic Functions

(1) State the amplitude and period of the following periodic functions.

(a) $f(t) = 3\sin x$ Ans: $3, 2\pi$ (e) $f(t) = 3\cos x$ Ans: $3, 2\pi$

(b) $f(t) = 4\cos 5x$ Ans: $4, \frac{2\pi}{5}$ (f) $f(t) = \pi \sin x$ Ans: $\pi, 2\pi$

(c) $f(t) = 2\sin \dfrac{x}{2}$ Ans: $2, 4\pi$ (g) $f(t) = 1.1\cos\sqrt{2}x$ Ans: $1.1, \ \sqrt{2}\,\pi$

(d) $f(t) = 5\sin 2x$ Ans: $5, \pi$ (h) $f(t) = e^2 \sin\sqrt{\dfrac{2}{9}}x$ Ans: $e^2, \ \sqrt{18}\,\pi$

(2) Define the periodic function from the given graphs as shown:

(a)

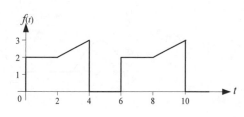

Ans: $f(t)\begin{cases} 2 & for\quad 0 \le t < 2 \\ \dfrac{1}{2}t+1 & for\quad 2 \le t < 4 \\ 0 & for\quad 0 \le t < 6 \end{cases}$

$f(t) = f(t+6)$

(b)

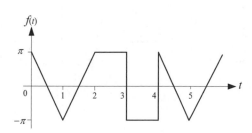

Ans: $f(t)\begin{cases} -2\pi t + \pi & for\quad 0 \le t < 1 \\ 2\pi t - 3\pi & for\quad 1 \le t < 1 \\ \pi & for\quad 2 \le t < 3 \\ -\pi & for\quad 3 \le t < 4 \end{cases}$

$f(t) = f(t+4)$

(c)

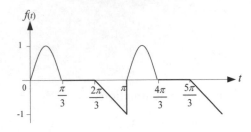

Ans: $f(t)\begin{cases} \sin 3t & for & 0 \le t < \dfrac{\pi}{3} \\ 0 & for & \dfrac{\pi}{3} \le t < \dfrac{2\pi}{3} \\ -\dfrac{3}{\pi}t+2 & for & \dfrac{2\pi}{3} \le t < \pi \end{cases}$

$$f(t) = f(t+\pi)$$

(d)

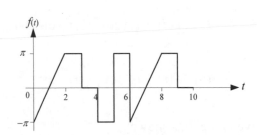

Ans: $f(t)\begin{cases} \pi t - \pi & for & 0 \le t < 2 \\ \pi & for & 2 \le t < 3 \\ 0 & for & 3 \le t < 4 \\ -\pi & for & 4 \le t < 5 \\ \pi & for & 5 \le t < 6 \end{cases}$

$$f(t) = f(t+6)$$

(3) Sketch the graph of the given function:

(a) $f(t) = \begin{cases} 3\sin t & for & 0 \le t < \pi \\ 0 & for & \pi \le t < 2\pi \end{cases}$

$$f(t) = f(t+2\pi)$$

Ans:

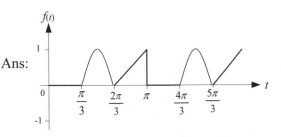

(b) $f(t) = \begin{cases} 0 & for & 0 \le t < \dfrac{\pi}{3} \\ \sin 3t & for & \dfrac{\pi}{3} \le t < \dfrac{2\pi}{3} \\ \dfrac{3}{\pi}t - 2 & for & \dfrac{2\pi}{3} \le t < \pi \end{cases}$ Ans:

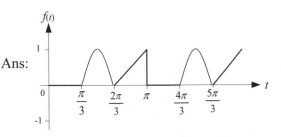

$$f(t) = f(t+\pi)$$

(c) $f(t) = \begin{cases} \dfrac{x^2}{3} & for \quad 0 \le t < 3 \\ 0 & for \quad 3 \le t < 6 \\ -3 & for \quad 6 \le t < 9 \end{cases}$ Ans:

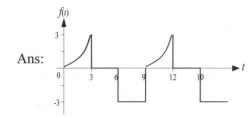

$f(t) = f(t+9)$

(4) State each of the following function whether if each function $f(t)$ can be represent by a Fourier series. The function $f(t)$ has a period of 2π.

(a) $f(t) = t^5$ Ans: Yes

(b) $f(t) = \dfrac{2}{t-3}$ Ans: Yes

(c) $f(t) = \tan t$ Ans: No, infinite discontinuity at $t = \dfrac{\pi}{2}$

(d) $f(t) = \dfrac{5}{t}$ Ans: No, infinite discontinuity at $t = 0$

(e) $f(t) = t+3$ Ans: Yes

(5) From the below graphs, state that whether each of the function is odd, even, or neither.

(a)

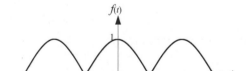

Ans: even function

(b)

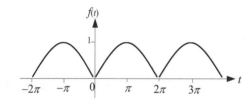

Ans: even function

(c)

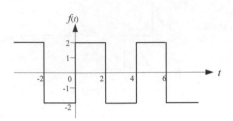

Ans: odd function

(d)

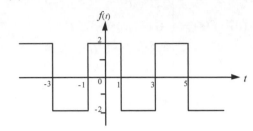

Ans: even Function

(e)

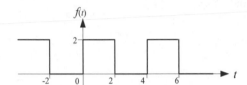

Ans: neither

(f)

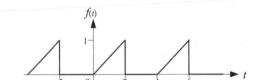

Ans: neither

(g)

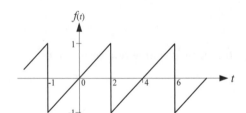

Ans: odd function

(h)

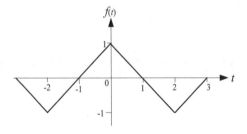

Ans: even function

(6) From the following product, determine if the function is odd, even or neither.

(a) $x \sin x$

Ans: odd $\times$ odd = even

(b) $x \cos x$

Ans: odd $\times$ even = odd

(c) $x^2 \sin x$

Ans: even $\times$ odd = odd

(d) $x^2 \cos x$

Ans: even $\times$ even = even

(e) $\cos x \cos 2x$

Ans: even $\times$ even = even

(f) $\cos x \sin x$

Ans: even $\times$ odd = odd

(g) $x^3 \cos x$

Ans: odd $\times$ even = odd

(h) $x^3 \sin x$

Ans: odd $\times$ odd = even

(i) $(5x - 1)\cos x$

Ans: neither $\times$ even = neither

(j) $e^x \sin x$

Ans: neither $\times$ odd = neither

(k) $x^2 \sin^2 x$

Ans: even $\times$ even = even

(l) $e^{-x} \cos x$

Ans: neither $\times$ even = neither

Section 6.2　Fourier Series Coefficient

(7) For the following functions, sketch the graph and determine their corresponding Fourier series up to the fifth harmonics using properties of even or odd functions wherever applicable.

(a) $f(t) = t \quad for \quad -\pi \le t < \pi$
$f(t) = f(t + 2\pi)$

Ans: $f(t) = 2\sin t - \sin 2t + \dfrac{2}{3}\sin 3t - \dfrac{1}{2}\sin 4t + \dfrac{2}{5}\sin 5t + \cdots$

(b) $f(t) = \dfrac{1}{2}t \quad for \quad 0 \le t < 2\pi$
$f(t) = f(t + 2\pi)$

Ans: $f(t) = \dfrac{\pi}{2} - \left[\sin t + \dfrac{1}{2}\sin 2t + \dfrac{1}{3}\sin 3t + \dfrac{1}{4}\sin 4t + \dfrac{1}{5}\sin 5t + \cdots\right]$

(c) $f(t) = t^2 \quad for \quad -1 \le t < 1$
$f(t) = f(t + 2)$

Ans: $f(t) = \dfrac{1}{3} - \dfrac{1}{\pi^2}\left[4\cos \pi t - \cos 2\pi t + \dfrac{4}{9}\cos 3\pi t - \dfrac{1}{4}\cos 4\pi t + \dfrac{4}{25}\cos 5\pi t + \cdots\right]$

(d) $f(t) = t\pi^2 - t^3$ $\quad for \quad -\pi \le t < \pi$

$\quad f(t) = f(t + 2\pi)$

Ans: $f(t) = 12\left[\sin t - \dfrac{1}{2^3}\sin 2t + \dfrac{1}{3^3}\sin 3t - \dfrac{1}{4^3}\sin 4t + \dfrac{1}{5^3}\sin 5t + \cdots\right]$

(e) $f(t) = \begin{cases} 1 & for \quad 0 \le t < \pi \\ 0 & for \quad \pi \le t < 2\pi \end{cases}$

$\quad f(t) = f(t + 2\pi)$

Ans: $f(t) = \dfrac{1}{2} + \dfrac{2}{\pi}\left[\sin t + \dfrac{1}{3}\sin 3t + \dfrac{1}{5}\sin 5t + \cdots\right]$

(f) $f(t) = \begin{cases} t & for \quad 0 \le t < 1 \\ -t & for \quad -1 \le t < 0 \end{cases}$

$\quad f(t) = f(t + 2)$

Ans: $f(t) = \dfrac{1}{2} - \dfrac{4}{\pi^2}\left[\cos \pi\, t + \dfrac{1}{9}\cos 3\pi t + \dfrac{1}{25}\cos 5\pi t + \cdots\right]$

(g) $f(t) = \begin{cases} q & for \quad 0 \le t < \pi \\ -q & for \quad -\pi \le t < 0 \end{cases}$

$\quad f(t) = f(t + 2\pi)$

Ans: $f(t) = \dfrac{4q}{\pi}\left[\sin t + \dfrac{1}{3}\sin 3t + \dfrac{1}{5}\sin 5t + \cdots\right]$

(h) $f(t) = \begin{cases} -t & for \quad -\pi \le t < 0 \\ t & for \quad 0 \le t < \pi \end{cases}$

$\quad f(t) = f(t + 2\pi)$

Ans: $f(t) = \dfrac{\pi}{2} - \dfrac{4}{\pi}\left[\cos\, t + \dfrac{1}{9}\cos 3t + \dfrac{1}{25}\cos 5t + \cdots\right]$

(i) $f(t) = \begin{cases} 0 & for \quad -2 \le t < -1 \\ 2 & for \quad -1 \le t < 1 \\ 0 & for \quad 1 \le t < 2 \end{cases}$

$\quad f(t) = f(t + 4)$

Ans: $f(t) = 1 + \dfrac{4}{\pi}\left[\cos\dfrac{\pi}{2}t - \dfrac{1}{3}\cos\dfrac{3\pi}{2}t + \dfrac{1}{5}\cos\dfrac{5\pi}{2}t + \cdots\right]$

(j) $f(t) = \begin{cases} 2 & for & 0 \le t < 1 \\ 1 & for & 1 \le t < 2 \\ 0 & for & 2 \le t < 3 \end{cases}$ Note*   the waveform is even

$f(t) = f(t+6)$

Ans: $f(t) = 1 + \dfrac{2\sqrt{3}}{\pi}\left[\cos\dfrac{\pi}{3}t - \dfrac{1}{5}\cos\dfrac{5\pi}{3}t + \cdots\right]$

Section 6.3   Fourier Series Functions

(8) For the following periodic functions, sketch the graph and define their corresponding Fourier series.

(a) $f(t) = t^2$ for $0 \le t < 2\pi$

$f(t) = f(t + 2\pi)$

Ans: $f(t) = \dfrac{4\pi^2}{3} + \displaystyle\sum_{n=1}^{\infty}\left[\dfrac{4}{n^2}\cos nt - \dfrac{4\pi}{n}\sin nt\right]$

(b) $f(t) = \begin{cases} 3t & for & 0 \le t < 1 \\ 3 & for & 1 \le t < 2 \end{cases}$

$f(t) = f(t+2)$

Ans: $f(t) = \dfrac{9}{4} + \displaystyle\sum_{n=1}^{\infty}\left\{\dfrac{3}{(n\pi)^2}\left[(-1)^n - 1\right]\cos n\pi\, t - \dfrac{3}{n\pi}\sin n\pi\, t\right\}$

(c) $f(t) = \begin{cases} t & for & 0 \le t < \pi \\ 1 & for & \pi \le t < 2\pi \end{cases}$

$f(t) = f(t + 2\pi)$

Ans: $f(t) = \left(\dfrac{\pi}{4} + \dfrac{1}{2}\right) + \displaystyle\sum_{n=1}^{\infty}\left\{\dfrac{1}{n^2\pi}\left[(-1)^n - 1\right]\right\}\cos nt - \sum_{n=1}^{\infty}\left\{\dfrac{(-1)^n}{n} + \dfrac{1}{n\pi}\left[1 - (-1)^n\right]\right\}\sin nt$

(d) $f(t) = \begin{cases} 0 & for \quad -\pi \le t < 0 \\ -1 & for \quad 0 \le t < \dfrac{\pi}{2} \\ 1 & for \quad \dfrac{\pi}{2} \le t < \pi \end{cases}$

$f(t) = f(t + 2\pi)$

Ans: $f(t) = \sum\limits_{n=1}^{\infty} \left\{ \dfrac{-2}{n\pi} \left[\sin\left(\dfrac{n\pi}{2}\right) \right] \cos n\, t + \dfrac{1}{n\pi} \left[2\cos\left(\dfrac{n\pi}{2}\right) - (-1)^n - 1 \right] \sin n\, t \right\}$

(9) For the Odd + Constant periodic function, as shown in Example (10), define its corresponding Fourier series.

Ans: $f(t) = 3 + \sum\limits_{n=1}^{\infty} \dfrac{2}{n\pi} \left[1 - (-1)^n \right] \sin n\pi\, t$

(10) For the Odd + Constant periodic function as shown below, determine its Fourier series up to the 6th harmonics.

(a) $f(t) = t + 3 \quad for \quad -1 \le t < 1$
$f(t) = f(t + 2)$

Ans: $f(t) = 3 + \dfrac{1}{\pi}\left[2\sin\pi\, t - \sin 2\pi\, t + \dfrac{2}{3}\sin 3\pi\, t - \dfrac{1}{2}\sin 4\pi\, t + \dfrac{2}{5}\sin 5\pi\, t - \dfrac{1}{3}\sin 6\pi\, t + \cdots \right]$

(b) $f(t) = t + \pi \quad for \quad -\pi \le t < \pi$
$f(t) = f(t + 2\pi)$

Ans: $f(t) = \pi + 2\sin t - \sin 2t + \dfrac{2}{3}\sin 3t - \dfrac{1}{2}\sin 4t + \dfrac{2}{5}\sin 5t - \dfrac{1}{3}\sin 6t + \cdots$

(11) Proof that for a half-wave symmetry function as shown in Eq. (6.8), the Fourier series is

$f(t) = \sum\limits_{n=odd}^{\infty} (a_n \cos nw_0 t + b_n \sin nw_0 t)$ whereby $a_0 = 0$, $a_n = b_n = 0$ for n is even number

(12) For the half-wave symmetry periodic function as shown in Figure 6.15, determine its Fourier series up to the 7th harmonics.

Ans: $f(t) = -\dfrac{8}{\pi^2}\left[\cos\left(\dfrac{\pi}{2}\right)t + \dfrac{1}{3^2}\cos\left(\dfrac{3\pi}{2}\right)t + \dfrac{1}{5^2}\cos\left(\dfrac{5\pi}{2}\right)t + \dfrac{1}{7^2}\cos\left(\dfrac{7\pi}{2}\right)t + \cdots\right]$

$$+ \dfrac{1}{\pi^2}\left[(8+4\pi)\sin\left(\dfrac{\pi}{2}\right)t + \dfrac{(12\pi-8)}{3^2}\sin\left(\dfrac{3\pi}{2}\right)t + \dfrac{(20\pi+8)}{5^2}\sin\left(\dfrac{5\pi}{2}\right)t\right.$$

$$\left.+ \dfrac{(28\pi-8)}{7^2}\sin\left(\dfrac{7\pi}{2}\right)t + \cdots\right]$$

Section 6.4　Fourier Series Magnitude Phase Angle Form

(13) For the following periodic function, define its Fourier magnitude angle form and plot the frequency spectrum up to the fifth harmonics.

(a)　$f(t) = t \quad for \quad 0 \le t < 1$

　　$f(t) = f(t+1)$

Ans: $f(t) = \dfrac{1}{2} + \dfrac{1}{\pi}\cos(2\pi\ t + 1.5708) + \dfrac{1}{2\pi}\cos(4\pi\ t + 1.5708)$

$$+ \dfrac{1}{3\pi}\cos(6\pi\ t + 1.5708) + \dfrac{1}{4\pi}\cos(8\pi\ t + 1.5708)$$

$$+ \dfrac{1}{5\pi}\cos(10\pi\ t + 1.5708) + \cdots$$

(b)　$f(t) = \begin{cases} 1 & for \quad 0 \le t < 1 \\ 0 & for \quad 1 \le t < 2 \end{cases}$

　　$f(t) = f(t+2)$

Ans: $f(t) = \dfrac{1}{2} + \dfrac{2}{\pi}\left[\cos(\pi\ t - 1.5708) + \dfrac{1}{3}\cos(3\pi\ t - 1.5708) + \dfrac{1}{5}\cos(5\pi\ t - 1.5708)\right]$

(c)　$f(t) = \begin{cases} q & for \quad 0 \le t < \dfrac{T}{4} \\ \\ 0 & for \quad \dfrac{T}{4} \le t < T \end{cases}$

　　$f(t) = f(t+T)$

Ans: $f(t) = 0.25q + 0.4502q \cos(w_0 t - 0.7854) + 0.3183q \cos(2w_0 t - 1.5708)$
$\qquad + 0.15q \cos(3w_0 t - 2.3562) + 0.09q \cos(5w_0 t - 0.7854) + \cdots$

(14) Making use of the Fourier series obtained from Questions 8(a) to (d), define their Fourier magnitude angle form up to the fourth harmonics and plot the frequency spectrum for each of it.

Ans: (a) $f(t) = 13.16 + 13.1876 \cos(t + 1.2626) + 6.3623 \cos(2t + 1.413)$
$\qquad + 4.2185 \cos(3t + 1.452) + 3.1515 \cos(4t + 1.4914) + \cdots$

Ans: (b) $f(t) = 2.25 + 1.132 \cos(\pi t - 1.0039) + 0.4775 \cos(2\pi t - 1.5708)$
$\qquad + 0.3254 \cos(3\pi t - 1.3617) + 0.2387 \cos(4\pi t - 1.5708) + \cdots$

Ans: (c) $f(t) = 1.2854 + 0.733 \cos(t + 0.5187) + 0.5 \cos(2t + 1.5708)$
$\qquad + 0.1403 \cos(3t + 1.0421) + 0.25 \cos(4t + 1.5708) + \cdots$

Ans: (d) $f(t) = 0.6366 \cos(t) + 0.6366 \cos(2t + 1.5708) + 0.2122 \cos(3t)$

Section 6.5   Fourier Series Exponential Form

(15) For the following functions, define the complex Fourier series of $f(t)$. If possible, determine its complex coefficient and plot the amplitude spectrum.

(a) $f(t) = t \quad for \quad 0 \le t < 2\pi$
$\qquad f(t) = f(t + 2\pi)$

Ans: $f(t) = \pi + \displaystyle\sum_{n=-\infty, n\neq 0}^{\infty} \frac{j}{n} e^{jnt}$

(b) $f(t) = t \quad for \quad -\pi \le t < \pi$
$\qquad f(t) = f(t + 2\pi)$

Ans: $f(t) = \displaystyle\sum_{n=-\infty}^{\infty} \frac{j(-1)^n}{n} e^{jnt}$; Note* $C_0 = 0$

(c) $f(t) = 2t \quad for \quad 0 \le t < 3$
$\qquad f(t) = f(t + 3)$

Ans: $f(t) = 3 + \displaystyle\sum_{n=-\infty, n\neq 0}^{\infty} \frac{j3}{n\pi} e^{\frac{j2n\pi t}{3}}$

(d) $f(t) = \begin{cases} 0 & for \quad -2 \le t < 0 \\ 2 & for \quad 0 \le t < 2 \end{cases}$
$\qquad f(t) = f(t + 4)$

Ans: $f(t) = 1 + \displaystyle\sum_{n=-\infty, n\neq 0}^{\infty} \frac{j}{n\pi} \left(e^{-jn\pi} - 1 \right) e^{\frac{jn\pi t}{2}}$

(e) $f(t) = \begin{cases} -1 & for \quad -2 \le t < 0 \\ 1 & for \quad 0 \le t < 2 \end{cases}$

$f(t) = f(t+4)$

Ans: $f(t) = \displaystyle\sum_{n=-\infty}^{\infty} \frac{1-(-1)^n}{jn\pi} e^{\frac{jn\pi t}{2}}$

(f) $f(t) = \begin{cases} t & for \quad 0 \le t < 1 \\ -t+2 & for \quad 1 \le t < 2 \end{cases}$

$f(t) = f(t+2)$

Ans: $f(t) = \dfrac{1}{2} - \dfrac{2}{\pi^2} \displaystyle\sum_{n=-\infty, n \ne 0}^{\infty} \frac{1}{n^2} e^{jn\pi t}$,

for n = odd

Chapter **7**

Fourier Analysis
傅立葉分析

Fourier Expansion
傅立葉展開

If a periodic function $f(t)$ with a period of 2π is define over the range $0 \le f(t) \le \pi$ instead of $-\pi \le f(t) \le \pi$ or $0 \le f(t) \le 2\pi$, therefore, there are choices to be make in order to obtain the Fourier Coefficient over a full period.

Take for example a non periodic function $f(t) = 2t$ that lies between $0 \le t \le \pi$. If a full period of this function is defined as 2π, we will have no ideal of how this function behaves between $-\pi \le t \le 0$ or $\pi \le t \le 2\pi$ as shown in Figure 7.0.

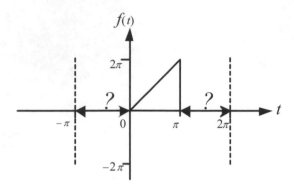

Figure 7.0   Graph of $f(t) = 2t$ over $0 \le t \le \pi$ with unknown in $-\pi \le t \le 0$ and $\pi \le t \le 2\pi$

Therefore, to determine the Fourier Coefficient of $f(t)$, we need to expand this non-periodic function to a full periodic function. Hence, three expansion series are introduced as follow:

(a)   Half-Range Cosine series Expansion 半幅餘弦展開

The above series expansion is an even function symmetrical about the y-axis and the series have only cosine terms.

If the period is given as $T = 2P$, therefore:

$$f(t) = \frac{a_0}{2} + \sum_{n=1}^{\infty} a_n \cos\left(\frac{n\pi}{P}\right)t \quad \text{.................................(7.1)}$$

$$\text{as} \quad a_0 = \frac{2}{P}\int_0^P f(t)\, dt \quad \text{.................................(7.2a)}$$

$$a_n = \frac{2}{P}\int_0^P f(t)\cos\left(\frac{n\pi}{P}\right)t\, dt \quad \text{.................................(7.2b)}$$

Note* $n = 1, 2, 3, \cdots$ and $b_n = 0$ (even function)

Therefore , if a function have period $T = 2\pi = 2P$, we get:

$$a_0 = \frac{2}{\pi}\int_0^\pi f(t)dt, \quad a_n = \frac{2}{\pi}\int_0^\pi f(t)\cos nt\, dt, \quad b_n = 0 \text{ (even function)}$$

The half-range cosine series expansion for Figure 7.0 will be:

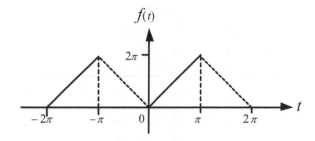

Figure 7.1   Half-range cosine series expansion of $f(t) = 2t$ over $0 \le t \le \pi$

(b)   Half-Range Sine Expansion   半幅正弦展開

The above series expansion is an odd function, symmetrical about the origin (*x*-axis) and the series have only sine terms.

If the period is given as $T = 2P$, therefore:

$$f(t) = \sum_{n=1}^{\infty} b_n \sin\left(\frac{n\pi}{P}\right)t \ \text{..} (7.3)$$

$$\text{as} \ \ b_n = \frac{2}{P}\int_0^P f(t)\sin\left(\frac{n\pi}{P}\right)t \ dt \ \text{....................................} (7.4)$$

Note* $n = 1, 2, 3, \cdots$ and $a_0 = a_n = 0$ (odd function)

Therefore , if a function have period $T = 2\pi = 2P$, we get:

$$b_n = \frac{2}{\pi}\int_0^\pi f(t)\sin nt \ dt$$

The half-range sine series expansion for Figure 7.0 will be:

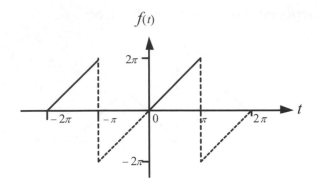

Figure 7.2   Half-range sine series expansion of $f(t) = 2t$ over $0 \leq t \leq \pi$

(c)   Full-Range Expansion 全幅展開

The above series expansion repeated the function $f(t)$ from $0 \leq t \leq P$ and it can have both cosine and sine terms.

If the period is given as $T = P$, therefore:

$$f(t) = \frac{a_0}{2} + \sum_{n=1}^{\infty} \left[a_n \cos\left(\frac{2n\pi}{P}\right)t + b_n \sin\left(\frac{2n\pi}{P}\right)t \right] \quad\text{.....................(7.5)}$$

$$\text{as } \quad a_0 = \frac{2}{P}\int_0^P f(t)\, dt \quad\text{.................................(7.6a)}$$

$$a_n = \frac{2}{P}\int_0^P f(t)\cos\left(\frac{2n\pi}{P}\right)t\, dt \quad\text{....................(7.6b)}$$

$$b_n = \frac{2}{P}\int_0^P f(t)\sin\left(\frac{2n\pi}{P}\right)t\, dt \quad\text{....................(7.6c)}$$

Note* $n = 1, 2, 3, \cdots$

Therefore , if a function $f(t)$ ranges from $0 \leq t \leq 2\pi$, period $T = 2\pi = P$ and we get:

$$a_0 = \frac{1}{\pi}\int_0^{2\pi} f(t)dt, \quad a_n = \frac{1}{\pi}\int_0^{2\pi} f(t)\cos nt\, dt, \quad b_n = \frac{1}{\pi}\int_0^{2\pi} f(t)\sin nt\, dt$$

or if a function $f(t)$ ranges from $0 \leq t \leq \pi$, period $T = \pi = P$ and we get:

$$a_0 = \frac{2}{\pi} \int_0^\pi f(t)dt, \quad a_n = \frac{2}{\pi} \int_0^\pi f(t)\cos 2nt \; dt, \quad b_n = \frac{2}{\pi} \int_0^\pi f(t)\sin 2nt \; dt$$

The full-range series expansion for Figure 7.0 will be:

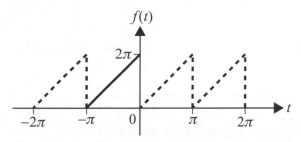

Figure 7.3   Full-range series expansion of $f(t) = 2t$ over $0 \le t \le \pi$

For both cases (a) and (b), we are making assumption 假設 on how the function behaves between $-\pi \le t \le 0$ or $\pi \le t \le 2\pi$, and the Fourier series result will therefore apply only to $f(t)$ between $0 \le t \le \pi$ for which it is defined. Hence such are called half-range series. As for full-range series, we assume the given function $f(t)$ over $0 \le t \le P$ to be of a full period and hence treated $f(t)$ as a periodic function.

Example (1):   A function $f(t)$ is defined as:

$$f(t) = t \quad for \quad 0 \le t < \pi$$

(a)   obtain a half-range cosine series to represent the function

(b)   obtain a half-range sine series to represent the function

(c)   obtain a full-range series to represent the function

Solution: (a)   After half-range cosine expansion, $f(t)=f(t+2\pi)$, period $= 2\pi=2P$

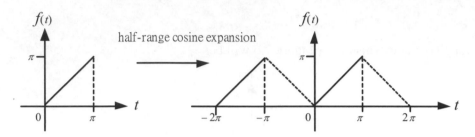

Figure 7.4   Half-range cosine series expansion of $f(t)=t$ over $0\le t\le \pi$

We need to expand $f(t)$ as in Eq. (7.1)

$$\Rightarrow f(t) = \frac{a_0}{2} + \sum_{n=1}^{\infty} a_n \cos\left(\frac{n\pi}{P}\right)t$$

Since period $=2\pi = 2P$, we get:

$$a_0 = \frac{2}{P}\int_0^P f(t)\, dt = \frac{2}{\pi}\int_0^\pi t\, dt$$

$$= \frac{2}{\pi}\left[\frac{t^2}{2}\right]_0^\pi = \frac{2}{\pi}\left[\frac{\pi^2}{2} - 0\right]$$

$$= \pi$$

$$a_n = \frac{2}{P}\int_0^P f(t)\cos\left(\frac{n\pi}{P}\right)t\, dt$$

$$= \frac{2}{\pi}\int_0^\pi f(t)\cos nt\, dt = \frac{2}{\pi}\int_0^\pi t\cos nt\, dt \; ;$$

apply integral by parts, we get:

$$= \frac{2}{\pi}\left\{\underbrace{\left[\frac{t\sin nt}{n}\right]_0^\pi}_{0} - \frac{1}{n}\int_0^\pi \sin nt\, dt\right\} = -\frac{2}{n\pi}\int_0^\pi \sin nt\, dt$$

$$= -\frac{2}{n^2\pi}\left[-\cos nt\right]_0^\pi = \frac{2}{n^2\pi}\left[\cos n(\pi) - \cos n(0)\right]$$

$$= \frac{2}{n^2\pi}\left[(-1)^n - 1\right]$$

Therefore, $a_n = \begin{cases} -\dfrac{4}{n^2\pi} & , n = 1, 3, 5, \cdots \text{(odd number)} \\ 0 & , n = 2, 4, 6, \cdots \text{(even number)} \end{cases}$

$b_n = 0$ since $f(t)$ is an even function

$$\therefore f(t) = \frac{a_0}{2} + \sum_{n=1}^{\infty} a_n \cos\left(\frac{n\pi}{P}\right)t = \frac{\pi}{2} - \frac{4}{\pi}\sum_{n=odd}^{\infty}\left[\frac{1}{n^2}\cos nt\right]$$

$$= \frac{\pi}{2} - \frac{4}{\pi}\left[\cos t + \frac{1}{9}\cos 3t + \frac{1}{25}\cos 5t + \cdots\right]$$

(b) After half-range sine expansion, $f(t) = f(t + 2\pi)$, period $= 2\pi = 2P$

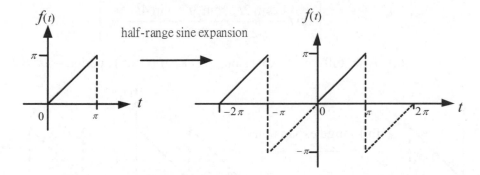

Figure 7.5   Half-range sine series expansion of $f(t) = t$ over $0 \le t \le \pi$

We need to expand $f(t)$ as in Eq. (7.3) $\Rightarrow f(t) = \sum_{n=1}^{\infty} b_n \sin\left(\frac{n\pi}{P}\right)t$

Since period $= 2\pi = 2P$, we get:

$$b_n = \frac{2}{P}\int_0^P f(t)\sin\left(\frac{n\pi}{P}\right)t \ dt$$

$$= \frac{2}{\pi}\int_0^\pi t\sin nt \ dt \quad ; \text{apply integral by parts, we get:}$$

$$= \frac{2}{\pi}\left\{\left[t\cdot\frac{-\cos nt}{n}\right]_0^\pi - \int_0^\pi\left[\frac{-\cos nt}{n}\right]dt\right\} = -\frac{2}{n\pi}\left[t\cos nt - \frac{\sin nt}{n}\right]_0^\pi$$

$$= -\frac{2}{n\pi}\left[t\cos nt\right]_0^\pi = -\frac{2}{n\pi}\left[(\pi)\cos n(\pi) - (0)\cos n(0)\right]$$

$$= \frac{-2(-1)^n}{n}$$

$$\text{Therefore, } b_n = \begin{cases} \dfrac{2}{n} & , n = 1, 3, 5, \cdots \text{(odd number)} \\ -\dfrac{2}{n} & , n = 2, 4, 6, \cdots \text{(even number)} \end{cases}$$

$$a_0 = a_n = 0 \quad \text{since } f(t) \text{ is an odd function}$$

$$\therefore f(t) = \sum_{n=1}^{\infty} b_n \sin\left(\frac{n\pi}{P}\right) t = 2 \sum_{n=1}^{\infty} \left[-\frac{(-1)^n}{n} \sin nt \right]$$

$$= 2 \left[\sin t - \frac{\sin 2t}{2} + \frac{\sin 3t}{3} - \frac{\sin 4t}{4} + \cdots \right]$$

(c) After full-range expansion, $f(t) = f(t + \pi)$, period $= \pi = P$

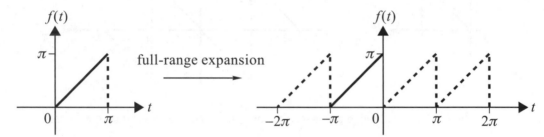

Figure 7.6   Full-range series expansion of $f(t) = t$ over $0 \le t \le \pi$

We need to expand $f(t)$ as in Eq. (7.5)

$$\Rightarrow f(t) = \frac{a_0}{2} + \sum_{n=1}^{\infty} \left[a_n \cos\left(\frac{2n\pi}{P}\right) t + b_n \sin\left(\frac{2n\pi}{P}\right) t \right]$$

Since period $= \pi = P$, we get:

$$a_0 = \frac{2}{P} \int_0^P f(t)\, dt = \frac{2}{\pi} \int_0^\pi t\, dt$$

$$= \frac{2}{\pi} \left[\frac{t^2}{2} \right]_0^\pi = \frac{2}{\pi} \left[\frac{(\pi)^2}{2} - 0 \right]$$

$$= \pi$$

$$a_n = \frac{2}{P}\int_0^P f(t)\cos\left(\frac{2n\pi}{P}\right)t\ dt$$

$$= \frac{2}{\pi}\int_0^\pi t\cos 2nt\ dt \quad \text{; apply integral by parts, we get:}$$

$$= -\frac{1}{n\pi}\left[\frac{-\cos 2nt}{2n}\right]_0^\pi = \frac{1}{2n^2\pi}\left[\cos 2n(\pi) - \cos 2n(0)\right]$$

$$= \frac{1}{2n^2\pi}\left[1-1\right] = 0$$

$$b_n = \frac{2}{P}\int_0^P f(t)\sin\left(\frac{2n\pi}{P}\right)t\ dt$$

$$= \frac{2}{\pi}\int_0^\pi t\sin 2nt\ dt \quad \text{; apply integral by parts, we get:}$$

$$= \frac{2}{\pi}\left\{\left[t\cdot\frac{-\cos 2nt}{2n}\right]_0^\pi - \int_0^\pi\left[\frac{-\cos 2nt}{2n}\right]dt\right\}$$

$$= -\frac{2}{2n\pi}\left[t\cos 2nt - \frac{\sin 2nt}{2n}\right]_0^\pi$$

$$= -\frac{1}{n\pi}\left\{\left[(\pi)\underbrace{\cos 2n(\pi)}_{1} - \underbrace{\frac{\sin 2n(\pi)}{2n}}_{0}\right] - \left[\underbrace{(0)\cos 2n(0) - \frac{\sin 2n(0)}{2n}}_{0}\right]\right\}$$

$$= -\frac{1}{n\pi}(\pi) = -\frac{1}{n}$$

since $a_n = 0$,

$$\therefore f(t) = \frac{a_0}{2} + \sum_{n=1}^\infty\left[a_n\cos\left(\frac{2n\pi}{P}\right)t + b_n\sin\left(\frac{2n\pi}{p}\right)t\right]$$

$$= \frac{\pi}{2} - \sum_{n=1}^\infty\left[\frac{1}{n}\sin 2nt\right]$$

$$= \frac{\pi}{2} - \left[\sin 2t + \frac{\sin 4t}{2} + \frac{\sin 6t}{3} + \frac{\sin 8t}{4} + \cdots\right]$$

Example (2): A function $f(t)$ is defined as:

$$f(t) = \begin{cases} 1 & for \quad 0 \le t < \dfrac{\pi}{2} \\ 0 & for \quad \dfrac{\pi}{2} \le t < \pi \end{cases}$$

(a) obtain a half-range cosine series to represent the function

(b) obtain a half-range sine series to represent the function

(c) obtain a full-range series to represent the function

Solution: (a) After half-range cosine expansion, $f(t) = f(t + 2\pi)$, period $= 2\pi = 2P$

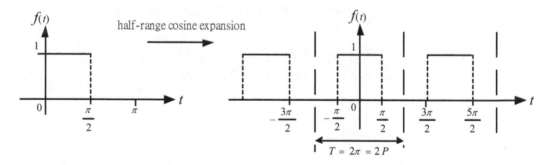

Figure 7.7 Half-range cosine series expansion of $f(t)$ over $0 \le t \le \pi$

We need to expand $f(t)$ as in Eq. (7.1)

$$\Rightarrow f(t) = \frac{a_0}{2} + \sum_{n=1}^{\infty} a_n \cos\left(\frac{n\pi}{P}\right) t$$

Since period $= 2\pi = 2P$, we get:

$$a_0 = \frac{2}{P} \int_0^P f(t)\, dt = \frac{2}{\pi} \int_0^\pi f(t)\, dt$$

$$= \frac{2}{\pi} \left[\int_0^{\frac{\pi}{2}} 1\, dt + \int_{\frac{\pi}{2}}^{\pi} 0\, dt \right] = \frac{2}{\pi} \left[t \right]_0^{\frac{\pi}{2}}$$

$$= \frac{2}{\pi} \left[\frac{\pi}{2} - 0 \right] = 1$$

$$a_n = \frac{2}{P}\int_0^P f(t)\cos\left(\frac{n\pi}{P}\right)t\ dt$$

$$= \frac{2}{\pi}\int_0^\pi f(t)\cos nt\ dt = \frac{2}{\pi}\int_0^{\frac{\pi}{2}} (1)\cdot\cos nt\ dt$$

$$= \frac{2}{\pi}\left[\frac{1}{n}\sin nt\right]_0^{\frac{\pi}{2}} = \frac{2}{n\pi}\left[\sin n\left(\frac{\pi}{2}\right) - \sin n(0)\right]$$

$$= \frac{2}{n\pi}\sin\left(\frac{n\pi}{2}\right)$$

$$\text{Therefore,}\quad a_n = \begin{cases} \dfrac{2}{n\pi} & ,n = 1,5,9,\cdots\text{(odd number)} \\[2mm] -\dfrac{2}{n\pi} & ,n = 3,7,11,\cdots\text{(odd number)} \\[2mm] 0 & ,n = 2,4,6,\cdots\text{(even number)} \end{cases}$$

$$b_n = 0 \text{ since } f(t) \text{ is an even function}$$

$$\therefore f(t) = \frac{a_0}{2} + \sum_{n=1}^{\infty} a_n \cos\left(\frac{n\pi}{P}\right)t = \frac{1}{2} + \frac{2}{\pi}\sum_{n=1}^{\infty}\left[\left(\frac{1}{n}\sin\frac{n\pi}{2}\right)\cos nt\right]$$

$$= \frac{1}{2} + \frac{2}{\pi}\left[\cos t - \frac{1}{3}\cos 3t + \frac{1}{5}\cos 5t - \frac{1}{7}\cos 7t + \cdots\right]$$

(b) After half-range sine expansion, $f(t) = f(t + 2\pi)$, period $= 2\pi = 2P$

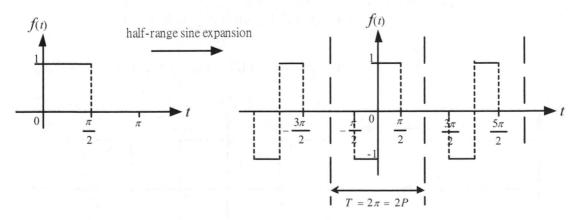

Figure 7.8   Half-range sine series expansion of $f(t)$ over $0 \le t \le \pi$

We need to expand $f(t)$ as in Eq. (7.3) $\Rightarrow f(t) = \sum_{n=1}^{\infty} b_n \sin\left(\frac{n\pi}{P}\right)t$

Since period $= 2\pi = 2P$, we get:

$$b_n = \frac{2}{P}\int_0^P f(t)\sin\left(\frac{n\pi}{P}\right)t \ dt$$

$$= \frac{2}{\pi}\int_0^{\frac{\pi}{2}}(1)\cdot\sin nt = \frac{2}{\pi}\left[-\frac{1}{n}\cos nt\right]_0^{\frac{\pi}{2}}$$

$$= -\frac{2}{n\pi}\left[\cos n\left(\frac{\pi}{2}\right) - \cos n(0)\right]$$

$$= \frac{2}{n\pi}\left[1 - \cos\frac{n\pi}{2}\right]$$

Therefore, $b_n = \begin{cases} \dfrac{2}{n\pi} & ,n = 1,3,5,\cdots \text{(odd number)} \\[2mm] \dfrac{4}{n\pi} & ,n = 2,6,10,\cdots \text{(even number)} \\[2mm] 0 & ,n = 4,8,12,\cdots \text{(even number)} \end{cases}$

$a_0 = a_n = 0$ since $f(t)$ is an odd function

$$\therefore f(t) = \sum_{n=1}^{\infty} b_n \sin\left(\frac{n\pi}{P}\right)t = \frac{2}{\pi}\sum_{n=1}^{\infty}\left\{\frac{1}{n}\left[1 - \cos\frac{n\pi}{2}\right]\sin nt\right\}$$

$$= \frac{2}{\pi}\left[\sin t + \sin 2t + \frac{1}{3}\sin 3t + \frac{1}{5}\sin 5t + \cdots\right]$$

(a) After full-range expansion, $f(t) = f(t + \pi)$, period $= \pi = P$

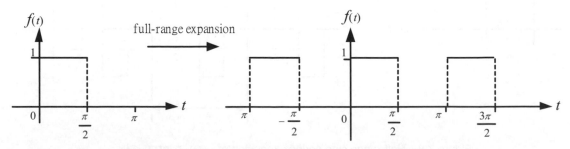

Figure 7.9 Full-range series expansion of $f(t)$ over $0 \le t \le \pi$

We need to expand $f(t)$ as in Eq. (7.5)

$$\Rightarrow f(t) = \frac{a_0}{2} + \sum_{n=1}^{\infty} \left[a_n \cos\left(\frac{2n\pi}{P}\right)t + b_n \sin\left(\frac{2n\pi}{P}\right)t \right]$$

Since period $= \pi = P$, we get:

$$a_0 = \frac{2}{P}\int_0^P f(t)\,dt = \frac{2}{\pi}\left[\int_0^{\frac{\pi}{2}} 1\,dt + \int_{\frac{\pi}{2}}^{\pi} 0\,dt\right]$$

$$= \frac{2}{\pi}\left[t\right]_0^{\frac{\pi}{2}} = \frac{2}{\pi}\left[\frac{\pi}{2} - 0\right]$$

$$= 1$$

$$a_n = \frac{2}{P}\int_0^P f(t)\cos\left(\frac{2n\pi}{p}\right)t\,dt$$

$$= \frac{2}{\pi}\int_0^{\frac{\pi}{2}} (1)\cos\left(\frac{2n\pi}{\pi}\right)t\,dt$$

$$= \frac{2}{\pi}\int_0^{\frac{\pi}{2}} \cos 2nt\,dt = \frac{2}{\pi}\left[\frac{1}{2n}\sin 2nt\right]_0^{\frac{\pi}{2}}$$

$$= \frac{1}{n\pi}\left[\sin 2n\left(\frac{\pi}{2}\right) - \sin 2n(0)\right] = 0$$

$$b_n = \frac{2}{P}\int_0^P f(t)\sin\left(\frac{2n\pi}{P}\right)t\,dt$$

$$= \frac{2}{\pi}\int_0^{\frac{\pi}{2}}(1)\sin 2nt\,dt = \frac{2}{\pi}\left[-\frac{1}{2n}\cos 2nt\right]_0^{\frac{\pi}{2}}$$

$$= -\frac{1}{n\pi}\left[\cos 2n\left(\frac{\pi}{2}\right) - \cos 2n(0)\right]$$

$$= -\frac{1}{n\pi}(\cos n\pi - 1) = \frac{1}{n\pi}\left[1 - (-1)^n\right]$$

Therefore, $b_n = \begin{cases} \dfrac{2}{n\pi} & , n = 1, 3, 5, \cdots \text{(odd number)} \\ 0 & , n = 2, 4, 6, \cdots \text{(even number)} \end{cases}$

since $a_n = 0$,

$$\therefore f(t) = \frac{a_0}{2} + \sum_{n=1}^{\infty} \left[a_n \cos\left(\frac{2n\pi}{P}\right)t + b_n \sin\left(\frac{2n\pi}{P}\right)t \right]$$

$$= \frac{1}{2} + \frac{1}{\pi} \sum_{n=1}^{\infty} \left\{ \frac{1}{n}\left[1 - (-1)^n\right] \sin 2nt \right\} = \frac{1}{2} + \frac{2}{\pi} \sum_{n=odd}^{\infty} \left\{ \frac{1}{n} \sin 2nt \right\}$$

$$= \frac{1}{2} + \frac{2}{\pi} \left[\sin 2t + \frac{1}{3}\sin 6t + \frac{1}{5}\sin 10t + \cdots \right]$$

7.2 Fourier Integral
傅立葉積分

From Section (6.5), if $f(t)$ is a periodic function with a period $-P \le t < P$, the exponential Fourier series can also be written as:

$$f(t) = \sum_{n=-\infty}^{\infty} C_n e^{jnw_0 t} \quad\text{...} (7.7)$$

where $\quad C_n = \frac{1}{2P} \int_{-P}^{P} f(t) e^{-jnw_0 t} dt \quad\text{..} (7.8)$

Therefore, we are able to represent it by the Fourier series between the periods. But if $f(t)$ is considered as a non-periodic function between $\infty < f(t) < -\infty$, it will be impossible to represent $f(t)$ by a Fourier series over a given period.

Hence, Fourier integral is introduced to form a Fourier representation in both sine and cosine terms. Three methods of Fourier integral are mentioned in this section:

7.2.1   Complex Fourier Integral 傅立葉複數積分

If we let $w_n = nw_0$, then $w_n = \frac{n\pi}{P}$ as $w_0 = \frac{\pi}{P}$

Hence, $\quad w_{n+1} - w_n = \frac{(n+1)\pi}{P} - \frac{n\pi}{P} = \frac{\pi}{P}$

$$\equiv \Delta w$$

Therefore, we get $\Rightarrow \dfrac{1}{p} = \dfrac{\Delta w}{\pi}$

If we change the function $f(t)$ from $t \to u$ at Eq. (7.8) and substitute it into Eq. (7.7), we get:

$$f(t) = \sum_{n=-\infty}^{\infty} \left[\frac{1}{2P} \int_{-P}^{P} f(u)e^{-jw_n u} \, du \right] e^{jw_n t}$$

$$= \sum_{n=-\infty}^{\infty} \frac{p}{\pi} \left[\frac{1}{2P} \int_{-P}^{P} f(u)e^{-jw_n u} \, du \right] e^{jw_n t} \underbrace{\frac{\pi}{P}}_{\Delta w}$$

$$= \sum_{n=-\infty}^{\infty} \frac{1}{2\pi} \left[\int_{-P}^{P} f(u)e^{-jw_n u} \, du \right] e^{jw_n t} \Delta w$$

If we let $\sum_{n=-\infty}^{\infty} \to \int_{-\infty}^{\infty}$ $\Delta w \to dw$, $w_n \to w$, $P \to \infty$, we get:

$$f(t) = \frac{1}{2\pi} \int_{-\infty}^{\infty} \left[\int_{-\infty}^{\infty} f(u)e^{-jwu} \, du \right] e^{jwt} dw$$

$$= \frac{1}{2\pi} \int_{-\infty}^{\infty} \left[\int_{-\infty}^{\infty} f(u)e^{-jw(u-t)} du \right] dw \quad \text{................................(7.9)}$$

If we let $F(w) = \int_{-\infty}^{\infty} f(u)e^{-jwu} du$, we get:

$$f(t) = \frac{1}{2\pi} \int_{-\infty}^{\infty} F(w)e^{jwt} dw \quad \text{..(7.10)}$$

The above is known as Complex Fourier Integral.

7.2.2　Fourier Trigonometric Integral 傅立葉三角積分

Applying Euler's Equation, Eq. (7.9) can be rewritten as:

$$f(t) = \frac{1}{2\pi} \int_{-\infty}^{\infty} \int_{-\infty}^{\infty} f(u) e^{-jw(u-t)} du \; dw$$

$$= \frac{1}{2\pi} \int_{-\infty}^{\infty} \int_{-\infty}^{\infty} f(u) \left[\cos w(u-t) - j \sin w(u-t) \right] du \; dw \dots\dots\dots\dots\dots (7.11)$$

Note* $e^{-jw(u-t)} = \cos w(u-t) - j \sin w(u-t)$

Since $\cos w(u-t)$ is an even function and $\sin w(u-t)$ is an odd function,

By taking the integral with respect to w,

$$\int_{-\infty}^{\infty} f(u) \cos w(u-t) \; dw = 2 \int_{0}^{\infty} f(u) \cos w(u-t) \; dw$$

$$\int_{-\infty}^{\infty} f(u) \sin w(u-t) \; dw = 0$$

By substituting the above back to Eq. (7.11), we get:

$$f(t) = \frac{1}{2\pi} \int_{-\infty}^{\infty} \left[2 \int_{0}^{\infty} f(u) \cos w(u-t) dw \right] du$$

$$= \frac{1}{\pi} \int_{0}^{\infty} \int_{-\infty}^{\infty} f(u) \left[\cos wu \cdot \cos wt + \sin wu \cdot \sin wt \right] du \; dw$$

$$= \int_{0}^{\infty} \left[\left(\frac{1}{\pi} \int_{-\infty}^{\infty} f(u) \cos wu \; du \right) \cos wt + \left(\frac{1}{\pi} \int_{-\infty}^{\infty} f(u) \sin wu \; du \right) \sin wt \right] dw$$

Therefore, the Fourier Trigonometric Integral is:

$$f(t) = \int_{0}^{\infty} \left[\left(\frac{1}{\pi} \int_{-\infty}^{\infty} f(u) \cos wu \; du \right) \cos wt + \left(\frac{1}{\pi} \int_{-\infty}^{\infty} f(u) \sin wu \; du \right) \sin wt \right] dw$$

$$= \int_{0}^{\infty} \left[A(w) \cos wt + B(w) \sin wt \right] dw \dots\dots\dots\dots\dots\dots\dots\dots (7.12)$$

and the Fourier integral coefficients are:

$$A(w) = \frac{1}{\pi} \int_{-\infty}^{\infty} f(u) \cos wu \; du$$

$$B(w) = \frac{1}{\pi} \int_{-\infty}^{\infty} f(u) \sin wu \; du$$

.... (7.13)

7.2.3　Fourier Cosine and Sine Integral
　　　　傅立葉餘弦與正弦積分

Fourier Cosine Integral

If $f(t)$ is an even function, its Fourier Integral has only cosine terms. Since $f(t) = f(t)$ for $t \geq 0$, this cosine integral can be denoted as the Fourier integral of $f(t)$ from (0 to ∞).

Therefore, Eq. (7.12) can be re-written as:

$$f(t) = \int_{0}^{\infty} A(w) \cos wt \; dw$$

which

$$A(w) = \frac{1}{\pi} \int_{-\infty}^{\infty} f(u) \cos wu \; du = \frac{2}{\pi} \int_{0}^{\infty} f(u) \cos wu \; du$$

Note* $B(w) = \frac{1}{\pi} \int_{-\infty}^{\infty} f(u) \sin wu \; du = 0$ (even function)

$$\therefore f(t) = \frac{2}{\pi} \int_{0}^{\infty} \int_{0}^{\infty} f(u) \cos wu \cdot \cos wt \; du \; dw$$ .... (7.14)

The above is known as Fourier Cosine Integral.

Fourier Sine Integral

If $f(t)$ is an odd function, its Fourier Integral has only sine terms. Since $f(t) = f(t)$ for $t \geq 0$, this sine integral can be denoted as the Fourier Integral of $f(t)$ from (0 to ∞).

Therefore, Eq. (7.12) can be re-written as:

$$f(t)=\int_0^\infty B(w)\sin wt\ dw$$

which

$$B(w)=\frac{1}{\pi}\int_{-\infty}^\infty f(u)\sin wu\ du=\frac{2}{\pi}\int_0^\infty f(u)\sin wu\ du$$

Note* $A(w)=\dfrac{1}{\pi}\displaystyle\int_{-\infty}^\infty f(u)\cos wu\ du=0$ (odd function)

$$\therefore f(t)=\frac{2}{\pi}\int_0^\infty\int_0^\infty f(u)\sin wu\cdot\sin wt\ du\ dw \ \dots\dots\dots\dots\dots\dots(7.15)$$

The above is known as the Fourier Sine Integral

Example (3):   Determine the Fourier Integral representation of the function:

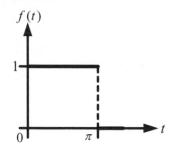

$$f(t)=\begin{cases}1 & for \quad 0\le t<\pi \\ 0 & for \qquad t\ge\pi\end{cases}$$

Figure 7.10   Non-periodic function $f(t)=1$ over $0\le t\le\pi$

Solution: From Eq. (7.13), we can consider;

$$A(w)=\frac{1}{\pi}\int_{-\infty}^\infty f(t)\cos wt\ dt$$

$$=\frac{1}{\pi}\int_0^\pi(1)\cos wt\ dt=\frac{1}{\pi}\left[\frac{\sin wt}{w}\right]_0^\pi\ ;\ \text{note*}\ \ u\to t,\ \ f(u)\to f(t)$$

$$=\frac{1}{\pi}\left[\frac{\sin w(\pi)}{w}-\frac{\sin w(0)}{w}\right]=\frac{\sin w\pi}{\pi w}$$

$$B(w) = \frac{1}{\pi} \int_{-\infty}^{\infty} f(t)\sin wt \; dt \; ; \text{note*} \;\; u \to t, \;\; f(u) \to f(t)$$

$$= \frac{1}{\pi} \int_{0}^{\pi}(1)\sin wt \; dt \;\;\; = \frac{1}{\pi}\left[-\frac{\cos wt}{w}\right]_{0}^{\pi}$$

$$= -\frac{1}{\pi}\left[\frac{\cos w(\pi)}{w} - \frac{\cos w(0)}{w}\right] \;\;\; = -\frac{1}{\pi}\left[\frac{\cos w\pi - 1}{w}\right]$$

$$= \frac{1 - \cos w\pi}{w\pi}$$

Substitute both integral coefficient into Eq. (7.12), we get:

$$f(t) = \int_{0}^{\infty}\left[A(w)\cos wt + B(w)\sin wt\right]dw$$

$$= \int_{0}^{\infty}\left[\frac{\sin w\pi}{w\pi}\cos wt + \frac{(1-\cos w\pi)}{w\pi}\sin wt\right]dw$$

$$= \frac{1}{\pi}\int_{0}^{\infty}\left[\frac{\sin w\pi \cdot \cos wt}{w} + \frac{\sin wt - \sin wt \cdot \cos w\pi}{w}\right]dw$$

$$= \frac{1}{\pi}\int_{0}^{\infty}\left[\frac{\sin w\pi \cdot \cos wt - \cos w\pi \cdot \sin wt}{w} + \frac{\sin wt}{w}\right]dw$$

$$= \frac{1}{\pi}\int_{0}^{\infty}\left[\frac{\sin(w\pi - wt)}{w} + \frac{\sin wt}{w}\right]dw$$

Note* $\sin(A - B) = \sin A \cos B - \cos A \sin B$

$$\therefore f(t) = \frac{1}{\pi}\int_{0}^{\infty}\left[\frac{\sin w(\pi - t) + \sin wt}{w}\right]dw$$

Example (4):   Determine the Fourier Integral representation of the function:

$$f(t)\begin{cases} 0 & for & t < -1 \\ 1 & for & -1 \le t < 1 \\ 0 & for & t \ge 1 \end{cases}$$

Figure 7.11   Non-periodic function $f(t) = 1$ over $1 \le t < -1$

Solution: From Eq. (7.13), we can consider

$$A(w)=\frac{1}{\pi}\int_{-\infty}^{\infty}f(t)\cos wt\ dt$$

$$=\frac{1}{\pi}\int_{-1}^{1}(1)\cos wt\ dt=\frac{1}{\pi}\left[\frac{\sin wt}{w}\right]_{-1}^{1}$$

$$=\frac{1}{\pi}\left[\frac{\sin w(1)}{w}-\frac{\sin w(-1)}{w}\right] \qquad \text{Note*}\quad \sin w(-1)=-\sin w$$

$$=\frac{2\sin w}{w\pi}$$

$$B(w)=\frac{1}{\pi}\int_{-\infty}^{\infty}f(t)\sin wt\ dt$$

$$=\frac{1}{\pi}\int_{-1}^{1}(1)\sin wt\ dt=\frac{1}{\pi}\left[\frac{-\cos wt}{w}\right]_{-1}^{1}$$

$$=-\frac{1}{\pi}\left[\frac{\cos w(1)}{w}-\frac{\cos w(-1)}{w}\right] \qquad \text{Note*}\quad \cos w(-1)=\cos w$$

$$=0$$

$f(t)$ is an even function:

$$\therefore f(t)=\int_{0}^{\infty}\left[A(w)\cos wt+\underbrace{B(w)\sin wt}_{0}\right]dw$$

$$=\int_{0}^{\infty}\frac{2\sin w}{w\pi}\cos wt\ dw$$

$$=\frac{2}{\pi}\int_{0}^{\infty}\frac{\sin w\cdot\cos wt}{w}\ dw$$

Example (5): Find the Fourier Cosine and Sine integral representation of the function

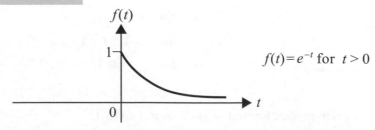

Figure 7.12 Non-periodic function $f(t)=e^{-t}$ for $t>0$

Solution: (a)   Fourier Cosine Integral

From Eq. (7.14), the Fourier cosine integral can be defined as

$f(t)=\int_0^\infty A(w)\cos wt\ dw$ where:

$$A(w)=\frac{2}{\pi}\int_0^\infty f(t)\cos wt\ dt\ \ \ ;\text{Note*}\ \ u\to t,\ \therefore f(u)\to f(t)$$

$$=\frac{2}{\pi}\int_0^\infty e^{-t}\cos wt\ dt\ \ \ ;\text{apply integral by parts, we get:}$$

$$=\frac{2}{\pi}\times\frac{1}{1+\dfrac{1}{w^2}}\left[\frac{e^{-t}}{w}\sin wt-\frac{e^{-t}}{w^2}\cos wt\right]_0^\infty$$

$$=\frac{2}{\pi}\times\frac{1}{1+\dfrac{1}{w^2}}\left[\left(\frac{e^{-(\infty)}}{w}\sin w(\infty)-\frac{e^{-(\infty)}}{w^2}\cos w(\infty)\right)_{0}\right.$$

$$\left.-\left(\frac{e^{-(0)}}{w}\sin w(0)-\frac{e^{-(0)}}{w^2}\cos w(0)\right)\right]$$

Note* $e^{-\infty}=0$ and $e^0=1$

Therefore, we get: $\Rightarrow A(w)=\dfrac{2}{\pi}\times\dfrac{1}{1+\dfrac{1}{w^2}}\left(\dfrac{1}{w^2}\right)=\dfrac{2}{\pi}\left(\dfrac{1}{w^2+1}\right)$

Note* we can apply the "Laplace Transform" method instead of integral by parts:

$$\int_0^\infty e^{-t}\cos wt\ dt=\left[\int_0^\infty e^{-st}\cos wt\ dt\right]_{s=1}=\mathscr{L}\{\cos wt\}\Big|_{s=1}=\frac{s}{s^2+w^2}\Big|_{s=1}=\frac{1}{w^2+1}$$

$$\therefore f(t)=\int_0^\infty\frac{2}{\pi}\left(\frac{1}{w^2+1}\right)\cos wt\ dw=\frac{2}{\pi}\int_0^\infty\frac{\cos wt}{w^2+1}\ dw$$

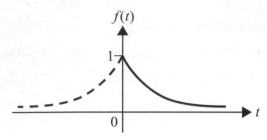

Figure 7.13   Cosine integral of even function $f(t) = e^{-t}$ for $t > 0$

(b) Fourier Sine Integral

From Eq. (7.15), the Fourier sine integral can be defined as

$$f(t) = \int_0^\infty B(w)\sin wt \; dw \text{ where:}$$

$$B(w) = \frac{2}{\pi}\int_0^\infty f(t)\sin wt \; dt \;\; ; \text{Note* } u \to t, \; \therefore f(u) \to f(t)$$

$$= \frac{2}{\pi}\int_0^\infty e^{-t}\sin wt \; dt \quad ; \text{apply integral by parts, we get:}$$

$$= \frac{2}{\pi} \times \frac{1}{1+\dfrac{1}{w^2}}\left[-\frac{e^{-t}}{w}\cos wt - \frac{e^{-t}}{w^2}\sin wt \right]_0^\infty$$

$$= \frac{2}{\pi} \times \frac{1}{1+\dfrac{1}{w^2}}\left[\left(\underbrace{-\frac{e^{-(\infty)}}{w}\cos w(\infty) - \frac{e^{-(\infty)}}{w^2}\sin w(\infty)}_{0} \right) \right.$$

$$\left. -\left(-\frac{\overbrace{e^{-(0)}}^{1}}{w}\underbrace{\cos w(0)}_{1} - \frac{e^{-(0)}}{w^2}\underbrace{\sin w(0)}_{0} \right) \right]$$

Therefore, we get: $\Rightarrow B(w) = \dfrac{2}{\pi} \times \dfrac{1}{1+\dfrac{1}{w^2}}\left(\dfrac{1}{w}\right) = \dfrac{2}{\pi} \times \dfrac{1}{w+\dfrac{1}{w}}$

$$= \frac{2}{\pi}\left(\frac{w}{w^2+1}\right)$$

Note* we can apply the laplace transform method instead of integral by parts:

$$\int_0^\infty e^{-t} \sin wt \ dt = \left[\int_0^\infty e^{-st} \sin wt \ dt\right]_{s=1} = \mathscr{L}\{\sin wt\}\Big|_{s=1} = \frac{w}{s^2+w^2}\Big|_{s=1} = \frac{w}{w^2+1}$$

$$\therefore f(t) = \int_0^\infty \frac{2}{\pi}\left(\frac{w}{w^2+1}\right)\sin wt \ dw = \frac{2}{\pi}\int_0^\infty \frac{w\sin wt}{w^2+1}dw$$

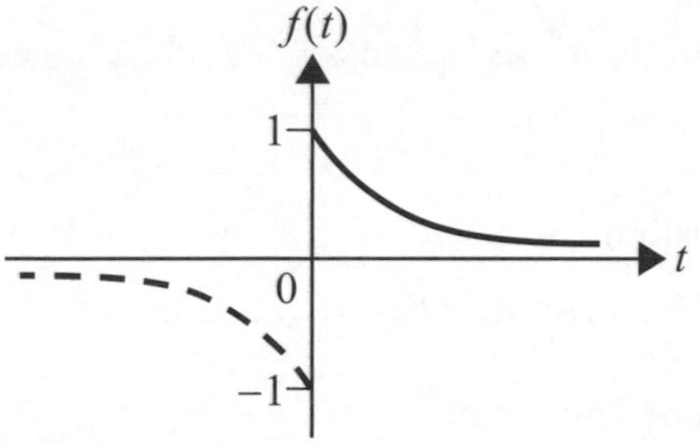

Figure 7.14   Sine integral of odd function of $f(t) = e^{-t}$ for $t > 0$

7.3   Fourier Transform
傅立葉轉換

The Fourier Transform is a mathematical technique that possesses extensive applications in a wide variety of engineering problems. It has a close relationship to the Fourier series but unlike Fourier series, which only applicable to periodic functions, Fourier Transform can apply to non-periodic function as well. Note that one of the main operations of Fourier Transform is that it enables us to map a function in the time domain into the frequency domain.

The Fourier Integral is the origin of 3 new integral Transform. From the Fourier Integral equations, we are able to denote the following Fourier Transform pairs. Note that we use the symbol ($\mathscr{F}$) to represent Fourier Transform. ($\mathscr{F}$) 為傅立葉轉換運算符號.

Fourier Transform Pairs 傅立葉轉換對

(a) Fourier Transform:

$$\mathscr{F}\{f(t)\}=\int_{-\infty}^{\infty} f(t)e^{-jwt}\,dt = F(w) \quad \text{.. (7.16a)}$$

(b) Inverse Fourier Transform:

$$\mathscr{F}^{-1}\{F(w)\}=\frac{1}{2\pi}\int_{-\infty}^{\infty} F(w)e^{jwt}\,dw = f(t) \quad \text{.......................... (7.16b)}$$

(a) Fourier Sine Transform:

$$\mathscr{F}_S\{f(t)\}=\int_{0}^{\infty} f(t)\sin wt\,dt = F_S(w) \quad \text{.......................... (7.17a)}$$

(b) Inverse Fourier Sine Transform:

$$\mathscr{F}_S^{-1}\{F_S(w)\}=\frac{2}{\pi}\int_{0}^{\infty} F_S(w)\sin wt\,dw = f(t) \quad \text{.................. (7.17b)}$$

(a) Fourier Cosine Transform:

$$\mathscr{F}_C\{f(t)\}=\int_{0}^{\infty} f(t)\cos wt\,dt = F_C(w) \quad \text{.......................... (7.18a)}$$

(b) Inverse Fourier Cosine Transform:

$$\mathscr{F}_C^{-1}\{F_C(w)\}=\frac{2}{\pi}\int_{0}^{\infty} F_C(w)\cos wt\,dw = f(t) \quad \text{.................. (7.18b)}$$

Both the equations from Eq. (7.16) are sometime known as the Fourier Complex Transform and it can be re-written as:

$$\mathscr{F}\{f(t)\}=F(w)=\frac{1}{\sqrt{2\pi}}\int_{-\infty}^{\infty} f(t)e^{jwt}\,dt \quad \text{.......................... (7.19a)}$$

$$\mathscr{F}^{-1}\{F(w)\}=f(t)=\frac{1}{\sqrt{2\pi}}\int_{-\infty}^{\infty} F(w)e^{-jwt}\,dw \quad \text{.......................... (7.19b)}$$

Note that the definition of Fourier Transform and its Inverse Transform is not unique. In some other text book, some authors might prefer to add the factor $\frac{1}{2\pi}$ into Eq. (7.16a) instead of Eq. (7.16b). Or they might split it into $\frac{1}{\sqrt{2\pi}}$ as shown in Eq. (7.19a) and (7.19b). The main concern in this case is to have a factor $\frac{1}{2\pi}$ in the Fourier integral formula when both the integrals are carried out. So, as long as the Fourier Transform and Inverse Transform have opposite signs in front of w in their components, the final results will be accepted.

Example (6): Find the Fourier Transform of the non-period function

$$f(t) = \begin{cases} 0 & for & t < 0 \\ 1 & for & 0 \le t < \pi \\ 0 & for & t \ge \pi \end{cases}$$

Solution: From Eq. (7.16a), we get:

$$\mathscr{F}\{f(t)\} = F(w) = \int_{-\infty}^{\infty} f(t)e^{-jwt}\,dt$$

$$= \int_{0}^{\pi} (1)\, e^{-jwt}\,dt = \left[\frac{e^{-jwt}}{-jw}\right]_{0}^{\pi}$$

$$= \left[\frac{e^{-jw(\pi)}}{-jw} - \frac{e^{-jw(0)}}{-jw}\right] = \frac{1}{-jw}\left[e^{-jw\pi} - 1\right]$$

From Euler's equation $\Rightarrow e^{-j(w\pi)} = \cos(w\pi) - j\sin(w\pi)$, therefore:

$$= -\frac{1}{jw}\left[\cos(w\pi) - j\sin(w\pi) - 1\right]$$

$$= \left(\frac{-1}{jw}\right)\cos(w\pi) - \left(\frac{-1}{jw}\right)j\sin w\pi - \left(\frac{-1}{jw}\right)\cdot 1$$

$$\therefore F(w) = \frac{\sin w\pi}{w} + \frac{1}{jw}\left[1 - \cos w\pi\right]$$

Example (7): Find the Fourier Transform of the function $f(t)$ if

$$f(t) = \begin{cases} e^{-at} & for & t \ge 0 \\ 0 & for & t < 0 \end{cases}$$

where a is a constant.

Solution: The Fourier Transform of the function $f(t)$ is given by:

$$\mathscr{F}\{f(t)\}=F(w)=\int_{-\infty}^{\infty}f(t)\,e^{-jwt}\,dt$$

$$=\int_{0}^{\infty}e^{-at}\cdot e^{-jwt}\,dt=\int_{0}^{\infty}e^{-(a+jw)t}\,dt$$

$$=\left[-\frac{e^{-(a+jw)t}}{a+jw}\right]_{0}^{\infty}=\frac{-1}{a+jw}\left[\underbrace{e^{-(a+jw)(\infty)}}_{e^{-\infty}=0}-\underbrace{e^{-(a+jw)(0)}}_{e^{0}=1}\right]$$

$$=-\frac{1}{a+jw}(-1)=\frac{1}{a+jw}\times\frac{a-jw}{a-jw}$$

$$\therefore F(w)=\frac{1}{a^{2}+w^{2}}(a-jw)$$

Example (8):   Determine the Fourier Transform of the given non-periodic function:

$$f(t)=\begin{cases}-1 & for & -1\le t<0\\ 1 & for & 0\le t<1\\ 0 & for & elsewhere\end{cases}$$

Solution:

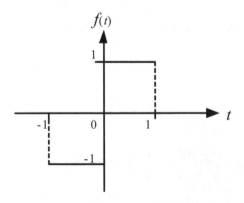

Figure 7.15   Graph of odd function $f(t)$

From Figure (7.15), we know that the function $f(t)$ is odd.

Therefore, we can apply the Fourier Sine Transform from Eq (7.17a).

$$\mathscr{F}_{S}\{f(t)\}=F_{S}(w)=\int_{0}^{\infty}f(t)\sin wt\,dt$$

$$= \int_0^1 (1)\sin wt \ dt = \left[-\frac{\cos wt}{w} \right]_0^1$$

$$= -\left[\frac{\cos w(1)}{w} - \frac{\cos w(0)}{w} \right]$$

$$\therefore F_S(w) = \frac{1}{w}(1 - \cos w)$$

Example (9): Determine the Fourier Transform of the given non-periodic function:

$$f(t) = \begin{cases} 0 & for & t \le -a \\ 1 & for & -a \le t < a \\ 0 & for & t > a \end{cases}$$

where a is a constant.

Solution:

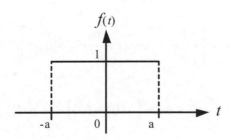

Figure 7.16   Graph of even function $f(t)$

From Figure (7.16), we know that the function $f(t)$ is even.

Therefore, we can apply the Fourier Cosine Transform from Eq (7.18a).

$$\mathscr{F}_C\{f(t)\} = F_C(w) = \int_0^\infty f(t)\cos wt \ dt$$

$$= \int_0^a (1)\cos wt \ dt = \left[\frac{1}{w}\sin wt \right]_0^a$$

$$= \frac{1}{w}\left[\sin w(a) - \underbrace{\sin w(0)}_{0} \right]$$

$$\therefore F_C(w) = \frac{\sin w(a)}{w}$$

Example (10): Determine the Fourier cosine and sine Transform of the given non-periodic function:

$$f(t) = e^{-at} \quad for \quad t > 0$$

Solution: There are two ways of obtaining the solution in this case:

Method (1): Applying integral by parts method.

Since: $\mathscr{F}_C\{f(t)\} = F_C(w) = \int_0^\infty f(t)\cos wt \; dt = \int_0^\infty e^{-at}\cos wt \; dt$

Applying integral by parts $\Rightarrow u\int v\,dt - \int \left[\int v\,dt \cdot \frac{d}{dt}u\right]dt$, if we let

$u = \cos wt$ and $v = e^{-at}$, we get:

$$\mathscr{F}_C\{f(t)\} = F_C(w) = \int_0^\infty \underbrace{e^{-at}}_{v} \cdot \underbrace{\cos wt}_{u}\, dt$$

$$= \left[-\frac{1}{a}e^{-at}\cos wt + \frac{w}{a^2}e^{-at}\sin wt\right]_0^\infty - \frac{w^2}{a^2}\underbrace{\int_0^\infty e^{-at}\cos wt \; dt}_{F_C(w)}$$

$$F_C(w) + \frac{w^2}{a^2}F_C(w) = \left[-(0)+(0)\right] - \left[-\frac{1}{a}(1)\cdot(1)+0\right]$$

$$\therefore F_C(w) = \frac{\frac{1}{a}}{1+\frac{w^2}{a^2}} = \frac{1}{a}\cdot\frac{a^2}{a^2+w^2}$$

$$= \frac{a}{a^2+w^2}$$

Since: $\mathscr{F}_S\{f(t)\} = F_S(w) = \int_0^\infty f(t)\sin wt \; dt = \int_0^\infty e^{-at}\sin wt \; dt$, applying

integral by parts, if we let $u = \sin wt$ and $v = e^{-at}$, we get:

$$\mathscr{F}_S\{f(t)\} = F_S(w) = \int_0^\infty \underbrace{e^{-at}}_{v} \cdot \underbrace{\sin wt}_{u}\, dt$$

$$=\left[-\frac{1}{a}e^{-at}\sin wt-\frac{w}{a^2}e^{-at}\cos wt\right]_0^\infty-\frac{w^2}{a^2}\underbrace{\int_0^\infty e^{-at}\sin wt\ dt}_{F_S(w)}$$

$$F_S(w)+\frac{w^2}{a^2}F_S(w)=\left[-(0)-(0)\right]-\left[-(0)-\frac{w}{a^2}(1)\cdot(1)\right]$$

$$\therefore F_S(w)=\frac{\frac{w}{a^2}}{1+\frac{w^2}{a^2}}=\frac{w}{a^2}\cdot\frac{a^2}{a^2+w^2}$$

$$=\frac{w}{a^2+w^2}$$

Method (2): Applying Laplace Transform method.

Since $\Rightarrow \mathscr{L}\{f(t)\}=\int_0^\infty e^{-st}f(t)\ dt$, by replacing the s by a, we get:

$$\mathscr{F}_C\{f(t)\}=F_C(w)=\int_0^\infty f(t)\cos wt\ dt=\int_0^\infty e^{-at}\cos wt\ dt$$

$$=\mathscr{L}\{\cos wt\}_{s\to a}=\frac{s}{s^2+w^2}\bigg|_{s\to a}$$

$$\therefore F_C(w)=\frac{a}{a^2+w^2}$$

$$\mathscr{F}_S\{f(t)\}=F_S(w)=\int_0^\infty f(t)\sin wt\ dt=\int_0^\infty e^{-at}\sin wt\ dt$$

$$=\mathscr{L}\{\sin wt\}_{s\to a}=\frac{w}{s^2+w^2}\bigg|_{s\to a}$$

$$\therefore F_S(w)=\frac{w}{a^2+w^2}$$

習 題

Section 7.1   Fourier Expansion

(1) For the following functions defined, expressed their Fourier coefficient:

(i) as a half-range cosine series   (ii) as a half-range sine series.

(a) $f(t) = \pi - t \quad for \quad 0 \le t < \pi$

Ans: (i) $f(t) = \dfrac{\pi}{2} + \dfrac{4}{\pi}\left[\cos t + \dfrac{1}{9}\cos 3t + \dfrac{1}{25}\cos 5t + \cdots\right]$

(ii) $f(t) = 2\left[\sin t + \dfrac{1}{2}\sin 2t + \dfrac{1}{3}\sin 3t + \dfrac{1}{4}\sin 4t + \cdots\right]$

(b) $f(t) = t(t+1) \quad for \quad 0 \le t < 1$

Ans: (i) $f(t) = \dfrac{5}{6} - \dfrac{2}{\pi^2}\left[4\cos \pi t - \dfrac{1}{2}\cos 2\pi t + \dfrac{4}{9}\cos 3\pi t - \dfrac{1}{8}\cos 4\pi t + \cdots\right]$

(ii) $f(t) = 4\left[\dfrac{\pi^2 - 2}{\pi^3}\sin \pi t - \dfrac{1}{2\pi}\sin 2\pi t + \dfrac{9\pi^2 - 2}{27\pi^3}\sin 3\pi t + \cdots\right]$

(c) $f(t) = (\pi - t)t \quad for \quad 0 \le t < \pi$

Ans: (i) $f(t) = \dfrac{\pi^2}{6} - \left[\cos 2t + \dfrac{1}{4}\cos 4t + \dfrac{1}{9}\cos 6t + \cdots\right]$

(ii) $f(t) = \dfrac{8}{\pi}\left[\sin t + \dfrac{1}{3^3}\sin 3t + \dfrac{1}{5^3}\sin 5t + \cdots\right]$

(2) Express the half-range cosine series for the function $f(t) = \sin t$ in the range $0 \le t < \pi$.

Ans: $f(t) = \dfrac{2}{\pi} - \dfrac{2}{\pi}\displaystyle\sum_{n=even}^{\infty}\left[\dfrac{1+(-1)^n}{n^2-1}\right]\cos nt$; $a_n = 0$ for n is odd number.

(3) Express the half-range sine series for the function $f(t) = \cos t$ in the range $0 \le t < 2\pi$.

Ans: $f(t) = \dfrac{4}{\pi} \displaystyle\sum_{n=odd}^{\infty} \left[\dfrac{n}{n^2 - 4} \right] \sin\left(\dfrac{n}{2}\right) t$; $b_n = 0$ for n is even number.

(4) For the following given functions, define (i) half-range cosine , (ii) half-range sine and (iii) full range series expansion.

(a) $f(t) = (1 - t)$ for $0 \leq t < 1$

Ans: (i) $f(t) = \dfrac{1}{2} + \dfrac{2}{\pi^2} \displaystyle\sum_{n=1}^{\infty} \left\{ \dfrac{[1 - (-1)^n]}{n^2} \cos n\pi t \right\}$

(ii) $f(t) = \dfrac{2}{\pi} \displaystyle\sum_{n=1}^{\infty} \left[\dfrac{1}{n} \sin n\pi t \right]$

(iii) $f(t) = \dfrac{1}{2} + \dfrac{1}{\pi} \displaystyle\sum_{n=1}^{\infty} \left[\dfrac{1}{n} \sin 2n\pi t \right]$

(b) $f(t) = t^2$ for $0 \leq t < P$

Ans: (i) $f(t) = \dfrac{P^2}{3} + \dfrac{4P^2}{\pi^2} \displaystyle\sum_{n=1}^{\infty} \left[\dfrac{(-1)^n}{n^2} \cos\left(\dfrac{n\pi}{P}\right) t \right]$

(ii) $f(t) = \dfrac{2P^2}{\pi} \displaystyle\sum_{n=1}^{\infty} \left\{ \dfrac{-(-1)^{n+1}}{n} + \dfrac{2[(-1)^n - 1]}{n^3 \pi^2} \right\} \sin\left(\dfrac{n\pi}{P}\right) t$

(iii) $f(t) = \dfrac{P^2}{3} + \dfrac{P^2}{\pi} \displaystyle\sum_{n=1}^{\infty} \left[\dfrac{1}{n^2 \pi} \cos\left(\dfrac{2n\pi}{P}\right) t - \dfrac{1}{n} \sin\left(\dfrac{2n\pi}{P}\right) t \right]$

(c) $f(t) = t(1 - t)$ for $0 \leq t < 1$

Ans: (i) $f(t) = \dfrac{1}{6} - \dfrac{4}{\pi^2} \displaystyle\sum_{n=even}^{\infty} \left[\dfrac{1}{n^2} \cos n\pi t \right]$

(ii) $f(t) = \dfrac{8}{\pi^3} \displaystyle\sum_{n=odd}^{\infty} \left\{ \dfrac{1}{n^3} \sin n\pi t \right\}$

(iii) $f(t) = \dfrac{1}{6} - \dfrac{1}{\pi^2} \displaystyle\sum_{n=1}^{\infty} \left[\dfrac{1}{n^2} \cos 2n\pi t \right]$

Section 7.2 Fourier Integral

(5) For the following given non-periodic functions, determine the Fourier integral representation.

(a) $f(t) = \begin{cases} \pi & for \quad 0 \le t < \pi \\ 0 & for \quad elsewhere \end{cases}$

Ans: $f(t) = \int_0^\infty \left[\dfrac{\sin w(\pi - t) + \sin wt}{w} \right] dw$

(b) $f(t) \begin{cases} 0 & for \quad t < -1 \\ \pi & for \quad -1 \le t < 1 \\ 0 & for \quad t \ge 1 \end{cases}$

Ans: $f(t) = 2\int_0^\infty \dfrac{\sin w \cdot \cos wt}{w} dw$

(c) $f(t) \begin{cases} 0 & for \quad t < 0 \\ t & for \quad 0 \le t < 2 \\ 0 & for \quad t \ge 2 \end{cases}$

Ans: $f(t) = \dfrac{1}{\pi}\int_0^\infty \left\{ \left[\dfrac{2w\sin 2w + \cos 2w - 1}{w^2} \right]\cos wt + \left[\dfrac{\sin 2w - 2w\cos 2w}{w^2} \right]\sin wt \right\} dw$

(d) $f(t) = \begin{cases} e^{-t} & for \quad t \ge 0 \\ 0 & for \quad elsewhere \end{cases}$

Ans: $f(t) = \dfrac{1}{\pi}\int_0^\infty \left[\dfrac{\cos wt + w\sin wt}{w^2 + 1} \right] dw$

(e) $f(t) \begin{cases} 0 & for \quad t < -2 \\ -2 & for \quad -2 \le t < 0 \\ 5 & for \quad 0 \le t < 2 \\ 0 & for \quad t \ge 2 \end{cases}$

Ans: $f(t) = \dfrac{1}{\pi}\int_0^\infty \left[\dfrac{3\sin 2w\cos wt + 7(1 - \cos 2w)\sin wt}{w} \right] dw$

(6) For the following given non-periodic functions, determine the (i) Fourier cosine and (ii) Fourier sine integral representation.

(a) $f(t) = e^{-at}$ for $t \geq 0$

Ans: (i) $f(t) = \dfrac{2a}{\pi} \int_0^\infty \left[\dfrac{1}{a^2 + w^2} \right] \cos wt \, dw$ (ii) $f(t) = \dfrac{2}{\pi} \int_0^\infty \left[\dfrac{w}{a^2 + w^2} \right] \sin wt \, dw$

(b) $f(t) = \begin{cases} t & for & 0 \leq t < 5 \\ 0 & for & elsewhere \end{cases}$

Ans: (i) $f(t) = \dfrac{2}{\pi} \int_0^\infty \left[\dfrac{5w \sin 5w + \cos 5w - 1}{w^2} \right] \cos wt \, dw$

(ii) $f(t) = \dfrac{2}{\pi} \int_0^\infty \left[\dfrac{\sin 5w - 5w \cos 5w}{w^2} \right] \sin wt \, dw$

(c) $f(t) = \begin{cases} t^2 & for & 0 \leq t < 1 \\ 0 & for & elsewhere \end{cases}$

Ans: (i) $f(t) = \dfrac{2}{\pi} \int_0^\infty \left[\dfrac{\left(w^2 - 2\right) \sin w + 2w \cos w}{w^3} \right] \cos wt \, dw$

(ii) $f(t) = \dfrac{2}{\pi} \int_0^\infty \left[\dfrac{\left(2 - w^2\right) \cos w + 2w \sin w - 2}{w^3} \right] \sin wt \, dw$

(d) $f(t) = e^{-t} \cos t$ for $t \geq 0$

Ans: (i) $f(t) = \dfrac{2}{\pi} \int_0^\infty \left[\dfrac{w^2 + 2}{w^4 + 4} \right] \cos wt \, dw$ (ii) $f(t) = \dfrac{2}{\pi} \int_0^\infty \left[\dfrac{w^3}{w^4 + 4} \right] \sin wt \, dw$

Section 7.3 Fourier Transform

(7) For the following given non-periodic functions, determine the appropriate Fourier Transform representation.

(a) $f(t) = e^{-a|t|}$ for $-\infty < t < \infty$; hint*[let $f(t) = \int_{-\infty}^0 e^{-a(-t)} \cdot e^{-jwt} dt + \int_0^\infty e^{-a(t)} \cdot e^{-jwt} dt$]

Ans: $\dfrac{2a}{a^2 + w^2}$

(b) $f(t) = \begin{cases} e^{at} & for \quad t \geq 0 \\ 0 & for \quad t < 0 \end{cases}$

Ans: $-\left(\dfrac{a + jw}{a^2 + w^2}\right)$

(c) $f(t) = \begin{cases} 1 & for \quad 0 \leq t < 1 \\ 0 & for \quad elsewhere \end{cases}$

Ans: $\dfrac{\sin w}{w} + \dfrac{1}{jw}[1 - \cos w]$

(d) $f(t) = \begin{cases} t & for \quad 0 \leq t < \pi \\ 0 & for \quad elsewhere \end{cases}$

Ans: $\dfrac{(1 + jw\pi)(\cos w\pi - j \sin w\pi) - 1}{w^2}$

(8) Determine the Fourier sine transform $F_s(w)$ of the following functions.

(a) $f(t) = \begin{cases} -a & for \quad -a \leq t < 0 \\ a & for \quad 0 \leq t < a \\ 0 & for \quad elsewhere \end{cases}$

(b) $f(t) = \begin{cases} -t - a & for \quad -a \leq t < 0 \\ -t + a & for \quad 0 \leq t < a \\ 0 & for \quad elsewhere \end{cases}$

Ans: $\dfrac{a}{w}(1 - \cos wa)$

Ans: $\dfrac{aw - \sin wa}{w^2}$

(c) $f(t) = \begin{cases} \sin t & for \quad -\pi \leq t < \pi \\ 0 & for \quad elsewhere \end{cases}$

Ans: $\dfrac{\pi}{2}\left[\dfrac{\sin(1 - w)}{(1 - w)} - \dfrac{\sin(1 + w)}{(1 + w)}\right]$

(d) $f(t) = \begin{cases} t^3 & for \quad -a \leq t < a \\ 0 & for \quad elsewhere \end{cases}$

Ans: $\left(\dfrac{6a}{w^3} - \dfrac{a^3}{w}\right)\cos wa + \left(\dfrac{3a^2}{w^2} - \dfrac{6}{w^4}\right)\sin wa$

(9) Determine the Fourier cosine transform $F_C(w)$ of the following functions.

(a) $f(t) = \begin{cases} 0 & for & t \le -a \\ a & for & -a \le t < a \\ 0 & for & t > a \end{cases}$

(b) $f(t) = \begin{cases} t+a & for & -a \le t < 0 \\ -t+a & for & 0 \le t < a \\ 0 & for & elsewhere \end{cases}$

Ans: $\dfrac{a \sin wa}{w}$

Ans: $\dfrac{1 - \cos wa}{w^2}$

(c) $f(t) = \begin{cases} \cos t & for & -\dfrac{\pi}{2} \le t < \dfrac{\pi}{2} \\ 0 & for & elsewhere \end{cases}$

(d) $f(t) = \begin{cases} t^2 & for & -a \le t < a \\ 0 & for & elsewhere \end{cases}$

Ans: $\dfrac{1}{2}\left\{ \dfrac{\sin\left[\frac{(1-w)\pi}{2}\right]}{(1-w)} + \dfrac{\sin\left[\frac{(1+w)\pi}{2}\right]}{(1+w)} \right\}$

Ans: $\left(\dfrac{a^2}{w} - \dfrac{2}{w^3} \right) \sin wa + \dfrac{2a}{w^2} \cos wa$

(10) Determine the Fourier cosine and sine transform of the function:

$$f(t) = te^{-at} \quad for \quad t > 0$$

Ans: $F_C(w) = \dfrac{a^2 - w^2}{\left(a^2 + w^2\right)^2}$, $F_S(w) = \dfrac{2aw}{\left(a^2 + w^2\right)^2}$

Chapter 8

Partial Differential Equations
偏微分方程式

Some definition involving PDEs:

A **partial differential equation (PDE)** is an equation containing an unknown function of 2 or more variables and its partial derivatives with respect to these variables.

The **order** of a PDE is that of the highest order derivative present.

Example: $x\dfrac{\partial u}{\partial x} + y\dfrac{\partial u}{\partial y} = u$ ➔ A 1st order PDE

$\dfrac{\partial^2 u}{\partial x \partial y} = 2x - y$ ➔ A 2nd order PDE

$x\dfrac{\partial^2 u}{\partial x^2} + y\dfrac{\partial^2 u}{\partial y^2} = u$ ➔ A 2nd order PDE

A **solution** of a PDE is any function which satisfies the equation identically

(i) **General Solution:** is a solution which contains a number of arbitrary independent function equal to the order of the equation. 含任意函數

(ii) **Particular Solution:** is one which can be obtained from the general solution by particular choice of the arbitrary functions. 不含任意函數

(iii) **Singular Solution:** is one which cannot be obtained from the general solution by particular choice of the arbitrary functions.

A **boundary-value problem** involving a PDE seeks all solutions of a PDE which satisfy conditions called **boundary conditions** 邊界條件. Theorems relating to the **existence** 存在性 and **uniqueness** 唯一性 of such solutions are called **existence and uniqueness theorems** 存在和唯一性定理.

*存在性和唯一性的解決方式，論證在某些特定的條件下，解一定會存在。

8.1 Linear Partial Differential Equations 線性偏微分方程式

The general linear partial differential equation of order 2 in 2 independent variables has the form:

$$A\frac{\partial^2 u}{\partial x^2} + B\frac{\partial^2 u}{\partial x \partial y} + C\frac{\partial^2 u}{\partial y^2} + D\frac{\partial u}{\partial x} + E\frac{\partial u}{\partial y} + Fu = G \quad ....(8.1)$$

Where A, B, ...,G may depend on x and y but not u. A 2nd order equation with independent variables x and y which does not have the form (1) is called non linear.

*note: $u = u(x, y)$ and $G = G(x, y)$

If $G = 0$, the equation is called **homogeneous**

If $G \neq 0$, the equation is called **non-homogeneous**

Because of the nature of the solutions of (1), the equation is often classified as:

   (i)   Elliptic $\sim \; B^2 - 4AC \; < \; 0$ (橢圓型)

   (ii) Parabolic $\sim \; B^2 - 4AC \; = \; 0$ (拋物線型)

   (iii) Hyperbolic $\sim \; B^2 - 4AC \; > \; 0$ (雙曲線)

Example (1):   Classify each of the following equations as elliptic, parabolic or hyperbolic.

   (a) $\dfrac{\partial u}{\partial t} = k \dfrac{\partial^2 u}{\partial x^2}$ ← 1-dimensional Heat equation（熱傳導方程式）

Solution: Note that we have to find the values for A, B, and C.

Re-arrange the origin equation ➜ $k \dfrac{\partial^2 u}{\partial x^2} - \dfrac{\partial u}{\partial t} = 0$

and comparing to Eq. (8.1),

let $y = t$, ➜ $\underbrace{A \dfrac{\partial^2 u}{\partial x^2}}_{k\frac{\partial^2 u}{\partial x^2}} + B \dfrac{\partial^2 u}{\partial x \partial t} + C \dfrac{\partial^2 u}{\partial t^2} + D \dfrac{\partial u}{\partial x} + \underbrace{E \dfrac{\partial u}{\partial t}}_{-\frac{\partial u}{\partial t}} + Fu = G$

$\therefore \; A = k, \; B = 0, \; C = 0, \; D = 0, \; E = -1, \; F = 0, \; G = 0$.

Applying $B^2 - 4AC$ ➜ $(0)^2 - 4(k)(0) = 0$,

thus the equation is **<u>Parabolic</u>**.

   (b) $\dfrac{\partial^2 u}{\partial t^2} = \alpha^2 \dfrac{\partial^2 u}{\partial x^2}$ ← 2-dimensional Wave equation（波動方程式）

Solution: Note that we have to find the values for A, B, and C.

Re-arrange the origin equation ➜ $\alpha^2 \dfrac{\partial^2 u}{\partial x^2} - \dfrac{\partial^2 u}{\partial t^2} = 0$

and comparing to Eq. (8.1),

let $y = t$ ➜ $\underbrace{A \dfrac{\partial^2 u}{\partial x^2}}_{\alpha^2 \frac{\partial^2 u}{\partial x^2}} + B \dfrac{\partial^2 u}{\partial x \partial t} + \underbrace{C \dfrac{\partial^2 u}{\partial t^2}}_{-\frac{\partial^2 u}{\partial t^2}} + D \dfrac{\partial u}{\partial x} + E \dfrac{\partial u}{\partial t} + Fu = G$

$\therefore \ A = \alpha^2, \ B = 0, \ C = -1, \ D = 0, \ E = 0, \ F = 0, \ G = 0$.

Applying $B^2 - 4AC$ ➜ $(0)^2 - 4(\alpha^2)(-1) = 4\alpha^2 > 0$,

thus the equation is **<u>Hyperbolic</u>**.

(c) $\dfrac{\partial^2 u}{\partial x^2} + \dfrac{\partial^2 u}{\partial y^2} = 0$ ← 2-dimensional Laplace equation

（拉普拉斯方程式）

Solution: $A = \ C = 1, \ B = 0$,

Applying $B^2 - 4AC$ ➜ $(0)^2 - 4(1)(1) = -4 < 0$,

thus the equation is **<u>Elliptical</u>**.

(d) $\dfrac{\partial u}{\partial x} + \dfrac{\partial v}{\partial y} = 0$ ← 2-dimensional Continuous equation（連續方程式）

Solution: $A = \ B = \ C = 0$,

Applying $B^2 - 4AC$ ➜ $(0)^2 - 4(0)(0) = 0$,

thus the equation is **<u>Parabolic</u>**.

(e) $\dfrac{\partial^2 u}{\partial x^2} + 3\dfrac{\partial^2 u}{\partial x \partial y} + 4\dfrac{\partial^2 u}{\partial y^2} + 5\dfrac{\partial u}{\partial x} - 2\dfrac{\partial u}{\partial y} + 4u = 2x - 3y$

Solution: Note that we have to find the values for A, B, and C.

Compare to Eq. (8.1)

➜ $\underset{1}{A}\dfrac{\partial^2 u}{\partial x^2} + \underset{3}{B}\dfrac{\partial^2 u}{\partial x \partial y} + \underset{4}{C}\dfrac{\partial^2 u}{\partial y^2} + \underset{5}{D}\dfrac{\partial u}{\partial x} + \underset{-2}{E}\dfrac{\partial u}{\partial y} + \underset{4}{F}u = \underset{2x-3y}{G}$

$\therefore A = 1, \ B = 3, \ C = 4$.

Applying $B^2 - 4AC$ ➜ $(3)^2 - 4(1)(4) = 9 - 16 = -7 < 0$,

thus the equation is **<u>Elliptic</u>**.

Table 1 below shows some the most well know two-dimensional PDEs.

Table 1: Common Types of PDE

Types of PDE	Equations	Classification
Heat	$\dfrac{\partial u}{\partial t} = k \left(\dfrac{\partial^2 u}{\partial x^2} + \dfrac{\partial^2 u}{\partial y^2} \right)$ or $\dfrac{\partial u}{\partial t} = k \, \nabla^2 u$	Elliptic
Wave	$\dfrac{\partial^2 u}{\partial t^2} = \alpha^2 \left(\dfrac{\partial^2 u}{\partial x^2} + \dfrac{\partial^2 u}{\partial y^2} \right)$ or $\dfrac{\partial^2 u}{\partial t^2} = \alpha^2 \, \nabla^2 u$	Hyperbolic
Laplace	$\dfrac{\partial^2 u}{\partial x^2} + \dfrac{\partial^2 u}{\partial y^2} = 0$ or $\nabla^2 u = 0$	Elliptic
Continuous	$\dfrac{\partial u}{\partial x} + \dfrac{\partial v}{\partial y} = 0$	Parabolic

Note: ∇^2 is the (spatial) Laplacian Operator, and it can be denoted as $\nabla^2 = \dfrac{\partial^2}{\partial x^2} + \dfrac{\partial^2}{\partial y^2}$.

8.1.1 Some Important Partial Differential Equations 一些重要的偏微分方程式

(a) **Heat Conduction Equation** 熱傳導方程式

A heat conduction equation is: $\boxed{\dfrac{\partial u}{\partial t} = k \nabla^2 u}$

where $u(x, y, z, t)$ is the temperature in a solid at position $u(x, y, z, t)$ at time t. Note that k is called the ***Thermal diffusivity*** 溫度散佈性, $k = \dfrac{K}{\sigma \tau}$, where ***K*** is the thermal conductivity, σ is the specific heat, and τ is the density (mass per unit volume).

Note that if u does not depend on y and z, the equation will reduce to $\boxed{\dfrac{\partial u}{\partial t} = k\dfrac{\partial^2 u}{\partial x^2}}$,

which is known as **_1-dimensional_** 一維 **_heat conduction equation_** 熱傳／擴散方程

式. As for the 2-dimensional heat equation, it is denoted as: $\boxed{\dfrac{\partial u}{\partial t} = k\left(\dfrac{\partial^2 u}{\partial x^2} + \dfrac{\partial^2 u}{\partial y^2}\right)}$

(b) **Vibration String Equation 弦振動方程式**

A vibrating string equation is: $\boxed{\dfrac{\partial^2 u}{\partial t^2} = \alpha^2\dfrac{\partial^2 u}{\partial x^2}}$, where the function $u(x,t)$ is the

displacement of any point x of the string at time t. The constant α^2 is equal to T/μ,

where T is the tension in the string, and μ is the mass per unit length of the string.

Note that an assumption is made whereby no external forces are acting on the string

but that it vibrates only due to its elasticity. *This equation is sometime known as wave*

equation 波動方程式.

Note that $\boxed{\dfrac{\partial^2 u}{\partial t^2} = \alpha^2\dfrac{\partial^2 u}{\partial x^2}}$ is a *1-dimensional wave equation*,

and $\boxed{\dfrac{\partial^2 u}{\partial t^2} = \alpha^2\left(\dfrac{\partial^2 u}{\partial x^2} + \dfrac{\partial^2 u}{\partial y^2}\right)}$ is a *2-dimensional wave equation*.

(c) **Laplace's Equation 拉普拉斯方程式**

A laplace's equation is: $\boxed{\nabla^2 u = 0}$, and it is used in many fields. An example is

the theory of heat conduction, whereby u is the *steady-state temperature*. Other fields

such as the theory of gravitation or electricity, where u represents the gravitational or

electric potential, respectively. Note that a **_2-dimension Laplace equation_** is denoted

as: $\boxed{\dfrac{\partial^2 u}{\partial x^2} + \dfrac{\partial^2 u}{\partial y^2} = 0}$, and a **_3-dimension Laplace equation_** is denoted as:

$\boxed{\dfrac{\partial^2 u}{\partial x^2} + \dfrac{\partial^2 u}{\partial y^2} + \dfrac{\partial^2 u}{\partial z^2} = 0}$

8.2 Solutions of Partial Differential Equations (PDEs) 偏微分方程式之解

There are methods by which boundary-value problems involving linear partial differential equations (PDEs) can be solved. In this section, two solutions of PDE that involve direct integration method and exponential method are introduced,

8.2.1 General and Particular solution

8.2.2 Exponential solution

In Sections 8.3 and 8.4, we will introduce the two most widely used numerical methods to solve the PDEs.

8.3 Method of Separation of Variable

8.4 Method of Laplace Transform

Other method such as the method of Fourier Transform will not be introduced here at the moment.

8.2.1 General and Particular Solution 普解與特解

Here, direct partial integration method is applied to find the **General Solution** follow by the **Particular Solution** which satisfied the boundary conditions. The following theorems are of fundamental importance.

(a) Superposition Principle:

> If u_1, u_2, $\cdots$, u_k are solutions of a **linear partial D.E.**, then the linear combination:
> $$u = c_1 u_1 + c_2 u_2 + \cdots + c_k u_k,$$
> where the $u = c_i$, $i = 1, 2, \ldots, k$ are constant, is also a solution.

We shall assume that whenever we have an infinite set u_1, u_2, $u_3, \cdots$, of solutions of a homogeneous linear equations, we can construct yet another solution u by forming the infinite (∞) series:

$$u = \sum_{k=1}^{\infty} c_k u_k$$

where the c_i, $i = 1, 2, \ldots$, are constant.

    (b)   The general solution of a linear non-homogeneous partial differential equation is obtained by adding a particular solution of the non-homogeneous equation to the general solution of the homogeneous equation.

We can sometimes find the general solutions by using **the methods of ordinary differential equations (ODEs)**.

Example (2):   Determine the general solution of the following PDE:

$$\frac{\partial^2 z}{\partial x \partial y} = xy$$

Solution:

Rearrange $\dfrac{\partial^2 z}{\partial x \partial y} = xy$ ➔ $\dfrac{\partial}{\partial y}\left(\dfrac{\partial z}{\partial x}\right) = xy$ ⋯⋯⋯⋯⋯(i)

Integrate (i) w.r.t y ➔ $\displaystyle\int \frac{\partial}{\partial y}\left(\frac{\partial z}{\partial x}\right) dy = \int xy\ dy + F(x)$

➔ $\dfrac{\partial z}{\partial x} = \dfrac{1}{2}xy^2 + \underbrace{F(x)}_{\text{arbitrary}}$ ⋯⋯⋯⋯(ii)

$F(x)$ is an arbitrary value of x.

Integrate (ii) w.r.t x ➔ $\displaystyle\int \frac{\partial z}{\partial x} dx = \int \frac{1}{2}xy^2\ dx + \int F(x)\ dx + G(y)$

let $\displaystyle\int F(x)\ dx = H(x)$ ➔ $z(x,y) = \dfrac{1}{4}x^2 y^2 + H(x) + \underbrace{G(y)}_{\text{arbitrary}}$

$G(y)$ is an arbitrary value of y.

Thus, the general solution for the above PDE with 2 arbitrary (essential) functions is:

$$z(x,y) = \frac{1}{4}x^2 y^2 + H(x) + G(y)$$

Example (3): Determine the general solution of the following PDE:

$$\frac{\partial^2 z}{\partial x^2} - z = 0$$

Solution:

By assuming the above PDE as an ODE $\dfrac{\partial^2 z}{\partial x^2} - z = 0$ → $\dfrac{d^2 z}{dx^2} - z = 0$

The characteristic equation for $\dfrac{d^2 z}{dx^2} - z = 0$ is: $\lambda^2 - 1 = 0$

(see Chapter 2, Figure 2.0), and we get: $a = 0, b = -1$.

In this case, $a^2 - 4b = (0)^2 - 4(-1) = 4 > 0$, it is a 2 distinct real roots:

$$\lambda_{1,2} = \frac{-a \pm \sqrt{a^2 - 4b}}{2} = \frac{-0 \pm \sqrt{0^2 - 4(-1)}}{2} = \frac{\pm\sqrt{4}}{2} = \frac{\pm 2}{2}$$

→ $\lambda_{1,2} = +1$ or -1

Thus, the general solution for the above PDE is:

$$z(x,y) = Ae^{\lambda_1 x} + Be^{\lambda_2 x} = G(y)\ e^x + H(y)\ e^{-x}$$

where $G(y)$ and $H(y)$ are arbitrary values of y.

Example (4):

(a) Solve the equation $\dfrac{\partial^2 z}{\partial x \partial y} = x^2 y$.

(b) Find the particular solution for which the initial condition (I.C.) and boundary condition (B.C.) are $z(x, 0) = x^2$ and $z(1, y) = \cos y$, respectively.

Solution:

(a) Rearrange $\dfrac{\partial^2 z}{\partial x \partial y} = x^2 y$ ➔ $\dfrac{\partial}{\partial x}\left(\dfrac{\partial z}{\partial y}\right) = x^2 y$ ·····························(i)

Integrate (i) w.r.t x ➔ $\displaystyle\int \dfrac{\partial}{\partial x}\left(\dfrac{\partial z}{\partial y}\right) dx = \int x^2 y \, dx + F(y)$

➔ $\dfrac{\partial z}{\partial y} = \dfrac{1}{3}x^3 y + \underbrace{F(y)}_{\text{arbitrary}}$ ····························(ii)

Integrate (ii) w.r.t y ➔ $\displaystyle\int \left(\dfrac{\partial z}{\partial y}\right) dy = \int \left[\dfrac{1}{3}x^3 y + F(y)\right] dy + G(x)$

➔ $z = \dfrac{1}{6}x^3 y^2 + \underbrace{\int F(y)\,dy}_{H(y)} + \underbrace{G(x)}_{\text{arbitrary}}$ ··········(iii)

Eq (iii) can be re-written as ➔ $z = \dfrac{1}{6}x^3 y^2 + H(y) + G(x)$ ············(iv)

Note that Eq (iv) has 2 arbitrary (essential) functions and it is therefore a general solution.

(b) Given $z(x,\ 0) = x^2$, substitute into Eq (iv), we get:

➔ $z(x,\ 0) = \dfrac{1}{6}x^3 \underset{0}{\underbrace{y^2}} + \underset{H(0)}{\underbrace{H(y)}} + G(x) = x^2$

➔ $z(x,\ 0) = H(0) + G(x) = x^2$ or $G(x) = x^2 - H(0)$ ···············(v)

Substitute Eq (v) into (iv) ➔ $z = \dfrac{1}{6}x^3 y^2 + H(y) + \underset{x^2 - H(0)}{\underbrace{G(x)}}$

➔ $z = \dfrac{1}{6}x^3 y^2 + H(y) + x^2 - H(0)$ ··································(vi)

Given $z(1,\ y) = \cos y$, substitute into Eq (vi), we get:

➔ $z(1,\ y) = \dfrac{1}{6}\underset{1}{\underbrace{x^3}}\, y^2 + \underset{1}{\underbrace{x^2}} + H(y) - H(0) = \cos y$

➔ $H(y) = \cos y - \dfrac{1}{6}y^2 - 1 + H(0)$ ··································(vii)

Substitute Eq (vii) into (vi)

➜ $z = \dfrac{1}{6}x^3y^2 + \underbrace{\cos y - \dfrac{1}{6}y^2 - 1 + H(0)}_{H(y)} + \underbrace{x^2 - H(0)}_{G(x)}$

Thus, the particular solution for the above PDE is:

$$z = \frac{1}{6}x^3y^2 + \cos y - \frac{1}{6}y^2 + x^2 - 1$$

Example (5):

(a) Solve the equation $\dfrac{\partial^2 z}{\partial y^2} = y\cos x$.

(b) Find the particular solution for which the initial condition (I.C.) and boundary condition (B.C.) are $z(x,\,0) = e^x$ and $z(x,\,2) = x^3$, respectively.

Solution:

(a) Rearrange $\dfrac{\partial^2 z}{\partial y^2} = y\cos x$ ➜ $\dfrac{\partial}{\partial y}\left(\dfrac{\partial z}{\partial y}\right) = y\cos x$ ···························(i)

Integrate (i) w.r.t y ➜ $\displaystyle\int \dfrac{\partial}{\partial y}\left(\dfrac{\partial z}{\partial y}\right) dy = \int y\cos x\, dy + F(x)$

➜ $\dfrac{\partial z}{\partial y} = \dfrac{1}{2}y^2\cos x + \underbrace{F(x)}_{\text{arbitrary}}$ ···················(ii)

Integrate (ii) w.r.t y

➜ $\displaystyle\int \left(\dfrac{\partial z}{\partial y}\right) dy = \int \left[\dfrac{1}{2}y^2\cos x + F(x)\right] dy + G(x)$

➜ $z = \dfrac{1}{6}y^3\cos x + \underbrace{\int F(x)\, dy}_{y\,F(x)} + \underbrace{G(x)}_{\text{arbitrary}}$ ······························(iii)

Eq (iii) can be re-written as

➜ $z(x,y) = \dfrac{1}{6}y^3\cos x + yF(x) + G(x)$ ······························(iv)

Note that Eq (iv) has 2 arbitrary (essential) functions and it is therefore a general solution.

(b) Given $z(x,\ 0)=e^x$, substitute into Eq (iv), we get:

➔ $z(x,\ 0)=\dfrac{1}{6}\underbrace{y^3}_{0}\cos x+\underbrace{y}_{0}F(x)+G(x)=e^x$

➔ $z(x,\ 0)=G(x)=e^x$ $\cdots\cdots\cdots\cdots$(v)

Substitute Eq (v) into (iv) ➔ $z(x,y)=\dfrac{1}{6}y^3\cos x+yF(x)+\underbrace{G(x)}_{e^x}$

➔ $z(x,y)=\dfrac{1}{6}y^3\cos x+yF(x)+e^x$ $\cdots\cdots\cdots\cdots$(vi)

Given $z(x,\ 2)=x^3$, substitute into Eq (vi), we get:

➔ $z(x,\ 2)=\dfrac{1}{6}\underbrace{y^3}_{2^3}\cos x+\underbrace{y}_{2}F(x)+e^x=x^3$

➔ $\dfrac{8}{6}\cos x+2F(x)+e^x=x^3$ ➔ $2F(x)=x^3-\dfrac{4}{3}\cos x-e^x$

➔ $F(x)=\dfrac{1}{2}x^3-\dfrac{2}{3}\cos x-\dfrac{1}{2}e^x$ $\cdots\cdots\cdots\cdots\cdots\cdots\cdots$(vii)

Substitute Eq (vii) into (vi)

➔ $z(x,y)=\dfrac{1}{6}y^3\cos x+y\underbrace{F(x)}_{\frac{1}{2}x^3-\frac{2}{3}\cos x-\frac{1}{2}e^x}+e^x$

Thus, the particular solution for the above PDE is:

$$z(x,y)=\dfrac{1}{6}y^3\cos x+y\left(\dfrac{1}{2}x^3-\dfrac{2}{3}\cos x-\dfrac{1}{2}e^x\right)+e^x$$

8.2.2 Exponential Solution 指數解

Previously, we have learnt that the solution for an ordinary differential equation is a combination of:

$$\underbrace{u_h(x,y)}_{\text{homogeneous}} + \underbrace{u_p(x,y)}_{\text{particular solution}} = u(x,y) \quad\cdots\cdots\cdots\cdots\cdots\cdots\cdots\cdots (8.2)$$

To determine $u_h(x,y)$, we let: $\quad u_h(x,y) = e^{ax+by} \quad\cdots\cdots\cdots\cdots\cdots (8.3)$

as a, b are undetermined coefficients constant to be determined.

Here, Eq. (3) is known to be an **"Exponential Solution"** method, and it is used to substitute into the original equation and then decide the value of a, b, so as to obtain the solution.

For all ordinary PDEs, we can always apply this **"Exponential Solution"** method.

Example (6):

$$\text{Solve } \frac{\partial^2 u}{\partial x^2} + 3\frac{\partial^2 u}{\partial x \partial y} + 2\frac{\partial^2 u}{\partial y^2} = 0$$

Solution:

Apply the "Exponential Solution" method; let $u(x,y) = e^{ax+by}$, substitute into the PDE equation, we get:

➜ $\dfrac{\partial^2}{\partial x^2}\left(e^{ax+by}\right) + 3\dfrac{\partial^2}{\partial x \partial y}\left(e^{ax+by}\right) + 2\dfrac{\partial^2}{\partial y^2}\left(e^{ax+by}\right) = 0$

➜ $a^2\left(e^{ax+by}\right) + 3ab\left(e^{ax+by}\right) + 2b^2\left(e^{ax+by}\right) = 0$

➜ $\left(a^2 + 3ab + 2b^2\right)\left(e^{ax+by}\right) = 0 \quad\text{or}\quad \left(a^2 + 3ab + 2b^2\right) = 0$

➜ $(a+b)(a+2b) = 0,\ \therefore\ a = -b,\ a = -2b$ (2 Distinct Real Roots)

For $a = -b$, $u(x,y) = e^{ax+by} = e^{(-b)x+by} = e^{b(y-x)}$

is a solution for any value of b.

For $a = -2b$, $u(x,y) = e^{ax+by} = e^{(-2b)x+by} = e^{b(y-2x)}$

is a solution for any value of b.

Note* $b \sim$ arbitrary

Since the equation is linear and homogeneous, sums of these solutions are solutions. As long as the solution possess the form $e^{b(y-x)} \equiv F(y-x)$ or $e^{b(y-2x)} \equiv G(y-2x)$, where both F and G are arbitrary, the general solution found by addition is then given by:

$$u = F(y-x) + G(y-2x)$$

Example (7):

Find the general solution of $2\dfrac{\partial u}{\partial x} + 3\dfrac{\partial u}{\partial y} = 2u$

Solution:

Apply the "Exponential Solution" method; let $u(x,y) = e^{ax+by}$, substitute into the PDE equation, we get:

➜ $2\dfrac{\partial}{\partial x}\left(e^{ax+by}\right) + 3\dfrac{\partial}{\partial y}\left(e^{ax+by}\right) = 2\left(e^{ax+by}\right),$

note* this is a non-homogeneous equation

➜ $2a\left(e^{ax+by}\right) + 3b\left(e^{ax+by}\right) = 2\left(e^{ax+by}\right)$

➜ $(2a+3b)\left(e^{ax+by}\right) = 2\left(e^{ax+by}\right)$

➜ $(2a+3b) = 2, \quad \therefore \ a = \dfrac{2-3b}{2} = \left(1 - \dfrac{3}{2}b\right)$

Substitute $a = \dfrac{2-3b}{2}$ into $u(x,y) = e^{ax+by}$, we get:

➜ $u(x,y) = e^{\left(\frac{2-3b}{2}\right)x+by} = e^{\left(1-\frac{3}{2}b\right)x+by} = e^{x-\frac{3}{2}bx+by} = e^x \cdot e^{\left(-\frac{3}{2}bx+by\right)}$

➜ $u(x,y) = e^x \cdot e^{\left(-\frac{3}{2}bx+\frac{2by}{2}\right)} = e^x \cdot e^{\left(\frac{b}{2}\right)(2y-3x)}$ is a solution.

Thus $u(x,y) = e^x F(2y-3x)$ is a general solution.

Note* The general solution can also be $u(x,y) = e^x \cdot e^{(b)\left(y-\frac{3}{2}x\right)} = e^x F\left(y - \dfrac{3}{2}x\right)$

Example (8): Find the general solution of the homogeneous equation;

$$4\frac{\partial^2 u}{\partial x^2} - 4\frac{\partial^2 u}{\partial x \partial y} + \frac{\partial^2 u}{\partial y^2} = 0$$

Solution: Apply the "Exponential Solution" method; let $u = e^{ax+by}$, substitute into the PDE equation, we get:

➔ $4\frac{\partial^2 u}{\partial x^2} - 4\frac{\partial^2 u}{\partial x \partial y} + \frac{\partial^2 u}{\partial y^2} = 0$

➔ $4\underbrace{\frac{\partial}{\partial x^2}\left(e^{ax+by}\right)}_{a^2 e^{ax+by}} - 4\underbrace{\frac{\partial^2}{\partial x \partial y}\left(e^{ax+by}\right)}_{abe^{ax+by}} + \underbrace{\frac{\partial^2}{\partial y^2}\left(e^{ax+by}\right)}_{b^2 e^{ax+by}} = 0$

➔ $\left(4a^2 - 4ab + b^2\right) e^{ax+by} = 0$

➔ $(2a-b)(2a-b) = 0$ ➔ $(2a-b)^2 = 0$ ➔ Equal Real Roots

Therefore, $b = b_1 = b_2 = 2a$, and substitute $b = 2a$ into $u = e^{ax+by}$, we get:

➔ $u = e^{ax+by} = e^{ax+2ay} = e^{a(x+2y)}$.

Therefore, $F(x+2y)$ is a solution.

By analogy with repeated roots for ODE, we might lead to believe that $xG(x+2y)$ or $yG(x+2y)$ to be another solution. See section 2.4.1, Rule 1.

Thus, the general solution is:

$u(x,y) = F(x+2y) + xG(x+2y)$ or $u(x,y) = F(x+2y) + yG(x+2y)$

Example (9): Find the general solution of the non-homogeneous equation;

$$\frac{\partial^2 u}{\partial x^2} + \frac{\partial^2 u}{\partial y^2} = 10e^{2x+y}$$

Solution: As we are dealing with a non-homogeneous equation, therefore, we have to first find the solution for homogeneous equation by assuming the L.H.S as zero.

$$\frac{\partial^2 u}{\partial x^2} + \frac{\partial^2 u}{\partial y^2} = 0$$

Next, apply the "Exponential Solution" method; let $u = e^{ax+by}$, substitute into the PDE equation, we get:

$$\Rightarrow \underbrace{\frac{\partial^2}{\partial x^2}\left(e^{ax+by}\right)}_{a^2 e^{ax+by}} + \underbrace{\frac{\partial^2}{\partial y^2}\left(e^{ax+by}\right)}_{b^2 e^{ax+by}} = 0 \qquad \Rightarrow \left(a^2+b^2\right)e^{ax+by} = 0$$

$$\Rightarrow \left(a^2+b^2\right) = 0 \quad \Rightarrow \quad a^2 = -b^2 \cdots\cdots\cdots\cdots\cdots\cdots\cdots\cdots\cdots\cdots \text{(a)}$$

Square root both sides of (a) $\Rightarrow \sqrt{a^2} = \sqrt{-b^2} \quad \Rightarrow \quad a = \sqrt{-1}\sqrt{b^2} = jb$

Thus, $\quad a = jb \quad$ or $\quad b = -ja$

For $a = jb$, $u(x,y) = e^{ax+by} = e^{jbx+by} = e^{b(y+jx)} = F(y+jx)$

is a solution for any value of b.

For $b = -ja$, $u(x,y) = e^{ax+by} = e^{ax-jay} = e^{a(x-jy)} = G(x-jy)$

is a solution for any value of a.

Note* a and b $\sim$ arbitrary

The general solution of the homogeneous equation found by addition is then given by: $u_h(x,y) = F(y+jx) + G(x-jy)$

As the given PDE is non-homogeneous with $r(x) = 10e^{2x+y}$, we have to find the particular solution $u_p(x,y)$ of $10e^{2x+y}$. By applying the undetermined coefficient method (see Section 2.4.1), we can assume $10e^{2x+y} = ke^{2x+y} = u(x,y)$, thus,

$$\Rightarrow \frac{\partial u}{\partial x} = 2ke^{2x+y} \quad \text{and} \quad \frac{\partial^2 u}{\partial^2 x} = 4ke^{2x+y} \cdots\cdots\cdots\cdots\cdots\cdots \text{(b)}$$

$$\Rightarrow \frac{\partial u}{\partial y} = ke^{2x+y} \quad \text{and} \quad \frac{\partial^2 u}{\partial^2 y} = ke^{2x+y} \cdots\cdots\cdots\cdots\cdots\cdots \text{(c)}$$

Substitute (b) and (c) into the PDE, $\dfrac{\partial^2 u}{\partial x^2} + \dfrac{\partial^2 u}{\partial y^2} = 10e^{2x+y}$:

➜ $\underbrace{\dfrac{\partial^2 u}{\partial x^2}}_{4ke^{2x+y}} + \underbrace{\dfrac{\partial^2 u}{\partial y^2}}_{ke^{2x+y}} = 10e^{2x+y}$ ➜ $5ke^{2x+y} = 10e^{2x+y}$

and we get $5k = 10$ ➜ $k = 2$.

Thus, the particular solution $u_p(x,y) = ke^{2x+y} = 2e^{2x+y}$

The general solution is therefore given as:

$$u(x,y) = u_h(x,y) + u_p(x,y) = F(y+jx) + G(x-jy) + 2e^{2x+y}$$

Example (10): Find the general solution of the non-homogeneous equation;

$$\frac{\partial^2 u}{\partial x^2} - 2\frac{\partial^2 u}{\partial x \partial y} + \frac{\partial^2 u}{\partial y^2} = x$$

Solution: As we are dealing with a non-homogeneous equation, $r(x) = x$, therefore, we have to first find the solution for homogeneous equation u_h by assuming the L.H.S as zero.

$$\frac{\partial^2 u}{\partial x^2} - 2\frac{\partial^2 u}{\partial x \partial y} + \frac{\partial^2 u}{\partial y^2} = 0$$

Next, apply the "Exponential Solution" method; let $u = e^{ax+by}$, substitute into the PDE equation, we get:

➜ $\dfrac{\partial^2}{\partial x^2}\left(e^{ax+by}\right) - 2\dfrac{\partial^2}{\partial x \partial y}\left(e^{ax+by}\right) + \dfrac{\partial^2}{\partial y^2}\left(e^{ax+by}\right) = 0$

➜ $\left(a^2 - 2ab + b^2\right)e^{ax+by} = 0$

➜ $\left(a^2 - 2ab + b^2\right) = 0$ ➜ $(a-b)^2$ or $(a-b)(a-b)$ ➜ Equal Real Roots

Thus, substitute $b = a$ into $u = e^{ax+by}$, we get:

➜ $u = e^{ax+by} = e^{ax+ay} = e^{a(x+y)}$.

Therefore, $F(x+y)$ is a solution.

By analogy with repeated roots for ODE, we might lead to believe that $xG(x+y)$ or $yG(x+y)$ to be another solution. See section 2.4.1, Rule 1.

Thus, the general solution u_h is:

$$u_h = F(x+y) + xG(x+y) \quad \text{or} \quad u_h = F(x+y) + yG(x+y)$$

As the given PDE is non-homogeneous with $r(x) = x$, we have to find the particular solution $u_p(x,y)$ of x. Notably, it is not suitable for us to apply the undetermined coefficient method (see Section 2.4.1) for $r(x) = x$, assuming $Cx + D = u(x,y)$, because the final results will be zero.

Therefore, we let $u_p(x,y)$ to become a general harmonic polynomial (of degree 3) of form $ax^3 + bx^2y + cxy^2 + dy^3$, because if we apply a second partial derivative $\dfrac{\partial^2}{\partial x^2}$ into this general harmonic polynomial, it may gives us an $r(x) = Cx + D$, in which C and D are arbitrary constant.

Assuming ➜ $u_p(x,y) = ax^3 + bx^2y + cxy^2 + dy^3$ ·············· (a)

➜ $\dfrac{\partial u_p}{\partial x} = 3ax^2 + 2bxy + cy^2$ and $\dfrac{\partial^2 u_p}{\partial^2 x} = 6ax + 2by$ ············ (b)

➜ $\dfrac{\partial u_p}{\partial y} = bx^2 + 2cxy + 3dy^2$ and $\dfrac{\partial^2 u_p}{\partial^2 y} = 2cx + 6dy$ ············ (c)

➜ $\dfrac{\partial^2 u_p}{\partial x \partial y} = 2bx + 2cy$ ············ (d)

Substitute (b), (c) and (d) into the PDE $\dfrac{\partial^2 u}{\partial x^2} - 2\dfrac{\partial^2 u}{\partial x \partial y} + \dfrac{\partial^2 u}{\partial y^2} = x$, we get:

$$\rightarrow \quad \underbrace{\frac{\partial^2 u}{\partial x^2}}_{6ax+2by} - 2\underbrace{\frac{\partial^2 u}{\partial x \partial y}}_{2bx+2cy} + \underbrace{\frac{\partial^2 u}{\partial y^2}}_{2cx+6dy} = x$$

$$\rightarrow \quad (6a - 4b + 2c)\,x + (2b - 4c + 6d)\,y = x$$

Compare coefficient of similar terms:

x-term $\rightarrow$ $6a - 4b + 2c = 1$

y-term $\rightarrow$ $2b - 4c + 6d = 0$

Thus, there are infinite sets of solutions, and we can solve for only one of them.

If we let $a = 0$ and $b = 0$, we will get:

$$\rightarrow 6\underset{0}{a} - 4\underset{0}{b} + 2c = 1 \quad \rightarrow \quad c = \frac{1}{2}$$

$$\rightarrow 2\underset{0}{b} - 4\underset{\frac{1}{2}}{c} + 6d = 0 \quad \rightarrow \quad d = \frac{1}{3}$$

Substituting the values $a = 0$, $b = 0$, $c = \dfrac{1}{2}$ and $d = \dfrac{1}{3}$ into (a)

$$\rightarrow \quad u_p(x, y) = \underset{0}{a}\,x^3 + \underset{0}{b}\,x^2 y + \underset{\frac{1}{2}}{c}\,xy^2 + \underset{\frac{1}{3}}{d}\,y^3$$

Thus, the particular solution $u_p(x, y) = \dfrac{1}{2}xy^2 + \dfrac{1}{3}y^3$

The general solution is therefore given as:

$$u(x, y) = u_h(x, y) + u_p(x, y) = F(x + y) + xG(x + y) + \frac{1}{2}xy^2 + \frac{1}{3}y^3$$

8.3 Method of Separation of Variables
分離變數法之方式

There are several methods that can be used to find the particular solutions of a linear PDE. In the method of **Separation of Variables**, we seek to find a particular solution in the form of a product of a function x and a function y:

$$u\,(x,y) = X(x)\,Y(y) \ \text{ or } \ u = X\,Y$$

and with this assumption, it is sometime possible to reduce a linear PDE in two variables to two ODEs. To end this, we note that:

$$\frac{\partial u}{\partial x} = X'\,Y, \ \frac{\partial u}{\partial y} = X\,Y' \qquad \text{and} \qquad \frac{\partial^2 u}{\partial x^2} = X''\,Y, \ \frac{\partial^2 u}{\partial y^2} = X\,Y''$$

where the primes denote ordinary differentiation.

Note that if u has 3 variables, x, y, and z, then $u(x,y,z) = X\,Y\,Z$

Example (11):

Solve the general solution of $\dfrac{\partial u}{\partial x} + \dfrac{\partial u}{\partial y} = 2(x+y)\,u$ by applying the method of separation of variable.

Solution:

Let $u(x,y) = X(x)Y(y)$ or $u = X\,Y$, and substitute into the PDE equation, we get:

➜ $\dfrac{\partial u}{\partial x} + \dfrac{\partial u}{\partial y} = 2(x+y)u$ ➜ $\dfrac{\partial}{\partial x}(XY) + \dfrac{\partial}{\partial y}(XY) = 2(x+y)X\,Y$

➜ $\underbrace{\dfrac{\partial X}{\partial x}}_{X'}(Y) + \underbrace{\dfrac{\partial Y}{\partial y}}_{Y'}(X) = 2(x+y)X\,Y$ ➜ $X'Y + X\,Y' = 2(x+y)X\,Y$

Divide both sides by $X\,Y$ ➜ $\dfrac{X'Y}{X\,Y} + \dfrac{X\,Y'}{X\,Y} = \dfrac{2(x+y)X\,Y}{X\,Y}$

➜ $\dfrac{X'}{X} + \dfrac{Y'}{Y} = 2(x+y) = 2x + 2y$ ➜ $\underbrace{\dfrac{X'}{X} - 2x}_{x\ \text{term}} = -\underbrace{\left(\dfrac{Y'}{Y} - 2y\right)}_{y\ \text{term}}$

Since X depends only on x and Y depends only on y, and since x and y are independent variables, each side must be a constant, say c.

Then, for the x term: ➜ $\dfrac{X'}{X} - 2x = c$ ➜ $\dfrac{\left(\dfrac{\partial X}{\partial x}\right)}{X} - 2x = c$

➜ $\dfrac{1}{X}\partial X = (c + 2x)\ dx$,

and integrate both sides gives us ➜ $\displaystyle\int \dfrac{1}{X}\partial X = \int (c + 2x)\ dx$

➜ $\ln|X| = (x^2 + cx) + c_1$

exponential both sides gives us   ➜ $e^{\ln|X|} = e^{(x^2 + cx) + c_1}$

➜ $X = \underbrace{e^{c_1}}_{c_2} \cdot e^{(x^2 + cx)}$, let $e^{c_1} = c_2$ ➜ $X(x) = c_2 \cdot e^{(x^2 + cx)}$

Then, for the y term: ➜ $-\left(\dfrac{Y'}{Y} - 2y\right) = c$ ➜ $\dfrac{\left(\dfrac{\partial Y}{\partial y}\right)}{Y} - 2y = -c$

➜ $\dfrac{1}{Y}\partial Y = (2y - c)\ dy$

and integrate both sides gives us ➜ $\displaystyle\int \dfrac{1}{Y}\partial Y = \int (2y - c)\ dy$

➜ $\ln|Y| = (y^2 - cy) + c_3$

exponential both sides gives us   ➜ $e^{\ln|Y|} = e^{(y^2 - cy) + c_3}$

➜ $Y = \underbrace{e^{c_3}}_{c_4} \cdot e^{(y^2 - cy)}$, let $e^{c_3} = c_4$ ➜ $Y(y) = c_4 \cdot e^{(y^2 - cy)}$

The general solution is thus:

$u(x, y) = X(x)Y(y) = c_2 e^{(x^2 + cx)} \cdot c_4 e^{(y^2 - cy)} = c_2 c_4 e^{(x^2 + cx) + (y^2 - cy)}$

➜ $u(x, y) = ce^{x^2 + y^2 + c(x - y)}$ (let $c_2 c_4 = c$)

Example (12):

Solve the boundary-value problem $\dfrac{\partial u}{\partial x} = 4\dfrac{\partial u}{\partial y}$, giving $u(0, y) = 8e^{-3y}$

by applying the method of separation of variable.

Solution:

Let $u(x, y) = X(x)Y(y)$ or $u = XY$, and substitute into the PDE equation, we get:

➔ $\dfrac{\partial}{\partial x}(XY) = 4\dfrac{\partial}{\partial y}(XY)$ ➔ $X'Y = 4XY'$ or $\underset{x \text{ term}}{\underbrace{\dfrac{X'}{4X}}} = \underset{y \text{ term}}{\underbrace{\dfrac{Y'}{Y}}}$

Since X depends only on x and Y depends only on y, and since x and y are independent variables, each side must be a constant, say c, then, $\dfrac{X'}{4X} = \dfrac{Y'}{Y} = c$.

Hence, the x-term: $\dfrac{X'}{4X} = c$ ➔ $X' - 4cX = 0$,

and the y-term: $\dfrac{Y'}{Y} = c$ ➔ $Y' - cY = 0$.

From the 1st derivative equation, we considered $\dfrac{dy}{dx} + ky = 0$ has the form $y = Ce^{-kx}$, therefore, the solutions for $X' - 4cX = 0$ ➔ $X = Ae^{4cx}$, and $Y' - cY = 0$ ➔ $Y = Be^{cy}$.

A solution is thus given by: $u(x, y) = XY = \left(Ae^{4cx}\right)\left(Be^{cy}\right) = ke^{c\,(4x+y)}$,

From the boundary condition, $u(0, y) = 8e^{-3y}$,

thus ➔ $u(x, y) = ke^{c(4x+y)}$ ➔ $u(0, y) = ke^{cy}$, which gives us:

$k = 8$ and $c = -3$.

Therefore, the solution is: $u(x, y) = 8e^{-3(4x+y)}$

Example (13):

Solve the boundary-value problem $\dfrac{\partial u}{\partial x} = 4\dfrac{\partial u}{\partial y}$,

giving $u(0, y) = 8e^{-3y} + 4e^{-5y}$ by the method of separation of variable.

Solution:

Let $u(x, y) = X(x)Y(y)$ or $u = XY$, and substitute into the PDE equation, we get:

➜ $\dfrac{\partial}{\partial x}(XY) = 4\dfrac{\partial}{\partial y}(XY)$ ➜ $X'Y = 4XY'$ or $\underbrace{\dfrac{X'}{4X}}_{x\ term} \ \underbrace{\dfrac{Y'}{Y}}_{y\ term}$

Since X depends only on x and Y depends only on y, and since x and y are independent variables, each side must be a constant, say c, then, $\dfrac{X'}{4X} = \dfrac{Y'}{Y} = c$.

Hence, the x-term: $\dfrac{X'}{4X} = c$ ➜ $X' - 4cX = 0$,

and the y-term: $\dfrac{Y'}{Y} = c$ ➜ $Y' - cY = 0$.

From the 1st derivative equation, we considered $\dfrac{dy}{dx} + ky = 0$ has the form $y = ce^{-kx}$, therefore, the solutions for $X' - 4cX = 0$ ➜ $X = Ae^{4cx}$ and $Y' - cY = 0$ ➜ $Y = Be^{cy}$.

A solution is thus given by: $u(x, y) = XY = \left(Ae^{4cx}\right)\left(Be^{cy}\right) = ke^{c\,(4x+y)}$,

Since the boundary condition is $u(0, y) = 8e^{-3y} + 4e^{-5y}$, then by the principle of superposition, a new solution can be given, in which;

$$u(x, y) = k_1 e^{c_1(4x+y)} + k_2 e^{c_2(4x+y)}$$

From the boundary condition, $u(0, y) = k_1 e^{c_1 y} + k_2 e^{c_2 y} = 8e^{-3y} + 4e^{-5y}$,

which gives us: $k_1 = 8$, $k_2 = 4$, $c_1 = -3$, and $c_2 = -5$.

Therefore, the solution is: $u(x,y) = 8e^{-3(4x+y)} + 4e^{-5(4x+y)}$

Example (14):

Solve the boundary-value problem $4\dfrac{\partial u}{\partial x} + 3\dfrac{\partial u}{\partial y} = u$,

giving $u(0,y) = e^{y} + 2e^{-2y}$ by the method of separation of variable.

Solution:

Let $u(x,y) = X(x)Y(y)$ or $u = X\,Y$, and substitute into the PDE equation, we get:

$$\Rightarrow\ 4\frac{\partial}{\partial x}(XY) + 3\frac{\partial}{\partial y}(XY) = XY\ \Rightarrow\ 4X'Y + 3XY' = XY$$

$$\times\frac{1}{XY}\ \Rightarrow\ \frac{4X'}{X} + \frac{3Y'}{Y} = 1\ \text{ or }\ \underbrace{\frac{4X'}{X}}_{x\text{ term}} = 1 - \underbrace{\frac{3Y'}{Y}}_{y\text{ term}}$$

Since X depends only on x and Y depends only on y, and since x and y are independent variables, each side must be a constant, say c, then,

$$\frac{4X'}{X} = 1 - \frac{3Y'}{Y} = c.$$

From the 1st derivative equation, we considered $\dfrac{dy}{dx} + ky = 0$ has the form

$y = Ce^{-kx}$, and $\dfrac{dy}{dx} - ky = 0$ has the form $y = Ce^{kx}$.

Hence, the x-term: $\dfrac{4X'}{X} = c\ \Rightarrow\ X' - \dfrac{1}{4}cX = 0$

$$\Rightarrow\ X(x) = Ae^{\frac{1}{4}cx}, \text{ and the}$$

y-term: $1 - \dfrac{3Y'}{Y} = c\ \Rightarrow\ Y' - \left(\dfrac{1-c}{3}\right)Y = 0\ \Rightarrow\ Y(y) = Be^{\frac{1-c}{3}y}$,

A solution is thus given by:

$$u(x,y) = XY = \left(Ae^{\frac{1}{4}cx}\right)\left(Be^{\frac{1-c}{3}y}\right) = ke^{\frac{1}{4}cx + \frac{1-c}{3}y},$$

From the boundary condition, $u(0, y) = e^y + 2e^{-2y}$,

thus ➔ $u(x, y) = ke^{\frac{1}{4}cx + \frac{1-c}{3}y}$ ➔ $u(0, y) = ke^{\frac{1-c}{3}y} = e^y + 2e^{-2y}$, which gives us:

➔ $u(0, y) = ke^{\frac{1-c}{3}y} = e^y + 2e^{-2y}$, since there are two solutions on the RHS, by applying the superposition theorem, we can assume that:

➔ $u(0, y) = k_1 e^{\frac{1-c_1}{3}y} + k_2 e^{\frac{1-c_2}{3}y} = e^y + 2e^{-2y}$, whereby,

➔ $k_1 e^{\frac{1-c_1}{3}y} = e^y$ will gives us: $k_1 = 1$ and $c_1 = -2$, and

➔ $k_2 e^{\frac{1-c_2}{3}y} = 2e^{-2y}$ will gives us: $k_2 = 2$ and $c_2 = 7$, and

Therefore, substituting into the solution,

$$u(x, y) = k_1 e^{\frac{1}{4}c_1 x + \frac{1-c_1}{3}y} + k_2 e^{\frac{1}{4}c_2 x + \frac{1-c_2}{3}y},$$

the particular solution is:

$$u(x, y) = (1)e^{\frac{1}{4}(-2)x + \frac{1-(-2)}{3}y} + (2)e^{\frac{1}{4}(7)x + \frac{1-(7)}{3}y} = e^{-\frac{1}{2}x + y} + 2e^{\frac{7}{4}x - 2y}$$

Note * If the x-term is selected to be: $\dfrac{X'}{3X} = c$ ➔ $X(x) = Ae^{3cx}$, then the y-term will

becomes : $\dfrac{1}{12} - \dfrac{Y'}{4Y} = c$ ➔ $Y(y) = Be^{\left(\frac{1}{3} - 4c\right)y}$. Hence,

$u(x, y) = XY = \left(Ae^{3cx}\right)\left(Be^{\left(\frac{1}{3} - 4c\right)y}\right) = ke^{3cx + \left(\frac{1}{3} - 4c\right)y}$, which led us to:

$u(x, y) = k_1 e^{3c_1 x + \left(\frac{1}{3} - 4c_1\right)y} + k_2 e^{3c_2 x + \left(\frac{1}{3} - 4c_2\right)y}$, and by applying the boundary condition:

$$k_1 = 1 \text{ and } c_1 = -\frac{1}{6}, \text{ and } k_2 = 2 \text{ and } c_2 = \frac{7}{12}.$$

By substituting the values into $u(x, y)$, we will get the same solution:

$$u(x, y) = e^{-\frac{1}{2}x + y} + 2e^{\frac{7}{4}x - 2y}$$

8.4 Method of Laplace Transform
拉普拉斯轉換之方式

The procedures of applying Laplace Transform into solving a PDE are as follow:

(a) Laplace Transform the PDE, and obtain an unknown function of ODE.

(b) Solve this ODE, and find a variable s from the unknown function, whereby this unknown function has 2 or more variables.

(c) Apply Inverse Laplace Transform and obtain the solution for the PDE.

Here, we will take the Laplace Transform of a PDE with function $u(x, t)$, where:

$$\mathscr{L}\{u(x,t)\} = U(x,s)$$

and the Laplace Transform of partial derivative of $u(x, t)$ with respect to both x and t are,

(i) $\mathscr{L}\left\{\dfrac{\partial}{\partial x}u(x,\ t)\right\} = \dfrac{\partial}{\partial x}U(x,\ s)$ .... (8.4)

(ii) $\mathscr{L}\left\{\dfrac{\partial^2}{\partial x^2}u(x,\ t)\right\} = \dfrac{\partial^2}{\partial x^2}U(x,\ s)$ .... (8.5)

(iii) $\mathscr{L}\left\{\dfrac{\partial}{\partial t}u(x,\ t)\right\} = sU(x,\ s) - u(x,\ 0)$ .... (8.6)

(iv) $\mathscr{L}\left\{\dfrac{\partial^2}{\partial t^2}u(x,\ t)\right\} = s^2U(x,\ s) - su(x,\ 0) - \dfrac{\partial}{\partial t}u(x,\ 0)$ .... (8.7)

Note*- You may have to apply the 'operator D method' to solve the ODE.

Example (15):

Prove that $\mathscr{L}\left\{\dfrac{\partial}{\partial t}u\left(x,\ t\right)\right\} = sU\left(x,\ s\right) - u\left(x,\ 0\right)$

Solution:

Since $\mathscr{L}\left\{\dfrac{\partial}{\partial t}u\left(x,\ t\right)\right\} = \displaystyle\int_0^\infty \left(e^{-st}\cdot\dfrac{\partial}{\partial t}u\left(x,t\right)\right)\ dt$

assuming $u = e^{-st}$ and $v = \dfrac{\partial}{\partial t}u\left(x,\ t\right)$, and apply integral

by parts method,

$$\rightarrow \mathscr{L}\left\{\dfrac{\partial}{\partial t}u\left(x,\ t\right)\right\} = \int_0^\infty \left(e^{-st}\cdot\dfrac{\partial}{\partial t}u\left(x,t\right)\right)\ dt$$

$$= \left[e^{-st}\cdot\int\left(\dfrac{\partial}{\partial t}u\left(x,t\right)\right)dt\right]_0^\infty - \int_0^\infty\left[\int\dfrac{\partial}{\partial t}u\left(x,t\right)\ dt\cdot\dfrac{d}{dt}e^{-st}\right]dt$$

$$= \underbrace{\left[e^{-st}\cdot u\left(x,t\right)\right]_0^\infty}_{-u(x,0)} - \int_0^\infty u\left(x,t\right)\cdot\left(-s\right)\cdot e^{-st}\ dt$$

$$= -u\left(x,0\right) - \left(-s\right)\underbrace{\int_0^\infty u\left(x,t\right)\cdot\ e^{-st}dt}_{L\{u(x,t)\}}\quad,$$

since $\mathscr{L}\left\{u\left(x,\ t\right)\right\} = U\left(x,s\right)$, we get:

$$= sU\left(x,\ s\right) - u\left(x,\ 0\right)$$

Proven :

$$\mathscr{L}\left\{\dfrac{\partial}{\partial t}u\left(x,\ t\right)\right\} = sU\left(x,\ s\right) - u\left(x,\ 0\right)$$

Example (16):

Apply the Laplace Transform method to solve for the below PDE where

$$u = u\left(x,\ t\right),\quad x\dfrac{\partial u}{\partial x} + \dfrac{\partial u}{\partial t} = xt$$

and the boundary conditions are given as; $u(x,\ 0)=0$ for $x \geq 0$, and $u(0,\ t)=0$ for $t \geq 0$.

Solution:

(a) Laplace Transform the PDE;

$\rightarrow \mathscr{L}\left\{x\dfrac{\partial u}{\partial x}+\dfrac{\partial u}{\partial t}\right\}=\mathscr{L}\{xt\}$, let $\mathscr{L}\{u(x,\ t)\}=U(x,\ s)=U$

$\rightarrow x\underbrace{\mathscr{L}\left\{\dfrac{\partial u}{\partial x}\right\}}_{\frac{\partial}{\partial x}U(x,\ s)}+\underbrace{\mathscr{L}\left\{\dfrac{\partial u}{\partial t}\right\}}_{sU(x,\ s)-u(x,\ 0)}=x\underbrace{\mathscr{L}\{t\}}_{\frac{1}{s^2}}$,

apply the boundary condition $u(x,0)=0$

$\rightarrow x\dfrac{\partial}{\partial x}U(x,\ s)+sU(x,\ s)-\underbrace{u(x,\ 0)}_{0}=\dfrac{x}{s^2}$

$\times\dfrac{1}{x}$ $\rightarrow \dfrac{\partial}{\partial x}U(x,\ s)+\dfrac{s}{x}U(x,\ s)=\dfrac{1}{s^2}$ $\rightarrow \dfrac{\partial}{\partial x}U+\dfrac{s}{x}U=\dfrac{1}{s^2}$

(b) By treating $\dfrac{\partial}{\partial x}U+\dfrac{s}{x}U=\dfrac{1}{s^2}$ as an ODE, we can apply;

$\rightarrow \dfrac{\partial}{\partial x}U+\underbrace{\dfrac{s}{x}}_{P(x)}U=\underbrace{\dfrac{1}{s^2}}_{Q(x)}$, and the integrating factor is:

$\rightarrow I_F(x)=e^{\int P(x)\ dx}=e^{\int\frac{s}{x}dx}=e^{s\ln|x|}=e^{\ln|x^s|}=x^s$

Thus, the solution for U is: $U=\dfrac{1}{I_F}\int Q \times I_F\ dx$

$\rightarrow U=\dfrac{1}{x^s}\int\dfrac{1}{s^2}\times x^s\ dx$

$\rightarrow x^sU=\dfrac{1}{s^2}\int x^s\ dx+C=\dfrac{1}{s^2}\cdot\dfrac{x^{s+1}}{s+1}+C$

$\rightarrow U=\dfrac{1}{x^s}\times\left(\dfrac{1}{s^2}\cdot\dfrac{x^{s+1}}{s+1}+C\right)=\dfrac{x}{s^2(s+1)}+Cx^{-s}$

Since $u(0,\ t)=0$, the Laplace Transform of $\mathscr{L}\{u(0,\ t)\}=U(0,\ s)=0$, thus;

$$U(x,\, s) = \frac{x}{s^2(s+1)} + Cx^{-s} \;\Rightarrow\; U(0,\, s) = 0 = \frac{(0)}{s^2(s+1)} + C(0)^{-s}$$

$$\Rightarrow\; C = 0$$

Since the arbitrary constant C is zero, the solution of the PDE in Laplace form is:

$$U(x,\, s) = \frac{x}{s^2(s+1)}$$

By applying partial fraction method to solve for the above, we get:

$$U(x,\, s) = \frac{x}{s^2(s+1)} = x\left[\frac{A}{s} + \frac{B}{s^2} + \frac{C}{s+1}\right] = x\left(-\frac{1}{s} + \frac{1}{s^2} + \frac{1}{s+1}\right)$$

(c) Applying Inverse Laplace Transform to $U(x,\, s)$:

$$\Rightarrow\; \mathscr{L}^{-1}\{U(x,\, s)\} = u(x,\, t) = \mathscr{L}^{-1}\left\{x\left(-\frac{1}{s} + \frac{1}{s^2} + \frac{1}{s+1}\right)\right\}$$

$$\Rightarrow\; u(x,\, t) = x\left[\mathscr{L}^{-1}\left\{-\frac{1}{s}\right\} + \mathscr{L}^{-1}\left\{\frac{1}{s^2}\right\} + \mathscr{L}^{-1}\left\{\frac{1}{s-(-1)}\right\}\right]$$

$$= x\left(-1 + t + e^{-t}\right)$$

Therefore, the solution for the PDE is: $u(x,\, t) = x\left(t + e^{-t} - 1\right)$

Example (17):

Apply the Laplace Transform method to solve for the below PDE where $u = u(x,\, t)$,

$$\frac{\partial u}{\partial x} + 2x\frac{\partial u}{\partial t} = 2x$$

Given $u = u(x,0) = 1$, and $u = u(0,t) = 1$

Solution: (a) Laplace Transform the PDE;

$$\Rightarrow\; \mathscr{L}\left\{\frac{\partial u}{\partial x}\right\} + 2x\mathscr{L}\left\{\frac{\partial u}{\partial t}\right\} = \mathscr{L}\{2x\} \;\text{,let}\; \mathscr{L}\{u(x,\, t)\} = U(x,\, s) = U$$

$$\rightarrow \underbrace{\mathcal{L}\left\{\frac{\partial u}{\partial x}\right\}}_{\frac{\partial}{\partial x}U(x,s)} + 2x \underbrace{\mathcal{L}\left\{\frac{\partial u}{\partial t}\right\}}_{sU(x,s)-u(x,0)} = 2x \underbrace{\mathcal{L}\{1\}}_{\frac{1}{s}},$$

apply the boundary condition $u(x,0)=1$

$$\rightarrow \frac{\partial}{\partial x}U + 2x\left[sU - \underbrace{u(x,0)}_{1}\right] = \frac{2x}{s}$$

$$\rightarrow \frac{\partial U}{\partial x} + 2x[sU-1] = \frac{2x}{s} \quad \rightarrow \frac{\partial U}{\partial x} + 2xsU = 2x\left(1+\frac{1}{s}\right)$$

(b) By treating $\dfrac{\partial U}{\partial x} + 2xsU = 2x\left(1+\dfrac{1}{s}\right)$ as an ODE, we can apply;

$$\rightarrow \frac{\partial U}{\partial x} + \underbrace{2xs}_{P(x)} U = \underbrace{2x\left(1+\frac{1}{s}\right)}_{Q(x)}, \text{ and the integrating factor is:}$$

$$\rightarrow I_F(x) = e^{\int 2xs\, dx} = e^{s\int 2x\, dx} = e^{sx^2}$$

Thus, the solution for U is: $U = \dfrac{1}{I_F}\displaystyle\int Q \times I_F \, dx$

$$\rightarrow U = \frac{1}{e^{sx^2}}\int 2x\left(1+\frac{1}{s}\right) e^{sx^2}\, dx$$

$$\rightarrow e^{sx^2}U = 2\left(1+\frac{1}{s}\right)\int x\, e^{sx^2}\, dx + C \cdots\cdots\cdots(1)$$

for $\displaystyle\int x\, e^{sx^2}\, dx \rightarrow$ let $u = x^2$, therefore $\dfrac{du}{dx} = 2x$

$$\rightarrow \quad du = 2x\, dx \quad \rightarrow \quad \frac{1}{2}du = x\, dx$$

$\displaystyle\int x\, e^{sx^2}\, dx$ can also be denoted as :

$$\int e^{sx^2} \underbrace{x dx}_{\frac{1}{2}du} \rightarrow \frac{1}{2}\int e^{s\,u}\, du \rightarrow \frac{1}{2s}e^{s\,u}$$

That gives us: $\displaystyle\int x\, e^{sx^2}\, dx = \dfrac{1}{2s}e^{s\,x^2}$, and by substituting this result into (1):

$$\rightarrow e^{sx^2}U = 2\left(1+\frac{1}{s}\right)\underbrace{\int x\, e^{s\,x^2}\,dx}_{\frac{1}{2s}e^{s\,x^2}} + C = \underbrace{\left(1+\frac{1}{s}\right)\left(\frac{1}{s}\right)}_{\left(\frac{s+1}{s}\right)\left(\frac{1}{s}\right)}e^{s\,x^2} + C$$

$$= \frac{s+1}{s^2}e^{s\,x^2} + C$$

$$\rightarrow U = \left(\frac{s+1}{s^2}e^{s\,x^2} + C\right)\left(\frac{1}{e^{s\,x^2}}\right) = \frac{s+1}{s^2} + Ce^{-s\,x^2}\ \cdots\cdots\cdots\cdots(2)$$

To find C, the boundary condition $u = u(0,t) = 1$ is applied, and its Laplace Transform will gives us:

$$\mathscr{L}\{u\} = \mathscr{L}\{u(0,t)\} \rightarrow U(0,s) = \mathscr{L}\{1\} = \frac{1}{s}$$

Substitute $U(0,s) = \frac{1}{s}$ into (2), we get:

$$\rightarrow U(0,s) = \frac{1}{s} = \underbrace{\frac{s+1}{s^2}}_{\frac{1}{s}+\frac{1}{s^2}} + Ce^{-s\frac{x^2}{0}} \ \rightarrow\ \frac{1}{s} = \frac{1}{s}+\frac{1}{s^2}+C \ \rightarrow\ C = -\frac{1}{s^2}$$

Therefore, substitute $C = -\frac{1}{s^2}$ into (2):

$$U(x,s) = \frac{1}{s} + \frac{1}{s^2} - \frac{1}{s^2}e^{-s\,x^2}$$

(c) Applying Inverse Laplace Transform to $U(x,\,s)$:

$$\rightarrow \mathscr{L}^{-1}\{U(x,\,s)\} = u(x,\,t) = \mathscr{L}^{-1}\left\{\frac{1}{s}+\frac{1}{s^2}-\frac{1}{s^2}e^{-s\,x^2}\right\}$$

$$\rightarrow u(x,\,t) = \underbrace{\mathscr{L}^{-1}\left\{\frac{1}{s}\right\}}_{1} + \underbrace{\mathscr{L}^{-1}\left\{\frac{1}{s^2}\right\}}_{t} - \underbrace{\mathscr{L}^{-1}\left\{\frac{1}{s^2}e^{-s\,x^2}\right\}}_{\mathscr{L}^{-1}\{e^{-cs}F(s)\}=H(t-c)\mathscr{L}^{-1}\{F(s)\}_{t\to t-c}}$$

whereby applying the second shift inverse theorem will gives us:

$$\mathscr{L}^{-1}\left\{\frac{1}{s^2}e^{-s\,x^2}\right\} = H(t-x^2)\mathscr{L}^{-1}\left\{\frac{1}{s^2}\right\}_{t\to t-x^2} = H(t-x^2)[t]_{t\to t-x^2}$$

$$= H(t-x^2)\left[t-x^2\right]$$

Therefore, the solution for the PDE is:

$$u(x,\ t)=1+t-\left(t-x^2\right)H\left(t-x^2\right)$$

Note*: To avoid confusion between the Heaviside unit step function $u(t-c)$ and solution $u(x,\ t)$, the Heaviside unit step function is now written as: $H(t-c)$

Example (18):

Apply the Laplace Transform method to solve for the below 1-dimensional heat conduction equation where $u=u(x,\ t)$,

$$\frac{\partial u}{\partial t}=\frac{\partial^2 u}{\partial x^2},\ \ 0<x<2,\ t>0$$

and the boundary conditions are given as; $u(0,\ t)=0$, $u(2,\ t)=0$, $u(x,\ 0)=3\sin(2\pi x)$.

Solution:

(a) Laplace Transform the PDE;

$$\rightarrow \underbrace{\mathscr{L}\left\{\frac{\partial u}{\partial t}\right\}}_{sU(x,s)-u(x,0)}=\underbrace{\mathscr{L}\left\{\frac{\partial^2 u}{\partial x^2}\right\}}_{\frac{\partial^2}{\partial x^2}U(x,s)}\ ,$$

re-arrange and substitute the initial condition,

$$\rightarrow \frac{\partial^2}{\partial x^2}U(x,s)-sU(x,s)=-\underbrace{u(x,0)}_{3\sin(2\pi x)}\ \text{............................}(A)$$

(b) The general solution can be rewritten as :

$$U(x,s)=U_h(x,s)+U_p(x,s)$$

To find $U_h(x,s)$ → see Chapter 2, Figure 2.0

Assume $U_h(x,s)=y$, the L.H.S. of (A) is:

$$\frac{\partial^2}{\partial x^2}y-sy=0\ \ \text{(assume L.H.S. = 0, for homogeneous equation)}$$

The characteristic equation in this case is therefore,

$$\lambda^2 + \underbrace{0}_{a}\lambda + \underbrace{(-s)}_{b} = 0.$$

$$\therefore \ a = 0, b = -s, \text{ and } \quad a^2 - 4b = (0)^2 - 4(-s) = 4s > 0$$

(2 distinct, real roots)

$$\therefore \ \lambda_1 = \frac{-a + \sqrt{a^2 - 4b}}{2} = \frac{-0 + \sqrt{0^2 - 4(-s)}}{2} = \frac{\sqrt{4s}}{2} = \sqrt{s}$$

$$\therefore \ \lambda_2 = \frac{-a - \sqrt{a^2 - 4b}}{2} = \frac{-0 - \sqrt{0^2 - 4(-s)}}{2} = \frac{-\sqrt{4s}}{2} = -\sqrt{s}$$

Thus, $U_h(x,s) = Ae^{\lambda_1 x} + Be^{-\lambda_2 x} = Ae^{\sqrt{s}\,x} + Be^{-\sqrt{s}\,x}$ ····················· (B)

(c) To find $U_p(x,s)$; we apply the undetermined coefficient method

(see Chapter 2. Table 2.1).

For $r(x) = -3\sin(2\pi x)$, its assume $U_p(x,s)$ is:

$$U_p(x,s) = -3\sin(2\pi x) = C\cos 2\pi x + D\sin 2\pi x \quad \text{····················(i)}$$

$$\rightarrow \frac{d}{dx}U(x,s) = \frac{d}{dx}(C\cos 2\pi x + D\sin 2\pi x)$$

$$= -2\pi\, C\sin 2\pi x + 2\pi\, D\cos 2\pi x \quad \text{····················(ii)}$$

$$\rightarrow \frac{d^2}{dx^2}U(x,s) = \frac{d^2}{dx^2}(C\cos 2\pi x + D\sin 2\pi x)$$

$$= -4\pi^2\, C\cos 2\pi x - 4\pi^2\, D\sin 2\pi x \quad \text{···············(iii)}$$

Substitute (i) and (iii) into (A), we get:

$$\left(-4\pi^2\, C\cos 2\pi x - 4\pi^2\, D\sin 2\pi x\right)$$

$$-s\left(C\cos 2\pi x + D\sin 2\pi x\right) = -3\sin 2\pi x$$

Rearrange $\rightarrow \ -\cos 2\pi x\left(4\pi^2 C + sC\right) - \sin 2\pi x\left(4\pi^2 D + sD\right)$

$$= -3\sin 2\pi x$$

Compare coefficient of similar terms:

$-\cos 2\pi x$ term ➔ $\left(4\pi^2 C + sC\right) = 0$ ➔ $C = 0$,

$-\sin 2\pi x$ term ➔ $\left(4\pi^2 D + sD\right) = 3$ ➔ $D = \dfrac{3}{s + 4\pi^2}$

Substitute the above C and D values into (i), we get:

$$U_p(x,s) = \underbrace{C}_{0} \cos 2\pi x + \underbrace{D}_{\frac{3}{s+4\pi^2}} \sin 2\pi x = \frac{3}{s + 4\pi^2} \sin 2\pi x \quad \cdots\cdots(iv)$$

Hence, the general solution is: $U(x,s) = U_h(x,s) - U_p(x,s)$

➔ $U(x,s) = Ae^{\sqrt{s}\,x} + Be^{-\sqrt{s}\,x} + \dfrac{3}{s + 4\pi^2} \sin 2\pi x \quad \cdots\cdots\cdots (C)$

(d) Given the boundary conditions, B.C. ➔ $u(0,\ t) = 0$, $u(2,\ t) = 0$,

we can also learn that: $\mathscr{L}\{u(0,\ t)\} = U(0,s) = 0$,

and $\mathscr{L}\{u(2,\ t)\} = U(2,s) = 0$

Substitute both B.C. into the general solution (C), we get:

➔ $U_h(0,s) = 0 = Ae^{\sqrt{s}\,(0)} + Be^{-\sqrt{s}\,(0)} + \dfrac{3}{s + 4\pi^2} \underbrace{\sin 2\pi(0)}_{0}$

$= A + B$, and

➔ $U_h(2,s) = 0 = Ae^{\sqrt{s}\,(2)} + Be^{-\sqrt{s}\,(2)} + \dfrac{3}{s + 4\pi^2} \underbrace{\sin 2\pi(2)}_{0}$

$= Ae^{2\sqrt{s}} + Be^{-2\sqrt{s}}$

As $A + B = 0$ and $Ae^{2\sqrt{s}} + Be^{-2\sqrt{s}} = 0$,

we can conclude that $A = B = 0$,

(e) Thus, the general solution is now: $U(x,s) = \dfrac{3}{s + 4\pi^2} \sin 2\pi x$,

and the general solution in time domain is therefore,

$$u(x,t) = \mathscr{L}^{-1}\{U(x,s)\} = \mathscr{L}^{-1}\left\{ \frac{3}{s - \left[-4\pi^2\right]} \right\} \sin 2\pi x$$

$= 3\,e^{-4\pi^2 t} \sin 2\pi x$

Example (19):

Apply the Laplace Transform method to solve for the below 1-dimensional heat conduction equation where $u = u(x, t)$,

$$\frac{\partial u}{\partial t} = 4\frac{\partial^2 u}{\partial x^2};$$

and the boundary conditions are given as; $u(0,t) = 0$, $u(2,t) = 0$,

$u(x,0) = 10\sin 2\pi\, x - 6\sin 4\pi\, x$

Solution:

(a) Laplace Transform the PDE;

$$\rightarrow \underbrace{\mathscr{L}\left\{\frac{\partial u}{\partial t}\right\}}_{sU(x,s)-u(x,0)} = 4\underbrace{\mathscr{L}\left\{\frac{\partial^2 u}{\partial x^2}\right\}}_{\frac{\partial^2}{\partial x^2}U(x,s)},$$

re-arrange and substitute the initial condition,

$$\rightarrow 4\frac{\partial^2}{\partial x^2}U(x,s) - sU(x,s) = -\underbrace{u(x,0)}_{10\sin(2\pi\, x)-6\sin 4\pi\, x} \quad \cdots\cdots\cdots\text{(A)}$$

(b) The general solution can be rewritten as :
$$U(x,s) = U_h(x,s) - U_p(x,s)$$

To find $U_h(x,s)$ → see Chapter 2, Figure 2.0

Assume $U_h(x,s) = y$, the L.H.S. of (A) is: $4\frac{\partial^2}{\partial x^2}y - sy = 0$

$$\rightarrow \frac{\partial^2}{\partial x^2}y - \frac{1}{4}sy = 0 \quad \text{(assume L.H.S.} = 0\text{, for homogeneous equation)}$$

The characteristic equation in this case is therefore,

$$\lambda^2 - 0\lambda - \frac{1}{4}s = 0$$

$$\therefore\ a = 0,\ b = -\frac{1}{4}s,\ \text{and}\quad a^2 - 4b = (0)^2 - 4\left(-\frac{1}{4}s\right) = s > 0$$

(2 distinct, real roots)

$$\therefore \lambda_1 = \frac{-a+\sqrt{a^2-4b}}{2} = \frac{-0+\sqrt{s}}{2} = \frac{\sqrt{s}}{2}$$

$$\therefore \lambda_2 = \frac{-a-\sqrt{a^2-4b}}{2} = \frac{-0-\sqrt{s}}{2} = \frac{-\sqrt{s}}{2}$$

Thus, $y = U_h(x,s) = Ae^{\lambda_1 x} + Be^{-\lambda_2 x} = Ae^{\frac{\sqrt{s}}{2}x} + Be^{-\frac{\sqrt{s}}{2}x}$ .... (B)

(c) To find $U_p(x,s)$; we apply the undetermined coefficient method (see Chapter 2. Table 2.1).

For $r(x) = 6\sin 4\pi\, x - 10\sin 2\pi\, x$, its assume $U_p(x,s)$ is:

➜ $U_p(x,s) = 6\sin 4\pi\, x - 10\sin 2\pi\, x = C\cos 4\pi\, x + D\sin 4\pi\, x$

$\qquad + E\cos 2\pi\, x + F\sin 2\pi\, x$ ···(i)

($6\sin 4\pi\, x$ is assumed as $C\cos 4\pi\, x + D\sin 4\pi\, x$), and

($-10\sin 2\pi\, x$ is assumed as $E\cos 2\pi\, x + F\sin 2\pi\, x$).

➜ $\dfrac{d}{dx}U(x,s) = \dfrac{d}{dx}(C\cos 4\pi\, x + D\sin 4\pi\, x + E\cos 2\pi\, x + F\sin 2\pi\, x)$

$= -4\pi\, C\sin 4\pi\, x + 4\pi\, D\cos 4\pi\, x - 2\pi\, E\sin 2\pi\, x$

$\qquad + 2\pi\, F\cos 2\pi\, x$ ···(ii)

➜ $\dfrac{d^2}{dx^2}U(x,s) = -16\pi^2\, C\cos 4\pi\, x - 16\pi^2\, D\sin 4\pi\, x$

$\qquad\qquad -4\pi^2\, E\cos 2\pi\, x - 4\pi^2\, F\sin 2\pi\, x$ ·····················(iii)

Substitute (i) and (iii) into (A), we get:

$4(-16\pi^2\, C\cos 4\pi\, x - 16\pi^2\, D\sin 4\pi\, x - 4\pi^2\, E\cos 2\pi\, x$

$-4\pi^2\, F\sin 2\pi\, x) - s(C\cos 4\pi\, x + D\sin 4\pi\, x + E\cos 2\pi\, x$

$+ F\sin 2\pi\, x) = 6\sin 4\pi\, x - 10\sin 2\pi\, x$

Rearrange :

$$-\left(64\pi^2 C + sC\right)\cos 4\pi\ x - \left(64\pi^2 D + sD\right)\sin 4\pi\ x$$
$$-\left(16\pi^2 E + sE\right)\cos 2\pi\ x - \left(16\pi^2 F + sF\right)\sin 2\pi\ x$$
$$= 6\sin 4\pi\ x - 10\sin 2\pi\ x$$

Compare coefficient of similar terms:

$\cos 4\pi\ x$ term ➜ $-\left(64\pi^2 C + sC\right) = 0$ ➜ $C = 0$,

$\sin 4\pi\ x$ term ➜ $-\left(64\pi^2 D + sD\right) = 6$ ➜ $D = -\dfrac{6}{s + 64\pi^2}$

$\cos 2\pi\ x$ term ➜ $-\left(16\pi^2 E + sE\right) = 0$ ➜ $E = 0$,

$\sin 2\pi\ x$ term ➜ $-\left(16\pi^2 F + sF\right) = -10$ ➜ $F = \dfrac{10}{s + 16\pi^2}$

Substitute the above C, D, E and F values into (i), we get:

$$U_p\left(x,s\right) = \underset{0}{\underbrace{C}}\cos 4\pi\ x + \underset{-\frac{6}{s+64\pi^2}}{\underbrace{D}}\sin 4\pi\ x + \underset{0}{\underbrace{E}}\cos 2\pi\ x$$

$$+ \underset{\frac{10}{s+16\pi^2}}{\underbrace{F}}\sin 2\pi\ x \cdots\cdots\cdots\cdots\cdots\cdots\cdots\cdots\cdots\cdots\cdots\cdots\cdots\cdots\text{(iv)}$$

Hence, the general solution is: $U\left(x,s\right) = U_h\left(x,s\right) - U_p\left(x,s\right)$

$$\text{➜}\quad U\left(x,s\right) = Ae^{\frac{\sqrt{s}}{2}x} + Be^{-\frac{\sqrt{s}}{2}x} - \frac{6}{s + 64\pi^2}\sin 4\pi\ x$$

$$+ \frac{10}{s + 16\pi^2}\sin 2\pi\ x \cdots\cdots\cdots\cdots\cdots\cdots\cdots\cdots\cdots\text{(C)}$$

(d) Given the boundary conditions, B.C. ➜ $u\left(0,\ t\right) = 0$, $u\left(3,\ t\right) = 0$,

we can also learn that: $\mathscr{L}\left\{u\left(0,\ t\right)\right\} = U\left(0,s\right) = 0$,

and $\mathscr{L}\left\{u\left(3,\ t\right)\right\} = U\left(3,s\right) = 0$

Substitute both B.C. into the general solution (C), we get:

$$\rightarrow U_h(0,s) = 0 = Ae^{\frac{\sqrt{s}}{2}(0)} + Be^{-\frac{\sqrt{s}}{2}(0)}$$

$$-\frac{6}{s+64\pi^2}\underbrace{\sin 4\pi(0)}_{0} + \frac{10}{s+16\pi^2}\underbrace{\sin 2\pi(0)}_{0},$$

$$= A+B, \quad \text{and}$$

$$\rightarrow U_h(2,s) = 0 = Ae^{\frac{\sqrt{s}}{2}(2)} + Be^{-\frac{\sqrt{s}}{2}(2)}$$

$$-\frac{6}{s+64\pi^2}\underbrace{\sin 4\pi(2)}_{0} + \frac{10}{s+16\pi^2}\underbrace{\sin 2\pi(2)}_{0}$$

$$= Ae^{\sqrt{s}} + Be^{-\sqrt{s}}$$

As $A+B=0$ and $Ae^{\sqrt{s}} + Be^{-\sqrt{s}} = 0$,

we can conclude that $A = B = 0$.

(e) Thus, the general solution is now:

$$U(x,s) = \frac{10}{s+16\pi^2}\sin 2\pi x - \frac{6}{s+64\pi^2}\sin 4\pi x,$$

and the general solution in time domain is therefore,

$$u(x,t) = \mathscr{L}^{-1}\{U(x,s)\} = \mathscr{L}^{-1}\left\{\frac{10}{s-\left[-16\pi^2\right]}\right\} \sin 2\pi x$$

$$-\mathscr{L}^{-1}\left\{\frac{6}{s-\left[-64\pi^2\right]}\right\} \sin 4\pi x$$

$$u(x,t) = 10e^{-16\pi^2 t} \sin 2\pi x - 6e^{-64\pi^2 t} \sin 4\pi x$$

習 題

Section 8.2: Solutions of Partial Differential Equations (PDEs)

(1) Determine the particular solutions of the following PDEs with the given initial and boundary conditions:

(a) $\dfrac{\partial u}{\partial x} = y^2 + \sin y$, given $u(1,\ y) = y^3$

Ans: $u(x,y) = y^2(x+y-1) + \sin y(x-1)$

(b) $\dfrac{\partial u}{\partial y} = e^x$, given $u(x,\ 0) = \cos x$

Ans: $u(x,y) = ye^x + \cos x$

(c) $\dfrac{\partial^2 u}{\partial x^2} = x^2 + y^2$, given $u(0,\ y) = \sin y$ and $u(1,\ y) = y^2$

Ans: $u(x,y) = \dfrac{1}{12}x^4 + \dfrac{1}{2}x^2 y^2 + x\left(-\sin y + \dfrac{1}{2}y^2 - \dfrac{1}{12}\right) + \sin y$

(d) $\dfrac{\partial^2 u}{\partial x \partial y} = y$, given $u(x,\ 1) = e^x$

Ans: $u(x,y) = \dfrac{1}{2}xy^2 + e^x - \dfrac{1}{2}x - G(1) + G(y)$

(e) $\dfrac{\partial^2 u}{\partial y \partial x} - \dfrac{\partial u}{\partial x} = 5$, given $u(0,\ y) = 0$ and $\dfrac{\partial}{\partial x}u(x,\ 0) = x^3$

Ans: $u(x,y) = e^y\left(\dfrac{1}{4}x^4 + 5x\right) - 5x$

(f) $\dfrac{\partial^2 u}{\partial x^2} = 0$, given $u(0,y) = \cos y$ and $u(1,y) = e^{-y} + \cos y$

Ans: $u(x,y) = xe^{-y} + \cos y$

(g) $\dfrac{\partial^2 u}{\partial x \partial y} + 2\dfrac{\partial u}{\partial x} = x$, given $u(0, y) = 0$ and $\dfrac{\partial\, u(x,\ 0)}{\partial x} = x^2$

Ans: $u(x, y) = \dfrac{1}{4}x^2 + x^2 e^{-2y}\left(\dfrac{1}{3}x - \dfrac{1}{4}\right)$

(2) Solve the following PDEs by applying the "Exponential Solution" method

(a) $\dfrac{\partial^2 u}{\partial x^2} - 2\dfrac{\partial^2 u}{\partial x \partial y} + \dfrac{\partial^2 u}{\partial y^2} = 0$

Ans: $u(x, y) = F(x + y) + xG(x + y)$ or $u_h = F(x + y) + yG(x + y)$

(b) $\dfrac{\partial^2 u}{\partial x^2} - 2\dfrac{\partial^2 u}{\partial x \partial y} - \dfrac{\partial^2 u}{\partial y^2} = 0$

Ans: $u(x, y) = F\left[\left(1 + \sqrt{2}\right)x + y\right] + G\left[\left(1 - \sqrt{2}\right)x + y\right]$

(c) $\dfrac{\partial^2 u}{\partial x^2} + \dfrac{\partial^2 u}{\partial y^2} = 5e^{x+y}$

Ans: $u(x, y) = u_h(x, y) + u_p(x, y) = F(y + jx) + G(x - jy) + \dfrac{5}{2}e^{x+y}$

(d) $\dfrac{\partial^2 u}{\partial x^2} - 4\dfrac{\partial^2 u}{\partial y^2} = 4e^{2x+y}$, Hint* Apply Rule 1 of Section 2.4.1 into $u_p(x, y)$

Ans: $u(x, y) = u_h(x, y) + u_p(x, y) = F(2x + y) + G(y - 2x) + xe^{2x+y}$

(e) $\dfrac{\partial u}{\partial x} + \dfrac{\partial^2 u}{\partial y^2} = 1$

Ans: $u(x, y) = u_h(x, y) + u_p(x, y) = F\left(-b^2 x + by\right) + x$

Section 8.3: Method of Separation of Variables

(3) Solve the following PDEs by applying the method of separation of variable.

(a) $\dfrac{\partial u}{\partial x} + \dfrac{\partial u}{\partial y} = 0$

Ans: $u(x, y) = k e^{c(x-y)}$

(b) $\alpha y \dfrac{\partial u}{\partial x} - \beta x \dfrac{\partial u}{\partial y} = 0$

Ans: $u(x, y) = k\, e^{\frac{c}{2}\left(\frac{x^2}{\alpha} + \frac{y^2}{\beta}\right)}$

(c) $\dfrac{\partial^2 u}{\partial x^2} + \dfrac{\partial^2 u}{\partial y^2} = 0$, for $c > 0$

Ans: $u(x, y) = \left(A e^{\sqrt{c}x} + B e^{-\sqrt{c}x}\right)\left(A_1 \cos \sqrt{c}\, y + B_1 \sin \sqrt{c}\, y\right)$

(d) $x^2 \dfrac{\partial^2 u}{\partial x \partial y} + 3y^2 u = 0$

Ans: $u(x, y) = k\, e^{-\frac{c}{x} - \frac{1}{c}y^3}$

Section 8.4: Method of Laplace Transform

(4) Apply the Laplace Transform method to determine the solution for $U(x, s)$ in S-domain form, where $u = u(x, t)$.

$\dfrac{\partial^2 u}{\partial x^2} - \dfrac{\partial u}{\partial t} = 0$, $0 < x < 1$, $0 < t < \infty$, given $u(x, 0) = 1$

Ans: $A e^{\sqrt{s}x} + B e^{-\sqrt{s}\,x} + \dfrac{1}{s}$

(5) Apply the Laplace Transform method to determine the solution $u(x, t)$ for the below PDE where, $u = u(x, t)$.

$\dfrac{\partial u}{\partial x} - 2x \dfrac{\partial u}{\partial t} - x = 0$

Given $u(x, 0) = 0$, and $u(0, t) = \sin t$

Ans: $u(x, t) = \left[\sin\left(t + x^2\right) + \dfrac{1}{2}\left(t + x^2\right)\right] H\left(t + x^2\right) - \dfrac{1}{2}t$, note* $H(t+x^2)$ is the Heaviside unit step function.

(6) Apply the Laplace Transform method to solve for the below 1-dimensional wave equation where $u = u(x,\ t)$, and

$$\frac{\partial^2 u}{\partial x^2} = 4\frac{\partial^2 u}{\partial t^2},\ \ 0<x<1,\ \ t>0$$

The boundary conditions are given as $u(0,t)=0$, $u(1,t)=0$, $t>0$, and the initial condition is $u(x,0)=0$, $\dfrac{\partial u(x,0)}{\partial t} = \sin \pi x$.

Ans: $u(x,t) = \dfrac{2}{\pi}\sin\dfrac{\pi}{2}t\ \sin \pi x$

國家圖書館出版品預行編目資料

基礎工程數學 / 沈昭元 編著. – 六版. --
　　新北市：全華圖書，2017.05
　　　面　；　公分
　　ISBN 978-986-463-563-4(平裝)
　　1. 工程數學
440.11　　　　　　　　　　　　106008054

基礎工程數學

作者 / 沈昭元

發行人 / 陳本源

執行編輯 / 林冠甫

封面設計 / 蕭暄蓉

出版者 / 全華圖書股份有限公司

郵政帳號 / 0100836-1 號

印刷者 / 宏懋打字印刷股份有限公司

圖書編號 / 0565705

六版一刷 / 2017 年 06 月

定價 / 新台幣 450 元

ISBN / 978-986-463-563-4(平裝)

全華圖書 / www.chwa.com.tw

全華網路書店 Open Tech / www.opentech.com.tw

若您對書籍內容、排版印刷有任何問題，歡迎來信指導 book@chwa.com.tw

臺北總公司(北區營業處)
地址：23671 新北市土城區忠義路 21 號
電話：(02) 2262-5666
傳真：(02) 6637-3695、6637-3696

中區營業處
地址：40256 臺中市南區樹義一巷 26 號
電話：(04) 2261-8485
傳真：(04) 3600-9806

南區營業處
地址：80769 高雄市三民區應安街 12 號
電話：(07) 381-1377
傳真：(07) 862-5562

讀者回函卡

填寫日期： ＿＿＿ / ＿＿＿ / ＿＿＿

姓名：＿＿＿＿＿＿＿　生日：西元　＿＿＿＿ 年　＿＿ 月　＿＿ 日　性別：□男 □女

電話：（　　）＿＿＿＿＿＿　傳真：（　　）＿＿＿＿＿＿　手機：＿＿＿＿＿＿＿＿

e-mail：＿＿＿＿＿＿＿＿＿＿＿（必填）

註：數字零，請用 Φ 表示，數字 1 與英文 L 請另註明並書寫端正，謝謝。

通訊處：□□□□□

學歷：□博士 □碩士 □大學 □專科 □高中‧職

職業：□工程師 □教師 □學生 □軍‧公 □其他

學校 / 公司：＿＿＿＿＿＿＿＿　科系 / 部門：＿＿＿＿＿＿＿＿

‧需求書類：

　□A. 電子 □B. 電機 □C. 計算機工程 □D. 資訊 □E. 機械 □F. 汽車 □I. 工管 □J. 土木

　□K. 化工 □L. 設計 □M. 商管 □N. 日文 □O. 美容 □P. 休閒 □Q. 餐飲 □B. 其他

‧本次購買圖書為：＿＿＿＿＿＿＿＿＿＿＿　書號：＿＿＿＿＿＿＿

‧您對本書的評價：

　封面設計：□非常滿意 □滿意 □尚可 □需改善，請說明＿＿＿＿＿＿＿＿＿＿＿

　內容表達：□非常滿意 □滿意 □尚可 □需改善，請說明＿＿＿＿＿＿＿＿＿＿＿

　版面編排：□非常滿意 □滿意 □尚可 □需改善，請說明＿＿＿＿＿＿＿＿＿＿＿

　印刷品質：□非常滿意 □滿意 □尚可 □需改善，請說明＿＿＿＿＿＿＿＿＿＿＿

　書籍定價：□非常滿意 □滿意 □尚可 □需改善，請說明＿＿＿＿＿＿＿＿＿＿＿

　整體評價：請說明＿＿＿＿＿＿＿＿＿＿＿＿＿＿＿＿＿＿＿＿＿＿＿＿＿＿＿＿＿

‧您在何處購買本書？

　□書局 □網路書店 □書展 □團購 □其他

‧您購買本書的原因？（可複選）

　□個人需要 □幫公司採購 □親友推薦 □老師指定之課本 □其他

‧您希望全華以何種方式提供出版訊息及特惠活動？

　□電子報 □DM □廣告 (媒體名稱　　　　　　　　　　)

‧您是否上過全華網路書店？(www.opentech.com.tw)

　□是 □否　您的建議＿＿＿＿＿＿＿＿＿＿＿＿＿＿

‧您希望全華出版那方面書籍？

‧您希望全華加強那些服務？

～感謝您提供寶貴意見，全華將秉持服務的熱忱，出版更多好書，以饗讀者。

全華網路書店 http://www.opentech.com.tw　客服信箱 service@chwa.com.tw

2011.03 修訂

親愛的讀者：

感謝您對全華圖書的支持與愛護，雖然我們很慎重的處理每一本書，但恐仍有疏漏之
處，若您發現本書有任何錯誤，請填寫於勘誤表內寄回，我們將於再版時修正，您的批評
與指教是我們進步的原動力，謝謝！

全華圖書 敬上

勘　誤　表

書　號	頁　數	行　數	書　名	作　者
			錯誤或不當之詞句	建議修改之詞句

我有話要說：（其它之批評與建議，如封面、編排、內容、印刷品質等‧‧‧）

_____

_____

_____